高等学校区块链工程专业系列教材

区块链原理
教程

○ 胡凯　潘妍　冯立波　编著

中国教育出版传媒集团

高等教育出版社·北京

内容提要

　　本书首先系统地介绍区块链的相关基础理论知识，从思想和方法上帮助读者建立分布式和区块链的思维，打下深入理解区块链的基础；其次详细介绍当前主流区块链系统的原理和应用，使读者深层次地读懂区块链的底层原理和技术，掌握区块链系统部署和编程开发；然后通过实际设计一个区块链原型、NFT 项目设计实践、养老保险案例设计实践，以及各种行业区块链应用案例分析，使读者具备区块链思维、理论、设计和开发能力，从而全方位帮助读者掌握和应用区块链技术。

　　本书深入浅出，内容全面，案例丰富，可操作性、实验性强，适合高等院校学生、专业人员和社会培训人员使用。

图书在版编目（CIP）数据

　　区块链原理教程 / 胡凯，潘妍，冯立波编著. --北京：高等教育出版社，2023.8
　　ISBN 978-7-04-059874-2

　　Ⅰ. ①区… Ⅱ. ①胡… ②潘… ③冯… Ⅲ. ①区块链技术-高等学校-教材　Ⅳ. ①TP311.135.9

　　中国国家版本馆 CIP 数据核字（2023）第 020409 号

Qukuailian Yuanli Jiaocheng

策划编辑	韩　飞	责任编辑　赵冠群	封面设计　张雨微	版式设计　马　云
责任绘图	于　博	责任校对　马鑫蕊	责任印制　刁　毅	

出版发行	高等教育出版社	网　　址	http://www.hep.edu.cn
社　　址	北京市西城区德外大街 4 号		http://www.hep.com.cn
邮政编码	100120	网上订购	http://www.hepmall.com.cn
印　　刷	北京市鑫霸印务有限公司		http://www.hepmall.com
开　　本	787 mm×1092 mm　1/16		http://www.hepmall.cn
印　　张	26.25		
字　　数	620 千字	版　　次	2023 年 8 月第 1 版
购书热线	010-58581118	印　　次	2023 年 8 月第 1 次印刷
咨询电话	400-810-0598	定　　价	58.00 元

区块链原理教程

胡凯　潘妍　冯立波
编著

1 计算机访问 http://abook.hep.com.cn/186138，或手机扫描二维码、下载并安装 Abook 应用。

2 注册并登录，进入"我的课程"。

3 输入封底数字课程账号（20位密码，刮开涂层可见），或通过 Abook 应用扫描封底数字课程账号二维码，完成课程绑定。

4 单击"进入课程"按钮，开始本数字课程的学习。

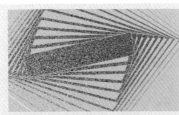

区块链原理
教程

胡凯　潘妍　冯立波　编著

"区块链原理教程"数字课程与纸质教材紧密配合，为读者提供教学课件、教学案例、拓展阅读资料等教学资源，丰富了知识的呈现形式，拓展了教材内容，可有效帮助读者提升课程学习的效果，并为读者自主学习提供思维与探索的空间。

　　课程绑定后一年为数字课程使用有效期。受硬件限制，部分内容无法在手机端显示，请按提示通过计算机访问学习。

　　如有使用问题，请发邮件至 abook@hep.com.cn。

扫描二维码
下载 Abook 应用

http://abook.hep.com.cn/186138

前言

2015 年以来，区块链作为一种新兴互联网和数字化技术，其发展速度之快、涉及领域之广、参与人数之多，实属技术发展史中之罕见。逢时独为贵，区块链技术涉及信息、密码、经济、法律等众多领域知识的融合，是一种改变人们思维方式的生产关系型技术，然而，也正是因为这样一种特点，使得深刻认识、熟练掌握区块链技术，培养新型的复合型人才成为区块链事业发展的关键。区块链技术的学习需要遵循"区块链新思维、理论与技术应用并重"的理念。

2020 年 4 月，国家发改委将区块链纳入新基建。2021 年 3 月，国家"十四五"规划和 2035 年远景目标纲要中，区块链被列为数字经济重点产业之一。2022 年 1 月，中央网信办等十六部门联合公布 15 个综合性和 164 个特色领域国家区块链创新应用试点名单，区块链已经显现大规模普及应用之势，有 30 余所本科院校和高职院校开设了区块链专业。区块链作为数字经济和未来数字社会（例如元宇宙）的基础关键技术，已经成为国际竞争的热点技术和国家明确的战略发展技术，具有重要的科学和应用意义。2021 年 2 月，国家人力资源和社会保障部联合工业和信息化部发布《区块链工程技术人员国家职业技术技能标准》，明确指出区块链相关从业人员需求缺口较大，但人才培养培训和评价体系尚未形成，亟须加快新职业专业技术人员培养培训，改善人才供给质量和结构，支持新兴产业创新升级，为促进数字经济和实体经济深度融合、推动经济社会高质量发展提供人才支撑。为帮助从事区块链领域研发的工程技术人员、培训机构学员和高等院校学生深入了解区块链技术的基本原理和核心技术，快速掌握区块链系统的开发和应用，我们组织编写了本书。

本书原理与应用并重，设计与开发兼顾。在基础理论部分，深入论述了分布式系统基础、共识算法、密码技术、底层 P2P 网络技术、智能合约等，使读者能够掌握区块链的基本思维和理论方法。在原理与开发部分，系统介绍了区块链的系统结构，以及时下流行的区块链项目的部署、开发和应用，包括以太坊、Fabric、EOS、FISCO-BCOS 等，使读者能够快速应用开源系统搭建区块链平台，开发基本的应用；在此基础上，在实践与案例部分，突出设计实践环境，进一步深入底层，介绍了区块链的一个较为完整的原型系统设计原理、NFT 项目实践、养老保险案例设计开发，以及多个领域应用案例分析，加强了实践动手能力的培养，系统地满足各层次学习的需要，助力读者快速掌握区块链技术研发及应用，从而推动区块链人才的规模化培养。

本书全面、系统地介绍了区块链的基本原理、关键技术、系统开发和产业应用。全书共分为 15 章。第 1 章介绍区块链的基本概念、思想方法、发展历史和技术体系，为更好地理解区块链奠定基础；第 2 章介绍分布式系统的基本思维方式和基础知识，详细介绍分布式系统的概念、基本原理和技术基础；第 3 章介绍比特币中的区块链起源技术，对比特币区块链的基本概念、数据结构、挖矿、交易等原理进行详细阐述；第 4 章对区块链中的密码学基础进行讨论，介绍哈希算法、数字签名、数字证书、隐私保护等技术在区块链系统中的应用；第 5 章介绍区块链系统的网络基础——P2P 网络，从 P2P 网络的定义、特点、发展历程、网络结构等方面进行阐述，同时讲解 P2P 网络如何在区块链系统中应用；第 6 章介绍区块链的核心技术——共识算法，从共识算法的由来入手，对典型的共识算法进行分类，同时实现 PoW 和 PBFT 共识算法；第 7 章从区块链系统架构设计原则、层次结构等方面进行概述，使读者掌握区块链的总体轮廓，同时介绍几种典型的区块链架构，以及区块链即服务（BaaS）的基本原理和应用；第 8 章介绍以太坊的基本概念、架构和原理，搭建开发环境并编程实现智能合约；第 9 章以 Hyperledger Fabric 为例，介绍 Fabric 的项目背景和环境配置，以及 Fabric 网络的部署和应用；第 10 章介绍 FISCO-BCOS 的基本情况和架构思想，以实例的形式讲解如何在本地搭建一条联盟链并进行智能合约的开发；第 11 章介绍 EOS 的基本原理，以具体实例介绍如何进行智能合约的开发；第 12 章开始转入设计、实验与实践，介绍区块链常用的开发语言 Go，以及如何使用 Go 语言进行区块链底层系统的开发；第 13 章介绍基于以太坊的 NFT 项目实践，从环境搭建、合约编写、测试、部署等维度进行详细介绍；第 14 章以帮助读者设计一个区块链应用系统为目标，详细介绍一个基于区块链的养老保险应用场景的实现；第 15 章从行业应用场景的角度介绍区块链技术如何解决传统行业应用的痛点，以及如何入手设计区块链的解决方案，促进技术模式的革新与数字化转型。

本书的工作得到了国家重点研发计划项目"现代服务可信交易理论与技术研究"中"基于区块链技术的智能合约服务（2018YFB1402702）"课题的支持，以及云南省科技重点项目"云南省区块链底层链平台研制（202103AN080001-001）""生物资源数字化开发应用（202002AA100007）""云南省自主可控区块链基础服务平台关键技术研究及应用示范（202002AD080003）""基于区块链的智能制造价值链网研究与应用示范（202202AD08002）"的支持，在此对各位领导、教师和团队的支持表示感谢！参与本书资料收集、整理和编写工作的还有北京航空航天大学分布式系统实验室、北京航空航天大学云南创新研究院和云南省区块链应用技术重点实验室的众多团队成员，包括张亮、万季、李洁、刘浩宇、李洋、谢安可、孙雅妮、罗健钊、卢星宇、杨宵、杨维舟、李思祺、朱泓宇、余倍、林俊谕等，张亮和万季完成了主要智能合约案例的编写，在此谨对上述参编人员的辛苦付出表示诚挚的感谢。

此外，本书得到了区块链技术与数据安全工业和信息化部重点实验室李磊、种法辉、王莹等研究人员，以及胡程孝、武志学、余紫薇、赵勇、刘玮、赵阳等培训工作组人员的大力支持，在此一并表示感谢。

本书内容深入浅出，全方位帮助读者掌握、设计和应用区块链技术，兼容并包，实例丰富，适合区块链从业人员、在校学生和职业培训机构学员科研和教学使用。

编　者

2022 年 4 月

目录

第一篇 基础理论篇

第二篇　原理与开发篇

第三篇　实践与案例篇

第一篇

基础理论篇

第1章 为什么是区块链

  区块链是一种融合分布式技术、密码学、经济学、金融和社会学等思想与理论的技术，已经成为数字经济发展战略的支持技术之一，2015 年从比特币中独立出来成为一种新的互联网和数字化技术之后，其发展速度之快、模式变化之多、涉及领域之广、参与人群之众，实属信息技术发展史中所罕见。在信息、互联网模式和技术日新月异的今天，区块链从谜一样的诞生、神奇的造富、资本的疯狂追逐到成为数字经济的关键应用技术，其内涵、思维、技术方法和应用到底是什么？为什么需要区块链技术？它顺应了什么趋势？它能做什么？这些正是本书想奉献给读者的。

1.1 什么是区块链

  区块链至今尚无一种十分全面、权威的定义，维基百科对区块链的定义如下。

  A blockchain is a growing list of records, called blocks, that are linked together using cryptography. Each block contains a cryptographic hash of the previous block, a timestamp, and transaction data (generally represented as a Merkle tree). The timestamp proves that the transaction data existed when the block was published in order to get into its hash. As blocks each contain information about the block previous to it, they form a chain, with each additional block reinforcing the ones before it. Therefore, blockchains are resistant to modification of their data because once recorded, the data in any given block cannot be altered retroactively without altering all subsequent blocks.

  百度百科给出了一个解释：区块链是一个信息技术领域的术语。从本质上讲，它是一个共享数据库，存储于其中的数据或信息具有"不可伪造""全程留痕""可以追溯""公开透明""集体维护"等特征。基于这些特征，区块链技术奠定了坚实的"信任"基础，创造了可靠的"合作"机制，具有广阔的应用前景。

  区块链本质上是一种分布式存储系统，具有如下特点。

  （1）数据存放在各个节点，并且每个节点都有一份完整的备份。

  （2）每个数据集称为账本，记录着所有转账交易。

  （3）账本是分区块（按时间）存储的，每个区块包含一部分交易记录。

  （4）每个区块均会记录前一区块的 ID，形成一个链状结构，因而称为区块链。

  （5）当要发起一笔交易时，只需将交易信息广播到网络中，由特定节点将交易记录成一个新的区块，并连接到区块链上。

如何理解区块链呢？有几个角度不同的解释。首先，区块链是一种分布式账本，并以密码学方式保证其不可篡改和不可伪造的记账技术；其次，区块链是一种新型的数据库，是一种按照时间顺序将数据区块相连组合成的一种链式数据结构；最后，区块链是一种可信基础设施，是社会信任机制的重塑，是互联网中的价值传递网。

区块链属于一种非中心化记录数据的技术，所有参与到区块链网络的节点，可以不属于某一组织，彼此互不信任；区块链数据由所有节点共同维护，每个参与维护的节点均能获得一份完整数据记录的副本。这些特点保证了区块链的"真实可靠"与"公开透明"，为区块链创造信任价值奠定基础，基于区块链能够解决信息不对称的问题。区块链技术可以实现多个主体之间的信任与协作一致。区块链维护着一个由区块组成且不断增长的链式数据结构，区块之间通过密码学的方式关联产生，每个区块中包含大量的独立交易信息和区块链可执行文件结果的信息，用于验证其信息的有效性以及生成下一个区块。每个区块均指向链中的前一个区块，区块链通常也被视为类似于垂直的栈数据结构，首区块为栈底的第一个区块，后续生成每个区块均置于之前的区块上，彼此堆叠，用"区块高度"表示区块与首区块之间的距离，也就是链接在区块链上的块数，如图 1.1 所示。

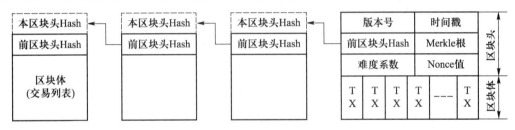

图 1.1 区块链结构

此外，区块链还有几个重要的说法：它是未来互联网的一种基础架构，是未来全球信用的基础协议，是未来互联网金融等信用和认证等领域的支撑技术等。总之，区块链实现了数据传输中对数据的自我证明，降低了全球"信用"的建立成本。这些表达传递的信息含义就是：区块链是一种革命，是一种创新性、颠覆性的技术。

1.2 区块链发展简史

目前比较公认的是区块链的相关理念诞生于 20 世纪 70 年代的密码朋克运动和密码学商用化浪潮，以美国物理学家 Timothy C.May、Eric Hughes、John Gilmore 等为代表的密码朋克核心人物，认为加密法将从根本上改变企业和经济行为。加密、数学、计算、哲学等多种技术融合，使用密码学、匿名邮件、数字签名和电子货币来保护隐私。David Chaum 提出的 eCash、Wei Dai 提出的 B-money，以及 Nick Szabo 提出的比特黄金都是早期的类似概念系统。

相关的重要先驱性技术如下。

- 1982 年，Lamport 提出拜占庭将军问题；David Chaum 提出密码学支付系统，其具有不可追踪的特性，是比特币区块链在隐私安全方面的雏形。

- 1985 年，提出椭圆曲线密码学。
- 1990 年，提出 Paxos 分布式协议。
- 1991 年，使用时间戳确保数字文件安全（被比特币采用）。
- 1992 年，提出椭圆曲线数字签名算法 ECDSA。
- 1997 年，Adam Back 发明 HashCash 技术——一种工作量证明算法，应用于阻挡垃圾邮件。
- 1998 年，Wei Dai 发表匿名的分散式电子现金系统 B-money，许多设计思想被比特币采用；Nick Szabo 发表比特黄金，参与者可贡献运算能力以破解加密谜题。
- 2005 年，Hal Finney 提出可重复使用的工作量证明机制 RPoW。
- 2008 年，比特币区块链诞生。

2008 年 11 月，一位自称中本聪（Satoshi Nakamoto）的人发表了《比特币：一种点对点的电子现金系统》一文，阐述了基于 P2P 技术、加密技术、时间戳技术、区块链技术等的电子现金系统的架构理念。2009 年 1 月，比特币第一个序号为 0 的创世区块诞生，几天后出现了序号为 1 的区块，并与序号为 0 的创世区块相连接形成了链，标志着比特币区块链的诞生。

以比特币为代表的第一代区块链技术，对推动区块链技术的发展起到启蒙和极其重要的示范作用，其早期的发展事件如下。

- 2008 年 11 月，中本聪在一个隐秘的密码学讨论组上发布了上述文章，阐述了其对电子货币的新构想，比特币由此问世。
- 2009 年 1 月，中本聪制作了比特币世界的第一个区块"创世区块"，并挖出了第一批共 50 个比特币。
- 2010 年 5 月，佛罗里达州程序员使用 1 万比特币购买了价值 25 美元的披萨优惠券，随着这笔交易诞生了比特币第一个公允汇率。
- 2010 年 7 月，第一个比特币平台成立，新用户暴增，比特币价格暴涨。
- 2010 年 12 月，中本聪在论坛发布了最后一篇文章。
- 2011 年 2 月，比特币价格首次达到 1 美元，此后与英镑、巴西雷亚尔、波兰兹罗提汇兑交易平台开张。
- 2012 年，瑞波币（Ripple）发布，其作为数字货币，利用区块链转移各国外汇。
- 2013 年，比特币暴涨，美国财政部发布了虚拟货币个人管理条例，阐明虚拟货币释义。
- 2014 年，以中国为代表的矿机产业链日益成熟，同年，美国 IT 界认识到了区块链对于数字领域的跨时代创新意义。
- 2015 年，美国纳斯达克证券交易所推出基于区块链的数字分类账技术 LINQ，进行股票的记录交易与发行。

对标互联网技术及其发展，以下技术对区块链也有着重要的借鉴和影响。

- 1974 年诞生的 TCP/IP，影响了区块链在互联网技术生态的地位。
- 1984 年诞生的思科路由器技术，是区块链技术的模仿对象，每台路由器均保存完整的互联网设备地址表，一旦发生变化则同步到其他路由器，确保每台路由器均能计算最短最快的路径。

- B/S（C/S）架构：是区块链试图颠覆的模式。1989 年欧洲物理学家 Tim Berners-Lee 发明万维网并放弃申请专利，此后 30 余年中，谷歌、亚马逊、Facebook、阿里巴巴、百度、腾讯等公司利用万维网 B/S（C/S）结构，成长为互联网巨头。
- 对等网络（peer-to-peer，P2P）：区块链网络的基础。
- 哈希算法：构建区块链、产生比特币和代币（通证）的关键。

2015 年以来，区块链从比特币中分离，形成独立技术体系，以下具有影响力的事件可使读者了解 2015 年前后区块链的热度和代表项目。

- 2015 年 7 月，以太坊发布 Frontier 版，开创区块链 2.0 时代。
- 2015 年 10 月，英国《经济学人》封面文章《信任机器——比特币背后的技术如何改变世界》中指出，区块链的价值远大于比特币。
- 2015 年，英国宣布区块链为国家战略，这一年在国际上被视为区块链元年。
- 2015 年 12 月，纳斯达克证券交易所首次在个股交易商使用区块链技术——一种基于区块链技术的交易平台 LINQ。
- 会计审计机构：主要会计师事务所均宣布进军区块链，例如德勤推出软件平台 Rubix。
- 银行体系：区块链联盟 R3 CEV 宣布 50 家银行联合发布 R3 分布式账本 Corda。
- 高盛、摩根大通、德银等机构以及 Blythe Masters（华尔街 CDS 女皇）普遍认为区块链将成为互联网金融的下一站。
- 英格兰银行拟发行中心化数字货币 RSCoin。
- 美国商品期货交易委员会尝试将区块链应用于票据交换。
- 科技企业：IBM 提出开放式账本项目（Open Ledger Project），并和三星展示了应用区块链技术控制互联设备的概念平台 ADEPT 等。

1.3　区块链为什么这么"火"

为什么区块链如此"火"，发展如此迅速，受各行各业如此之重视？唯一的答案就是该技术顺应了数字化时代发展的需要。下面看两个早期的概念案例。

案例一：2015 年 10 月，在美国举行了一个奇特的结婚登记——第一场区块链婚礼。如图 1.2 所示，两位新人将结婚誓言记录在了区块链上，整个过程没有登记机构或宗教的介入。区块链中将会有伴侣之间的真正结合条约，这是一个伴侣之间的数字合约，并且记录在了一个不可更改的区块链载体上。结婚登记其实是一种公证和公示，区块链所起的作用大致是类似的。由此可以深度思考，如果结婚可以用这种方式进行，其他社会事务是否也可以借助该方式完成？这其实已不再是一个纯技术问题，而是技术和社会问题的结合，是技术推动了人们生活方式的变革，具有上层建筑层面意义。区块链正是这样一种技术，而具有该特点的技术并不多，这也是区块链受到各方人士重视的原因，它代表的意义十分深远。上述案例给了人们很直观的理解，即区块链究竟能做什么。

图 1.2　区块链的早期概念案例

案例二：2016 年 4 月，为解决纽约布鲁克林街区供电系统的问题，即街道一边有电、另一边可能没电的问题，一家美国公司开发了区块链和智能合约结合的应用——在电表旁研发安装一个区块链盒子，如图 1.3 所示。该盒子应用于光伏发电系统，实现两个用电户的直接电力交易，可以明确知道发生的事件及其何时发生、消费者和生产者等。在区块链上撰写智能合约，并选择自己使用的电能来源、类型，甚至决定电源购买或赠予的对象。这是一个目标非常明确、解决问题十分具体的典型案例，其意义在于从软硬件角度实现点对点的自动设定交易，并且是具有存证和契约性质的网络经济活动，可以打破电力网络单一运营模式。人们同样可以深度思考该场景的未来应用途径。

图 1.3　点对点交易早期区块链概念案例

早在 2016 年，中国央行开始关注区块链技术，并提出人民币数字货币的构想和研究，中国的企业也对国内区块链技术开始布局和投资。2018 年初，人民日报《三问区块链》专版介绍了区块链技术及其对发展数字经济的作用，图 1.4 展示了 2018 年 5 月央视组织的一次区块链对话节目截屏，包括《区块链革命》作者、数字经济之父 Don Tapscott 等人对区块链的高度评价，认为区块链价值是互联网价值的 10 倍，是互联网的第二个时代。Gartner 报告评区块链为 2017 年十大关键技术之一，评论认为区块链是世界第九大奇迹，目前没有任何一种技术像区块链那样，会给未来社会的变革带来如此广泛的可能性。浏览器之父 Marc Andreessen 认为"区块链是互联网上一直被需要却又一直没有实现的分布式可信网络，它把一切问题都解决了，可以得诺贝尔奖"。

图 1.4　对区块链的评价

那么，区块链为何会获得如此高的期待和评价呢？这可以追溯到算力的目标和演变。从公元前 3000 年的算筹到计算机再到互联网，人类追求的是算力的更高、更快和更强，计算对象也处于无止境的变革之中。在数字经济大潮中，基于互联网的各种孪生形式成为各国政府高度重视发展的业态，例如泛在社会（ubiquitous society，在任何时间、任何地点、任何情况下都可以随时交换信息的社会）、数字社会（digital society，在数字社会中将把实体社会中人们的生活方式、信用、法律甚至文化等依存关系和价值观念实现到互联网中的虚拟社会重构，在该虚拟社会中，如何构建数字化法律、可信机制和数字基础设施就成为了基石）等。Gartner 报告称 2016 年是数字社会元年，而智能合约作为可编程的新经济的基础，算法会以透明和开源代码的方式，在区块链（blockchain）中自由设定，而数字社会是一种可编程的经济（programmable economy）。这也许就是区块链受到如此广泛关注的原因。

区块链的应用带来的经济价值是巨大的，主要体现为变革模式、去中介化和提升效率带来的成本降低。

高盛报告给出了一个早期区块链金融应用的案例，图 1.5 是金融领域中多个中间机构参与杠杆贷款交易的过程，大致需要以下 6 个流程（约 21 天）。

（1）T+21 的结算周期。

（2）买卖方匹配。

（3）获取买方同意。

（4）更高的监管要求。

（5）缺乏电子化结算平台。

（6）对交易经济细节存在异议。

而采用将区块链技术融入其中几个过程的信息系统后，许多金融规则和审批流程可以预设进智能合约，自动触发执行，并在区块链中进行数据流转，减少了银行等中间机构的参与。据高盛报告统计，该工作可节省约 30% 的人力成本，使运营开支节约超 1.3 亿美元，流程时间也从原来的 21 天减少为 7 天，从而达到提升智能化、数字化水平以及降本增效的作用。区块链是解决多重体制协同的有效技术手段。

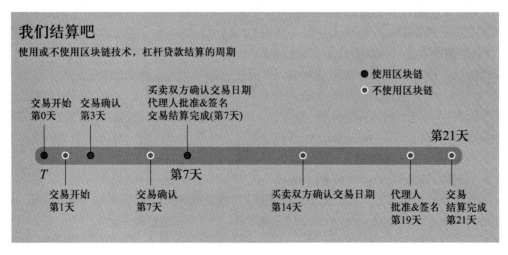

图 1.5 杠杆贷款交易过程

另一个著名的案例是 Ripple 区块链项目，它提供了一个跨境支付的区块链解决方案。当前国际汇兑体系采用环球同业银行金融电讯协会（SWIFT）的汇兑模式，当中国家长要给在美国上学的孩子汇去 1 万美元时，除了银行按 0.1%的比例收取的手续费（约 60 元人民币），还需要向银行支付约 150 元人民币的所谓"电信费"，而 Ripple 区块链联合多个国家的银行参与到 Ripple 协议之中，就意味着无须自行建造大型的数据中心进行清算交易的数据处理，可大幅提速降本，这对垄断行业是一种颠覆性威胁。于是 SWIFT 同时表示，计划通过整合类似于区块链的全新技术，改进其跨境支付手段，这样就促进了行业的变革。技术从未像现在这般影响着人们的生活和社会的进步。

综上，区块链技术理论上实现了数据传输中对数据的自我证明，超越了传统和常规意义上需要依赖中心的信息验证范式，降低了全球"信用"的建立成本。正如《失控》一书中力图传递给人们的思想：这些力量并非命运，而是轨迹。它们提供的并不是人们将去往何方的预测，而是告诉人们，在不远的将来，人们会向哪些方向前行，必然而然。未来已来，只是尚未流行。区块链技术革命大潮正在形成。

1.4 区块链的技术体系

目前比较公认的是，按区块链技术的发展历程将区块链技术分为三代：第一代以可编程数字加密货币为主要特征，代表项目为比特币区块链；第二代以可编程金融系统为主要特征，融入了智能合约技术，为股权众筹和 P2P 借贷平台等各类基于区块链技术的互联网资产化金融应用，代表项目为以太坊；第三代以可编程社会为主要特征，这一概念还有待完善和实践。

而早期一般认为，区块链从用途和规模上大致分为以下 3 类。

1. 公有区块链（public blockchain）

公有区块链是指全世界任何人都可读取的、任何人都能发送交易且交易能获得有效确认的、任何人都能参与其共识过程的区块链，共识过程决定哪个区块可被添加到区块链中和明确当前状态。作为中心化或准中心化信任的替代物，公有区块链的安全由"加密数字经济"维护，采取工作量证明机制或权益证明机制等方式，将经济奖励和加密数字验证结合，并遵循一般原则——每个人从中可获得的经济奖励与对共识过程作出的贡献成正比。

2. 联盟区块链（consortium blockchain）

联盟区块链是指其共识过程受到许可节点控制的区块链。联盟的每个机构都运行着一个节点，并且为了使每个区块生效需要获得其中多个机构的确认（2/3 确认）。区块链允许每个人都可读取，或者只受限于参与者，或走混合型路线，例如区块的根哈希及其应用程序接口（application program interface，API）对外公开，API 允许外界用其进行有限次数的查询和获取区块链状态的信息。

3. 私有区块链（private blockchain）

私有区块链是指其写入权限仅由一个组织控制的区块链。读取权限或者对外开放，或者被任意程度地进行了限制。相关的应用囊括数据库管理、审计，甚至一个公司，尽管在有些情况下希望其能拥有公共的可审计性，但在大多数情形下，公共的可读性并非是必需的。

但私有区块链很难体现区块链公平可信的特征，因此目前不常提及。而公有区块链体现了区块链的本源思想，但由于其应用目标有限，规模需足够庞大，构建和应用对实体经济而言比较困难，因此，联盟区块链成为了实体经济的一种常用形式。但是随着区块链应用的不断扩大，链的规模不断扩大，已经无法局限于某个领域或行业的联盟应用，而在于链网融合、跨链和跨领域的扩展，正如早期从局域网向互联网的发展过程，多链互通、汇链成网成为了发展趋势。在新基建的建设目标指导下，人们认为，一种可扩展的新型区块链类型应当成为一种主流，可以称之为基础设施区块链，即建立跨领域的、地域的、多链互联的基础骨干链，支持区域的多经济体公用，是介于公有区块链和联盟区块链之间的一种形态，在这里公有区块链和联盟区块链之间的界限将越来越模糊，不同的只是权限控制的接入不同和规模应用的不同。此处给出一个新的区块链分类。

4．基础设施区块链（infrastructure blockchain）

基础设施区块链权限由政府或公益性组织公信管理或监管，规模可以覆盖区域（省级、市级、县级）行业应用和数据存储，由足够数量的骨干共识节点保障系统的可信性和公信性，支持新型的跨链、分片和链上链下互通，提供良好的接入、服务和智能合约应用接入，用户分层可设置访问控制权限，从而形成一种基础链网，并可延展扩大成为国家级骨干链网，同时与现行云网端形成接入，融合工业标识和数据互联网等，形成区块链端的可信服务。

区块链技术体系中存在 3 个方面的关键技术需要重点理解和掌握，即区块链基础架构、DAC 自组织技术，以及智能合约技术思想，其中智能合约将在下一节中单独介绍。

（1）区块链基础架构

需要理解和掌握区块链的分层架构及其各层的关键技术，一个典型的区块链基础架构可分为数据层、网络层、共识层、激励层、合约层、应用层 6 层，如图 1.6 所示。

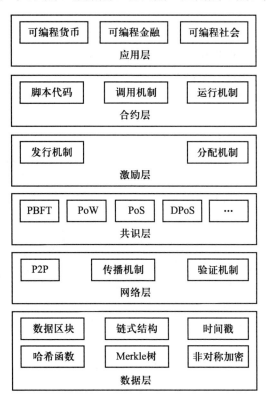

图 1.6　典型区块链基础架构

其中，重要知识点包括：数据层作为区块链基础架构的底层，定义了数据区块及链式结构，并且提供了时间戳、哈希函数、Merkle 树、非对称加密等安全加密基础范式；网络层包括 P2P、传播机制和验证机制，提供区块链系统的网络传输服务；共识层作为区块链模型中的核心部分，提供了 PBFT、PoW、PoS、DPoS 等多种共识算法；激励层作为促进区块链生态稳定发展的一层，提供了包括发行机制、分配机制在内的多种奖励机制；合约层主要包含脚本代码、调用机制、运行机制等智能合约工具，实现了区块链可编程的特性；应用层是多种应用的集合，对应各种不同的应用场景，通过多种应用的组合实现区块链的项目落地。

此外，侧链技术、预言机技术、跨链技术、链上链下互通技术、公证人网络、分片并行架构等均为重要的区块链扩展技术。

区块链技术最重要的特点如下。

① 区块链网络是公开的，节点知道过去发生的所有数据记录，之前的区块真实性得到严格保证。

② 修改数据几乎不可能，需要重新构造一条长度大于原始长度的链，才能制造双重花费等虚假数据。

③ 多节点存储设置：各节点保存了大量完整数据。

④ 加密机制：采用哈希机制的多重加密手段。

⑤ 共识算法：各种共识算法对交易和构造区块进行确认和验证。

⑥ 经济规律：令作恶付出的代价远远大于能够获得的收益，促使参与者自愿为善。

（2）DAC 自组织技术

自治管理与滚雪球式增长是区块链系统最本质的特征以及组织方式，也是构建一个区块链系统需要考虑和掌握的设计思想。如图 1.7 所示，分布式自治系统（distributed autonomous corporation，DAC）是指通过一系列公开公正的规则，可以在无人干预和管理的情况下自主运行的组织系统。这些规则往往会以开源软件的形式出现，每个人可以通过购买股份或提供服务的形式获得股份并成为系统的股东。系统的股东可以分享机构的收益，参与系统成长，并且参与系统的运营。

DAC 就像一个全自动的机器人，当全部程序设定完成后，就会按照既定的规则开始运作。当然，在运作过程中还可根据实际情况不断进行自我维护和升级，通过不断进行自我完善来适配其周围的环境。

区块链、智能合约和 DAC 之间的关系就如同一个高速信息公路网络，区块链构建高速信息公路，而智能合约可以制造出各种承载信息业务的车辆，DAC 则像自动的交通规则，该基础设施可以发挥无穷的想象和商业模式。

图 1.7　DAC 的机制

《区块链革命》一书中总结了 7 条区块链的设计原则，具体如下。

① 网络化诚信：通过共识机制构建信任网络，无须机构担保，实现可信记录。

② 分布式自治：解决人类最棘手的社交问题，每个参与者当家作主。

③ 价值激励：激励参与者做正确的事。

④ 安全性：更加安全、加密、透明的价值交易。

⑤ 隐私性：参与者匿名性和隐私保护，阻止监控社会。

⑥ 权利保护：尊重个体权利，交易附带时间戳。

⑦ 包容性：降低参与者门槛，无须各种证明，支持全球贸易。

上述内容同样是下一代高效能创新、组织及系统的重要设计原则。

1.5　智能合约

以一个未来的汽车交易场景——汽车贷款为例，如果贷款者不还款，则合约程序将自动收回发动汽车的数字钥匙，对汽车经销商而言这种智能合约将很有吸引力。该例是密码学家 Nick Szabo 于 1994 年给出的一个场景，也是他首次提出"智能合约"（smart contract, SC）的概念。相比复杂的涉及用户、汽车经销商和银行的贷款行为和手续，智能合约是能够自动执行合约条款的计算机程序，可以编程自动执行"合约"条款，用计算机代码代替机械设备，进行更复杂的数字财产交易。未来的某一天，这些程序甚至可能取代处理某些特定金融交易的律师和银行，即"智能财产能够以智能合约内置到物理实体的方式创造出来"。随后在 2002 年，Nick Szabo 设计了一种名叫"比特黄金"的数字货币机制，认为智能合约可以支持电子数据交换（electronic data interchange，EDI）、证券期权等合成型资产（synthetic asset）的交易。

Nick Szabo 进而创造性地提出"智能合约就是执行合约条款的可计算交易协议"，这个简单而朴素的抽象却蕴含了深远博大的意义，因为它涉及了人类社会最基础的经济活动——交易和协议，而且是由计算（程序）完成的。这对未来数字社会的潜力显而易见，因为它将人、交易、法律协议以及网络虚拟世界之间复杂的关系程序化了。也许有一天人们会惊讶地发现，生活中合同、律师、公证、保险、交易所、银行，甚至法院的部分职能均被智能合约（程序）所代替。由此可见，智能合约的概念宽广而深刻，在技术发展的历史长河中，许多简单、自然的思想往往是一种发展基石，而智能合约完全可能成为数字社会的基石之一。正如互联网发展过程中建网和网络应用关系一样，链上无所不在的智能合约将是区块链浪潮中最重要、最活跃的技术。

智能合约有许多非形式化的定义，这里列举几个供读者从不同角度理解的本质内涵和意义。

- 智能合约通过使用协议和用户接口来促进合约的执行（Nick Szabo）。
- 智能合约是指用程序代码编写的合约，其条款由程序执行（Mark S. Miller）。
- 智能合约是指基于区块链的可直接控制数字资产的程序（Ethereum）。
- 智能合约是指运行在可复制、共享账本中的计算机程序，可以处理信息，接收、存储和发送价值。
- 智能合约是一段代码，被部署在分享的、复制的账本中，可以维持自己的状态，控制自己的资产和对接收的外界信息或资产进行回应。

维基百科给出的定义如下。

Smart contracts are computer protocols that facilitate, verify, or enforce the negotiation or performance of a contract, or that obviate the need for a contractual clause. Smart contracts usually also have a user interface and often emulate the logic of contractual clauses. Proponents of smart contracts claim that many kinds of contractual clauses may thus be made partially or fully self-executing, self-enforcing, or both. Smart contracts aim to provide security superior to traditional contract law and to reduce other transaction costs associated with contracting.

总的来说，一个智能合约是一套以数字形式定义的承诺，包括合约参与方可以在其上执行这些承诺的协议。其中，承诺是指合约参与方同意的权利与义务，这些承诺定义了合约的本质和目的。数字形式意味着合约必须写入计算机可读的代码中，只要参与方达成协议，智能合约建立的权利和义务即由计算机或计算机网络执行完成。协议是指技术实现，在此基础上合约承诺被实现，或者合约承诺实现被记录。

Nick Szabo 提出的智能合约理论几乎与万维网（World Wide Web，WWW）同时出现，但应用实践却一直严重落后于理论，没有找到将该理念转变为现实的清晰路径。其主要面临 3 个方面的问题：一是资产需要数字化和数字资产的账本化，二是合约方需要一个受信任的执行环境，三是代码合约需要有类似合同盖章的不可随意变更和可审核的机制。而区块链技术的出现解决了上述问题，从而触发了智能合约的应用。区块链为完全数字化资产的记录和转移奠定了基础，通过完全数字化的资产和分布式账本，区块链使计算机代码可以控制资产，资产的控制就是控制资产对应的密钥，而非任何实物。区块链也成为了互联网中最可信的机制，同时，一旦智能合约代码成块进入区块链，合约方即可确定合约不会被更改，就像合同盖了红章。由于区块链的开放性，智能合约还可以被备案、监管和审计。

第二代区块链最重要的发展在于融入了智能合约的机制，智能合约可以由多种图灵完备的编程语言编写。由于智能合约存储在区块链中，因此也可以保证其不可篡改性、预设规则性、法律契约性，以及共识存储在区块链中的不可篡改性，使智能合约创造了全新的区块链技术生态。

图 1.8 为智能合约与区块链结合的概念模型。智能合约代码被部署在复制的、共享的区块链账本中，其能够维持自己的状态，控制自己的资产（状态、资产与代码一样，被存储在账本中），还能够对接收的外界信息进行回应。

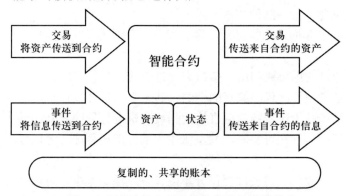

图 1.8　智能合约与区块链结合的概念模型

下面是一个简单的智能合约示例，Alice 从 Bob 处以每股 50 美元的价格，购买 Bob 在 Acme Inc 公司的 100 份股票，该约定和交易条件可以描述为以下软件代码。

```
contract Option {
    strikePrice = $50
    holder = Alice
    seller = Bob
    asset = 100 shares of Acme Inc.
    expiryDate = June 1st, 2016
    function exercise ( ) {
        if Message Sender = holder, and
        if Current Date < expiryDate, then
            holder send($5,000) to seller, and
            seller send(asset) to holder
    }
```

当条件满足 function 函数中 if 语句约定的条件时，会自动触发合约执行，财产就会被自动转移，这里合约就表达为了一个简单的条件程序语句。合约建立与执行时，首先将上述合约编译成代码，然后在区块链中建立合约账户，用于存储合约和管理与合约相关的数据。可以看出这是一个简单的合约，而以以太坊为代表的第二代区块链正是由于与该类简单智能合约融合而引发了区块链的热潮。可以看出，智能合约的潜力十分巨大。

由此可以预测，智能合约的发展也可分为三代。

（1）第一代是目前较为常用的简单链上代码，多为目前以太坊项目中简单的 if-then-else 语句的合约，只是一些简单流程性的代码，不含复杂性逻辑和智能内容。

（2）第二代是已经或将要广泛应用的契约型智能合约，即表达契约关系的代码。例如购物合约、出租合约，以及医患关系、保险关系、追溯等的合约，具有一定承诺和约定的智能表达，可以通过律师或现有契约模板，将其转换为代码形成智能合约。

（3）第三代将是智能合约的高级或智能时代，主要表现为代码即法律合约，具有存证和判据，符合法律规制或法律规则的代码化，是更智能、更高级的智能合约。

众所周知，第二代区块链由区块链技术和智能合约结合而触发，带来了 2015 年以来区块链的快速发展和繁荣。对于第三代区块链的代表形态，业界一直存在很大争议，人们认为第三代区块链的一个显著特征是应当融入法律要素和人工智能技术。从这个角度讲，可以预测与前期区块链技术先行不同，第二代和第三代智能合约的发展将会先行，并触发下一轮区块链热潮，这也是智能合约最有前途的发展应用。

本章小结

本章力图给读者一个区块链发展、意义、技术体系和设计理念的思维精义，帮助读者入门和理解区块链，指导后续的学习。目前，区块链应用已经远远超出以数字货币或金融账号交易为主的场景，在数字治理、存证、溯源、大数据等众多领域具有强劲的增长需求，链上形态也日益丰富，形成链网融合的发展格局。区块链架构、协议、基础数据结构和应用接口呈现多元化交叉共存的局面，当前应用对跨链交易、性能和系统扩展性产生了极大需求，"多链互通、链网融合"是当前区块链技术王冠上的明珠、发展战略的制高点。区块链技术学习需要本着"区块链新思维、理论与技术应用并重"的理念，重点围绕多学科技术融合，学习把握区块链架构设计、区块链部署与设计、智能合约编程、应用场景方案设计，以及系统性能优化等技术的融合与发展。

习题 1

1. 请简述你对区块链的理解。
2. 请简述区块链的起源和发展简史。
3. 区块链的类型有哪些？
4. 区块链的近年发展标志项目有哪些？
5. 请简述区块链的体系结构分层模型。
6. 区块链的设计原则有哪些？
7. DAC 思想和组织与区块链有哪些结合？
8. 你认为需要学习和掌握哪些区块链技术？
9. 智能合约的概念和意义是什么？
10. 为什么说区块链适应了数字社会的发展？

第 2 章　分布式系统基础

区块链是一种分布式技术，而人类对分布式系统的需求几乎伴随计算机技术的诞生和成长，例如早期的协同需求，包括火车售票系统各网点的协同、工厂生产系统中各产品线车间的协同、自动售货机、航空航天高安全容错控制系统等。分布式计算系统与集中式计算系统一直在相互矛盾而又相辅相成中发展前进，其背后蕴含许多基础理论知识、思维和创新模式。从航空电子到集群计算、网格计算、云计算、P2P、移动计算乃至区块链技术，都蕴含了分布式的思想和技术，每次模式创新和应用都极大地促进了信息技术的进步，改革了信息系统的作用，产生了大量新商业模式，从而影响了人类的生活方式，区块链也不例外。

2.1　什么是分布式系统

2.1.1　分布式系统定义与概念

分布式系统发展的一个重要时期是 20 世纪 70 年代，业界试图从基础理论体系上定义和建立分布式系统，一些比较著名的定义如下。

英国计算机协会于 1978 年提出，分布式系统中包含多个独立但又具有交互作用的计算机，针对一个公共问题进行合作，其特性是包含多个控制路径，负责执行一个程序的不同部分而又相互作用。

P.H. Enslow 于 1978 年给出的分布式系统定义如下。

（1）包含多个通用资源部件（物理的或逻辑的），可以在动态基础上被指定给予各个特定的任务。

（2）各个资源部件在物理上是分布的，并经过一个通信网相互作用。

（3）具有一个高级操作系统，对各个分布的资源进行统一和整体的控制。

（4）系统对用户透明。

（5）所有资源必须高度自治地工作而又相互配合，系统内不存在层次控制。

而最为简洁明了的是分布式系统专家 Andrew S.Tanenbaum 给出的富有哲理性的定义："A distributed system is a collection of independent computers that appear to the users of the system as a single computer."

上述定义深刻地揭示了分布式系统应当具有如下共同特性。

（1）软硬件结构上具有模块性。

（2）工作方式上具有自治性。

（3）系统功能上具有协同并行性。

（4）对用户具有透明性。

（5）运行时具有坚定性。

其中，系统的透明性是其最重要的特性，它对用户屏蔽系统组件的分散性。ISO 国际组织于 1992 年给出了透明性种类的如下 8 种基本类型。

（1）访问透明性：以相同操作访问本地和远程资源。

（2）位置透明性：无须知道资源位置即可访问。

（3）并发透明性：多个进程能够并发共享资源，互不干扰。

（4）复制透明性：无须知道副本的存在。

（5）故障透明性：屏蔽错误。

（6）移动透明性：在不影响应用的情况下，允许资源和客户移动。

（7）性能透明性：当负载变化时允许系统重构。

（8）伸缩透明性：在不改变系统结构的前提下，允许系统扩展。

总体来说，以下特点决定了分布式系统与集中式系统存在很大不同，以及要解决的重要问题。

（1）一组由网络互联的、自治的计算机和资源。

（2）资源为用户所共享。

（3）可以集中控制，也可以分布控制。

（4）计算机可以同构，也可以异构。

（5）分散的地理位置。

（6）分布式故障点。

（7）不存在全局时钟。

（8）多数情况下不存在共享内存。

分布式系统的主要组织体系结构如图 2.1 所示，可以将其视为一种构建在单机及异构操作系统中的中间件组织形式，中间件层分布在多台主机上。

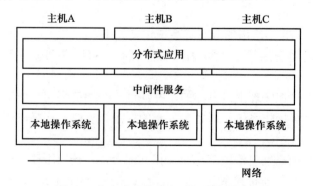

图 2.1　分布式系统的主要组织体系结构

2.1.2　分布式系统的目标

分布式系统的目标是使用户能够方便地访问资源，通常资源在一个网络中隐蔽地分布，包括计算机、存储、打印机、文件、数据等，以及协作、交换和信息安全等。系统要求是开放的、可访问的和可扩展的，分布式系统需要具备较高的可扩展性，主要包括如下内容。

（1）规模上可扩展：大规模的节点会带来管理和效率等问题。

（2）地域上可扩展：地域扩展时将受限于网络协议、通信和性能等。

（3）管理上可扩展：对一个跨越多个独立管理域的分布式系统进行扩展。

分布式系统具体实现时需要考虑以下若干目标的组合，从而达成某种目标系统。

（1）集成性：来自大量实际需求。例如，一些传统系统拥有不可替代的大量数据和软件，形成了若干"孤岛"，需要改造集成；各生产厂商生产的标准各异的应用系统需要互联集成等。

（2）资源共享：分布在各地的资源是可交互的，大量信息的共享、获取数据库资料和各种服务是互联系统的重要需求。

（3）协同工作：企业内部、企业之间或团队之间需要既独立又协同地工作，例如银行系统、航空、铁路售票和管理系统、旅馆业务等。

（4）任务并行：多机并行是解决高性能计算的最终途径。

（5）可靠与容错：对于许多存在高可靠性要求的系统，多机互为备份是根本的解决方法。

（6）自治性（autonomy）：每个处理单元在系统中拥有的自主权和控制本地资源的权限等。

（7）透明性（transparency）：用户需对各类资源的了解和控制程度。

（8）异构性（heterogeneity）：互联系统是由同构处理单元还是异构处理单元组成。

（9）并行性（parallel）：包括并行机制和规模、并行管理、并行任务的粒度等。

（10）互协性（interoperability）：各互联单元之间协同工作的能力。

（11）可扩展性（expansibility）：系统是否能够方便地扩展规模和功能。

（12）安全性（security）：如何保证交互信息可靠、正确和不受干扰。

分布式的扩展技术主要包括隐藏通信等待时间、分布和复制技术等，但每种技术在应用时都会带来一些矛盾问题，称为 trade off 问题，这也是分布式系统的特点和难点所在。

（1）隐藏通信等待时间：采用异步通信方式，将部分工作分散给客户，启动新控制线程执行请求，有助于地域扩展。

（2）分布（distribution）技术：将某组件分割为多个部分并分散到系统中。

（3）复制技术：例如数据库的多个副本，能够增加可用性，有助于负载均衡等。

当然带来的新问题也会非常多，包括一致性和同步机制问题等，有趣的是，管理分布式系统的系统通常也为一个分布式系统，例如域名系统（domain name system，DNS）管理因特网。

分布式系统的基本应用范式如下。

（1）消息传递：基本操作 send/receive。

（2）客户-服务器：HTTP、FTP 等。

（3）对等网络：允许任何设备成为一种服务器，例如 Napster 文件传输服务。

（4）远程过程调用（RPC）：利用 SUN API、DCE API、SOAP 等实现支持 Web 的远程过程调用。

（5）分布式对象模式：分为 3 种模式。一是远程方法调用（remote method invoke，RMI），例如面向对象的 RPC；二是对象请求代理模式，即对象请求代理充当中间件角色，例如 CORBA；三是基于构件的技术，例如 COM、DCOM、Java Bean、EJB 等。

（6）移动 agent：携带执行路线，负责携带并传递数据，例如 Concordia、Aglet 等。

（7）网络服务：服务对象注册，允许请求者查询和访问服务。

（8）协同应用（群件）：参与协同的进程形成一个组。

（9）对象空间：某一应用的所有参与者均集中到一个公共对象空间、虚拟空间或会议室对象，例如 JavaSpaces。

2.1.3 分布式发展思维

计算机自 1946 年发明和应用以来，对现代科学技术和社会发展，乃至人们的生活方式都产生了巨大影响，其中一个非常重要的方面就是思维的改变和创新，例如互联网思维其实是推动互联网发展和成功应用的核心。分布式思维的建立在某种程度上比互联网思维建立的难度更大，因为大多数人已经习惯集中式计算模式，并且分布式计算模式的实现难度、涉及面和规模要大得多。因此，了解和建立分布式思维是区块链从业人员的基础和关键。

Gregory F.Pfiste 在其经典著作中总结了一个基本的计算思维逻辑，该逻辑其实也是人们生活中的通用准则，但却是大道至简的哲理，即思维的模式是按需升级的。

（1）Work harder：努力工作思维，即计算系统规模持续增大。

（2）Work smarter：在计算能力受限的情况下，需要优化算法、机制和技巧以提升性能。

（3）Get help：并行协同工作模式，可扩展性构建系统。

可以看到，计算技术的发展正是遵循这样的规律——系统规模持续增大，逐步演变为现在的机群、云模式，分布式系统正是协同工作模式的集大成者，也是计算思维的高级形式。2003 年 5 月，Nicholas G. Carr 在美国《哈佛商业评论》发表文章《IT 不再重要》，引发业界的激烈辩论。其核心思想是，随着分布式云计算、大数据中心和机群式的发展，计算能力也会拥有与电网相似的发展趋势，即信息服务的公用化、无所不在以及随取随用，而这也是分布式系统的重要实现方式。

如图 2.2 所示，分布式思维的一个著名案例是狼群协同模式。第二次世界大战初期，德国潜艇采用狼群战术对盟军大型军舰展开协同式攻击，起到了很好的效果，因此，狼群协同模式被广泛重视。

图 2.2 狼群协同模式

　　美国网络战战略家 Jeff Cares 总结了一些狼群的特点和协作模式，非常具有模仿价值。

　　（1）低带宽通信：狼群依靠竖尾、表情转达交互信息，简洁有效，相当于互联协议。

　　（2）层次管理：分层次管理，头狼分层传递组织，通过等级传递变化队形，相当于领导者（leader）节点层次。

　　（3）实时动态重组：可以灵活组建不同战斗组来攻击不同猎物，包括不同的策略，例如攻击小鹿或驼鹿会采用不同的策略，相当于调度算法。

　　（4）协同分工：一旦发动攻击，各只狼会分工合作攻击不同部位，相当于自组织协同。

　　（5）冗余结构：当一只狼受伤或退出时，另一只将接替，相当于分布式的容错机制。

　　因此，狼群协同模式不仅存在成功案例，也被自觉或不自觉地应用，其原理说明了一个十分重要的思想，即复杂的集体行为能够通过简单的个体行动的自同步来实现，这也正是区块链等分布式系统的重要构建思想。

　　同样地，《失控》的作者 Kevin Kelly（KK）研究了蜂群（如图 2.3 所示）、蚁群等的行为模式，提出了著名的"KK 九律"，被视为分布式思维的经典。

图 2.3　蜂群的行为模式

　　（1）分布式：系统最大的优点就是被整体破坏的可能性非常小。

　　（2）自下而上的控制：系统应当尽可能实现层级扁平化，使系统自下而上工作。

　　（3）递增收益：系统收益越多，使用越多，就会带来越多的收益递增。

　　（4）模块化生长：使系统的可重组性、可维护性最为灵活和方便，即使某个组件出现问题，也不会影响系统整体。

　　（5）边界最大化：关注一个系统的边界和可覆盖的随机事件，以包容实际运行。

　　（6）鼓励犯错：允许和包容小错误，并鼓励从错误中学习和进步。

　　（7）不求最优化：分布式系统中的许多问题都是没有最优化的 NP 问题，需寻求次优思想。

　　（8）谋求持久的不均衡态：系统能够在一种边界运行，谋求一种不均衡下的长期运行。

　　（9）变自生变：变是本质，常常发自内心。

　　《失控》的作者借助生命物种的一些规律和模式，从哲学的角度总结出上述 9 条对分布式系统具有重要指导性的思维模式，值得高度关注和理解。作为一个战略家，KK 曾预言了许多重要的互联网发展趋势和规律。

2.2 基本定理与术语

2.2.1 CAP 定理

CAP 定理是指在一个分布式系统中，一致性（consistency）、可用性（availability）、分区容错性（partition tolerance）三者不可兼得的定律。

CAP 定理指出一个共识的规律，即考虑设计一个分布式系统架构时，或满足 AP，或满足 CP，或满足 CA，但是不可能完全满足 CAP。如果在某个分布式系统中数据无副本，那么系统必然满足强一致性条件，因为只有单一数据，不会出现数据不一致的情况，此时 C 和 P 两要素兼备；但是如果系统发生了网络分区状况或宕机，则必然导致某些数据无法访问，此时可用性条件就无法满足，即在此情况下获得了 CP 系统，但是 CAP 不可同时满足，如图 2.4 所示。

（1）一致性（C）：分布式系统中的所有数据副本在同一时刻是相同的值（等同于所有节点访问同一份最新的数据副本）。

存在 3 种一致性策略：对于关系数据库，要求更新后的数据对所有后续访问可见，是强一致性；如果允许对后续或全部访问不可见，是弱一致性；如果经过一段时间后要求能够访问更新后的数据，是最终一致性。CAP 中提到不可能同时满足的一致性通常指强一致性。

（2）可用性（A）：保证每个请求无论成功或失败均能获得响应。

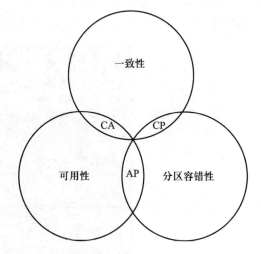

图 2.4　CAP 定理示意图

好的可用性主要是指系统能够很好地为用户服务，不会出现操作失败或访问超时等用户体验不佳的情况。一个分布式系统上下游设计许多系统，例如负载均衡、Web 服务器、应用代码、数据库服务器等，任何一个节点不稳定都可能影响可用性。

（3）分区容错性（P）：系统中任意信息的丢失或失效不会影响系统继续运作。

提高分区容错性的方法是将一个数据项复制到多个节点，则当出现分区后，该数据项就可能分布到各个区。然而，将数据复制到多个节点会带来一致性问题，即多个节点中的数据可能不一致。要保证一致性，每次写操作就要等待全部节点写成功，而这种等待又会带来可用性问题。总的来说，数据存在的节点越多，分区容错性越高，但要复制更新的数据就越多，一致性就越难保证。为了保证一致性，更新所有节点数据所需的时间就会增加，可用性就会降低。

2.2.2 BASE 理论

BASE 理论的核心思想是：即使无法实现强一致性，但每个应用都可以根据自身业务特点，采用合适的方式使系统达到最终一致性，做到基本可用。

其中，最终一致性是指系统中的所有数据副本在经过一段时间的同步后最终达到一致的状态。弱一致性和强一致性相反，最终一致性是弱一致性的一种特殊情况。基本可用是指分布式系统在出现不可预知的故障时，允许损失部分可用性，例如响应时间上的损失、功能上的损失等。

2.2.3　加速比理论

加速比（speedup）定义为一个程序串行执行和并行执行所用时间的比值，用于衡量一个并行执行程序的效能。

设 Ts 为串行执行的钟表时间，Tp 为并行执行的钟表时间，则加速比 $Sp=Ts/Tp$。

设 ts 为程序中必须串行执行部分的串行执行时间，tp 为程序中可并行部分的串行执行时间，并行处理机数量为 n，则 $Ts=ts+tp$，$Tp=ts+tp/n$。

令 $f=tp/Ts$ 为并行化率，即 $tp=f \times Ts$，则 $Sp=Ts/Tp=Ts/(ts+tp/n)=Ts/[(1-f)Ts+(f \times ts)/n]=1/[(1-f)+f/n]$，当 $n \to \infty$ 时，$Sp \to 1/(1-f)$。

Amdahl 定律：$Sp=1/[(1-f)+f/n]$，当 $n \to \infty$ 时，$Sp \to 1/(1-f)$。

该定律说明了以下重要结论。

（1）当程序中的串行成分一定时，处理机增加到一定数量时，即便再次增加处理机数，加速比也不会无限增大。

（2）程序的串行部分是瓶颈，为获取良好的加速比，应使并行化率尽可能大。

扩展的 Amdahl 定律：$Sp=(1-f)+f \times n$。

该定律基于以下有意义的假设：当并行机数量增大时，程序的工作量也随之增大，且增大的为并行部分。在这种情况下，加速比是处理机数的线性函数。

学习分布式系统需要了解以下基本概念术语。

（1）作业（job）：在本书中，一个作业是指一个完整的、独立的用户程序。

（2）任务（task）：由作业划分的可独立执行的子程序模块。

（3）任务划分（task partition）：按照约定和标志，将大型程序划分为相对独立而又相互联系的可并行执行的程序模块（任务），该模块可以是一个子程序、一段语句或更小的单位。

（4）任务分配和调度（task allocation/scheduling）：按照当前系统工作资源状况、用户要求和任务分配调度算法将任务分配给各处理机执行，如果任务之间不存在先后关系限制则称为任务分配，如果任务之间存在先后关系限制则称为任务调度，需要同时考虑任务的执行顺序。

（5）任务同步（task synchronization）：实际上，各个划分任务尽管能够在不同处理机上独立并行执行，但这些任务之间常常需要交换中间数据或等待彼此的某些执行结果才能继续执行。

（6）聚集带宽：网络中从一半节点到另一半节点的通信传输速率，例如网络中存在 512 个节点，每对节点之间的传输速率为 40 Mbps，则网络聚集带宽为（40×512）/2=10.24 Gbps。聚集带宽常用于网络计算环境。

（7）粒度（granularity）：各个处理机能够独立并行执行任务的大小的度量，也可用任务的执行时间衡量。

（8）负载（load）：处理机承担的任务量。

（9）负载指标（load index）：一种统一检测处理机负载轻重的指标，可用作负载指标的参数有很多，例如存储器剩余量、就绪队列长度、CPU 利用率等。

（10）负载向量（load vector）：由于执行程序的变化，负载常是动态变化的，因此需要经常获取当时的多个负载指标形成一个数据结构，称为负载向量。

（11）系统吞吐量（throughput）：网络并行系统也可被视为具有较高处理能力和大容量存储器的巨型机，可同时处理来自许多用户的顺序或并行作业，这种作业处理速度称为系统吞吐量。

（12）并行完成时间（parallel complete time）：整个并行程序的完成时间。

（13）减速比（slowdown）：任务的钟表时间（clock time）和所用 CPU 时间之比，钟表时间包括任务的等待、迁移和执行时间。

（14）平均响应时间（mean response time）：响应时间是指任务从提交到结束的时间，系统的平均响应时间是指系统中所有任务的平均响应时间，反映的是系统的整体性能。设任务的到达率为 λ，系统的服务率为 μ，则系统平均响应时间为 $T=1/(\mu-\lambda)$。

（15）系统可用性：系统可用性定义为 $MTTF/(MTTF+MTTR)$，其中 $MTTF$ 为平均无故障时间（mean time to failure），$MTTR$ 为平均维修时间（mean time to repair）。

（16）可伸缩性（scalability）：一个并行程序是可伸缩的，随着计算问题的增大和处理机数目的增多，其能够获得线性增长的加速比。

（17）确定性（determinism）：一个程序每次运行时的语句执行顺序不变，则称它是确定的。并行程序通常是不确定的，需要借助同步通信保证语句的执行顺序。

（18）任务间通信（task communication）：数据从一个任务传递到另一个任务称为任务间通信，任务间的通信机制主要包括以下内容。

① 单机内任务间通信的基本手段包括管道、消息、共享存储器和信号量等。

② 多机通信编程的基本手段包括直接编程（穿透 OS 方式，直接对硬件接口进行编程，速度最快）、OS 层编程（利用 OS 提供的读写功能，对网络驱动设备编程，速度较快）、SOCKET 编程（遵照 TCP/UDP 的编程，通用、简洁、兼容性好，但效率较低）。

③ 网络系统基本编程机制包括消息传递（message passing，在 SOCKET 基础上实现，例如 PVM 和 MPI）、远程过程调用（调用远程机上的过程，屏蔽了部分通信过程以方便用户使用）、分布式共享存储器（distributed shared memory，DSM，隐藏了机间通信，解决了指针等复杂结构传递的问题）。

2.3 分布式技术基础

本节介绍分布式系统的基本原理和常用知识，为后续理解和应用区块链技术提供帮助。

2.3.1 分布式进程

进程是计算机系统的基本执行单位，也是调度执行的基本单位，分布式进程在多机之间进行分配、调度和执行，包括进程执行、进程迁移和进程选举等主要技术。

1．进程执行

通常包括客户节点和远程服务节点。客户节点中的代理进程负责远程服务节点中远程进程执行的初始化，远程服务节点执行客户节点赋予的进程。该模型称为逻辑机模型，如图 2.5 所示，其跨越客户节点和两个远程服务节点，在一个逻辑机边界内保持文件系统、进程的父子关系和进程组的进程视图的一致，具体内容如下。

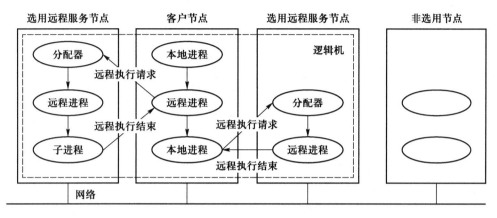

图 2.5　远程进程执行的逻辑机模型

（1）远程进程必须能够访问驻留在源计算机中的文件系统。

（2）远程进程能够接收逻辑机内任何进程发送的信号，也能够将信号提供给逻辑机内的任何进程。

（3）进程组保持在逻辑机内。

（4）基于树形的进程父子关系在逻辑机内必须得以保持。

当一个节点宣布其为远程服务节点时，便产生一个进程执行分配器进程。客户节点发送一个连接消息到所选的远程服务节点，远程服务节点确认后与客户节点建立一个专用的通信通道，该通道应当是安全的（例如通过 SSL 加密）。

客户节点与远程服务节点的安全通道建立后，即可实现进程远程执行。客户节点向远程服务节点发送远程执行请求消息，包括要求执行的命令、进程执行环境（上下文）、进程组标识、信号配置、进程优先权和账户数据等。进程远程执行结束后，结果返回客户节点。

2．进程迁移

由于容错和负载均衡的需要，进程通常能够在不同计算节点间迁移，这种运行时迁移技术十分重要，但实现难度较高。

进程迁移概念模式如图 2.6 所示。

（1）在源处理机采集迁移进程的进程状态并转移到目标处理机，根据进程状态在目标处理机重建迁移进程，使之从断点处继续运行。

（2）通知与迁移进程有通信关系的其他进程，并协助其重建正确的通信连接。

进程迁移的执行步骤如下。

（1）询问目标处理机是否可以接受迁移进程。

（2）得到目标处理机的肯定答复后，在目标处理机上创建恢复进程。

（3）中断迁移进程的运行程序。

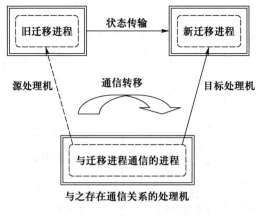

图 2.6　进程迁移概念模式

（4）在源处理机上收集迁移进程状态。

（5）将迁移进程状态传输到目标处理机。

（6）目标处理机上的恢复进程负责恢复迁移进程状态，重建进程实例。

（7）通知系统内其他进程迁移进程的新位置，并重建迁移中断前的通信连接。

（8）迁移进程在目标节点恢复运行。

（9）利用转发机制（或利用单一系统映像的性质）保证进程可以在远程处理机透明执行。

进程迁移必须很好地解决以下 3 个关键问题，否则将造成严重错误。

（1）迁移进程的状态收集、传输和恢复问题。

（2）进程的远程透明执行问题。

（3）迁移进程的通信处理问题。

迁移完成后，需要通知系统内其他进程被迁进程的新位置，并重建迁移中断前的通信连接。被迁进程的通信连接状态也应该属于被迁进程的状态信息，系统通常采用特殊的方式单独处理通信连接问题。进程迁移到新的目标处理机后，其定位信息应及时通知外部环境，以便其他进程可以和被迁进程（新实例）重新建立通信联系。迁移进程的通信管理问题在处理并行进程迁移时尤为重要，正确的迁移机制必须保证可以重建通信连接、不丢失消息、维持消息正确接收顺序等。

3．进程选举

许多分布式算法需要一个进程充当协调者、发起者或其他某种特殊角色，区块链也常常需要选举一个 leader 节点。选择一个进程担当协调者的算法称为选举算法，该选举具有分布式特点和公平性，且一定要能在有限步骤内选出唯一协调者。此处介绍 2 个常用的算法。

（1）环算法

环算法的目的是选举一个进程作为协调者，该进程具有最高的编号。

最初，每个进程标记为选举未参与者。任何进程都可以启动选举过程，它首先将自身标记为选举参与者，将自己的标识符置于选举消息中，并顺时针传送给下一个邻居（进程）。当进程收到一个选举消息，它将选举消息中的标识符与自己的标识符进行比较，如果消息中的标识符较大，则进程转发该选举消息到下一个邻居；如果消息中的标识符较小且接收进程不是选举参与者，则接收进程用其标识符替换消息中的标识符，并将选举消息转发到下一个邻居，同时自己也成为选举参与者；如果接收进程已经是选举参与者，则仅转发选举消息，直到接收进程的标识符与选举消息中携带的进程标识符相等为止。无论何种情况，进程只要转发选举消息即成为选举参与者。然而，当选举消息中的标识符是接收进程的标识符时，该标识符应当是幸存进程中标识符最高者，该接收进程便是新的协调者。一个经典的环算法如下所示。

LCR 算法（由 Le Lann、Chang、Roberts 提出）：

对于每个 i, states(i)中的状态由以下部分组成：

u：一个 UID 初值 i 的 UID

send：一个 UID 或 null，初值等于 i 的 UID

status：unknown 或 leader

start(i)：初始化中单个状态

msgs(i)定义如下：

send the current value of send to process i+1

trans(i)定义如下：

send := null

if the incoming message is v, a uid then

case

v>u: send:=v

v=u: status:=leader

v<u: do nothing

endcase

（2）欺负算法

当进程 P 发现协调者不再响应请求时，则启动一次选举。进程 P 按如下过程主持一次选举。

① 进程 P 向所有编号比自身高的进程发送一个选举消息 Election。

② 如果没有进程响应，P 则获胜成为新的协调者。

③ 如果有进程响应，即存在编号比 P 大的进程，则响应进程接替选举主持工作，进程 P 的任务结束。

任何时刻下，一个进程只能从编号比自身小的进程处接收选举消息 Election，收到选举消息后返回一个应答消息 OK，然后接替原来的进程主持选举，发出新的选举消息 Election。最终，除一个编号最大的进程外，其他进程均放弃选举的主持工作，该编号最大的进程便成为新的协调者。当原来的协调者恢复工作后，它又会发出选举消息进行重新选举，并再次获得协调者资格。凡是编号最大的进程，其总是会当选为协调者，因此该算法称为欺负算法。

2.3.2　远程过程调用 RPC

许多分布式系统基于进程间显式的消息传送、消息发送和接收而无法隐藏通信的存在，而通信的隐藏对实现分布式系统访问透明性十分重要。该问题提出后，很长时间内都没能找到隐藏通信的方法。直到 Birrell 等人于 1984 年将单机上的过程调用概念推广，认为应当允许一台机器上的程序调用其他机器上的过程。例如，当 A 机上的进程调用 B 机上的过程时，A 机上的调用进程被挂起，开始执行 B 机上的过程。调用方将调用参数通过消息传送给被调用方，被调用方将执行结果通过消息返回给调用方。该方式对消息进行了包装，客户端看不到这些消息的传送过程，这种方法称为远程过程调用（remote procedure call，RPC）。如图 2.7 所示，远程过程调用的概念十分简单，但仍有许多具体问题需要解决。由于调用发生在两台机器之间，二者的结构、数据表示和操作系统均可能不同；参数传递在不同的地址空间进行；调用方和被调用方的机器可能崩溃。这些问题导致 RPC 具有复杂性，但大多数问题已经解决，RPC 已成为分布式系统的基础。

图 2.7　RPC 的基本时序图

RPC 通常在客户端具有客户存根（client stub），在服务器具有服务器存根（server stub），其中 stub 是一组 RPC 机制的操作原语，这些原语构成了 RPC 的实现细节，可以独立于客户端、服务器编程。RPC 的执行过程如下。

（1）调用方调用本地 stub 中的一个过程（开始远程过程调用请求）。

（2）该 stub 过程将相关参数组装成一个消息包或一组消息包，形成一条消息。运行该执行过程的远程场点的 IP 地址和执行该过程的进程 ID 也包含在这条消息中。

（3）将这条消息发送给对应的 RPC runtime（RPC 运行库）子程序，由该子程序将消息发送到远程场点。

（4）在收到这条消息时，服务器的 RPC runtime 子程序引用与被调用方对应的 stub 中的一个子程序，并令其处理消息。

（5）与被调用方对应的 stub 中的该子程序撤卸消息，解析得到相关参数，并以本地调用方式执行所指定的过程。

（6）返回调用结果，调用方对应的 stub 子程序执行 return 语句返回给用户，整个 RPC 过程结束。

编写一个 RPC 典型应用可以参考如图 2.8 所示的标准框架。

RPC 编程还需要处理许多细节问题，例如两边机器参数格式不一致的传递问题、指针问题、同步还是异步传输等问题。此外，一个重要问题是出错处理，尽管人们极力希望做到远程过程调用和本地过程调用一致，但二者的差别仍然很难隐藏。因为 RPC 通过消息传送实现，在消息传送过程中消息可能出错或丢失，客户端和服务器的配置也可能存在失配情况，从而造成 RPC 执行失败。错误内容具体如下。

（1）客户端无法定位服务器

由于客户端和服务器配置失配或服务器停机的情况发生，客户端发出 RPC 调用后无法找到服务器。

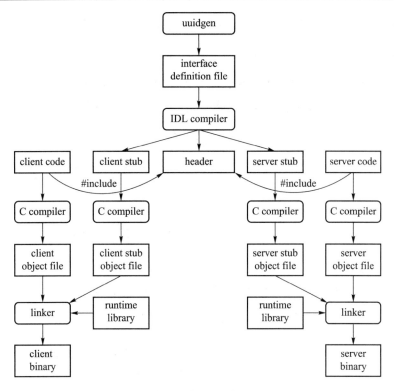

图 2.8　RPC 编程实现标准框架

（2）请求消息丢失

如果请求消息多次丢失，内核将放弃 RPC 调用。结局是服务器崩溃，返回"找不到服务器"异常。如果不采取适当措施，服务器将无法确定请求消息是原发请求还是重发请求。

（3）应答消息丢失

应答消息丢失意味着服务器已经执行了 RPC 操作。处理该失效仍然采用计时器机制，但处理过程更为困难。如果在一个合理的时间间隔内没有得到应答消息，便重发一次请求。但客户端无法确定没有应答的原因——是请求消息丢失，还是应答消息丢失，或是响应速度过慢。

（4）服务器崩溃

服务器正常接收和执行了请求，但在发出应答消息之前，服务器可能已经崩溃。服务器崩溃可能造成多种情况：一是等待服务器恢复并再次尝试操作，直到客户端获得应答消息为止，该技术称为"至少一次"语义，能够保证 RPC 至少执行一次或执行多次；二是立即放弃并报告 RPC 失败，该技术称为"至多一次"语义，即 RPC 最多执行一次，也可能一次都没有执行；三是不作任何保证，服务器崩溃时对客户端既不实施帮助也不作出承诺，RPC 的执行次数也并不知晓，其唯一的好处是容易实现。

（5）客户端崩溃

当客户端发出 RPC，请求到服务器执行某项操作，但在服务器发出应答之前客户端崩溃时，RPC 在服务器上的操作便成了无人认领的"流浪猫"。这种"流浪猫"会招致许多问题，至少会浪费 CPU 的周期，也可能锁住一个文件或其他资源。

2.3.3　负载均衡

负载均衡是分布式系统常用的优化技术。通常情况下，相对于一次分配映射 *map*，所有被映射到处理机 *i* 中的任务执行花费之和为：

$$E_m(i) = \sum_{map(A)=i} T(A,i)$$

其中，$T(A,i)$ 是任务 *A* 在处理机 *i* 中的执行花费，负载均衡的目标是尽可能使各机的 $E_m(i)$ 有相似的值。

负载均衡需要完成的任务如下。

（1）何时开始转移任务以均衡系统负载，即时机或触发点问题。

（2）怎样比较不同处理机的工作负载，确定某个处理机应转移负载。

（3）在选定要转移任务的处理机中，选择哪些任务进行迁移。

（4）确定哪一个处理机是这些任务转移的最合适的目标处理机。

（5）系统中哪个或哪些处理机负责完成搜寻目标处理机的工作。

（6）负载再分配时需要考虑什么参数。

（7）必要的帮助决策的处理机信息是集中式存储管理还是分布式存储管理。

（8）是单处理机作决策还是多个处理机协同作决策，采取何种机制。

（9）在完成负载均衡时，怎样找到性能和效率的平衡点。

（10）怎样避免轻负载机变为重负载机，从而引发循环任务转移。

负载均衡系统的设计方法如下。

（1）选择负载均衡方式。

（2）确定控制和信息收集的方式和结构。

（3）根据系统特点设计负载均衡的激发模式。

（4）确定负载均衡的几个主要策略。

负载均衡算法需要做好以下工作。

（1）负载评估：如何准确收集、评价处理机中已执行和等待执行的任务负载是重要和基本的工作，包括处理机、进程和环境特性。

（2）信息交换：收集的信息越详细越有利于决策，但同时会导致通信数据量增大，必须妥善处理二者之间的平衡。

（3）传输方式：机间信息通信方式包括点对点、组播和广播方式，信息交换的频度是一个重要参数，必须综合考虑通信状况和处理机的能力。

（4）选择任务：评价、选择一个可迁移的任务往往是算法的关键。

（5）接收任务：目标处理机最好能够预知待迁移任务的有关信息，以避免出现不合适的迁移和任务颠簸等问题。

（6）稳定性：算法必须保证无论出现何种突发情况都要保持稳定，保证对输入的响应时间、负载均衡度和不会导致系统崩溃。

负载均衡系统通常包含 5 个组件，其关系如图 2.9 所示。

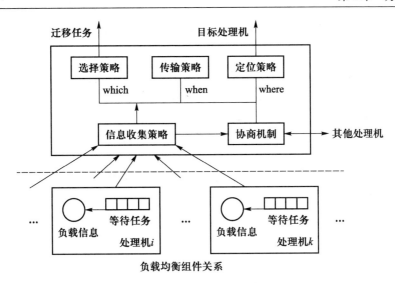

图 2.9　负载均衡组件框架

（1）信息收集策略：其为基本机制，负责收集系统和处理机信息，包括处理机负载、队列长度、历史信息等，提供给其他组件使用。

（2）传输策略（when）：决定任务远程执行的时机和方式。

（3）定位策略（where）：选择目标处理机。

（4）选择策略（which）：决定一个任务是否适合远程执行，是否迁移该任务，决策依赖于任务的参数、处理机负载和其他信息。

（5）协商机制：组件之间不是孤立的，有时需要和其他处理组件进行协同决策，可通过协商机制进行交互。

上述的 3W 策略最为关键，通常，定位策略定位目标处理机根据目标对象信息作出决策，简单组织方式如下。

（1）自定位：仅使用目标处理机的名称等属性进行定位。

（2）本地定位：每个处理机存储定位信息，但这些信息不能保证和当前系统一致，从而可能导致失败。

（3）服务器定位：设置一个特殊的服务器，用于完成任务到目标处理机的映射。

（4）广播方式：广播定位消息，接收合适的应答，选择处理机。

而选择处理机的算法根据其对系统信息的依赖程度，采用不同的策略，基本策略如下。

（1）随机策略：一种盲目方式，无须任何信息，随机定位一个目标处理机，包括随机发送和随机服务。

（2）门槛策略：收集部分处理机信息，随机定位一个负载值低于给定门槛值的处理机作目标处理机，重复该过程直至找到目标处理机。

（3）最短策略：收集较多信息，随机选择若干处理机，并选择最短队列长度的处理机，若其负载低于门槛值则定位为目标处理机，否则不迁移。

（4）聚焦策略：收集更多信息，随机选择一批处理机，并选择剩余资源能够满足任务需要的处理机。

（5）JSQ 算法：寻找等待任务最少的处理机，发送任务。

（6）SLQ 算法：选择等待任务最多的处理机，取回最早提交的任务。

（7）FCFS 算法：选择能够使任务最早运行的处理机。

（8）SJF 算法：空闲机选择最短的任务运行（追求最大系统吞吐量）。

传输策略决定负载均衡的时机，一个基本问题是如何衡量负载的大小。任务远程执行或进程迁移主要包括以下时机和方式。

（1）发送者激发：当处理机发现自身超载时，开始迁移任务。

（2）服务者激发（征兵法）：当处理机认为自身负载较轻时，可发出征求负载请求。

（3）混合方式：根据当前系统负载情况选取上述二者之一。

在信息相同的情况下，服务者比发送者方式效果好，发送者方式常用于系统负载较轻或适度的情况，而服务者方式常用于系统整体负载较重的情况。

选择策略的一般原则是收益要大于远程执行或迁移造成的开销，选择对象如下。

（1）执行时间长的任务。

（2）计算型任务：避免交互式和 I/O 型任务。

（3）独立性强的任务。

2.3.4　分布式同步

分布式算法的特点是相关信息散布于多个场地，每个进程只能基于本地信息作决定，应避免因单点故障造成整个系统失效的情况，不存在公共时钟或精确的全局时间等。因此，分布式系统的同步涉及许多应用，例如多个进程需要就事件顺序达成一致，多个进程不能同时访问一个互斥资源等。

1．Lamport 逻辑时钟

Lamport 定义了经典的逻辑时钟概念：最基本的问题就是由于分布式节点间不可能存在统一时钟，因此需要一种逻辑时钟，即对于许多分布式场合，重要的不是所有进程在时间上完全一致，而是在时间发生顺序上要达成一致。

（1）事件先发生关系

为了同步逻辑时钟，Lamport 定义了一个"先发生"关系，其表达式 $a{\rightarrow}b$ 读作 a 在 b 之前发生，表示所有进程均认为事件 a 先发生，而后事件 b 才发生。这种先发生关系分为以下两种情况说明。

① 如果事件 a 和 b 在同一进程中发生，并且 a 在 b 之前发生，则无疑 $a{\rightarrow}b$ 为真。

② 如果 a 是一个进程发送消息的事件，b 是另一个进程接收该消息的事件，则 $a{\rightarrow}b$ 也为真，消息不可能在发送前被接收，也不可能在发送的同时被接收，因为消息传送需要时间。

③ 如果事件 a 和 b 发生在两个互不交互消息（也不提供第三方间接交换消息）的进程中，则 $a{\rightarrow}b$ 不为真，$b{\rightarrow}a$ 也不为真，a 和 b 两个事件是并发的。并发事件无法也无须说明两个事件何时发生以及先发生事件。

事件先发生关系具有传递性，即若 $a{\rightarrow}b$ 和 $b{\rightarrow}c$ 为真，则 $a{\rightarrow}c$ 也为真。例如，一个进程构造消息的事件为 a，同一进程发送该消息的事件为 b，另一个进程接收该消息的事件为 c。显然 $a{\rightarrow}b$、$b{\rightarrow}c$ 为真，$a{\rightarrow}c$ 也为真。

（2）逻辑时钟

需要一种测量时间的方法，使得能够为每个事件 x 分配一个所有进程均认可的时间值

$C(x)$，$C(x)$是一个升序整数，称为逻辑时钟。

对于所有的 a 和 b，如果 $a \to b$，则 $C\{a\} < C\{b\}$。先发生关系 $\to$ 表示如果下列情况成立，则时钟条件满足。

① 条件 C_1：如果 a 和 b 是进程 P_i 的两个事件，且 $a \to b$，则 $C_i\{a\} < C_i\{b\}$。

② 条件 C_2：如果 a 是进程 P_i 发送消息事件，b 是进程 P_j 接收该消息事件，则 $C_i\{a\} < C_j\{b\}$。

为了实现上述时钟条件，进程必须遵循以下实现规则。

① 规则 IR_1：为了满足第 1 个时钟条件，进程 P_i 使后一个事件 b 的时钟等于前一个事件 a 的时钟加 1，即 $a \to b$，则 $C_i\{b\} = C_i\{a\} + 1$。

② 规则 IR_2：满足第 2 个时钟条件则较为复杂，需要保证分布式逻辑时钟的一致性。为此，每个消息 m 必须附带一个时间戳 Tm，它是消息发送事件的逻辑时钟值。当附带时间戳 Tm 的消息被接收时，接收进程比较其逻辑时钟 $C_j\{b\}$ 和时间戳 Tm 的大小来拨动其逻辑时钟值。规则 IR_2 分为以下两步进行。

$IR_2(a)$：如果事件 a 为进程 P_i 发送消息 m，则消息 m 包含一个时间戳 $Tm = C_i\{a\}$。

$IR_2(b)$：进程 P_j 一旦收到消息 m，即执行 $C_j\{b\} = \max[C_j\{b\}, Tm+1]$。

实现规则是令逻辑时钟走动。图 2.10 表示进程 P_j 接收消息后逻辑时钟走动的情况：① $Tm = 24$，$C_j\{b\} = \max[C_j\{b\}, Tm+1] = \max[17,25] = 25$，$C_j\{b\}$ 从 17 跳到 25；② $Tm = 36$，$C_j\{b\} = \max[C_j\{b\}, Tm+1] = \max[42,37] = 42$。

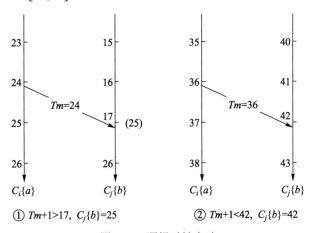

① $Tm+1 > 17$，$C_j\{b\} = 25$　　② $Tm+1 < 42$，$C_j\{b\} = 42$

图 2.10　逻辑时钟走动

2．基于时间戳算法

目前已经存在各种分布式互斥算法，这里主要讨论经典的 Lamport 互斥算法。

第一个分布式互斥算法由 Lamport 提出，该算法不使用共享存储器，进程间通过消息传递实现通信。假设系统存在 N 个进程共享一个资源，由于每次只能有一个进程使用该资源，这些进程必须互斥同步。设计该算法是为了批准使用该资源，算法必须满足以下要求。

（1）拥有资源的进程首先要放弃该资源，其他进程才能使用。

（2）对资源的请求按其提出的次序予以批准。

（3）被批准访问资源的进程最终能够释放该资源，这样每个请求最终均可被批准。

为了能够批准每个请求，存在以下假设。

（1）对于进程 P_i 和 P_j，多个消息从进程 P_i 发送到进程 P_j，进程 P_j 按发送顺序接收。

（2）所有消息最终均能被接收。

（3）进程是直接将消息发送到其他进程的。

在分布式系统中，每个进程拥有自己的请求消息队列，该队列不能被其他进程访问。Lamport 算法执行如下。

（1）进程 P_i 发送资源请求消息 $Request(T_i:P_i)$ 到其他竞争该资源的进程，同时将其置于自身的请求队列，T_i 为该消息的时间戳。

（2）进程 P_j 收到资源请求消息 $Request(T_i:P_i)$ 后，按时间戳顺序将该消息置于自身的消息队列，如果没有资源请求或请求的时间戳晚于收到的请求消息时间戳，则返回一个应答消息 $Reply(T_j:P_j)$。

（3）进程 P_i 被批准使用资源需要满足以下两个条件。

① C_1：在其请求队列中包含一个资源请求消息 $(T_i:P_i)$，该消息应当先行于任何其他请求消息（全定序）。

② C_2：P_i 已从所有其他进程接收到晚于 T_i 的消息（包括应答消息）。

（4）为了释放资源，退出临界区，进程 P_i 从其请求队列中删除资源请求消息 $(T_i:P_i)$，并发送一个附带时间戳的释放消息 $Release((T_j+1):P_i)$。

（5）进程 P_j 收到进程 P_i 的资源释放消息后，从其请求队列中删除资源请求消息 $(T_i:P_i)$，并检查是否存在其他进程等待进入临界区。

图 2.11 为 Lamport 互斥算法的执行过程。进程 0 的资源请求（8:0）和进程 2 的资源请求（12:2）几乎同时发出，所有进程接收资源请求消息后，将其按时间戳顺序置于各自的请求队列中排队，时间戳小的位于队列前端，例如（8:0,12:2）。根据算法（2），进程 1 向进程 0 和 2 返回应答消息（13:1），进程 2 向进程 0 返回应答消息（13:2），进程 0 不会返回应答消息。进程 0 收到进程 1 和 2 的应答消息，而进程 2 只收到进程 1 的应答消息。根据算法（3），进程 0 获胜，进入临界区。进程访问资源后退出临界区，根据算法（4），其广播一个释放消息（14:0），将所有进程请求队列的请求项（8:0）删除（算法（5））。这时进程 2 的请求已升至队首，进程 2 保留进程 1 的应答消息，并收到进程 0 的释放消息，二者的时间戳均晚于进程 2 请求消息的时间戳，根据算法（3），进程 2 进入临界区。

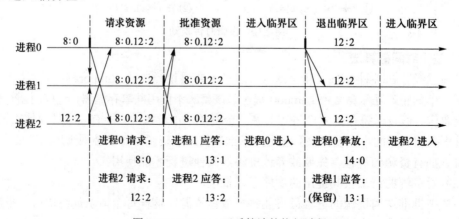

图 2.11　Lamport 互斥算法的执行过程

2.3.5　分布式文件系统

分布式文件系统的文件通过网络传输并被多个客户端共享，因此文件系统的管理功能还包括对客户端进行身份认证和根据客户端权限对文件执行访问控制。图 2.12 是一个分布式文件系统的一般模型，主要包括客户端和服务器。

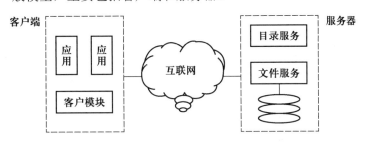

图 2.12　分布式文件系统的一般模型

（1）客户端

客户端是一台台式计算机或工作站，除运行客户程序外还安装有一个访问文件的客户模块。客户模块负责访问本地文件或访问远程文件。

（2）服务器

服务器提供目录服务和文件服务。文件包括文件本身和文件属性，因此文件服务包括文件操作和文件属性操作。

在对文件进行命名时需要考虑文件的位置透明性（location transparency）和位置无关性（location independency）。位置透明性表示文件或目录的路径名中不含文件或目录定位在何处的任何启示。例如路径名/server1/dir1/dir2/x 告诉人们文件 x 定位在 server1 中，但并未告知 server1 定位在何处。文件可以移动而无须改变名称，称为位置无关性。如果路径名中嵌入了机器或服务器名则不具有位置无关性。路径名/server1/ dir1/dir2/x 虽然实现了位置透明性，但没有实现位置无关性。

分布式文件系统存在两种访问模型，不同访问模型的接口操作也不同。

（1）远程访问模型

客户端通常不知道文件的实际位置，分布式文件系统为客户端提供访问此文件系统的接口。也就是说，客户端仅被提供包含多种文件操作的接口，而服务器负责实现这些操作。这种模型称为远程访问模型，在该模型中，文件服务器需要提供大量文件操作，但不要求客户端具有大量存储空间。

（2）上传/下载（upload/download）访问模型

客户端从服务器下载文件后，在本地对文件进行操作，并在完成后将该文件上传回服务器，以供其他客户端使用。这种模型概念简单，文件服务器只需提供读文件和写文件操作。但客户端要有足够的存储器容量存储整个文件，当操作只需涉及文件的一部分时，移动整个文件是一种浪费。

分布式文件存放在文件服务器的磁盘中，文件缓存的目的是提高文件操作的性能，即减少文件在网络中的传输和访问文件服务器磁盘的次数。为了提高文件操作的性能，文件可以缓存在服务器的主存、客户端的磁盘或主存中。缓存在服务器的主存可以避免费时的服务器磁盘操作，但每次文件操作仍需经过网络传输，性能提高有限。

客户端缓存带来了服务器文件与客户端缓存副本以及客户端之间缓存副本不一致的问题。例如，客户端 A 从服务器读取一个文件或其中一部分，并对其进行修改，但尚未写回服务器，此时若客户端 B 要访问文件服务器，则会得到未经 A 修改的过时文件。

文件共享语义分析旨在理解文件的行为。不同共享语义将导致不同编程实现方法，主要共享语义如下。

（1）UNIX 语义

如果对某个单元写后即读，读操作得到的是写操作的结果。如果对某个单元连续执行两次写操作后执行读操作，读操作得到的是第 2 次写操作的结果。文件系统按上述方式执行称为顺序一致性语义，也是 UNIX 采用的语义。在分布式文件系统中，如果仅包含一个服务器并且客户端不缓存，顺序一致性语义则很容易实现。但顺序一致性语义容易引起性能问题，因为客户端的每个操作都要访问服务器。利用客户端缓存可以缓解性能问题，然而如果一个客户端修改了缓存副本，而另一个客户端从服务器读取该副本，则读取的是已过时的文件，从而破坏了顺序一致性语义。

（2）会话语义

顺序一致性语义导致文件操作的性能较差，一种缓解方法是采用会话语义。该语义是指对于打开的文件，只有修改的客户端能够看到这一修改，而共享该文件的其他客户端仅在文件关闭时才能看到这一修改。这种共享语义得到广泛应用。

（3）不修改共享文件语义

该语义中文件是不可修改的，也就是说打开文件不为修改，只是为了读或创建一个文件。如果需要修改文件，则只能使用原文件名创建一个新文件，并宣布旧文件过时。如果有客户端访问旧文件，则可以检测出文件已经改动，来自其他客户端的请求将被宣布作废。

（4）事务语义

该语义使用原子事务。访问文件的进程首先执行开始事务原语，通知文件服务器将要执行一个或一组文件操作，操作完成后进程执行结束事务原语。如果两个或多个事务同时启动，文件系统保证最终结果如同按某种顺序执行——完成所有修改或不作任何修改。

分布式文件系统含有许多实用系统，包括 NFS、GFS、AFS 等。近年来，与区块链关联较多的是一种新型分布式文件系统——星际文件系统。

星际文件系统（interplanetary file system，IPFS）是一种点对点的分布式文件系统。其区别于普通的 HTTP 协议，按照文件的哈希值查找文件而非按照文件路径。在某些方面，IPFS 类似于万维网，但也可以被视作一个独立的 BitTorrent 群，在同一个 Git 仓库中交换对象。IPFS 充分利用了 Merkle DAG 的优势，将大文件数据切分成若干大小均等的块，并且构造一个 Merkle DAG 将文件数据块组织起来，使其具有内容寻址、防篡改以及自动去重的功能优势。

由于 IPFS 数据存储按照文件哈希值进行查找，因此 IPFS 查找文件速度很快，几乎为常数级的时间。当加入新文件时，首先计算文件的哈希值，将该值添加到本地节点，然后进行全网同步，通常备份 2~3 份，而非每个节点均保存 1 份副本。如果文件过大则会进行分片。同样地，下载文件时需要给出文件的哈希值，而非文件名或路径，各节点会查询自身的列表，如果存在相同的哈希值则返回文件。这种方式会节省大量网络带宽和时延。在系统实现中，文件哈希值即内容标识符（CID）。由于哈希算法对输入非常敏感，文件的微小变化会导致大量改动，为此，IPFS 提供了一个更新机制——分布式命名系统（interplanetary naming system，IPNS），使节点与文件形成新的哈希值。

IPFS 中还使用了分布式哈希表（distributed hash table，DHT），它提供了分布式查询服务，却令使用者感受不到其分布式的特点，如同使用一个单机的哈希表。哈希表是存储键值对的一种数据结构，以 Java 中的 HashMap 为例，其计算键的 HashCode，对哈希值建立指针数组，由于 HashCode 位数足够长，并且哈希算法性质优良，几乎可以均匀地产生哈希值，因而很少发生碰撞。但如果发生碰撞，指针数组会在碰撞处建立链表，存储键值对，如果碰撞过多还会采用红黑树的数据结构代替链表，最终使得哈希表的添加、查找和删除操作的复杂度均为 $O(1)$。分布式哈希表依然满足 CAP 原则。

IPFS 采用层级结构的设计，大致分为 8 层——身份层、网络层、路由层、交换层、对象层、文件层、命名层和应用层。其层级结构如图 2.13 所示。

图 2.13　IPFS 层级结构图

身份层主要保存自身的公私钥对，并根据公私钥对生成自身的 NodeID，节点首次加入网络时需要将自身的 NodeID 加入 IPFS 的分布式哈希表。网络层管理与其他对等节点的链接，IPFS 支持任意传输层协议。路由层功能较为复杂，主要查询对等节点的信息和特定哈希指纹的节点信息。Kademlia 协议制定路由规则，节点可以提供有效的查询服务并维护这些信息的实时性，同时将自身包含的文件信息和已探明的文件信息提交到一张分布式哈希表中，如果数量较大还会建立索引，如果数量较小则可存储在关系表中。交换层主要用于文件上传与下载。对象层维护一个如图 2.14 所示的 Merkle DAG 数据结构，其类似于 Merkle 树，只是 Merkle 树存储交易哈希，Merkle DAG 存储文件哈希（hash）。文件分片均会生成自身的哈希，然后两两进行哈希运算，形成上一层的节点，重复该过程直至根节点。Merkle DAG 的存在使得文件不可篡改，该数据结构中存储着几乎全部的 IPFS 文件哈希，增加了 IPFS 的可用性。

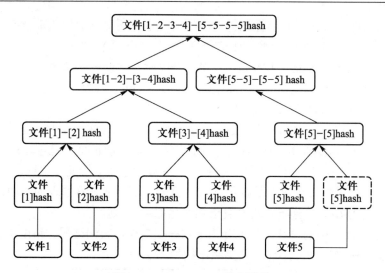

图 2.14　Merkle DAG 数据结构

文件层是一个表示文件的数据结构，由于 IPFS 支持所有类型的文件，因此该数据结构必须具备普适性。命名层用于验证节点和文件的完整性和真实性，验证时会申请所下载节点的公钥，然后针对文件的签名或文件分片的签名进行验证，同时可以校验文件的完整性与节点的有效性。应用层主要提供命令及接口。

IPFS 常用命令如表 2.1 所示。

表 2.1　IPFS 常用命令

命令	含义
ipfs init	初始化 IPFS 本地配置
ipfs add	将指定文件添加到 IPFS
ipfs get	下载指定的 IPFS 对象
ipfs ls	列表显示指定对象的链接
ipfs id	显示 IPFS 节点信息
ipfs bootstrap	添加、删除启动节点
ipfs config	管理配置信息

2.3.6　分布式数据库

分布式数据库对分布式数据进行管理，与分布式文件系统存在相似之处，但在结构和功能上存在很大区别。

（1）分布式文件系统允许用户访问多个服务器中的文件，这些文件没有明确的结构，不同文件数据间的关系不是由系统解释，而是由用户负责。相反，分布式数据库是按某种模式（schema）组织的，模式规定了分布式数据的结构和数据之间的关系。模式根据数据模型定义，常见的数据模型包括关系数据模型和面向对象数据模型。

（2）分布式文件系统仅为用户提供简单的接口，允许用户打开、读/写和关闭文件。而分布式数据库由其管理系统提供高级查询、事务处理、完整性强制等功能。

（3）用户使用分布式文件系统需要知道数据的位置。而分布式数据库可以对数据进行划分（segmentation）并复制到多个服务器中，用户（事务）对分布式数据库的数据访问是透明的。

图 2.15 给出了一个分布式数据库的系统组成。除用户节点外，分布式数据库还包括若干数据节点。用户节点是一个工作站，除运行用户应用程序外，还必须包含一个访问数据库的接口模块，负责对数据库进行高级查询和事务请求。数据节点是一类服务器，驻留数据库系统。为了执行分布式数据库的功能，数据节点应包含以下程序模块。

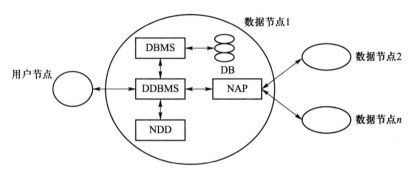

图 2.15　分布式数据库系统组成

分布式数据库管理系统（distributed database management system，DDBMS）安装在每个数据节点，并提供以下功能。

（1）用户接口

提供用户与系统的接口，DDBMS 接受用户请求，分析并确定数据存放的地点。系统接受查询的第一个部件是 DDBMS 而非本地（局部）数据库管理系统（database management system，DBMS），因为局部 DBMS 并不知道数据存放的具体节点（服务器），也不了解分布式数据库系统的全局。

（2）数据定位

使用网络数据字典确定数据存放节点的逻辑标识符。如果查询数据存放在本节点，DDBMS 便直接将查询传送给本地 DBMS，否则作进一步分析，选择一种网络范围内的处理策略处理该请求。

（3）策略选择

当查询不发生在本地数据库时，有两种策略供选择，即远程请求和复合查询。如果该查询能够在单个节点中得到完全处理，则选择远程请求策略。该策略十分简单，DDBMS仅需将查询送往该节点。如果没有单一节点能够完全处理该查询，则只能选择复合查询策略，其过程复杂得多——要将查询分解为多个子查询，并分送到多个数据节点。

（4）异构翻译

如果构成分布式数据库的各数据节点的数据库是异构的，DDBMS 还需对数据库的模式和数据结构进行转换。

网络数据字典（network data dictionary，NDD）：提供为确定逻辑节点标识符所必需的信息。根据查询所给出的数据，DDBMS 需要决定查询的各个部分应送往哪些数据节点。网络数据字典的复杂程度与数据库的分布状态有关。如果按数据项分割分布式数据库，只需知道所需数据项，DDBMS 即可确定将查询送往何处，因为某类数据项全部存放于某个特定节点，这时网络数据字典所保存的只是模式层次的信息；如果分布式数据库的分割按数据值进行，此时模式层次信息则不能唯一确定数据存放节点，网络数据字典必须同时包含模式和数据值信息；如果数据重复存放，网络数据字典将更加复杂，需要为数据的每个副本建立一个登记项。

网络访问程序（network access program，NAP）：连接分布式数据库的通信软件，负责执行分布式数据库的大部分通信功能。DDBMS 对用户查询请求作初步处理时会出现以下情况。

第 1 种情况是所有查询数据均存放在接收查询的数据节点中。DDBMS 的工作只是将查询请求传送给本地 DBMS，由本地 DBMS 按模式确定并检索需要的数据，然后按子模式将数据映射为用户要求的形式。查询结果传回 DDBMS，再反馈给用户。

第 2 种情况是待查询数据全部存放在另一个数据节点中，此时 DDBMS 需采用远程请求策略。DDBMS 使用网络数据字典确定所需数据的存放节点和相应的逻辑节点标识符，并将查询请求和逻辑节点标识符传送给网络访问程序，由其根据网络描述文件将逻辑节点标识符转换为物理节点的地址，按确定路线将请求发送给目标节点。在目标节点中，网络访问程序接收请求消息并转给 DDBMS，DDBMS 再转给本地 DBMS。本地 DBMS 按其模式定位并检索所需数据，然后将检索到的数据按子模式转换为用户需要的形式。远程数据节点的 DBMS 按与查询请求相反的路径将查询响应返回给用户。

第 3 种情况是待查询数据分布在多个数据节点中，此时 DDBMS 需采用复合查询策略。DDBMS 将查询请求分解为多个子查询请求，并发送给多个目标数据节点。各目标数据节点返回的结果需经过加工归并形成单一响应消息后，最终返回给用户。

至于本地 DBMS，则类似于集中式数据库，负责对本地数据库进行查询与维护。

1．LevelDB 数据库

目前，区块链系统的数据存储大多采用 LevelDB。与 Redis 等基于内存的存储介质不同，LevelDB 将大部分数据固化在磁盘上，而不会像 Redis 一样消耗大量内存。LevelDB 在存储数据时按照 key 值进行有序存储，即相邻 key 值顺序存储，而用户可以自定义 key 值大小比较函数，LevelDB 会按照用户定义的比较函数依序存储这些记录。LevelDB 是一种基于日志结构合并树（log-structured merge-tree，LSM-tree）的单机键值（key-value，K-V）数据存储系统。其与传统的关系数据库平衡查找树不同，核心策略是在数据写入过程中，降低由于更新索引而产生的大量随机读写开销，在内存中形成固定大小的分片并进行排序，然后将其一并写入内存。系统在内存中通过跳表的数据结构维护一个 MemTable，数据按照 key 值大小有序存储在 MemTable 中。数据到达后首先写入日志，然后插入 MemTable。在磁盘上将存储区域划分为 level 0, level 1,…, level n-1 的级别。当 MemTable 达到一定大小后，将 MemTable 转化为一个不可被写的 iMemTable。随后系统将其保存为一个 sstable 文件，并持久化到 level 0 级存储区域。在 level 0 级存储区域中，所有 sstable 内的数据均按照 key 值有序排列，但各个 sstable 之间可能会出现 key 重叠。当查找某一 key 值时，首先根据索引判断 key 值出现在哪一级，然后通过二分搜索查找相应的 value。具体的写入与读取流程如图 2.16 所示。

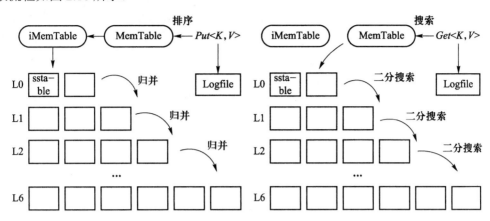

图 2.16　LevelDB 的写入与读取流程

2. 巨链数据库（**BigchainDB**）

BigchainDB 是一个分布式数据库。其底层采用 MongoDB 作为数据存储，这也使得其存储速度较快，具备每秒百万级的读写性能和 PB 级的存储容量。此外，BigchainDB 还将区块链融合进来，支持拜占庭容错协议，节点之间通过 Tendermint 实现共识。Tendermint 是一个基于拜占庭容错协议的共识组件，并且具有可插拔式设计，可以轻易运用在区块链系统中。Tendermint 节点主要包括区块链共识引擎（Tendermint Core）和通用区块链应用程序接口（application blockchain interface，ABCI）两部分，如图 2.17 所示。

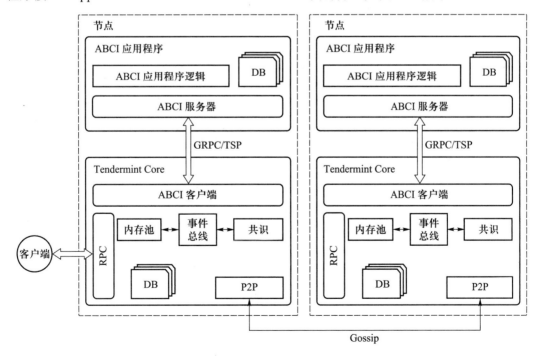

图 2.17　Tendermint 节点示意图

Tendermint 是一个开源区块链项目，用于在多台机器上安全且一致地复制应用程序。其本身提供的部分有 Tendermint Core 和 ABCI，即实现共识算法的内核与应用开发接口。Tendermint 为使用任何编程语言编写的、符合其接口规范的区块链应用程序提供相当于 Web 服务器、数据库及相关支持库的功能。如同 Web 服务器为 Web 应用提供服务一般，Tendermint 为在其上执行的区块链应用程序提供相关的共识服务。

一个使用 Tendermint 开发的区块链应用程序分为两部分：共识核心部分及实际应用部分。共识核心部分为已有的 Tendermint Core，通过执行拜占庭容错算法实现不同节点中的状态机复制，从而保证各节点中运行应用状态的一致性；实际应用部分为使用任意编程语言编写的应用程序。两部分之间通过 Tendermint 提供的区块链应用程序接口连接。

Tendermint Core 是 Tendermint 提供的区块链共识引擎，确保各节点中执行的应用程序具有相同状态，其具体实现通过记录在区块链上的日志完成。区块链共识引擎首先提供对外接口，接收外界对应用程序发出的事务，然后将其以交易格式存储在区块链上，通过执行共识算法确保各节点以相同顺序记录并执行事务，链上记录的即为确定顺序后的事务日志。

区块链应用程序接口（ABCI）是 Tendermint 提供的另一部分内容，其本质为一套接口规范。与其他区块链或共识解决方案不同，Tendermint 预先打包了内置状态机，应用开发人员可以根据需要使用已有编程语言编写程序，编写完成后只需根据 Tendermint 提供的接口规范实现相应接口，从共识引擎中接收、执行事务，并返回其需要的信息，即可完成不同节点间的应用状态同步工作。该套接口规范使 Tendermint 能够广泛应用于各类开发环境。

本章小结

本章概述了分布式系统的基础知识，使读者从定义理解分布式系统的本质，建立分布式的技术思维方式，了解基本的分布式定理、特点和概念术语，掌握与区块链技术相关的分布式基本技术，包括进程选举和迁移、RPC、逻辑时钟、同步算法、负载均衡、分布式文件系统和数据库系统等基本概念和原理，为读者提供一个技术导引。本章同时介绍了 IPFS、LevelDB 和 Tendermint 等区块链关联热点技术，为后续内容打下基础。

习题 2

1. 什么是分布式系统？如何理解分布式系统？
2. 什么是分布式系统透明性？其存在哪些种类？
3. 分布式系统有何特点和难点？
4. 请简述你理解的分布式思维模式。
5. 什么是分布式系统的可扩展性？存在哪些扩展技术？
6. 什么是 CAP 定理？如何理解其对分布式系统的指导意义？
7. 什么是进程选举和进程迁移？应如何实现？

8．什么是逻辑时钟？同步算法中如何应用逻辑时钟？

9．请简述 RPC 的概念，并给出一个 RPC 实现案例。

10．负载均衡系统的作用和意义是什么？

11．设计一个负载均衡系统的关键要素有哪些？

12．什么是分布式文件系统和分布式数据库？

13．请下载、安装和使用 IPFS。

14．请阅读并使用 Tendermint 系统源码。

第 3 章　区块链 1.0：比特币中的区块链技术

2008 年 10 月 31 日，中本聪发表《比特币：一种点对点的电子现金系统》的论文，标志着比特币的正式诞生。中本聪在创造比特币的过程中也造就了区块链技术。随着比特币近年来的迅猛发展和普及，区块链技术的研究与应用也呈现出蓬勃的增长态势，被认为是继大型计算机（mainframe）、个人计算机（personal computer，PC）、互联网（internet）、移动互联网（mobile internet）、社交网络（social network）之后计算范式的第五次颠覆式创新，是人类信用进化史上继血亲信用、贵金属信用、央行纸币信用之后的第四个里程碑。本章首先对比特币的概念、发展演进及其数据结构进行概述，之后详细阐述比特币区块链中的关键技术，使读者对区块链 1.0 有基本认识。

3.1　比特币系统

货币是人类文明发展过程中的一项重要发明，它是价值尺度的衡量，是流通和贮藏的手段。离开了货币，现代社会庞杂的经济和金融体系难以持续运转。

历史上货币的形态经历了多个阶段的演变，货币自身的价值依托也从实物价值、发行方信用价值，演变到加密货币出现后的对信息系统（包括算法、数学、密码学、软件等）的信任价值依托。

3.1.1　加密货币

在现实世界中，现金具备防伪功能。但是在信息系统中，情况变得更加复杂，无论是加密货币还是数字签名均为二进制文件，而这些文件可以非常轻松地进行多次复制。将文件交给某人后，还可以将其交给他人，这将带来双重花费（double spending，简称"双花"）问题。

1983 年，David Chaum 最早提出将加密技术应用于数字货币。他提出了一个极具创造性的方案，使该难题在数字世界得以解决。其做法是采用密码学中的盲签名（blind signature），消息发送者先将消息进行盲化，而后让签名者对盲化后的消息进行签名，最后消息接收者通过对签名去除盲化因子，从而得到签名者关于原消息的签名，形成了"第一个真正意义上的电子货币方案"。1989 年，David Chaum 创建了数字现金（DigiCash）公司，将自己的想法进行商用，但是并未得到大规模实现与应用。该方案存在一个明显缺点：系统一旦开始运转，就必须存在一个被所有交易参与者信任的中心化服务器进行"加密货币"的验证。

在比特币白皮书中，中本聪引用了英国著名计算机科学家和密码学家 Adam Back 于 1997 年设计的哈希现金、美国华盛顿大学华裔密码学家 Wei Dai 于 1998 年设计的 B 币（B-money）等前人的研究成果，形成了比特币的技术基础。

区块链领域的一个重要人物是计算机科学家 Nick Szabo，他于 1998 年提出了比特黄金（bitGold）方案。在当今区块链发展中，Nick Szabo 有着更为重要的贡献，他于 1993 年发表了《智能合约》，是"智能合约"概念的提出者。智能合约是区块链处理交易的核心，区块链应用的本质可以看作多个智能合约的组合。

另外一位重要人物是知名密码学家 Hal Finney，他是著名的 PGP（Pretty Good Privacy）加密中的"G"，是密码朋克（cypherpunk）的前辈。他于 2004 年推出了采用自己版本的 RPoW 机制的电子货币。在中本聪开发比特币的过程中，Hal Finney 与其进行了多次交流互动，比特币的第一笔转账交易就是中本聪向 Hal Finney 转了 10 个比特币。

上述每个设想均有所不同，但都存在一个共同点——令计算机进行计算，从而创造电子现金。它们是比特币系统允许计算机进行工作量证明的加密计算和"挖矿"的创意源头。最终，中本聪将前人的创新结合起来，实现了一种在发行和交易上均去中心化的电子现金，并于 2008 年 10 月发表了《比特币：一种点对点的电子现金系统》一文。

3.1.2　比特币

比特币是构成数字经济生态系统的基础概念和技术的总称，同时作为货币单位（最小单位为"聪"（satoshi），1 satoshi=10^{-8} BTC），用于在比特币网络中的所有参与者间传递价值。比特币用户之间的通信主要通过在互联网中使用比特币协议进行，也可以在其他通信网络中进行。

与传统货币不同的是，比特币不存在物理货币，并且完全虚拟。其隐含在从发起方到接收方之间的转账交易中。比特币用户使用自己的密钥，可以在比特币网络中证明自己的比特币所有权。凭借这些密钥，用户可以对交易进行签名从而使用所拥有的比特币，通过转账给新的所有者从而实现消费。密钥通常存储于每个用户的个人计算机或手机中的数字钱包。消费比特币的唯一先决条件是拥有可以签署交易的密钥。

比特币不存在任何中心化的服务器或管理控制节点，其为分布式的点对点系统。比特币通过称为"挖矿"的过程实现发行，"挖矿"是指在处理比特币交易的过程中引入一种竞争机制，即所有参与者都去寻找一个特定数学问题的答案。比特币网络中的所有参与者（即使用运行完整比特币协议栈的设备的任何人）均称作"矿工"，其使用计算机的计算能力验证和交易记账。如果一个"矿工"打包并验证了过去 10 分钟内的交易（即挖出新的区块），则可获得该区块的比特币奖励。

比特币协议内置了用于调整整个网络的挖矿能力的算法。平均来说，无论多少矿工（以及多大算力）参与竞争，矿工挖出一个新区块的难度都是动态调整的，这样可以保证每 10 分钟内都有矿工可以挖矿成功。比特币协议中规定了每 4 年发行新比特币的比例将会减少一半，最终实现比特币发行总数限制在 2 100 万个的固定总量。由此可见，流通中的比特币数量将是一个可预测的曲线，由于比特币的发行量递减，因此从长期角度看，比特币最终会通货紧缩。此外，无法通过"印刷"或"增发"超过预期发行量的比特币进行通货膨胀。

比特币是数十年来密码学和分布式系统的代表性研究，其包括 4 个关键性创新，并将 4 个创新以独特和强大的方式结合。比特币的 4 个创新如下。

（1）去中心化的点对点对等网络（比特币协议）。

（2）公开交易总账（区块链）。

（3）独立验证交易和发行货币的一套规则（共识规则）。

（4）通过区块链实现全球去中心化共识的机制（工作量证明算法）。

3.1.3 比特币账户

现实中个人开设一个银行账户需要到银行开户。而在比特币体系中，账户无须由谁开设，个人可以通过本地客户端自动生成账户，无须向任何第三方公布，他人即可直接向该比特币账户转账。比特币账户采用非对称加密算法，用户保管私钥，用于对自己发出的交易进行签名和确认，并公开公钥。

如图 3.1 所示，比特币的账户地址是通过哈希运算（HASH160，或先进行 SHA-256，再进行 RIPEMD160）对用户公钥进行编码后生成的 160 位（20 字节）的字符串。

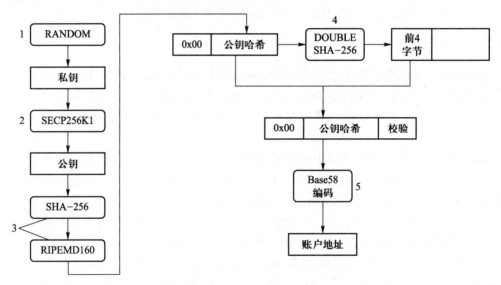

图 3.1　比特币账户地址

通常也对比特币账户地址串进行 Base58Check 编码，添加前导字节（表明支持哪种脚本）和 4 字节的校验字节，从而提高地址的可读性和准确性。

（1）钱包

加密货币钱包（wallet）形式多样，是一个管理私钥的工具，通常包含软件客户端，允许用户通过钱包软件检查、存储和交易其持有的加密货币。钱包是进入区块链世界的基础设施和重要入口。

（2）冷钱包

脱离网络连接的离线钱包称为冷钱包（cold wallet），它是可以将比特币账户私钥进行离线存储的钱包。使用者通过离线钱包生成私钥和地址，再将其离线保存。冷钱包无须任何网络进行存储，因此黑客难以进入钱包获得私钥；但其并非绝对安全，随机数不安全也会导致该冷钱包不安全，并且硬件损坏、丢失也有可能造成数字货币损失，因此需要做好密钥的备份。

（3）热钱包

需要网络连接的在线钱包称为热钱包（hot wallet），其在使用上更加方便。由于热钱包通常需要在线使用，个人电子设备可能因误访问钓鱼网站而被黑客盗取钱包、捕获密码或破解私钥，钱包的中心化管理也并非安全。因此在使用中心化的交易所或钱包时，应在不同平台设置不同密码，并且开启双因素验证，以确保自己的账户安全。

（4）公钥

公钥（public key）和私钥（private key）成对出现，组成一个密钥对。公钥由私钥生成，但是私钥无法通过公钥推导得出。公钥经过一系列算法运算编码后得到钱包地址，因此可以作为拥有该钱包地址的凭证。

（5）私钥

私钥是随机生成的一串数据，通过非对称加密算法计算得到公钥，公钥经过运算编码后得到钱包地址。私钥十分重要，除了对于账户所有者外都应当被隐藏。资产实际保存在区块链上，所有者实际只拥有私钥，并通过私钥对区块链的资产拥有绝对控制权，因此区块链资产安全的核心问题在于私钥的存储，所有者需做好安全保管。

和传统的用户名、密码形式相比，使用公私钥最大的优点在于提高了数据传递的安全性和完整性，二者一一对应，用户基本无须担心数据在传递过程中被黑客截取或篡改。同时，私钥加密必须由公钥解密，数据发送者也不必担心数据被他人伪造。

（6）助记词

由于私钥是一长串毫无意义的字符，难以记忆，因此出现了助记词（mnemonic）。助记词利用固定算法，将私钥转换为十余个常见的英文单词。助记词和私钥可以相互转换，作为区块链私钥数字钱包的友好记忆格式。在此强调：助记词即私钥。由于其具有明文性，因此不能以任何电子方式保存助记词，可以将其抄写在纸上或在其他物理介质中保存。

（7）多重签名

多重签名（multi-sig）是指需要多个签名（不同私钥的签名）才能执行的操作。多重签名可用于提高安全性，即使单个私钥丢失也不会使黑客取得账户权限。值得信赖的各方必须同时签名允许，否则无效。

通常情况下，一个比特币地址仅对应一个私钥，动用该地址中的比特币需要私钥持有者发起签名。利用多重签名技术，即在进行比特币交易时需要多个私钥签名才有效。该技术的优势是多方对一笔付款达成共识才可成功支付。

3.1.4　比特币设计理念

（1）避免作恶

比特币避免作恶是基于经济博弈的原理。在开放网络中，无法通过技术手段保证每个人都能够友好合作。但是通过经济博弈可以令合作者得到利益，令非合作者遭受损失和风险。

比特币网络要求参与者（矿工）需要付出挖矿的工作量，进行算力消耗。想获得新区块的记账权，意味着付出更多的算力。一旦失败，这些算力消耗则全部成为沉没成本。当网络中存在足够数量的参与者时，单个个体试图获得新区块记账权需要付出的算力成本是巨大的，这就意味着进行一次作恶所付出的代价已经远远超过可能带来的收益。

（2）负反馈调节

比特币网络在设计理念上，体现了很好的负反馈的控制论基本原理。比特币网络中参与的矿工越多，系统就越发稳定，比特币价值就越高，但单个矿工获取比特币的概率会降低。反之，网络中矿工减少，系统就更容易受到攻击，比特币的价值也就越低，但获取比特币的概率会提高。

因此，理论上比特币的价格应当稳定在一个合适的值，该价格乘以成功挖矿的概率，恰好能够达到矿工的收益预期。

从长远的角度来看，硬件成本在逐渐下降，但是每个区块的比特币奖励将会每隔 4 年减半，最终在 2140 年达到 2 100 万枚的总量，之后比特币网络将完全依靠交易的服务费来鼓励矿工对网络进行维护。

（3）共识机制

传统的共识算法考虑在一个相对封闭、存在诚实节点和作恶节点的体系中如何达成一致。对于比特币网络而言，因为其具有开放性，网络传输质量也无法完全保证，导致问题愈加复杂，难以依靠传统的一致性算法实现共识。比特币网络对共识进行了一系列放宽，同时对参与共识进行了一系列限制。

比特币网络达成共识的时间较长，并且按照块进行阶段性确认（快照），因而能够提高网络可用性。此外，通过进行工作量证明限制合法提案的个数，提高网络稳定性。在后续的 3.3 节中将对比特币中的共识机制进行详细阐述。

3.2　比特币区块链中的数据结构

中本聪所撰写的《比特币：一种点对点的电子现金系统》一文中最早出现了区块链相关的概述，文中对区块链的描述是以工作量证明（proof of work，PoW）形成链的形式存在，文章阐述了电子现金系统比特币及其算法，区块链在其中记载着比特币的交易历史记录。

文中并未出现 blockchain 一词，而是使用 chain of blocks，在最早的中文翻译中，将 chain of blocks 翻译成了区块链，这就是"区块链"一词出现的最早时间。以下是中本聪论文中对区块链概念的相关描述。

> A timestamp server works by taking a hash of a block of items to be timestamped and widely publishing the hash, such as in a newspaper or Usenet post. The timestamp proves that the data must have existed at the time, obviously, in order to get into the hash. Each timestamp includes the previous timestamp in its hash, forming a chain, with each additional timestamp reinforcing the ones before it.

时间戳服务器通过对以区块（block）为数据结构的一组数据实施随机散列并附加时间戳，将该随机散列进行广播，类似于在报纸上刊登或在世界性新闻组网络（Usenet）中发布新闻。显然，该时间戳能够证明特定数据必然于某个特定时间被证实存在，因为只有在该时刻才能获取相应的随机散列值。每个时间戳都将前一个时间戳纳入其随机散列中，每一个后续时间戳都对前一个时间戳进行增强（reinforcing），这样就形成了一条链（chain）。

3.2.1　区块

区块是一种容器（集合）数据结构，用于汇聚需要记录在分布式账本（distributed ledger）中的交易。区块由包含元数据（metadata）的区块头以及交易列表组成，新区块会被添加到记录（区块链）的末端，并且一旦记录则难以被修改或移除。表 3.1 描述了区块的数据结构。

表 3.1　区块的数据结构

大小	类别	描述
4 B	区块大小	用字节表示该区块的大小
80 B	区块头	组成区块头的几个字段
1～9 B（变长整数）	交易计数器	交易的数量
变长	交易	记录在区块中的交易信息

3.2.2　区块头

区块头由元数据组成。第 1 组元数据是对前一区块的哈希值引用，将此区块连接到区块链中的前一个区块。第 2 组元数据表示难度（difficulty）、时间戳（timestamp）和随机数（nonce），该组元数据与挖矿竞争相关。第 3 组元数据表示 Merkle 根，用于有效汇总区块中所有交易的数据结构。表 3.2 描述了区块头的数据结构。

表 3.2　区块头的数据结构

大小	类别	描述
4 B	版本号	用于跟踪软件或协议的更新
32 B	前一区块哈希值	引用区块链中前一区块的哈希值
32 B	Merkle 根	该区块中交易的 Merkle 根的哈希值
4 B	时间戳	该区块产生的近似时间（精确到秒的 UNIX 时间戳）
4 B	难度系数	该区块工作量证明算法的难度系数
4 B	随机数	用于工作量证明算法的计数器

3.2.3　创世区块

比特币中的第一个区块于 2009 年创建，称为创世区块。它是比特币区块链中所有区块的共同祖先，这就表示从任一区块循链向前回溯，最终都将到达创世区块。创世区块被静态编入比特币客户端，每个节点都将该区块作为区块链的首区块，每个节点都"知道"创世区块的哈希值、结构、被创建的时间戳和其中的每一个交易。因此，每个节点都有了区块链的起点——一个安全的"根"，从中构建一个可信的区块链。下例是比特币中第一个区块的区块哈希值：

000000000019d6689c085ae165831e934ff763ae46a2a6c172b3f1b60a8ce26f

区块哈希值可以唯一、明确地标识一个区块，并且任何节点通过对区块头进行哈希计算都可以独立得到该区块哈希值。

创世区块包含一个隐藏信息——在其 coinbase 交易的输入中包含着"The Times 03/Jan/2009 Chancellor on brink of second bailout forbanks"。这句话是《泰晤士报》的当日头版标题。中本聪引用这句话，既是对该区块产生时间的说明，也提醒人们比特币的发展将对传统货币制度带来冲击。

3.2.4 区块标识符

区块标识符主要指加密哈希值，通过 SHA-256 算法对区块头进行二次哈希计算而得到的区块数字指纹。生成的 32 字节哈希值称为区块哈希值（block hash）。

一个区块无论是存储于某节点，还是在网络中传输时，其哈希值实际上并未包含在区块的数据结构中。相反，区块哈希值是由收到该区块的每个节点计算得到。区块哈希值可以单独存储在一个数据库表中，以便索引和更快地从磁盘检索区块。

区块可以通过两种方式被标识——区块哈希值或区块高度。形象地说，每个存储在区块链中的区块都比前一区块"高"出一个位置，堆叠在相连的前续区块之上。截至目前，比特币的区块高度约为 698 777，说明已经有 698 777 个区块在创世区块后被记录。下例为比特币中第 698 777 个区块哈希值：

0000000000000000000003002915e015c47610c55b6f0228ad62bfcc59b65e67b7

区块的区块哈希值总是能够唯一标识一个特定区块，一个区块也总是存在一个特定的区块高度。但是，一个特定的区块高度并不能够唯一标识一个特定区块。

3.2.5 区块链分叉

诚实矿工只在最长的有效链上创建最新区块。当所有区块均从创世区块开始，并且区块链中的所有区块均为有效交易，才是被承认的有效区块链。

如图 3.2 所示，对于区块链中的任意一个区块，其到达创世区块的路径只有一条。然而，从创世区块开始即存在分叉的情况。当创建两个区块的时间间隔较小时，常会导致创建出一个分叉区块。发生这种情况时，节点就会在最先接收到的区块上创建区块。无论哪个区块包含在下一区块中，它都会成为主链的一部分，因为节点始终选择最长链。

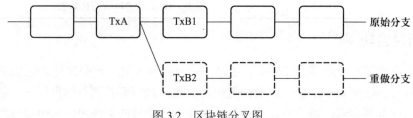

图 3.2　区块链分叉图

短链即为无效链，短链中的区块没有作用。当切换至一条更长的区块链时，短链中的所有有效交易区块均会被重新添加到序列交易池中，并且会包含在下一个区块中。短链中的区块奖励不会体现在最长的区块链中。

短链中的区块通常称为"孤块"（orphan），这是因为在短链中其并不存在父区块，在交易列表中显示为孤块。

（1）概率计算

作恶节点能够从原始分支前 z 块的延展重做分支，并且能够追上原始分支的概率满足"泊松分布"，计算公式如下：

$$q(z) = 1 - \sum_{k=0}^{z} \frac{\lambda^k \mathrm{e}^{-\lambda}}{k!} (1 - (q/p)^{(z-k)})$$

其中，p 是由诚实节点出块的概率，q 是由作恶节点出块的概率。常见的 $z=6$、$q=0.1$ 的概率为 0.000 242 8，该概率非常小，几乎为不可能事件。

（2）软分叉

软分叉（soft fork）在许多情况下是一种协议的升级。当新的共识规则发布后，没有升级的旧节点并不会意识到改变，从而会继续打包不符合规则的区块产生临时性的分叉，但新节点可以兼容旧节点，因此新旧节点最终会在同一条链上工作。

（3）硬分叉

硬分叉（hard fork）是指区块链发生永久性的分歧。当新的共识规则发布后，升级后的节点无法验证未升级节点产生的区块，未升级节点也无法验证已升级节点新产生的区块，即新旧节点互不兼容，这种情况下通常会发生硬分叉，导致原有的一条正常链被分成两条链。

历史上著名的硬分叉事件是 The DAO 事件，作为以太坊中的一个著名项目，由于智能合约的漏洞导致资金被黑客转移，黑客盗取了时值约 6 000 万美元的 ETH，使项目蒙受了巨大损失。为了弥补损失，2016 年 7 月，以太坊团队修改了以太坊合约代码实施硬分叉，在第 1 920 000 个区块强行将 The DAO 及其子 DAO 的所有资金全部转移到一个特定的退款合约地址，从而"夺回"黑客所控制 DAO 合约中的 ETH。但该修改被部分矿工拒绝，因此形成了两条链，一条为以太坊经典（ETC），另一条为新的分叉链（ETH），代表了不同社区的共识和价值观。

3.2.6　Merkle 树

区块链中的每个区块均通过使用 Merkle 树（Merkle tree，默克尔树）归纳区块链内的所有交易。Merkle 树为哈希二叉树（hash binary tree），是一种有效归纳和验证数据集完整性的数据结构。

在比特币网络中，Merkle 树被用于归纳某个区块中的所有交易，生成整个交易集合的数字指纹，并提供了验证某个交易是否存在于某个区块的一种高效方法。生成一棵完整的 Merkle 树需要递归地对数据进行哈希运算，直到最终仅剩一个哈希值，该值即为 Merkle 根（Merkle root）。在比特币的 Merkle 树中使用的 SHA-256 加密哈希算法被应用了两次，因此也被称为双哈希（double-SHA-256）。

当 P 个数据元素被哈希归纳到 Merkle 树中，至多计算 $2 \times \log_2 P$ 次即可检查出任意某个数据元素是否存在其中，这使得该数据结构十分高效。

Merkle 树为自底向上构建。假设从 A、B、C、D 这 4 个构成 Merkle 树叶节点的交易开始，这些交易并不存储在 Merkle 树中，而是将数据哈希化，然后将哈希值存储至相应的叶节点。这些叶节点分别是 HA、HB、HC 和 HD，如图 3.3 所示。

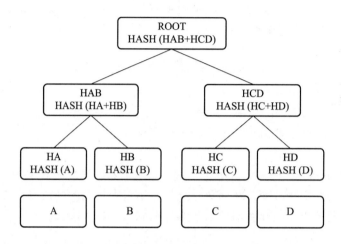

图 3.3　Merkle 树

其中，HA = SHA256(SHA256(Transaction A))。

将两个哈希值拼接后再进行哈希，这样连续的叶节点对就会被归纳到父节点中。例如，要构造图 3.3 中的父节点 HAB，需将子节点的两个 32 B 哈希值拼接为 1 个 64 B 字符串，然后对该字符串进行双哈希运算，由此得到父节点 HAB 的哈希值：

$$HAB = SHA256(SHA256(HA + HB))$$

该过程将持续到仅剩 1 个节点，即 Merkle 树根节点。该 32 B 哈希值存储在区块头中，归纳了所有 4 个交易（A、B、C、D）中的全部数据。Merkle 树是一棵二叉树，即表示存在偶数个叶节点。如果需要被归纳的交易数为奇数，则将复制最后一个交易哈希，凑足偶数个叶节点，称为平衡树（balanced tree）。

同样地，从 4 个交易构造树的方法可以推广到任意大小的交易数量。在比特币中，一个区块中包含几百至上千个交易是很常见的，这些交易的归纳由 Merkle 树完成，最终仅产生 1 个 32 B 哈希值作为唯一的 Merkle 根。Merkle 根总是将若干数量的交易归纳为 32 B。

为了验证一个区块中包含一个特定交易，节点只需进行 $\log_2 N$ 次 32 B 的哈希计算，即可构成一个连接特定交易到树根的认证路径（authentication path，又称 Merkle 树路径 Merkle path，如图 3.4 所示）。随着交易数量的增加，比特币节点能够高效地生成 10 或 12 个哈希值（320 B～384 B）的路径，这些哈希值可以从包含 1 000 余个交易的区块（约 1 MB）中，提供某一个便捷交易的存在证明。

在图 3.4 中，节点可以通过生成 4 个 32 B 哈希值（共 128 B）的 Merkle 树路径证明交易 P 被包含在该区块中。该路径包含 4 个哈希值（图中的阴影背景部分），即 HA_H、HI_J、

HMN、O，通过将 4 个哈希值作为认证路径，任何节点均可通过计算另外 4 个成对哈希值 P、HOP、HM_P、HI_P 和 Merkle 根证明 P 包含在 Merkle 根中。

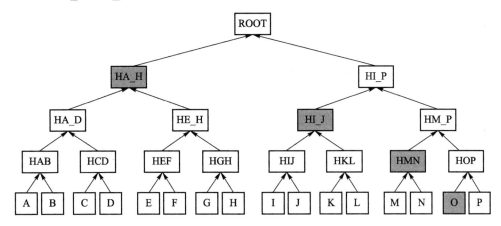

图 3.4　Merkle 树路径

（1）简单支付验证

Merkle 树被简单支付验证（simplified payment verification，SPV）节点广泛使用。SPV 节点既不保存所有交易，也没有下载完整的区块数据，仅存储区块头，通过使用认证路径，验证交易是否包含在区块中。

例如，假设一个 SPV 节点关注的是自身钱包中收款地址收到的交易。SPV 节点在自身与对等节点的连接中建立一个布隆过滤器，只接收与所关注地址相关的交易。当对等节点收到与布隆过滤器匹配的交易时，使用 merkleblock 消息发送该区块。merkleblock 消息包含区块头以及 SPV 节点所关注交易连接到区块 Merkle 根的 Merkle 树路径。SPV 节点可以通过该 Merkle 树路径将交易连接至区块，并验证该交易是否包含在区块中。此外，SPV 节点使用区块头将区块连接到区块链的其他区块。交易与区块、区块与区块链这两个环节通过 Merkle 树结合，能够证明交易已经记录在区块链中。SPV 节点收到的区块头和 Merkle 树路径的数据量将小于 1 KB，较完整区块（目前约为 1 MB）减少至千分之一的数据量。

（2）布隆过滤器

布隆过滤器（Bloom filter）由 Burton Howard Bloom 于 1970 年提出。其由一个很长的二进制向量和一系列随机映射函数组成，可以用于检索一个元素是否存在于一个集合中。布隆过滤器的优点是空间和时间效率均远超一般算法，缺点是存在一定的误识别率且传统布隆过滤器不支持删除操作。常见操作为利用布隆过滤器减少磁盘 I/O 或网络请求，因为若一个值必定不存在，则可不进行后续查询。

3.3　比特币区块链中的共识机制

中本聪在白皮书中有关共识机制的描述如下：

For our timestamp network, we implement the proof-of-work by incrementing a nonce in the block until a value is found that gives the block's hash the required zero bits. Once the CPU effort has been expended to make it satisfy the proof-of-work, the block cannot be changed without redoing the work. As later blocks are chained after it, the work to change the block would include redoing all the blocks after it.

该定义将时间戳网络中的工作量证明过程描述如下：不断在区块中增加一个随机数（nonce），直到找到一个满足条件的数值，该条件为区块哈希以指定数量的 0 开头。一旦 CPU 耗费算力所获得的结果满足工作量证明，则该区块将不能被更改，除非重新完成之前所有工作量。随着新区块不断被添加，改变当前区块即表示要重新完成其后所有区块的工作。

3.3.1 工作量证明机制

工作量证明机制的逻辑是：币的产出需要付出一定的工作量和成本，不能凭空而来。该机制赋予了币一定的商品属性，无须中心化机构的干预，市场自身可以通过"价格机制"对币的供应进行自动调节。当币价上涨时，更多人投入工作量证明创造出更多的币，增加了币的供应，使币价回落；当币价下跌到付出的工作量和成本之下时，创造币的部分人（矿工）就会退出，减少了币的供应，使币价回升。这样的机制保证了币价稳定，使币具有价值存储能力，从而令币能够获得人们的信任。

工作量证明是指通过计算解出一个数值（nonce），得以解决规定的哈希问题，从而保证在一段时间内，系统中只出现少数合法提案。哈希问题具体为找到一个随机数（nonce）加入区块头，使得计算的哈希值结果能够满足目标值，公式如下：

$$hash(block\ header + nonce) \rightarrow target$$

这些少数合法提案会在网络中进行广播，收到的用户进行验证后会在其所认为的最长链中继续进行计算。因此系统中可能出现链的分叉（fork），但最终会有一条链成为最长链。

哈希问题具有不可逆的特点，因此，除暴力计算外，目前尚无有效算法能够破解。反之，如果要获得符合要求的数值，则说明在概率上已付出对应的算力。算力越多则最先解决问题的概率越大。当然，当掌握超过全网一半的算力时，从概率上即可控制网络中链的走向。这也是所谓 51%攻击的由来。

3.3.2 工作量证明机制基本原理

如图 3.5 所示，工作量证明机制主要为矿工需要通过一定难度的工作得出一个结果，而验证方却很容易通过结果检查出矿工是否做了相应的工作。该方案的一个核心特征是不对称性：工作对于请求方是难度适中的，对于验证方则是易于验证的。其与验证码不同，验证码的设计出发点是易于被人类解决而不易被计算机解决。

例如，给定字符串"Hello,BTC!"，给出工作量证明的要求是：在该字符串后拼接一个整数值，对拼接后（添加 nonce）的字符串进行 SHA-256 运算，如果得到的哈希值（以十六进制的形式表示）以"0000"开头，则视为验证通过。要达到该工作量证明的目标，需要不停地递增 nonce 值，对得到的新字符串进行 SHA-256 哈希运算。按照规则至少需经过42 956 次哈希运算才能找到前 4 位为 0 的哈希散列。

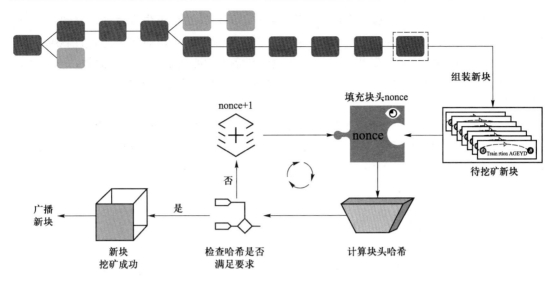

图 3.5　PoW 共识实现过程

Hello,BTC!0→2394958f07c71e928e077b369cfac6e8c3d7b2ffb54fa9321fa2922c3ed792e8

Hello,BTC!1→874d97ea5574263e920c53b8d84a84ed4f790dde1a36b2df637950afcbffac46

Hello,BTC!2→6088c91ac906bbc217c7bd363c135e1985baf20551f0d168170a562feb8e0a17

...

Hello,BTC!42955→00000d886b75f462b56857b820df58ecdf2897e325eeb5f7e6c12ce8a8dea7b1

当得到计算结果后，矿工向验证方发送结果，即在"Hello,BTC!"后拼接"42955"，从而使 SHA-256 运算的结果前 4 位为"0000"，验证方则直接应用"Hello,BTC!42955"进行 SHA-256 运算，发现矿工的计算满足要求，于是验证得以通过。

3.3.3　工作量证明机制的优缺点

1．优点

工作量证明机制的优点是相对而言较为公平，并且基于工作量证明解决了点对点网络中的信任问题，使得共识达成，令交易顺利进行。

2．缺点

（1）资源消耗量大。算力由计算机硬件（从初期的 CPU 到 GPU 再到后期的专用矿机）提供，运行哈希计算要消耗大量电力资源，执行工作量证明则需要支付电费，即为了取得数字货币需要付出现实生活中的成本。当然，数字世界基于现有物理世界建立，工作量证明与当今碳达峰的趋势不符。

（2）区块确认时间周期长。因为需要节点实际付出算力资源进行工作量证明，完成解题后才能说明自己创建了区块，对于整个网络来说交易的实时性难以保障，最终导致效率下降。

（3）出现中心化趋势。以比特币网络为例，挖矿机制的算力已不再局限于个人计算机的 CPU，而是逐步发展到以 GPU 甚至显卡厂商定制的"矿卡"（如 NVIDIA 将推出专用于加密货币挖矿的 NVIDIA CMP）、FPGA，甚至是以计算能力为主要性能的 ASC 矿机。在目前情况下，用户如果仅依靠个人计算机进行挖矿，即使计算机再先进也难以挖到比特币，因为节点已经发展至大型矿池、矿场，配备了大量专业矿机，可以更快速地完成 PoW 从而获取比特币，全网的算力越发集中。这与区块链网络去中心化的方向背道而驰，一方面背离了区块链的根本目标，另一方面在算力集中的情况下大大增加了 51% 攻击的可能性，区块链网络的安全性受到影响。

（4）从经济角度来说，成本与收益匹配度下降会更加影响比特币网络的安全性。比特币区块奖励每 4 年将减半，而运行矿池或矿场需要大量投入，当挖矿成本高于挖矿收益时，矿工们将放弃挖矿，导致系统内大量算力减少，区块也不再会被快速创建和验证，最终影响比特币网络的持续运转。

3.4　比特币挖矿

在比特币网络中，工作量证明机制的原理使得参与者需要"通过数学解题的方式证明自身完成了一定工作量"。为使全网节点得以达成信任，比特币采用 PoW 机制，该机制是区块链技术中使用最早、也是目前使用规模最大的共识机制，被戏称为"挖矿"。得益于比特币在全球范围内的广泛参与和价格炒作，在一些国家甚至诞生了专门从事工作量证明的机构，并衍生出相关的产业链——"矿池"，通过构建强大的算力提高完成工作量证明的效率。

1．挖矿过程

挖矿是增加比特币货币供应的一个过程。挖矿在给予矿工奖励的同时也在保护比特币系统的安全，防止恶意攻击，避免"双重花费"，矿工验证每笔新产生的交易并记录在账。平均每过 10 分钟就会有一个新区块被"挖掘"，每个区块中包含从上一个区块产生到目前这段时间内发生的所有交易，这些交易被依次添加到区块链中。人们将包含在区块内且被添加到区块链上的交易称为"确认"（confirm）交易，交易经过"确认"后，新的拥有者才能花费其在交易中得到的比特币。

矿工们在挖矿过程中会得到两种类型的奖励：创建新区块的比特币奖励，以及区块中所含交易的交易费（fee）。为了得到这些奖励，矿工们争相完成工作量证明。每笔交易均可能包含一笔交易费，交易费是每笔交易记录的输入和输出的差额。在挖矿过程中成功"挖出"新区块的矿工可以得到该区块中包含的所有交易"小费"。随着挖矿奖励的递减以及每个区块中包含的交易数量增加，交易费在矿工收益中所占比重将逐渐增加。

挖矿是一种结算去中心化的过程，每个结算对处理的交易进行验证和结算。挖矿同时保护了比特币系统的安全，实现在没有中心化机构的情况下，使整个比特币网络达成共识。这种去中心化的安全机制是点对点的电子货币的基础。铸造新币的奖励和交易费作为激励机制，可以调节矿工行为和网络安全，同时完成比特币的货币发行。

2．挖矿风险

（1）电费问题。显卡"挖矿"需要令显卡长时间满负荷运转，功耗较高，电费开支也越发升高。曾有不少专业矿场开在水电站等电费极其低廉的地区，而更多用户只能在家中或普通矿场内挖矿，电费自然不便宜。甚至曾出现过某小区居民疯狂进行挖矿导致小区大面积跳闸，变压器被烧毁的案例。

（2）硬件支出。挖矿实际是性能的竞争、装备的竞争，某些矿机由更多显卡阵列组成，数十乃至上百显卡交火（AMD-ATI 的多显卡技术称为 CrossFire，NVIDIA 的多显卡技术称为 SLI），硬件价格成本水涨船高。除此之外，一些应用专用集成电路（application specific integrated circuit，ASIC）专业矿机也投入战场，ASIC 专为哈希运算设计，计算能力十分强劲，并且由于功耗远低于显卡，电费开销也更低，因此更容易大规模使用（单张独显很难与专用矿机竞争），但与此同时，这种机器的硬件开销也更高。

（3）安全问题。比特币支取需要多达数百位的密钥，而多数人会将这一长串数字记录在计算机中，但经常发生的硬盘损坏、黑客入侵等问题会导致密钥丢失。

（4）系统风险。常见的系统风险当属分叉。分叉导致币价下跌，挖矿收益锐减。但多种情况表明，区块链分叉反而会使矿工得到更多收益，分叉产生的竞争币也需要矿工的算力完成铸币和交易过程。为了争取更多矿工，竞争币会提供更多区块奖励及手续费吸引矿工，风险反而成就了矿工。

3．矿机种类

（1）ASIC 矿机是指使用 ASIC 芯片作为核心运算零件的矿机。ASIC 芯片是一种专门为某种特定用途设计的芯片，必须说明的是其并不仅用于挖矿，还有更广泛的应用领域。这种芯片的特点是简单而高效，例如比特币采用 SHA-256 算法，那么比特币 ASIC 矿机芯片即被设计为仅能计算 SHA-256，因此就挖矿而言，ASIC 矿机芯片的性能优于当前顶级计算机 CPU。由于 ASIC 矿机在算力上具有绝对优势，因此 PC 和显卡矿机开始逐渐被淘汰。

（2）GPU 矿机可简单理解为通过显卡（即图形处理单元，graphics processing unit，GPU）挖矿的数字货币挖矿机。在比特币之后陆续出现了其他数字资产，例如以太坊、狗狗币、莱特币等，其中一些货币所用的算法与比特币并不相同。为了达到更高的挖矿效率，矿工们进行了不同的测试，最终发现 SHA-256 算法的数字货币使用 ASIC 挖矿效率最高，而 Scrypt 等其他算法的数字货币使用 GPU 显卡挖矿效率最高，于是催生出了专门的 GPU 矿机。

（3）IPFS 矿机中的 IPFS 类似于 HTTP，是一种文件传输协议。IPFS 要想运行，需要网络中有许多计算机（存储设备）作为节点，广义来说所有参与的计算机均可称作 IPFS 矿机。而 IPFS 网络为了吸引更多用户加入成为节点，为网络作贡献，设计了一种名为 filecoin 的加密货币，根据贡献存储空间与带宽的多少，派发给参与者（节点）作为奖励。狭义地说，专门以获取 filecoin 奖励为目的而设计的计算机称为 IPFS 矿机。由于 IPFS 网络需要的是存储空间以及网络带宽，因此为了获得最高收益比，IPFS 矿机通常会强化存储空间以及降低整机功耗，例如装备 10 块 TB 级以上大容量硬盘，配备千兆或更高速度的网卡，使用超低功耗的架构处理器等。

（4）FPGA 矿机即使用 FPGA 芯片作为算力核心的矿机。FPGA 矿机是早期矿机之一，首次出现于 2011 年末，在当时一度被看好，但活跃期并不长，后逐渐被 ASIC 矿机与 GPU 矿机取代。FPGA 即现场可编程门阵列（field programmable gate array），可通俗理解为将大量逻辑器件（例如与门、非门、或门、选择器）封装在一个盒子中，盒子中的逻辑元件如何连接全部由使用者（编写程序）决定。

3.5 比特币区块链脚本

脚本是保障交易完成（用于检验交易是否合法）的核心机制，当所依附的交易发生时被触发。通过脚本机制而非写死的交易过程，使得比特币网络实现了一定的可扩展性。比特币脚本语言是一种非图灵完备的语言。通常每个交易都会包括两个脚本：输出脚本（scriptPubKey）和认领脚本（scriptSig）。输出脚本一般由付款方对交易设置锁定，用于对能动用该笔交易输出（例如要花费交易的输出）的对象（收款方）进行权限控制，例如限制必须是某个公钥的拥有者才能花费这笔交易。认领脚本则用于证明自己可以满足交易输出脚本的锁定条件，即对某个交易的输出（比特币）的拥有权。

输出脚本目前支持以下两种类型。

（1）P2PKH（pay to public key hash）：允许用户将比特币发送到一个或多个典型的比特币地址（证明拥有该公钥），前导字节一般为 0x00。

（2）P2SH（pay to script hash）：支付者创建一个输出脚本，其内包含另一个脚本（认领脚本）的哈希，常用于需要多人签名的场景，前导字节一般为 0x05。P2SH 是一种较新的地址类型，表示"向脚本哈希支付"。

P2PKH 和 P2SH 两类地址的主要差别是资金的转出条件不同。注意，转出是指当发送方将比特币转入地址后，接收方再将币转给其他人的行为。P2PKH 地址中的资金如果要转出，只需提供公钥和私钥签名即可，形式比较固定。而 P2SH 中的资金要想转出，转出条件即可自由设置。具体来讲，转出条件就是要写到一个赎回脚本中，P2SH 中的 S 代表赎回脚本。

以 P2PKH 为例，输出脚本的格式为：

---

scriptPubKey: OP_DUP OP_HASH160 <pubKeyHash> OP_EQUALVERIFY OP_CHECKSIG

其中，OP_DUP 为复制栈顶元素，OP_HASH160 为计算哈希值，OP_EQUALVERIFY 判断栈顶两个元素是否相等，OP_CHECKSIG 判断签名是否合法。该指令实际保证了只有pubKey 的拥有者才能合法引用该输出。

另一个交易如果要花费该输出，则在引用该输出时，需要提供认领脚本格式为：

---

scriptSig: <sig><pubKey>

其中，sig 为使用 pubKey 对应的私钥对交易（全部交易的输出、输入和脚本）哈希值进行签名，pubKey 的哈希值需要等于 pubKeyHash。

进行交易验证时，会按照先 scriptSig 后 scriptPubKey 的顺序进行依次入栈处理，完整指令为：

<sig><pubKey> OP_DUP OP_HASH160 <pubKeyHash> OP_EQUALVERIFY OP_CHECKSIG

引入脚本机制带来了灵活性，但也引入了更多安全风险。比特币脚本支持的指令集十分简单，基于栈的处理方式并且非图灵完备，此外还添加了额外的一些限制（大小限制等）。

3.6　比特币交易

交易是完成比特币功能的核心概念，一条交易可能包括如下信息。

（1）付款人地址：公钥经过 SHA-256 和 RIPEMD160 得到的 160 位哈希串。

（2）付款人对交易的签字确认：确保交易内容不被篡改。

（3）付款人资金的来源交易 ID：从哪个交易的输出作为本次交易的输入。

（4）交易金额：输出与输入的差额为交易服务费。

（5）收款人地址：合法的地址。

（6）收款人公钥：收款人的公钥。

（7）时间戳：交易何时能够生效。

每当发生交易，用户需要将新交易记录写入比特币区块链网络，待网络确认后即可认为交易完成。如图 3.6 所示，每笔交易包括若干输入和输出，未经使用的交易的输出（unspent transaction output，UTXO）可以被新交易引用作为合法输入。

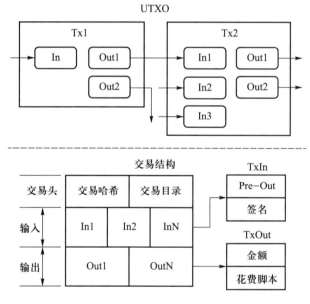

图 3.6　UTXO 示例

一笔合法交易即引用某些已存在交易的 UTXO 作为交易的输入，并生成新输出的过程。在交易过程中，转账方需要通过签名脚本证明自己是 UTXO 的合法使用者，并且指定输出脚本限制未来对本交易的使用者（为收款方）。转账方需要对每笔交易进行签名确认，并且对每笔交易来说，总输入不能小于总输出。

交易的最小单位是"聪"，1 聪=10^{-8} 比特币（即 1 Satoshi=10^{-8} BTC），交易旨在令用户花费比特币，每笔交易均由一些直接的简单支付和复杂支付构成。

网络中节点收到交易信息后，将进行如下检查。

（1）交易是否已被处理。

（2）交易是否合法，包括地址、交易发起方是否为输入地址的合法拥有者，是否为

UTXO。

（3）交易的输入之和是否大于输出之和。

（4）若检查均通过，则将交易标记为合法的未确认交易，并在网络内进行广播。

1．交易示例

2010 年 5 月 22 日，来自佛罗里达州的程序员 Laszlo Hanyecz 在比特币论坛 BitcoinTalk 上发帖声称：“我可以支付一万比特币购买几个披萨，大概两个大的就够吃，还可以留一个到明天吃。你可以自己制作披萨也可以订外卖然后送到我的住址。”他甚至对自己的口味偏好作了要求：“我喜欢洋葱、胡椒、香肠、蘑菇等配料，不喜欢奇怪的鱼肉披萨。”

论坛文章发布后，感兴趣的坛友陆续进行回复，除了有人寻问地址，也有人表示身在欧洲不知如何帮助 Laszlo Hanyecz 订美国的外卖，还有人提示按当时的价格 10 000 BTC 可以换到 41 美元，两个披萨可能不划算。几天后，Laszlo 发出交易成功的炫耀帖，表示已经和一位名叫 Jercos 的人完成了交易，并附上了披萨的图片。为了纪念这笔交易，交易日被定义为比特币披萨日（Bitcoin Pizza Day），甚至有国外网友建立了一个专门的 Twitter 账号来每天记录两个披萨现如今的价值。该笔交易的信息如图 3.7 所示。

Hash	cca7507897abc89628f450e8b1e0c6fca4ec3f7b34cccf55f3f531c659ff4d79
Status	Confirmed
Received Time	2010-05-23 02:26
Size	300 bytes
Weight	1,200
Included in Block	57044
Confirmations	659,159
Total Input	10000.00000000 BTC
Total Output	10000.00000000 BTC
Fees	0.00000000 BTC
Fee per byte	0.000 sat/B
Fee per vbyte	N/A
Fee per weight unit	0.000 sat/WU
Value when transacted	$0.00

图 3.7　著名交易：使用比特币购买披萨

在交易 cca7507897abc89628f450e8b1e0c6fca4ec3f7b34cccf55f3f531c659ff4d79 中的 TxIn 输入 scriptSig 如下：

4830450221009908144ca6539e09512b9295c8a27050d478fbb96f8addbc3d075544dc41328702201aa528be2b907d316d2da068dd9eb1e23243d97e444d59290d2fddf25269ee0e0141042e930f39ba62c6534ee98ed20ca98959d34aa9e057cda01cfd422c6bab3667b76426529382c23f42b9b08d7832d4fee1d6b437a8526e59667ce9c4e9dcebcabb

该 scriptSig 由以下两部分构成。

（1）签名：30450221009908144ca6539e09512b9295c8a27050d478fbb96f8addbc3d075544dc41328702201aa528be2b907d316d2da068dd9eb1e23243d97e444d59290d2fddf25269ee0e01。该签名由 71 B+1 B 签名类型组成，实际签名是去掉最后一个字节 01 的 304502…69ee0e,

签名类型为 SIGHASH_ALL（0x01）。

（2）公钥：042e930f39ba62c6534ee98ed20ca98959d34aa9e057cda01cfd422c6bab3667b76 426529382c23f42b9b08d7832d4fee1d6b437a8526e59667ce9c4e9dcebcabb。

2．验证交易

为了验证该交易是否有效，首先需根据 TxIn 所声明的 Previous Output Hash：a1075db5… d48d 和索引 0 找到上一笔交易的输出：

1976a91446af3fb481837fadbb421727f9959c2d32a3682988ac

上述脚本翻译后的比特币指令如下：

OP_DUP OP_HASH160 46af3fb481837fadbb421727f9959c2d32a36829 OP_EQUALVERIFY OP_CHECKSIG

有了签名、公钥和脚本，即可运行该脚本验证交易是否有效。比特币脚本被设计为以栈运行的虚拟机指令，仅包含有限的几种指令，并且故意被设计为没有循环、条件跳转，因此，比特币脚本不是图灵完备的语言。

比特币脚本的执行非常简单。如表 3.3 所示，首先准备一个空栈，然后将签名和公钥入栈：

表 3.3　签名及公钥入栈

pubkey: 042e93…ebcabb
sig: 304502…ee0e01

随后即可执行 TxOut 的脚本：

OP_DUPOP_HASH160 46af3fb481837fadbb421727f9959c2d32a36829 OP_EQUALVERIFY OP_CHECKSIG

如表 3.4 所示，执行 OP_DUP，该条指令会将栈顶元素复制一份，结果如下：

表 3.4　执行 OP_DUP

pubkey: 042e93…ebcabb
pubkey: 042e93…ebcabb
sig: 304502…ee0e01

如表 3.5 所示，执行 OP_HASH160，将对栈顶元素计算 SHA-256/RIPEMD160，实际为计算公钥哈希，运行结果如下：

表 3.5　执行 OP_HASH160

hash: 46af3f…6829
pubkey: 042e93…ebcabb
sig: 304502…ee0e01

如表 3.6 所示，将数据 46af3fb481837fadbb421727f9959c2d32a36829 入栈，结果如下：

表 3.6　数据入栈

data: 46af3f…a36829
pubkey: 042e93…ebcabb
pubkey: 042e93…ebcabb
sig: 304502…ee0e01

如表 3.7 所示，随后执行 OP_EQUALVERIFY，该条指令将比较栈顶两个元素是否相等，如果不等，则整个脚本执行失败，如果相等，脚本将继续执行，运行结果如下：

表 3.7　执行 OP_EQUALVERIFY

pubkey: 042e93…ebcabb
sig: 304502…ee0e01

最后执行 OP_CHECKSIG，该条指令将验证签名。根据签名类型 SIGHASH_ALL（0x01）对整个交易进行验证，具体方法是：将当前 Transaction 中所有 TxIn 的 scriptSig 去掉，并将当前 TxIn 的 scriptSig 替换为 UTXO 的 script，调整长度字段，最后添加小端序 4 字节的签名类型即 0x01，通过计算两次 SHA-256，得到如下结果：

c2d48f45…2669

使用 ECDSA 算法对签名进行验证：

boolean ecdsa_verify_signature(byte[] message, byte[] signature, byte[] pubkey)

根据签名的验证结果，即可确认该交易是否有效。由于引入了脚本，可以看到，比特币实际上通过编程脚本实现了一个严格以计算机程序验证为基础的数字货币所有权的转移机制。

3.7　Bitcoin-NG

Bitcoin-NG 由康奈尔大学团队研发，旨在提升比特币区块链网络的吞吐量，缩短挖矿及区块确认时间，并在最新的区块出现分叉时缩短解决分歧的时间。Bitcoin-NG 复用了比特币的 PoW 算法，但是 PoW 仅用于选举领导者（leader），领导者可以写入一个 key 区块以及多个 micro 区块，这些区块间隔时间非常短。协议将时间分为各个时隙，一个领导者负责写入的范围称作一个 epoch。

链上存在两种类型的区块：用于领导者选举的 key 区块和用于记账的 micro 区块。每个区块指向其前续区块。

（1）key 区块：类似于比特币，其中包含一个指向上一区块的索引（key 区块或 micro 区块，通常为 micro 区块）、一个用于支付挖矿奖励的 coinbase 交易、一个用于调整挖矿难度的 target value 和一个 nonce。此外，key 区块还包含一个用于后续 micro 区块验证的公钥。公钥位于 key 区块中，这是 Bitcoin-NG 与比特币的核心差异之一。

（2）micro 区块：某个节点一旦产生一个 key 区块即成为领导者节点。领导者节点以小于预设最高速率产生 micro 区块。micro 区块的大小不能超过预设上限，时间不能大于当前时间，并且两个 micro 区块之间的时间间隔不能小于最小间隔。通过这样的方式防止了领导者作恶。micro 区块包含一个账本条目和一个区块头，区块头包含上一区块的引用、当前系统时间、账本条目的哈希值和一个使用私钥加密的头部数字签名（与比特币的方式一致）。这些签名使用 key 区块中的公钥进行验证。

1．激励模型

Bitcoin-NG 提出一种新的激励模型，下一个矿工由于没有能力包含上一个矿工的所有 micro 区块，因而完全可以从 key 区块开始挖矿，这样不仅具有先启动优势，也不会造成损失。为了避免这种情况出现，Bitcoin-NG 使用一种分成激励模型，上一个矿工的挖矿费采用 4∶6 的比例分成，后续矿工可以获得更多奖励，进而激励其包含更多 micro 区块。

2．分叉策略

Bitcoin-NG 引入区块重量的概念，并且仅 key 区块有重量，micro 区块则没有重量。因此在 Bitcoin-NG 中，矿工们被要求延长最重且最长的链。通过长链胜出的统计中，micro 区块在长链中的比重不包括步长。这样能够避免当前矿工不广播新的 micro 区块，例如偷偷积攒上百个 micro 区块，用于自身挖掘新的 key 区块而获得长链优势。

3．惩罚措施

在 Bitcoin-NG 中，micro 区块无须挖矿即可轻松快速地生成并发布，因此恶意领导者可以通过将不同状态发送给不同节点的方式对系统发动双花攻击。Bitcoin-NG 使用专门的账本条目解决该问题，称为"毒药交易"，当前领导者如果发现之前领导者的恶意行为，即可将恶意领导者造成分叉的另一分支上的第一个区块头作为欺诈证明（proof of fraud），打包到自己生产的 micro 区块中并公开，从而使恶意领导者所得的全部报酬被收回。同时，该节点也会为"举报"领导者（打包毒药交易到自己 micro 区块中的领导者）得到一定的补偿作为举报奖励。

3.8　中国对区块链比特币的政策及监管要求

在我国政策积极支持和引导区块链技术发展、创新与应用的同时，相关监管部门对区块链及虚拟货币的监管思路也始终统一，并逐步加强了对虚拟货币和各类代币的监管力度，我国区块链监管的基本框架已形成，并且保持着相对稳定的状态。央行、网信办、工信部权责分明并积极协作，公安司法等部门各司其职，配合主要监管部门开展各类执法规范行为。

2020 年出台的区块链政策以鼓励和扶持产业发展为主，同时兼顾对行业发展的合规性监管以及对技术和业务等方面规范化发展的引导。基于区块链的数字货币、数字资产领域，在监管上依然呈高压态势。从行业监管和规范性发展方面来看，所涉内容包括数字货币、"监管沙盒"试点和数字货币风险提示。

2021 年 9 月 1 日，《中华人民共和国数据安全法》正式实施，明确了开展数据活动的数据安全保护义务，区块链相关行业可以通过技术、管理手段完善数据安全保护工作。区块链在数据安全法的规定下，发展方向将更加趋向于实质性产业，从而使成果质量越发卓越。

我国区块链产业的发展在 2021 年得到国家及地方政府的更多支持，越发规范的监管与政策扶持使得区块链产业呈现欣欣向荣之势，区块链逐渐成为各地新基建与数字经济发展的重要驱动力。据不完全统计，全国至少有 20 个省级行政区将"区块链"写入 2021 年政府工作报告，29 个省市的"十四五"规划提出大力发展区块链，我国区块链产业政策及监管制度迎来了红利。

本章小结

比特币是第一代区块链应用，从此，新兴区块链技术逐渐成为学术界和产业界的研究热点。区块链技术的去中心化信用、不可篡改和可编程等特点，使其在数字加密货币、金融和社会系统中有广泛的应用前景。本章概述了第一代区块链的基础知识，对区块链关键特征（如区块、区块头、创世区块、区块标识符、Merkle 树等）作了初步介绍，随后对区块链分叉、比特币中的共识机制、比特币交易、挖矿、Bitcoin-NG 以及比特币脚本进行详细阐释，为理解区块链技术打下坚实基础。

习题 3

1. 简述比特币的发展历史。
2. 比特币在区块链的发展过程中起到了哪些作用？
3. 造成区块链软分叉和硬分叉的可能原因有哪些？二者有什么区别？
4. Merkle 树如何保证区块链的信息不可篡改？
5. 区块的哈希值能否唯一标识某个特定区块？
6. 比特币系统中交易的步骤是什么？交易信息如何打包到区块中？
7. 比特币共识机制本质上是为了解决什么问题？
8. 比特币账户地址是如何计算得出的？
9. 挖矿的本质是什么？比特币如何动态调节挖矿难度？
10. 闪电网络是如何提升比特币交易性能的？

第4章　密码学技术基础

密码学技术是区块链技术的重要组成部分，在保护数据安全和用户隐私方面具有举足轻重的意义。密码学通过将可懂的明文变换为无法读懂的密文，实现信息保护、消息验证、身份认证等目的。针对不同的应用场景，需要采用不同的密码学方法。人们一般按照使用场景和密钥特点，将常用的加密技术分为非对称加密、对称加密和哈希函数（散列函数）。本章对密码学的概念、算法以及在区块链中的应用进行介绍，有助于深入理解区块链系统的基本原理。

4.1　密码学概述

密码学一词源于希腊语 kryptós（隐藏的）和 gráphein（写作），是研究如何隐秘传递信息的学科，包括密码编码学、密码分析学两个分支。在现代特指对信息及其传输的数学性研究，常被视为数学和计算机科学的分支，同时与信息论密切相关。著名的密码学者 Ron Rivest 解释道，"密码学关乎如何在敌人存在的环境中通信"，从工程学的角度看，这相当于密码学与纯数学的异同。密码学是认证、访问控制等信息安全相关议题的核心，其首要目的是隐藏信息的含义，而非隐藏信息的存在。密码学也促进了计算机科学的发展，尤其是计算机与网络安全所使用的技术，例如访问控制与信息机密性。密码学已被应用于日常生活，包括芯片卡、计算机存取密码、电子商务等。

人类使用密码的历史几乎与使用文字的时间等长，密码学的发展大致可以分为 3 个阶段：1949 年以前的古典密码学阶段；1949—1975 年密码学成为科学的分支；1976 年以后对称密钥密码算法得到进一步发展，产生了密码学的新方向——公钥密码学。

密码学是在编码与破译的斗争实践中逐步发展起来的，随着先进科学技术的应用，其已成为一门综合性的技术科学。进行明文密文变换的法则称为密码体制，指示这种变换的参数称为密钥，二者均为密码体制的重要组成部分。密码体制包含 4 种基本类型：错乱——按照规定的图形和线路，将明文字母或数字密码等的位置改变为密文；代替——用一个或多个代替表将明文字母或数字密码等代替为密文；密本——用预先编定的字母或数字密码组代替一定的单词、词组等，将明文变为密文；加乱——用有限元素组成一串序列作为乱数，按规定算法将其同明文序列结合变为密文。以上 4 种密码体制既可单独使用，也可混合使用，以编制各种复杂度更高的实用密码。

中国古代有藏头诗、藏尾诗、漏格诗等诗文形式，将要表达的真正含义或"密语"隐藏在诗文中的特定位置，使一般人难以注意隐藏其中的"话外之音"，从而达到秘密传递消息的目的。例如《水浒传》中为拉卢俊义入伙，吴用和宋江便利用卢俊义正为躲避"血光之灾"的惶恐心理，口占四句卦歌：

> 芦花丛里一扁舟，
>
> 俊杰俄从此地游。
>
> 义士若能知此理，
>
> 反躬逃难可无忧。

这首歌的句首暗藏"卢俊义反"4 字，结果成为官府治罪的证据，最终将卢俊义"逼"上梁山。

20 世纪 70 年代以来，一些学者提出公开密钥体制，即运用单向函数的数学原理实现加、解密密钥的分离。加密密钥是公开的，解密密钥是保密的。这种新的密码体制引起了密码学界的广泛注意和探讨。

使用密码学技术是为了解决信息安全问题。密码学能够为信息系统带来以下 4 个安全特性。

（1）机密性：为了防止信息被窃取，对应的密码技术包括对称密码和公钥密码。

（2）完整性：为了防止信息被篡改，对应的密码技术包括单向散列函数、消息认证码、数字签名。

（3）身份认证：为了防止攻击者伪装成真正的发送者，对应的密码技术包括消息认证码和数字签名。

（4）不可抵赖性：为了防止发送者事后否认发送行为，对应的密码技术为数字签名。

4.2 哈希算法

4.2.1 定义

哈希（hash）算法是区块链技术中使用最广泛的密码算法之一，主要用于检查数据是否被篡改，实现数据的快速匹配。简单来说，哈希算法是一种数学函数，因此也被称为哈希函数，经过该函数处理可将任意长度的输入转换为固定长度的输出。

哈希算法的特征如下。

（1）定长输出。哈希函数将任意长度的数据转换为固定长度，此过程称为计算数据的哈希值。一般来说，哈希值比输入数据小得多，因此哈希函数有时被称为压缩函数。具有 n 位输出的哈希函数称为 n 位哈希函数，目前多数哈希函数的 n 的取值一般为 160～512。

（2）计算高效。对于任意输入 x 以及指定的哈希函数 h，计算 $h(x)$ 通常是一个快速操作。计算哈希值的过程通常比执行加密算法快得多。

（3）不可逆。对一个哈希函数进行逆向计算应当是困难的。换言之，对于一次给定哈希计算 $h(x)=z$，若已知 z，则在有限时间内应当无法求出 x。

（4）输入敏感。对输入进行任何微小改变，都会导致哈希值发生巨大变化。

对两个不同输入执行同一种哈希计算可能产生相同哈希值，这种情况称为哈希碰撞（或哈希冲突）。在实际应用中，为了保证算法的安全性，应当尽量避免碰撞出现，这就要求一个优秀的哈希算法还应当具备以下特性。

（1）弱抗碰撞性。对于一个确定输入，应当很难找到哈希值与其相同的其他输入。换言之，对于一次给定哈希计算 $h(x)=z$，若已知 x、z，则应当很难找到任何其他输入 $y(y \neq x)$，使得 $h(y)=z$。该特性可以防止攻击者拥有输入值及其哈希值，并希望将不同的值替换为合法值以代替原始输入。

（2）强抗碰撞性。很难找到具有相同哈希值的两个不同输入。具备该特性的哈希函数也称为抗碰撞哈希函数。换言之，对于给定的哈希函数 h，应当很难找到任何两个输入 x 和 $y(y \neq x)$，使得 $h(x)=h(y)$。由于哈希函数是具有固定散列长度的压缩函数，因此哈希函数必然存在冲突。这种抗碰撞特性只能证实该类碰撞应当很难发生。显然，如果一个哈希函数具备强抗碰撞性，则其同时具备弱抗碰撞性。

基于以上特性，哈希算法通常存在以下两种直接应用。

（1）生成交易地址

在某些加密货币交易系统中，账户地址通过其公钥的哈希值表示。借助于哈希算法的输出随机性和不可逆特性，哈希地址在一定程度上能够起到匿名效果。

（2）数据完整性检查

数据完整性检查是哈希算法最常见的应用，用于校验生成数据的完整性。该类应用程序向用户保证数据的正确性，完整性检查可以帮助用户检测对原始数据进行的任何更改。

4.2.2　常见哈希算法

1. 报文摘要（message digest，MD）系列

MD 系列哈希算法包括 MD2、MD4、MD5 和 MD6，其中 MD5 是一个 128 位哈希函数，多年来一直是最受欢迎和广泛使用的哈希算法，被采纳为 RFC1321 标准。MD5 摘要被广泛应用于软件领域以确保传输文件的完整性，例如，文件服务器通常会为文件提供预先计算的 MD5 校验，以便用户将下载文件的校验和与其进行比较。

不过，人们于 2004 年在 MD5 中发现了碰撞，根据报道，使用计算机集群进行的分析攻击仅在一个小时内便实施成功。此次碰撞攻击导致 MD5 受损，因此 MD5 不再被推荐使用。

2. 安全哈希算法（secure hash algorithm，SHA）系列

SHA 系列哈希算法包括 SHA-0、SHA-1、SHA-2 和 SHA-3，虽同属一族，结构却不同。最初的版本是 SHA-0——一种 160 位哈希函数，由美国国家标准与技术研究院（NIST）于 1993 年发布。SHA-0 几乎没有弱点，但并未十分流行。

1995 年，SHA-1 旨在纠正所谓的 SHA-0 弱点而诞生。SHA-1 在现有 SHA 哈希函数中使用最为广泛，被应用于多种应用程序和协议，包括安全套接字层（secure socket layer，SSL）以提供安全性。2005 年，人们发现了一种在实际时间范围内识别 SHA-1 冲突的方法，这使得 SHA-1 的长期执行能力受到质疑。

SHA-2 系列还有 4 种 SHA 变体——SHA-224、SHA-256、SHA-384 和 SHA-512，具体取决于其哈希值中的位数。虽然目前尚未报告对 SHA-2 哈希函数的成功攻击，但其基本设计仍然遵循 SHA-1 的设计思想。因此，NIST 呼吁设计新的有竞争力的哈希函数。

2012 年 10 月，NIST 选择 Keccak 算法作为新的 SHA-3 标准。Keccak 提供了许多优点，例如高效的性能和良好的攻击抵抗力。

3．SM3

SM3 是中国政府采用的一种哈希函数算法标准，其前身为 SCH4 杂凑算法，由国家密码管理局于 2010 年 12 月 17 日发布，相关标准为《SM3 密码杂凑算法》（GM/T 0004—2012）。2016 年，SM3 成为中国国家密码标准（GB/T 32905—2016）。

在商用密码体系中，SM3 主要用于数字签名及验证、消息鉴别码生成及验证、随机数生成等，其算法已公开，并且安全性及效率与 SHA-256 相当。

4.2.3　数字摘要

生成数字摘要是哈希算法应用于区块链的主要目的之一。事实上，对数据进行哈希计算是为了以较短的信息概括较长的信息，因此，哈希算法的输出通常被称为数字摘要或数字指纹。从数据结构上看，区块链本身由后序区块保存前序区块的数字摘要构成，其中，比特币使用 SHA-256 算法生成区块摘要，而以太坊主要使用 Keccak256 算法。利用哈希函数抗碰撞性特点，为了验证两段数据的内容是否相同，只需比较二者的数据摘要是否一致即可，无须对明文进行逐字节比较，从而可以在很大程度上提高验证效率，因此，在数字签名和身份认证中常常见到数字摘要的身影。

Go 语言中有着丰富的库函数可供方便地生成数字摘要，以下为部分示例：

```
package main
import (
    "crypto/md5"
    "crypto/sha1"
    "crypto/sha256"
    "fmt"
)
funcmain() {
    s := "Trust Chain"
    hmd5 := md5.Sum([]byte(s))
    hsha1 := sha1.Sum([]byte(s))
    hsha2 := sha256.Sum256([]byte(s))
    fmt.Printf("MD5: %x\n", hmd5)
    fmt.Printf("SHA1: %x\n", hsha1)
    fmt.Printf("SHA256: %x\n", hsha2)
}
```

上述代码为字符串"Trust Chain"生成如下形式的数字摘要：

```
MD5: 82aaf14b32d2190c7cfc7cc5308fef2e
SHA1: 8916500d5a70e904c84c5769e2d027f4f47f9cbe
SHA256: 1d08cc9342946db1c05d7e18f05c2eb45c74dfc9c42644d646e661ff1ac16f2b
```

如果要为文件生成数字摘要，则需读取文件内容作为输入，通常以块的形式读取文件内容可以避免消耗大量内存。通过写入 io.Writer()函数来分段添加数据内容，最后调用 Sum()

函数提取校验和。

```
package main
import (
    "crypto/sha256"
    "io"
    "log"
    "os"
)
funcmain() {
    file, err := os.Open("test.txt")
    if err != nil {
        log.Fatal(err)
    }
    defer file.Close()
    buf := make([]byte, 30*1024)
    sha256 := sha256.New()
    for {
        n, err := file.Read(buf)
        if n > 0 {
            _, err := sha256.Write(buf[:n])
            if err != nil {
                log.Fatal(err)
            }
        }
        if err == io.EOF {
            break
        }

        if err != nil {
            log.Printf("Read %d bytes: %v", n, err)
            break
        }
    }
    sum := sha256.Sum(nil)
    log.Printf("%x\n", sum)
}
```

4.2.4　Merkle 树

Merkle 树是一种使用密码学哈希函数构造的二叉树。其为一棵满二叉树，也就是说所有分支都从根节点到叶节点的完整路径，没有缺失。Merkle 树的根是其直接分叉的两个枝干节点拼接后所求的哈希值，每个枝干节点又为其直接分叉的两个下一级节点拼接后所求的哈希值，直到叶节点。叶节点是对原始数据求得的哈希值。

Merkle 树的这种结构有一个特点，即对原始数据进行篡改会改变所在路径的哈希值。

这样即可在不需要原始数据的情况下，仅仅使用一条从根节点到叶节点的、由数个哈希值组成的链条，证明某笔交易的存在，这种存在性证明又被称为"默克尔证明"（Merkle proof）。

Merkle 树的引入允许人们在保持区块链不可篡改的同时删除过时的交易，甚至完全删除原始交易数据而不改变根节点的哈希值。只需将当前区块打包的一笔笔交易数据作为叶节点，层层计算得到根节点的哈希值（称为"根哈希"），再将根哈希和其他非交易数据（例如当前区块的工作量证明信息）放在一起，即组合为"区块头"（block header）。

比特币白皮书的"回收磁盘空间"一节中指出，"一旦一枚比特币中的最新交易被埋在足够多的区块下，已使用的交易即可被丢弃以节省磁盘空间。为了在不破坏区块哈希值的情况下实现这一点，需在 Merkle 树中对交易进行哈希处理，仅将根包含在区块哈希值中。然后可以通过砍掉树的分支来压缩旧区块，（被砍）分支内的哈希值均无须被存储"。

如图 4.1 所示，假定一个区块中包含 A、B、C、D 这 4 个交易，计算根哈希的步骤如下。

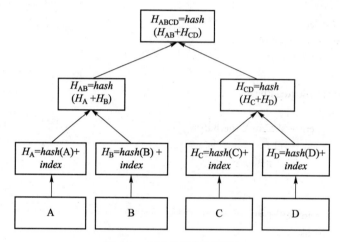

图 4.1　根哈希运算示意图

（1）将交易下标作为 rlp 编码拼接至交易哈希值，作为叶节点。

（2）将节点元素划分为 n（上图中 n 为 2）个一组，拼接后计算哈希值作为上一层元素。

（3）重复步骤（2）直到仅存在一个当前元素，计算过程结束。

上例中使用的 n 为 2，在 FISCO-BCOS 计算根哈希的过程中 n 为 16。如前所述，Merkle 树为大型数据结构提供了高效、安全的验证手段，常被用于保存交易的数字指纹，实现对区块内所有交易的归纳，最终达到快速验证某个区块是否包含指定交易的目的。假设图 4.1 为区块 X 的 Merkle 树结构，如果要验证交易 D 是否存在于区块 X 中，无须返回区块 X，只需提供交易 D、H_{AB}、H_C 以及 Merkle 根即可。计算方法如下：根据交易 D 的下标和交易 D 计算哈希，得到 H_D；根据 H_C 和 H_D 计算哈希，得到 H_{CD}；根据 H_{AB} 和 H_{CD} 计算哈希，得到 H_{ABCD}；对比 H_{ABCD} 和 Merkle 根，如果相同则证明区块 X 中存在交易 D，否则说明不存在。

4.2.5　布隆过滤器

布隆过滤器由一个很长的二进制向量和一系列抗碰撞的哈希函数组成，可以用于快速判断一个元素是否存在于一个集合中。算法空间成本仅由二进制向量决定，并且查询时间远小于一般算法（仅需计算 k 个哈希函数的值）。其缺点是存在一定的错误识别率，并且很难删除已添加到布隆过滤器中的元素。

如图 4.2 所示，初始状态下的布隆过滤器是一个长度为 m 的比特数组（二进制向量），每一位均设置为 0。

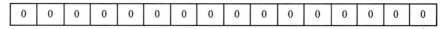

图 4.2　布隆过滤器初始状态示意图

将一个新元素 x 添加至布隆过滤器，对 x 计算 k 个哈希函数的哈希值（哈希值作为比特数组的下标），将比特数组中对应位设置为 1。然后对 y 计算 k 个哈希函数的哈希值，若对应位的值均为 1，则说明 y 存在于布隆过滤器中，如图 4.3 所示。

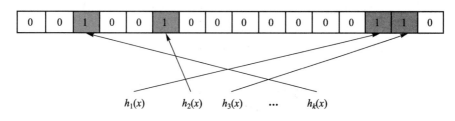

图 4.3　布隆过滤器运算示意图

虽然布隆过滤器具有一定的错误识别率，但可以通过调整 m 和 k 的值使得错误识别率可容忍，对于误判元素可以建立一个白名单。

此外，针对"如何对大数据进行去重"的类似问题（例如给定 2 个文件，其内保存的是 URL，对这 2 个文件中的 URL 进行去重），这里提供以下 3 种思路。

（1）将文件 A 切割成 k 个小文件（使得内存可容忍，例如占 1/2 内存），将文件 B 切割成 t 个小文件，首先读入 A 的第 1 个小文件，依次与 B 的 t 个小文件进行去重比较，算法复杂度为 $O(n^2)$。

（2）当遇到一个 URL 时，计算 $index=hash(url)\bmod m$ 的值，将该 URL 写入标号为 $index$ 的小文件，留意相同值的 URL 会被写入同一个小文件，以此去重，算法复杂度为 $O(n)$。

（3）对文件 A 的 URL 建立一个布隆过滤器，在遍历文件 B 的 URL 时判断是否存在于布隆过滤器中，若是则删除，算法复杂度为 $O(n)$。虽然该方案具有一定的错误识别率，但更加节省空间，并且实际运行速度可能优于方案（2）。

```
# 前提条件：两个文件不得包含重复的行（即两个文件都要提前去重）
# uniq：检查及删除文本文件中重复出现的行列
# 语法：uniq[选项] 文件
# 最重要参数：默认（去重） | -d（显重） | -u（删重）

#1. 取出两个文件的并集
cat file1 file2 | sort | uniq>file3
#2. 取出两个文件的交集
cat file1 file2 | sort | uniq -d >file3
#3. 删除交集
cat file1 file2 | sort |uniq -u >file3
```

在区块链尤其是在 UTXO 模型中，要判断一笔交易是否有效，除了需要提供 Merkle 树路径证明（证明其的确作为一笔历史交易存在于账本中），还需要从一个双重花费交易池中判断该交易是否被双重花费。此处对问题进行建模，即转化为判断交易是否存在于双重花费交易池集合中，可以通过布隆过滤器实现该双重花费交易池，既节省空间又保证判断效率。

4.3   加解密算法

4.3.1   定义

加解密算法是现代密码学核心技术，与单向性哈希算法不同，加解密算法需要保护原文的完整信息，密文在经过对应的解密处理后应当与原文一致。密码系统是一种信息安全服务结构或方案，由一组加解密算法及其基础设施构成。密码系统的基本模型如图 4.4 所示。

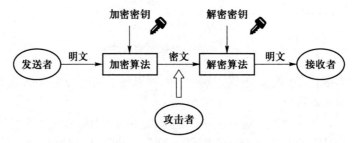

图 4.4   密码系统基本模型示意图

一个完整的密码系统包括以下组成要素。

（1）明文：需要加密保护的原始数据。

（2）加密算法：以明文为输入并返回密文的数学算法，为该文本生成唯一的加密密钥。

（3）密文：明文的加密或不可读版本。

（4）解密算法：以密文为输入并将其解码为明文的数学算法，使用该文本的唯一解密密钥。

（5）加密密钥：对数据发送者已知的密钥，用于计算给定明文的密文。

（6）解密密钥：对数据接收者已知的值，用于将给定密文解码为明文。

密码系统主要分为以下两种类型。

（1）对称加密

在 1970 年以前，所有密码系统均采用对称密钥加密。即使在今天，其相关性依然非常高，并且在许多密码系统中被广泛使用。这种加密方式不太可能消失，因为它具有比非对称加密更多的优势。基于对称密钥加密的密码体制的显著特点是使用对称密钥加密的人员必须在交换信息前共享一个公钥。

（2）非对称加密

非对称密钥发明于 20 世纪，使用该密钥的加密方案的突出特点如下：该系统中的每个用户需要拥有一对不同的密钥——私钥和公钥，这些密钥在数学上是相关的，即当一个密钥用于加密时，另一个密钥可以将密文解密回原始明文。此处需要将公钥放在公共存储库和私钥中作为一个保密信息，因此，这种加密方案也称为公钥加密。虽然用户的公钥和私钥是相关的，但在计算上不可能基于公钥破解私钥。

4.3.2　对称加密

对称加密又称专用密钥加密或共享密钥加密，即发送和接收数据的双方必须使用相同的密钥对明文进行加密和解密运算，如图 4.5 所示。对称加密算法的计算效率通常优于非对称加密算法，因此在区块链中也被广泛使用，主要用于加密数据内容本身。常见的对称加密算法主要包括 DES、3DES、IDEA、FEAL、Blowfish 等。对称加密技术提供了多种服务，可以安全地保护用户隐私。然而使用该技术进行安全通信仍然存在以下两个难题。首先，通信双方必须事先就密钥达成共识。因为通信双方无法通过非秘密方式达成密钥共识（否则密钥会被窃听），所以通信双方只能私下见面交换密钥。如果需要向许多用户发送消息，则需建立许多新密钥，仅仅通过私下达成密钥共识是不够的。因此，需要解决使用对称加密技术实现安全通信时的密钥传输问题。其次，A 与 B 使用对称密钥加密通信后，A可能会拒绝承认向 B 发送加密消息，可以说是 B 自己创建了消息，然后与之共享。由于使用该密钥的加密和解密过程相同，并且二者均可访问，因此二者中的任何一个均可加密消息。因而 B 希望将 A 的消息进行数字签名，使 A 无法否认身份验证问题。综上所述，对称加密虽然是一种很好的加密方式，但并不完美，需要在加密过程中配合使用其他技术。

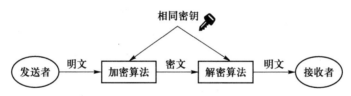

图 4.5　对称加密基本模型示意图

有数百种不同的对称加密算法可用，每种算法均有长处和短处。常见示例包括 DES、3DES、AES、IDEA、RC4 等。

（1）DES

DES（data encryption standard）是美国政府采用的数据加密标准。DES 最初于 1976 年开发，一直是使用最广泛的加密算法之一。DES 算法本身十分强大，弱点在于原始 DES使用 56 位加密密钥，因此可以使用计算机运行键的所有位组合进行破译（1 和 0），直到按下正确的键。最初破译 DES 时可能需要数百年时间，但如今计算机的速度要快得多。事实上，现在可能只需要一天左右的时间就能完成所有组合，这是 DES 不再被广泛使用的主要原因。

（2）3DES

3DES 通常被称为三重 DES，因其将 DES 算法应用于每个数据块 3 次而得名。3DES已超越其前身 DES，目前被视为使用最广泛的安全加密标准。该算法本身与 DES 同样强大，但同时具有能够使用更长密钥的优势。加密者必须为每次加密迭代指定一个密钥，可以选择对每次迭代使用相同的密钥，或对两次迭代使用相同的密钥，抑或对每次迭代使用不同的密钥，最安全的实现是对每次迭代使用不同的密钥。如果对所有 3 次迭代使用相同的密钥，则密钥强度为 56 位，这与 DES 基本相同。如果对两次迭代使用相同的密钥，对第 3 次使用不同的密钥，则密钥强度为 112 位。如果对所有 3 次迭代使用不同的密钥，则密钥强度为 168 位。长期以来，3DES 算法是 FIPS 140 在 Windows 中实现使用的主要算法，当用户配置强制使用 FIPS 140 兼容算法的 Windows 组策略或注册表时，基本上是在强制使用 3DES 进行加密。现在，Windows 系统提供了 AES 可供使用，这也是符合 FIPS 140 的算法。

（3）AES

AES（advanced encryption standard）是高级加密标准，有时也被称为 Rijndael 算法，这是因为 AES 实际上来自 Rijndael 算法。政府通过一个评估过程确定将使用哪种算法作为 AES 标准，最终 Rijndael 算法被选为获胜者。AES 实际包括 3 种不同的密码——AES-128、AES-192 和 AES-256，其中数字代表加密密钥的长度。AES 十分快速且安全，正因为如此，其在全球的推广使用十分迅速。

（4）IDEA

IDEA（international data encryption algorithm）是国际数据加密算法，使用 128 位加密密钥，最初旨在替代 DES。IDEA 没有被按计划广泛使用出于两个主要原因：首先是 IDEA 受到一系列弱密钥的影响，其次是目前存在更快的算法可以产生相同级别的安全性。

（5）RC4

RC4（Rivest cipher 4）是 Rivest 密码的第 4 个版本。RC4 使用可变长度的加密密钥，该密钥从 40 位到 256 位不等，最常与 128 位密钥一起使用。RC4 算法十分简单，易于实现，缺点在于如果实施不当，可能会导致密码系统变弱，这是 RC4 逐渐被淘汰的主要原因之一。RC4 主要用于无线网络中的有线等效保密（wired equivalent privacy，WEP）和 WiFi 保护接入（WiFi protected access，WPA），还被用于安全套接字层（SSL）和传输层安全协议（transport layer security，TLS）以及基于 SSL 的超文本传输协议（hypertext transfer protocol，HTTP）。此外，RC4 还与安全外壳、Kerberos 和远程桌面协议共同使用。

加密算法对照表如表 4.1 所示。

表 4.1　加密算法对照表

算法名称	密钥长度/b	块大小/b
DES	56	64
3DES	56、112 或 168	64
AES	128、192 或 256	128
IDEA	128	64
RC4	40～256	（流密码）
RC5	0～2 040（推荐 128）	32、64 或 128（推荐 64）

4.3.3　非对称加密

非对称加密又称公钥加密，即使用一对不相同但相互关联的密钥对消息进行加密和解密。非对称加密是区块链中最为常见且最为主要的加密形式，是实现身份认证、交易留痕、访问权限控制的关键工具。私钥不可公开在加密系统中，公钥用于加密，私钥用于解密。私钥仅可通过生成密钥的交换方管控，公钥能够被公布，不过仅与生成密钥的交换方相对应的非对称密钥存在两种使用方式——传送保密信息与消息认证。

（1）传送保密信息。该方式可用于在公共网络中完成保密通信，多个用户通过公钥加密的消息仅能通过一个用户私钥解读。其他用户使用接收方的公钥加密消息并发送给接收方，仅有接收方能够解读。

（2）消息认证。该方式可用于在认证系统中对消息进行数字签名。公钥是公开的，用私钥加密的消息可被其他多个用户使用公钥解读。这一过程也称为公钥签名，私钥验签。

非对称加密算法特点如下。

（1）使用加密密钥对明文加密后得到密文，再用解密密钥对密文进行解密，即可恢复出明文。

（2）加密密钥不能用于解密。

（3）使用解密密钥加密的消息只能用加密密钥进行解密，使用加密密钥加密的消息只能用解密密钥进行解密。

（4）从已知的加密密钥不能推导出解密密钥。

（5）加密和解密的运算可以交换作用次序。

如图 4.6 所示，发送者向接收者发送一条数据，此时用户会在公钥中得到接收者的私钥对应的公钥，然后用该公钥对数据进行加密并发送给网络进行传输。接收者收到密文后，用自己的私钥解密。由于数据发送者使用接收者的公钥对数据进行加密，因此只有接收者能够读取密文。其他用户得到密文时无法读取密文，因为他们没有与加密消息的公钥相对应的私钥。在非对称加密中，所有参与加密通信的用户均可获得每个用户的公钥。每个用户的私钥由用户在通信前生成，无须提前分发。在一个系统中，只要能够管理每个用户的私钥，用户接收到的通信内容就是安全的。系统可以随时更改自己的私钥，并释放相应的公钥代替原有公钥。非对称加密使双方无须事先交换密钥即可安全通信，常用于身份认证、数字签名等领域。

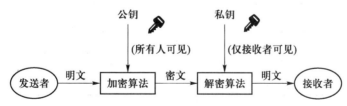

图 4.6　非对称加密基本模型示意图

RSA 是当前应用最为广泛的非对称加密算法，在公开密钥加密和电子商业中被广泛使用，由 Ron Rivest、Adi Shamir 和 Leonard Adleman 于 1977 年提出。RSA 算法设计基于的数学难题是大整数因子分解问题，即将两个素数相乘是很容易的事，但要找到一个大整数的素因子却十分困难，因此可将乘积公开作为密钥。1985 年，另一个强大而实用的公钥方案——ElGamal 算法被公布，其安全性基于离散对数问题，在密码协议中被大量应用。之后基于其他数学难题的公钥密码算法也陆续登场，其安全性均为计算安全而非无条件安全。进入 21 世纪后，计算机运行速度极大提高，RSA 算法的安全性受到了严重威胁：随着分解整数能力的增强，RSA 算法的密钥现在至少需 2 048 位才能保证安全。形势更加严峻的是，量子计算机的出现可能使大整数因子分解变得易如反掌。

21 世纪初，难度较大的椭圆曲线离散对数问题被提上讨论日程，基于该数学问题设计的椭圆曲线公钥密码算法成为研究热点。2005 年 2 月，美国国家安全局决定使用椭圆曲线密码作为政府标准的一部分来保护敏感但未分类的信息。中国学者也对椭圆曲线密码进行了深入研究，并取得多项成果。

国家密码管理局颁布的 SM2 椭圆曲线公钥密码算法相比 RSA 算法有以下优势：（1）安全性高：256 位的 SM2 算法密码强度已超过 RSA-2048。（2）密钥长度短：SM2 算法使用的密钥长度一般为 192～256 位，而 RSA 算法通常为 1 024～2 048 位。（3）签名速度快：同等安全强度下，SM2 算法在使用私钥签名时的速度远超 RSA 算法。对我国公钥密码走向应用、形成自主知识产权的产品而言，SM2 算法可以说是一场及时雨，其不仅提供加密功能，还提供数字签名与密钥协商功能，可以方便地服务于电子邮件、转账、商务及办公自动化等系统。随着应用市场对密码产品的需求不断扩大，密码编码与密码破译的对抗将进一步激化，密码又将面临新的考验。

4.3.4 密钥交换协议

如图 4.7 所示，迪菲-赫尔曼（Diffie-Hellman，DH）密钥交换协议是一种安全协议，是 Whitefield Diffie 和 Martin Hellman 于 1976 年公布的一种在公共信道中安全交换密钥的密钥协商算法，目的在于使两个用户安全交换一个共享密钥，用于对双方通信消息进行加密。双方可以在不安全的通道中建立共享私钥，而无须对方提供任何先验信息。该私钥作为对称密钥用于加密后续通信数据。DH 密钥交换协议是一种非认证密钥交换协议，但为许多认证协议提供了基础，在传输层临时安全中用于前向保密。由于通信双方最终使用的密钥相同，因此可以认为该协议的目标是创建一个对称密钥。

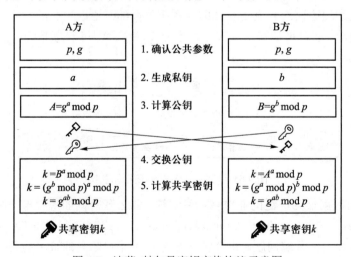

图 4.7 迪菲-赫尔曼密钥交换协议示意图

迪菲-赫尔曼密钥交换协议本身是一个匿名（无认证）的密钥交换协议，却是许多认证协议的基础，并且被用于提供传输层安全协议的短暂模式中的前向安全性。前向安全或前向保密（forward secrecy，FS）有时也被称为完全前向保密（perfect forward secrecy，PFS），它是密码学中通信协议的安全属性，意味着长时间使用的主密钥的泄露不会导致过去会话密钥的泄露。前向安全性可以保护过去进行的通信免受将来暴露密码或密钥的威胁。如果系统具有前向安全性，则可在密码或密钥在某个时刻意外泄露时保证过去进行的通信仍然安全，不会受到任何影响。

（1）ECDH（elliptic curve Diffie-Hellman）：基于椭圆曲线 Diffie-Hellman 的密钥交换协议。

（2）ECIES（elliptic curve integrated encryption scheme）：由 Certicom 公司提出的公钥加密方案，可以抵御选择明文攻击和选择密文攻击。

（3）KDF（key derivation function）：密钥导出函数，即使用伪随机函数从秘密值导出一个或多个密钥，可用于将密钥扩展为更长的密钥或获得所需格式的密钥。在 RLPx 中使用本地随机私钥和对方随机公钥生成共享种子。

```
ecies.ImportECDSA(prv).GenerateShared(h.remote, sskLen, sskLen)
```

（4）ECDHE（ephemeral elliptic curve Diffie-Hellman）：临时椭圆曲线 Diffie-Hellman 密钥交换协议，其中 E（ephemeral）代表每条会话均重新计算一个临时密钥，即使一方的私钥被泄露，过去的通信仍是安全的，相比 ECDH 其具有前向安全性。

```
ecdheSecret, err := h.randomPrivKey.GenerateShared(h.remoteRandomPub, sskLen, sskLen)
```

RLPx 使用了完全前向保密技术，通信双方生成随机公私钥对，交换各自的本地公钥，并使用本地公钥对随机公钥加密发送给对方。使用自己的随机私钥和对方的公钥生成共享秘密（shared-secret），后续使用该共享秘密对称加密传输的数据，即使一方的私钥被泄露，过去的通信仍是安全的。假设 A、B 两人进行通信，约定使用同一个有限循环群 G 和其中一个生成元 g，则一般过程如下。

A 选择一个随机正整数 a，计算 $r_a=g^a \bmod p$ 发送给 B
B 选择一个随机正整数 b，计算 $r_b=g^b \bmod p$ 发送给 A
A 收到 B 的消息后计算 $R1=r_b^a \bmod p$
B 收到 A 的消息后计算 $R2=r_a^b \bmod p$

根据指数模运算的性质，$R1=R2$，因此可以计算得到相同的值，作为共同的密钥。于是 A 和 B 就同时协商出一个新的群元素并将其用作共享秘密，因为群满足乘法交换性。

假定在模素数 29 的有限域中有 $g=3, p=29$
A 秘密选择随机数 $a=4$，B 秘密选择随机数 $b=7$
A 计算 $r_a=g^a \bmod p=3^4 \bmod 29 =23$ 发送给 B
B 计算 $r_b=g^b \bmod p=3^7 \bmod 29 =12$ 发送给 A
A 收到 r_b 后计算 $R1=r_b^a \bmod p = 12^4 \bmod 29 = 1$
B 收到 r_a 后计算 $R2=r_a^b \bmod p = 23^7 \bmod 29 = 1$，$R1=R2$，恰巧所选数据得到的结果为 1

椭圆曲线上应用迪菲-赫尔曼密钥交换协议的算法与上述过程略有不同，椭圆曲线上不存在点的幂运算，取而代之的是点的标量乘法运算。

A 生成私钥 a，将其乘以基点 G 得到公钥 Q_a，即 $a**G=Q_a$ 发送给 B

B 生成私钥 b，将其乘以基点 G 得到公钥 Q_b，即 $b**G=Q_b$ 发送给 A

A 计算 $(x_k, y_k) = a*Q_b$，x_k 即为交换得到的密钥

B 计算 $(x_k, y_k) = b*Q_a$，x_k 即为交换得到的密钥

结果显而易见，注意实际使用的密钥交换算法参数是严格选取的大整数，上例中仅作为原理说明。现实中密钥交换算法常与其他加密算法共同使用，例如 RSA_DH 和 EC-DH，实际对应了上文列举的两个例子。

在实际编程中，密钥交换算法已经有实现完整的库可以使用，例如 Java 中的 KeyAgreement、Golang 中的 ecdsa 等。

迪菲-赫尔曼密钥交换协议本身并不提供通信双方的身份验证服务，因此可能遭受中间人攻击（man-in-the-middle attack）。中间人在信道中间分别和 A、B 进行两次迪菲-赫尔曼密钥交换，即可成功向 A 假装 B 或向 B 假装 A。此时攻击者能够读取任何人的信息并将其重新加密，然后传递给另一个人。因此通常需要一个能够验证通信双方身份的机制来防止该类攻击。许多安全身份验证解决方案使用了迪菲-赫尔曼密钥交换，当 A 和 B 共有一个公钥基础设施时，可以将其返回密钥进行签名。此外，STS 以及 IPSec 协议的 IKE 组件已经成为互联网协议的一部分。

4.3.5 消息认证码

消息认证码（message authentication code，MAC）又译为消息鉴别码、文件消息认证码、信息鉴别码、信息认证码，是经过特定算法后产生的一段信息，用于检查某段消息的完整性以及身份验证。在区块链中，加密算法用于保护信息的"隐私性"，哈希算法能够防止信息被"篡改"，但这远远不够，还需对信息进行防伪，即保证信息并非由第三方攻击者发出。在消息认证码的算法中通常使用带密钥的哈希函数，其输入是原始信息和一个发送者与接收者之间的共享密钥，输出是一个固定长度的数据（称为 MAC 值）。和单向哈希函数相似，只要消息中改变 1 位，MAC 值也随之改变。

单向哈希函数与消息认证码的比较如图 4.8 所示。

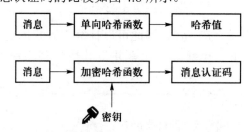

图 4.8　单向哈希函数与消息认证码的比较示意图

如图 4.9 所示，共享密钥不直接使用对称密码的密钥，因为会面临密钥分发问题。如果共享密钥被攻击者截获，攻击者也可以通过计算 MAC 值来伪装攻击。因此，通常使用混合密码解决分布问题，即发送方在本地使用伪随机数发生器生成对称密钥并计算 MAC 值。然后使用公钥对密钥进行加密，并通过网络传递给接收方。接收方收到后用私钥解密得到对称加密密钥，然后计算 MAC 值并与接收方的 MAC 值进行比较。

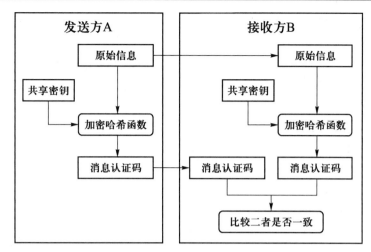

图 4.9 消息认证码示意图

消息认证码在现实中的应用场景十分广泛。例如，银行之间通过 SWIFT（Society for Worldwide Interbank Financial Telecommunication，环球银行金融电信协会）进行交易，交易过程中 SWIFT 即使用了消息认证码；此外，IPSec 通信协议以及 SSL/TLS 安全协议同样使用消息认证码进行校验。

同混合密码一样，消息认证码也会面临中间人攻击的问题，防止中间人攻击需要对公钥使用证书。

消息认证码不能解决"拒绝"问题，由于消息认证码在发送方和接收方之间共享密钥，因此双方可以根据共享密钥计算 MAC 值。接收方接收包含 MAC 值的消息，MAC 值由发送方和接收方的共享密钥计算得出。因此，接收方可以说消息是发送方发送的，而发送方可以说消息是接收方自行编辑的。

4.3.6 数字签名

消息认证码保证了信息的真实性，能够验证消息是否由攻击者发出，但是无法防止发送者否认、抵赖或接收者无中生有伪造消息，这时则需要使用数字签名。

数字签名（digital signature）又称公钥数字签名，是一种功能类似于普通纸上签名，但使用公钥加密领域的技术验证数字信息的方法。一组数字签名通常定义两个互补操作，分别用于签名和验证。电子签名和数字签名在法律上的含义不同：电子签名是指附在电子文件上并与之相关的用于识别和确认电子文件的身份、资格和真实性的签名；数字签名则通过数学算法或其他方法对其进行加密而形成。由此可见，并非所有电子签名都是数字签名，人们通常使用公钥加密、私钥解密，而在数字签名中则使用私钥加密（相当于生成签名）、公钥解密（相当于验证签名）。因此，签名可以看作公钥加密的逆向应用。

数字签名需要发送方和接收方使用不同密钥：发送方发送消息时使用私钥生成"签名"，接收方接收消息时使用公钥对发送方的"签名"进行验证，即验证该"签名"通过发送方的私钥生成。数字签名主要有以下两种作用。

（1）生成消息签名：发送方使用签名密钥和消息内容计算出签名，表示"我认可这条消息中的内容"。

（2）验证消息签名：使用验证密钥验证消息签名，可以由接收方完成，也可以由第三方验证机构完成。

数字签名与公钥密码学十分相似，即公钥密码学的"逆向"过程。公钥密码以公钥加密、私钥解密，数字签名则以私钥（签名密钥）加密、公钥（验证密钥）解密。数字签名算法通常使用 RSA 算法。

如图 4.10 所示，发送方生成一对私钥（签名密钥）和公钥（验证密钥）。二者必须存在数学关系，否则无法配对。发送方使用私钥（签名密钥）对哈希值进行数字加密（注意，为避免耗时，此处不对消息内容进行加密）生成数字签名，并将消息和数字签名发送给接收方。接收方使用公钥（验证密钥）对数字签名进行解密，将解密后的哈希值与本地单向哈希函数生成的哈希值进行比较。

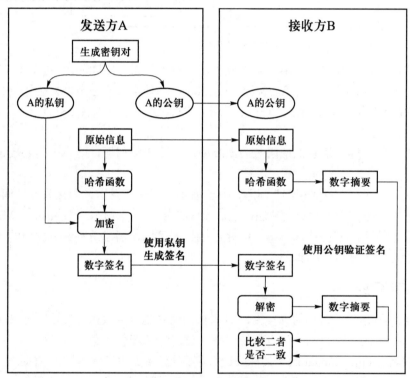

图 4.10　数字签名示意图

数字签名在现实中被广泛应用于服务器验证领域。SSL/TLS 验证服务器身份是否合法时会使用证书，即添加数字签名的服务器公钥。服务器在认证客户端时也会使用客户端证书。

数字签名同样面临中间人攻击的问题，攻击者无须破解数字签名，仅伪造成对方进行攻击。防止中间人攻击需要对公钥使用证书。

4.4　数字证书

4.4.1　定义

对于非对称加密算法和数字签名，一个非常重要的步骤是公钥分发。理论上，任何人都可以获得公钥。但是，该公钥文件可能是伪造的，并且在传输过程中有可能被篡改。一旦公钥本身出现问题，在公钥之上建立的安全性将不再成立。

数字证书机制正是为了解决上述问题而诞生。如同日常生活中的凭证，其可用于保证所记录信息的合法性。例如，证明某个公钥为某个实体（个人或组织）所有，并确保任何篡改均可被检测，从而实现用户公钥的安全分发。

根据受保护公钥的用途，数字证书可分为加密证书（encryption certificate）和签名证书（signature certificate）。前者通常用于加密目的的公钥，后者用于签名目的的公钥。两种类型的公钥也可以同时放在同一个证书中。

通常情况下，证书需要由证书认证机构（certification authority，CA）进行签发和背书。权威的商业证书认证机构包括 DigiCert、GlobalSign、VeriSign 等。用户也可以自行搭建本地 CA 系统，在私有网络中使用。

4.4.2 X.509 证书规范

一个数字证书通常包括证书域（证书的版本号、序列号、签名算法、签发者、有效期、被签发主体、签发的公开密钥等）、CA 对证书的签名算法和签名值等。目前使用最广泛的标准为 ITU 和 ISO 联合制定的 X.509 的 V3 版本规范（RFC 5280），其中定义了如下证书域。

（1）版本号（version number）：规范的版本号，目前为版本 3，值为 0x2。

（2）序列号（serial number）：由 CA 维护的为其所签发的每个证书分配的唯一序列号，用于追踪和撤销证书。只要拥有签发者信息和序列号，即可唯一标识一个证书。序列号最大不能超过 20 B。

（3）签名算法（signature algorithm）：数字签名所采用的算法，例如 SHA256With-RSAEncryption 或 ECDSA-WithSHA256 等。

（4）签发者（issuer）：证书签发单位的信息，例如 "C=CN, ST=Beijing, L=Beijing, O=org. example.com, CN=ca.org.example.com"。

（5）有效期（validity）：证书的有效期限，包括起止时间（例如 Not Before 2018-08-08-00-00UTC，Not After 2028-08-08-00-00UTC）。

（6）被签发主体（subject）：证书拥有者的标识名称（distinguished name），例如 "C=CN, ST=Beijing, L=Beijing, CN=personA.org.example.com"。

（7）主体的公钥信息（subject public key info）：所保护的公钥相关的信息。

（8）公钥算法（public key algorithm）：公钥采用的算法。

（9）主体公钥（subject public key）：公钥的内容。

（10）签发者唯一号（issuer unique identifier）：代表签发者的唯一信息，仅 2、3 版本支持，可选。

（11）主体唯一号（subject unique identifier）：代表证书拥有实体的唯一信息，仅 2、3 版本支持，可选。

（12）扩展（extensions）：可选的一些扩展，可能包括：

① subject key identifier：实体的密钥标识符，用于区分实体的多对密钥；

② basic constraint：指明该证书是否属于某个 CA；

③ authority key identifier：签发该证书的签发者的公钥标识符；

④ authority information access：签发相关的服务地址，例如签发者证书获取地址和吊销证书列表信息查询地址；

⑤ CRL distribution point：证书注销列表的发布地址；

⑥ key usage：表明证书的用途或功能信息，例如 digital signature、key certSign 等；

⑦ subject alternative name：证书身份实体的别名，例如该证书同样可以代表.org.example.com、org.example.com、.example.com、example.com 身份等。

此外，证书签发者需要使用自己的私钥对证书内容进行签名，以防止他人篡改证书内容。

4.4.3 证书格式

X.509 规范中一般推荐使用保密增强邮件（privacy enhanced mail，PEM）格式存储证书相关的文件。证书文件的文件扩展名通常为.crt 或.cer，对应私钥文件的文件扩展名通常为.key，证书请求文件的文件扩展名为.csr。有时也统一使用.pem 作为文件扩展名。

PEM 格式采用文本方式进行存储，通常包括首尾标记和内容块，其中内容块采用base64 编码。

一个示例证书文件的 PEM 格式如下所示。

```
-----BEGIN CERTIFICATE-----
VVMxCzAJBgNVBAgTAlVUMRcwFQYDVQQHEw5TYWx0IExha2UgQ2l0eTEeMBwGA1UEChMV
VGhlIFVTRVJJUUlVTVCBOZXR3b3JrMSEwHwYDVQQLExhodHRwOi8vd3d3LnVzZXJ0cnVzdC5jb20xKz
ApBgNVBAMTIlVUТi1VU0VSmlyc3QtTmV0d29yayBBcHBsaNzExMDY5NDAxMTAvBgNVBAsTKFNlZS
B3d3cucmFwaWRzc2wuY29tL3Jlc291cmNlcy9jcHMgKGMpMDcxLzAtBgNVBAsTJkRvbWFpbiBDb250cm9
sIFZhbGlkYXRlZCAtXCKBNQNAzybtImcaJjXQsihqkuohYcWh2QuijBgXZC+o9IUl+2SNhw6OYXSJTuuD0
9VFQFAaUC41rLcU9BDh6w7xmGnZJzZ0H8jm2E9NA6s6DId7qQ+f/YdkKePRR+Dwp9GnjmheMvhqs0DFj+
tCFhHX3PK8WGrYBYG8ejsgo8uKAKTkishpOMyTs4CmTlDXchn5QGRjpq2FlIqqlTwLdMGpkeUSZjuAFblL
hTQs158Q5VHC5SH+3DvJW+g7/CpTjBhiTnfNyD19rUmrWZ2dmic50B32BAiIO9OepmVvI8nA1TBvNFfhX
75cOCk=
-----END CERTIFICATE-----
# openssl x509 -in example.com-cert.pem -noout -text
Certificate:
    Data:
        Version: 3 (0x2)
        Serial Number:
22:13:22:47:3a:a4:0a:58:ea:dd:95:e7:b2:5e:84:8a
        Signature Algorithm: ecdsa-with-SHA256
        Issuer: C=US, ST=California, L=San Francisco, O=example.com, CN=example.com
        Validity
            Not Before: Apr 25 03:30:37 2017 GMT
            Not After : Apr 23 03:30:37 2027 GMT
        Subject: C=US, ST=California, L=San Francisco, O=example.com, CN=example.com
        Subject Public Key Info:
            Public Key Algorithm: id-ecPublicKey
```

```
Public-Key: (256 bit)
pub:
        04:29:08:1d:9d:e6:24:21:0f:6c:86:d4:76:1f:ca:
        cf:7c:d6:5b:50:bd:c3:19:d9:3b:07:f2:ca:b8:6b:
        e9:a1:f0:59:11:16:dd:9a:4c:58:a5:1c:6e:c6:2e:
        a7:99:1b:a2:e0:5c:d9:db:cc:15:48:28:3c:1a:1a:
        15:82:7d:0f:44
    ASN1 OID: prime256v1
    X509v3 extensions:
        X509v3 Key Usage: critical
            Digital Signature, Key Encipherment, Certificate Sign, CRL Sign
        X509v3 Extended Key Usage:
            Any Extended Key Usage, TLS Web Server Authentication
        X509v3 Basic Constraints: critical
CA:TRUE
        X509v3 Subject Key Identifier:
48:03:F0:E6:7A:6C:13:1A:26:DB:19:EF:2E:5A:3B:79:86:79:44:EB:74:94:B1:7B:8D:28:EF:62:18:48:55:A8
    Signature Algorithm: ecdsa-with-SHA256
30:45:02:21:00:ca:83:0e:d8:10:10:dd:cf:60:04:93:a4:d6:
84:b2:5c:fe:f4:5d:19:38:75:3c:17:30:5e:ea:47:bd:a2:8c:
        b1:02:20:52:8b:00:da:60:58:5a:0c:a2:8d:d6:f7:5b:b3:25:
        e5:26:9d:b2:49:b7:c2:65:af:4d:01:ca:3b:ab:7c:0b:ef
```

此外还有可分辨编码规则（distinguished encoding rule，DER）格式，即采用二进制对证书进行保存，可以与 PEM 格式互相转换。

4.4.4　证书授权中心

用户在使用浏览器访问某些网站时，可能会被提示是否信任对方的证书。这说明该网站证书无法被当前系统中的证书信任链验证，需要进行额外检查。此外，当信任链上任一证书不可靠时，依赖该证书的所有后继证书都将失去保障。

可见，证书作为公钥信任的基础，对其生命周期进行安全管理十分关键。按照 X.509 规范，公钥可以通过证书机制进行保护，但证书的生成、分发、撤销等步骤并未涉及。

实际上，要实现安全地管理、分发证书需要遵循公钥基础设施（public key infrastructure，PKI）体系。该体系解决了证书生命周期相关的认证和管理问题。PKI 是建立在公私钥基础上实现安全可靠传递消息和身份确认的通用框架，可以安全可靠地管理网络中用户的密钥和证书，目前包括多个具体实现和规范，例如 RSA 公司的公钥密码标准（public key cryptography standard，PKCS）和 OpenSSL 等开源工具。

（1）PKI 组件

通常情况下，PKI 至少包括以下核心组件。

① 认证机构（certification authority，CA）：负责证书的颁发和吊销（revoke），接收来自 RA 的请求，是最核心的部分。

② 注册机构（registration authority，RA）：对用户身份进行验证，校验数据合法性并负责登记，审核通过则将其发送至 CA。

③ 证书数据库：用于存放证书，多采用 X.500 系列标准格式。可以配合 LDAP 目录服务管理用户信息。

其中，CA 是最核心的组件，主要完成证书信息的维护。

常见的操作流程为：用户通过 RA 登记申请证书，提供身份和认证信息等；CA 审核后完成证书的制造，并颁发给用户。用户如果要撤销证书，则需再次向 CA 发出申请。

（2）证书签发

CA 对用户签发证书实际上是对某个用户公钥使用 CA 的私钥进行签名，这样任何人均可使用 CA 的公钥对该证书进行合法性验证。验证成功则认可该证书中所提供的用户公钥内容，实现用户公钥的安全分发。

用户证书的签发有两种方式：可以由用户自行生成公钥和私钥，然后 CA 对公钥内容进行签名（只有用户持有私钥）；也可以由 CA 直接生成证书（内含公钥）和对应的私钥发给用户（用户和 CA 均持有私钥）。

生成证书申请文件的过程并不复杂，用户可以十分容易地使用开源软件 OpenSSL 生成 csr 文件和对应的私钥文件。

例如，安装 OpenSSL 后可以执行如下命令生成私钥和对应的证书请求文件。

```
$ openssl req -new -keyoutprivate.key -out for_request.csr
Generating a 1024 bit RSA private key
..........................++++++
.............................................++++++
writing new private key to 'private.key'
Enter PEM pass phrase:
Verifying - Enter PEM pass phrase:
-----
You are about to be asked to enter information that will be incorporated
into your certificate request.
What you are about to enter is what is called a Distinguished Name or a DN.
There are quite a few fields but you can leave some blank
For some fields there will be a default value,
If you enter '.', the field will be left blank.
-----
Country Name (2 letter code) [AU]:CN
State or Province Name (full name) [Some-State]:Beijing
Locality Name (eg, city) []:Beijing
Organization Name (eg, company) [Internet Widgits Pty Ltd]:Blockchain
Organizational Unit Name (eg, section) []:Dev
Common Name (e.g. server FQDN or YOUR name) []:example.com
Email Address []:

Please enter the following 'extra' attributes
to be sent with your certificate request
A challenge password []:
An optional company name []:
```

　　生成过程中需要输入地理位置、组织、通用名等信息。生成的私钥和 csr 文件默认以 PEM 格式存储，内容为 base64 编码。例如生成的 csr 文件可能包含如下内容。

```
$ cat for_request.csr
-----BEGIN CERTIFICATE REQUEST-----
MIIBrzCCARgCAQAwbzELMAkGA1UEBhMCQ04xEDAOBgNVBAgTB0JlaWppbmcxEDAO
BgNVBAcTB0JlaWppbmcxEzARBgNVBAoTCkJsb2NrY2hhaW4xDDAKBgNVBAsTA0Rl
djEZMBcGA1UEAxMQeWVhc3kuZ2l0aHViLmNvbTCBnzANBgkqhkiG9w0BAQEFAAOB
jQAwgYkCgYEA8fzVl7MJpFOuKRH+BWqJY0RPTQK4LB7fEgQFTIotO264ZlVJVbk8
Yfl42F7dh/8SgHqmGjPGZgDb3hhIJLoxSOI0vJweU9v6HiOVrFWE7BZEvhvEtP5k
lXXEzOewLvhLMNQpG0kBwdIh2EcwmlZKcTSITJmdulEvoZXr/DHXnyUCAwEAAaAA
MA0GCSqGSIb3DQEBBQUAA4GBAOtQDyJmfP64anQtRuEZPZji/7G2+y3LbqWLQIcj
IpZbexWJvORlyg+iEbIGno3Jcia7lKLih26lr04W/7DHn19J6Kb/CeXrjDHhKGLO
I7s4LuE+2YFSemzBVr4t/g24w9ZB4vKjN9X9i5hc6c6uQ45rNlQ8UK5nAByQ/TWD
OxyG
-----END CERTIFICATE REQUEST-----
```

　　OpenSSL 工具提供了查看 PEM 格式文件明文的功能，例如使用如下命令可以查看生成的 csr 文件的明文。

```
$ openssl req -in for_request.csr -noout -text
Certificate Request:
    Data:
        Version: 0 (0x0)
        Subject: C=CN, ST=Beijing, L=Beijing, O=Blockchain, OU=Dev, CN=yeasy.github.com
        Subject Public Key Info:
            Public Key Algorithm: rsaEncryption
            RSA Public Key: (1024 bit)
                Modulus (1024 bit):
                    00:f1:fc:d5:97:b3:09:a4:53:ae:29:11:fe:05:6a:
                    89:63:44:4f:4d:02:b8:2c:1e:df:12:04:05:4c:8a:
                    2d:3b:6e:b8:66:55:49:55:b9:3c:61:f9:78:d8:5e:
                    dd:87:ff:12:80:7a:a6:1a:33:c6:66:00:db:de:18:
                    48:24:ba:31:48:e2:34:bc:9c:1e:53:db:fa:1e:23:
                    95:ac:55:84:ec:16:44:be:1b:c4:b4:fe:64:95:75:
                    c4:cc:e7:b0:2e:f8:4b:30:d4:29:1b:49:01:c1:d2:
                    21:d8:47:30:9a:56:4a:71:34:88:4c:99:9d:ba:51:
                    2f:a1:95:eb:fc:31:d7:9f:25
                Exponent: 65537 (0x10001)
        Attributes:
            a0:00
    Signature Algorithm: sha1WithRSAEncryption
        eb:50:0f:22:66:7c:fe:b8:6a:74:2d:46:e1:19:3d:98:e2:ff:
        b1:b6:fb:2d:cb:6e:a5:8b:40:87:23:22:96:5b:7b:15:89:bc:
```

e4:65:ca:0f:a2:11:b2:06:9e:8d:c9:72:26:bb:94:a2:e2:87:

6e:a5:af:4e:16:ff:b0:c7:9f:5f:49:e8:a6:ff:09:e5:eb:8c:

31:e1:28:62:ce:23:bb:38:2e:e1:3e:d9:81:52:7a:6c:c1:56:

be:2d:fe:0d:b8:c3:d6:41:e2:f2:a3:37:d5:fd:8b:98:5c:e9:

ce:ae:43:8e:6b:36:54:3c:50:ae:67:00:1c:90:fd:35:83:3b:

1c:86

需要注意，用户自行生成私钥的情况下，私钥文件一旦丢失，CA 方由于不持有私钥信息，将无法进行恢复，这就表示通过该证书中公钥加密的内容将无法被解密。

（3）证书吊销

证书超出有效期后将作废，用户也可以主动向 CA 申请吊销某个证书文件。由于 CA 无法强制收回已经颁发的数字证书，因此为了实现证书作废，还需要维护一个证书撤销列表（certificate revocation list，CRL），用于记录已经吊销的证书序列号。因此，当对某个证书进行验证时，通常需要检查该证书是否已经记录在列表中。如果存在，则该证书无法通过验证；如果不存在，则继续进行后续证书验证过程。

IETF 提出了在线证书状态协议（online certificate status protocol，OCSP），支持该协议的服务可以实时在线查询吊销证书信息，以方便地同步列表信息。

4.5　区块链和数据的隐私保护

4.5.1　密码学与区块链的关系

密码学技术是区块链的核心要素，是区块数据结构的基石，也是保证用户信息安全和交易数据安全的关键手段。在区块链中，密码学的应用主要集中在身份认证、交易的安全性与私密性保护、防止双重花费等方面。区块链利用密码学技术建立网络成员的数字身份，实现数据的安全存储和传输，从而保证只有经过链上授权的用户才能获取、读取和处理交易或数据，同时保证参与者和交易活动的真实性与可验证性。

区块链本质上是一个具有去中心化、可追溯性和不可篡改性特点的分布式数据库，由于区块链采用去中心化的点对点网络模型运行，节点之间并不相互信任，其安全性不由某个专门机构提供，因此区块链还需要在不可信信道上确保交易安全性和数据完整性。因而基于区块链的应用通常对安全性的要求更高，对密码学技术的依赖更强。

一般而言，密码学是用于在两个或多个参与者之间传输安全消息的技术。发送方在将消息发送给接收方之前利用特定类型的密钥和算法对消息进行加密，随后接收方通过解密获得原始消息。加密密钥能够确保未经授权的接收方或阅读者无法读取消息、数据值或交易，是确保预期收件人只能读取和处理特定消息、数据值或交易的关键工具。因此，密钥能够为链上数据带来原始的安全特性。

不过，大多数区块链应用不会显式使用发送秘密、加密的消息，尤其在公有区块链中。同时，新一代区块链应用会利用多种密码学加密算法的变体来确保交易细节的安全性和完全匿名性。

4.5.2　同态加密与区块链

同态加密（homomorphic encryption，HE）问题由 Ron Rivest、Leonard Adleman 和 Michael L. Dertouzos 于 1978 年首次提出。首个"全同态"算法由 Craig Gentry 于 2009 年前在 *Fully Homomorphic Encryption Using Ideal Lattices* 一文中提出，并未得到数学证明。Paillier 算法和 Benaloh 算法仅满足加法同态，RSA 算法和 ElGamal 算法仅满足乘法同态。

同态加密在云计算和大数据时代至关重要。如今，云计算提供了低成本、高性能和方便快捷等优点，但从安全角度来看，用户不愿直接在第三方云中放置和处理敏感信息，但如果使用更实用的同态加密技术，则可以有效保护数据隐私。同时，各种数据分析过程不会泄露用户隐私。加密数据经过第三方服务处理后得到加密结果，只有用户才能解密该结果，第三方平台无法全程获取有效数据信息。此外，同态加密对于区块链技术十分互补，通过同态加密技术，运行在区块链中的智能合约可以在不知晓实际数据的情况下处理密文，极大地提高了隐私和安全性。

同态加密技术是指密文之间可以相互计算的技术，可用如下公式表示：

$$f(m_1, m_2, m_3, \cdots) = D(f(E(m_1), E(m_2), E(m_3), \cdots))$$

其中，$f(m_1, m_2, m_3, \cdots)$ 表示特定函数，$E(m)$、$D(c)$ 表示特定的加密、解密函数，m 为明文。若 $f(m_1, m_2, m_3, \cdots)$ 存在有效的加法运算或乘法运算的一种，则称该加密算法支持半同态加密；若存在有效的加法运算和乘法运算，则称该加密算法支持全同态加密。

目前全同态加密方案主要包括以下 3 种类型。

（1）基于理想格（ideal lattice）的方案：Gentry 和 Halevi 于 2011 年提出的基于理想格的方案可以实现 72 b 的安全强度，对应的公钥大小约为 2.3 GB，同时刷新密文的处理时间约为几十分钟。

（2）基于整数上近似 GCD 问题的方案：Dijk 等人于 2010 年提出的方案（及后续方案）采用了更为简化的概念模型，可以将公钥大小降低至几十 MB 量级。

（3）基于带扰动学习（learning with errors，LWE）问题的方案：Brakerski 和 Vaikuntanathan 等人于 2011 年左右提出了相关方案；Lopez-Alt A 等人于 2012 年设计了多密钥全同态加密方案，接近实时多方安全计算的需求。

同态加密用于区块链隐私保护已经存在多项研究，此处以基于区块链的 DGHV 为例进行介绍，整体加密合约架构如图 4.11 所示。底层为常见的区块链系统，其上为区块链系统对应的智能合约语言和一种适应智能合约的随机数生成器。再上一层为 DGHV 层，在其基础上构造长整型数据与布尔值的同态计算，包括逻辑运算、比较运算和加减乘三则运算方法。顶层为数据上链和下链的接口。这种设计模式能够解决区块链中的简单隐私计算问题。

通常选择线性同余发生器法与 Keccak256 函数（以太坊中的哈希函数，近似于 SHA-256）结合的方法，该方法适合生成整数随机数，并且计算量小，只需选取适当的参数与随机数种子，即可在全网快速生成相同的随机数，保障了不可预知与快速共识两个性质，其生成法则如下：

$$\begin{cases} X_{n+1} = (aX_n + c) \bmod m, n \geqslant 0 \\ R_{n+1} = Keccak256(X_{n+1}) \bmod k \end{cases}$$

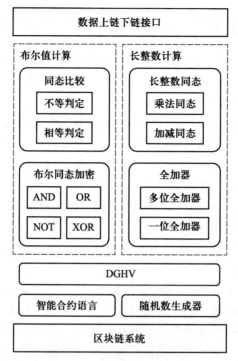

图 4.11　同态加密合约架构

使用者上传数据时需要确定 X_0 即随机数种子，之后即可使用上述公式产生随机数。例如，使用者指定随机数种子为 100007，a 和 c 均为 64 位素数，则根据公式会产生 $R_1,R_2,R_3,\cdots,R_n$ 的随机数序列。为了增加安全性，随机数种子可以限制使用次数，超过则使用用户提供的新种子。当加密规则确定后，所有节点必须按照相同规则选取随机数才能得到一致的可共识的结果。

DGHV 是一种全同态加密方法，定义如下。

（1）$KeyGen(n)$ 表示生成一个 n 位的大奇数 p 密钥。

（2）$Encrypt(p,m)$ 表示加密过程，m 是明文且 $m \in \{0,1\}$，即 m 可以表示一个位，r 是小于 R 的随机数，p 是 n 位的随机数。加密过程可表示为：

$$Encrypt(p,m): c = m + 2r + pq$$

（3）$Decrypt(p,c)$ 表示解密过程，c 是密文，解密过程可表示为：

$$Decrypt(p,c): m = (c \bmod p) \bmod 2$$

可以利用这一加密方式将数据加密后保存在区块链中，当用户需要统计性信息时，仅需将密文数据进行计算，得到结果并解密后返回用户即可。同时，通过布尔运算可以支持简单的业务逻辑密文计算，从而将计算过程进行保护，仅能获取最终运行结果（解密后）。

目前已知的同态加密技术往往需要较高的计算时间或存储成本，相比传统加密算法的性能和强度仍存在差距，但该领域一直被高度关注，相信在不远的将来会出现更为实用的方案。

4.5.3　保护交易隐私的混币机制

混币机制又称硬币混合机制，由 Chaum 于 1981 年首次提出。通过添加中间传输信息，攻击者很难分析发送方与接收方之间的通信信息，从而增强了通信匿名性。例如，用户 A 和 B 分别为交易发送方和接收方，C 是潜在攻击者。该混币机制作为传输交易信息的中间人，攻击者 C 无法准确分析用户 A 和 B 的地址间的相关性。因此，事务的输入地址 A 和输出地址 B 之间的连接是隐藏的，在不改变任何区块链基础协议的情况下，为交易用户提供了可靠的隐私保护。混币过程的执行可以通过可信第三方或某些协议实现。根据混币过程中是否存在可信第三方节点，现有混币机制可分为基于中心节点的混币机制和分散的混币机制，两种机制在效率、混币效果、混币成本等方面各有优劣，均需要改进。下面介绍两类常见的混币机制。

（1）基于中心节点的混币机制

基于中心节点的混币机制由可信第三方节点实现。为了模糊交易的输入地址和输出地址，可信第三方通过相应的算法进行混币。为了防止潜在攻击者 C 直接发现二者之间的关系，用户 A1 将资金转移到第三方节点 D，D 在接收资金后将其转移到用户 B1，最终实现 A1 和 B1 之间的资金转移。在一定时间内，中心节点 D 可能已经完成多用户混币的过程，部分隐藏了 A1 和 B1 之间的关系，使得攻击者 C 无法在不同接收方 B1、B2 和 B3 中找到与 A1 相关联的地址。但是，通过对 A1、B1 和 D 的交易过程进行综合分析，攻击者有一定概率猜测 B1 是与 A1 对应的真实接收方。例如，若 D 在一定时间内有 n 个输出，则攻击者 C 找到正确事务链路的概率为 $1/n$。因此，在 D 中添加的事务处理越多，找到原始事务处理记录的概率就越低，数据就越安全。

集中式混币机制完全依赖于第三方节点，但存在以下缺点。

① 更高的费用和交易延迟：混币服务节点通常会收取一定的混币费，随着混币数量的增加，费用将直线增加，混币时间也会增加。混币延迟通常为 48 h，交易成本约为 1%～3%。

② 第三方可能窃取资金：如果混币服务中没有适当的监管机制，第三方节点在收到用户资金后可能会违约，不执行约定操作，窃取用户资金，而用户没有任何有效的补救措施。

③ 第三方可能披露混币信息：由于第三方节点掌握整个混币过程和用户隐私，了解真实的交易数据，因而无法避免混币信息被披露。

④ 拒绝服务（denial of service，DoS）攻击：第三方节点可能会拒绝对某些地址的混币请求。

（2）分散的混币机制

分散的混币机制取消了第三方混币提供商的参与，并将多个一对一交易记录合并到一个或多个交易记录中，攻击者无法直接找到其间的关系。由于分散的混币机制不依赖于第三方节点的信誉，无须承担中央管理者的道德风险，因而可以有效避免第三方窃取和混币信息泄露，用户也无须支付额外的费用。然而，混币用户往往需要自行组织谈判，实现混币过程，进而暴露出以下问题。

① 由于混币用户无法有效找到其他混币用户，需要依靠第三方平台执行寻找混币用户的过程，因此集中混币的某些缺陷仍然不可避免。

② 参与混币过程的用户可能会在谈判过程中暴露其混币信息，但无法保证所有参与者都是诚实可靠的。

③ 容易遭受 DoS 攻击。混币过程需要多个用户同时参与，一旦某些用户由于非法操作而无法混币，攻击者可能抓住这个机会发起 DoS 攻击。

④ 容易遭受女巫攻击（Sybil attack）。如果攻击者有多个地址参与混币过程，则该过程中其他用户的混币信息也会遭受泄露威胁。

4.5.4 联邦学习与数据共享

联邦学习（federated learning，FL）是一种新兴的人工智能基础技术，由谷歌于 2016 年率先提出，又称为联邦机器学习、联盟学习、联合学习，原本用于解决安卓手机终端用户在本地更新模型的问题，其设计目标是在保障大数据交换时的信息安全、保护终端数据和个人数据隐私、保证合法合规的前提下，在多个参与方或计算节点之间开展高效率的机器学习。其中，联邦学习能够使用的机器学习算法不局限于神经网络，还包括随机森林等重要算法。联邦学习有望成为下一代人工智能协同算法和协作网络的基础。根据参与联邦学习的各金融机构的数据分布情况的不同，可将联邦学习分为横向联邦学习、纵向联邦学习、联邦迁移学习 3 类。下面分别就 3 种类别进行详细介绍。

1. 横向联邦学习

横向联邦学习是指在两个数据集的用户特征重叠较多，而用户重叠较少的情况下，将数据集按照用户维度进行横向切分，并取出两个数据集中用户特征相同而用户不完全相同的数据进行训练。在实际应用过程中，可以理解为跨国企业（例如不同国家的超市）共享的用户信息明显不同。在联合训练用户模型时可以发现用户具有基本相同的特征选项，因而此时应用横向联邦学习的效率最高。下面以包含 A、B 两个机构的场景为例介绍横向联邦学习，其中 A、B 均包含模型需要预测的标签信息。横向联邦学习训练过程如图 4.12 所示。

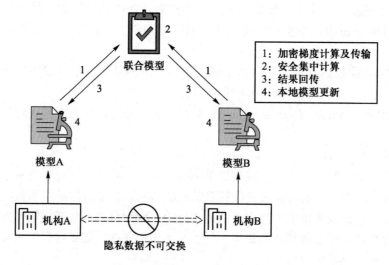

图 4.12　横向联邦学习训练过程

（1）加密梯度计算及传输：每个参与机构（即客户端）根据其数据独立地在本地计算梯度，计算完成后先将梯度进行加密（例如利用同态加密技术），然后传递给联合模型（即服务器）。

（2）安全集中计算：联合模型在不获取任何参与机构原始数据的情况下，对来自它们的中间结果进行集中计算。

（3）结果回传：联合模型将安全集中计算的结果返回各个参与机构。

（4）本地模型更新：各个参与机构根据解密后的梯度更新其本地模型。

迭代上述步骤直至损失函数收敛即完成训练。在模型训练的过程中，参与机构的数据未流出本地，从而有效保证了数据安全。

2．纵向联邦学习

纵向联邦学习是指在两个数据集的用户重叠较多而用户特征重叠较少的情况下，将数据集按照用户特征的维度进行切分，并取出其中用户相同而用户特征不完全相同的数据进行训练。纵向联邦学习也称为样本对齐联邦学习，在服务器对多方提交的梯度数据进行训练前，首先找出参与者的共同样本 ID。该过程也被称为"数据库冲突"。

下面以包含两个不同领域的数据机构场景为例介绍纵向联邦学习的系统架构。其中，机构 A 与机构 B 分别拥有各自的用户数据，并且机构 B 拥有模型需要预测的标签数据。由于 A 与 B 无法直接进行数据交换，为了联合训练一个数据模型，可以使用联邦学习系统建立模型。纵向联邦学习架构如图 4.13 所示。

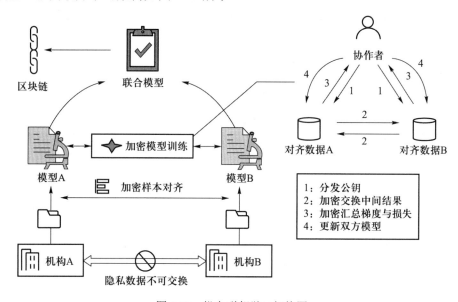

图 4.13　纵向联邦学习架构图

（1）加密样本对齐：由于两个机构的数据中包含的用户特征可能不同，因此利用基于加密用户样本对齐的技术，在不暴露 A 与 B 各自数据的情况下确认双方的共同用户，以便联合所有用户的特征进行建模。

（2）加密模型训练：在确认 A、B 双方的共同用户后，即可利用这些数据进行联合模型的训练，为了保证训练过程中数据的保密性，需要借助协作者进行加密训练，训练过程分为以下 4 步。

① 分发公钥：协作者将公钥分发至 A 与 B，以对训练过程中需要交换的数据进行加密。

② 加密交换中间结果：A 与 B 在加密形式下交换用于梯度计算的中间结果。

③ 加密汇总梯度与损失：A 与 B 分别基于加密的梯度值进行计算，同时 B 根据其标签数据计算损失，将结果汇总至协作者，协作者根据汇总的结果计算总梯度并将其解密。

④ 更新双方模型：协作者将解密后的梯度分别回传至 A 与 B，A 与 B 即可根据梯度更新各自的模型参数。

（3）记录与奖励：整个过程根据用户需求进行区块链上的记录留痕，并进行数据贡献度、模型贡献度的判断和奖励。

迭代上述步骤直至损失函数收敛即完成训练。在样本对齐及模型训练的整个过程中，A 与 B 的数据未流出本地，并且训练中的数据交互也不会导致数据隐私泄露。

3. 联邦迁移学习

联邦迁移学习是指在两个数据集的用户与用户特征重叠均较少的情况下，不对数据进行切分，而是利用迁移学习克服数据或标签不足的情况。例如处于两个不同城市、涉及不同领域的两家数据机构，二者的用户及用户特征重叠均较少，在这种情况下需要引用联邦迁移学习模型融合双方数据，提升模型质量。但该方法目前仍处于研究阶段，实际工业应用有待进一步开发。

各个数据提供机构的隐私数据在本地进行训练，训练结果加密后在聚合计算模块中汇聚并进行多轮迭代。在该过程中，原始数据未流出数据所有方的本地服务器，极大地保护了数据隐私。

联邦学习广泛应用于基于金融机构的信用数据和模型中，并与区块链技术相结合，保证征信结果的实时性和可靠性。信用数据产生于个人信用活动，其中包含用户的个人身份信息、信贷信息等敏感数据，拥有这些数据即可对个人信用进行评估，判断是否存在个人信用风险。随着全球经济金融的发展，各征信机构为了更好地评估用户的个人信用，需要依靠其中心数据库的用户信用数据集构建自己的信用评估模型，通常数据集越大，所得到的评估模型越准确。为此，各机构需要从用户方收集大量信用数据，从而增加了用户隐私泄露的风险。此外，不同金融机构之间由于数据隐私、安全问题、审批流程等因素，难以直接进行信用数据的流通与分享，由此形成了一个个数据孤岛，信用数据的价值难以得到体现。联邦学习和区块链技术的应用正好可以解决上述问题。

为保护信用数据隐私、打破数据孤岛，可以使各金融机构在本地利用其信用数据进行模型训练，训练完成后，由联邦系统聚合各金融机构的数据模型以生成虚拟的联合数据模型，该模型的评估效果与使用中心数据库进行建模的效果相同，且该模型由各机构共享。在该过程中，各金融机构的信用数据始终在本地，在保护隐私的情况下最大限度实现了信用数据的共享，从而在技术上打破了数据孤岛，保护了数据安全及个人隐私。使用区块链技术完成数据质量评价、各数据提供方的权益分配等核心功能，增强用户之间的信任，达到去中心化的效果。

4.5.5　区块链中的隐私安全问题

隐私保护在分布式应用、移动众包、物联网等领域得到广泛研究。区块链作为一种分布式数据库，在防止信息篡改、匿名、网络稳定性等隐私保护方面具有显著优势，可以解决基于区块链的隐私保护智能停车系统、秘密共享投票系统、透明投票平台等集中服务面临的隐私披露问题。然而，区块链技术所采用的分散化架构和数据存储机制也对隐私保护带来了一些不利影响，其中两个主要问题是身份隐私挑战和交易隐私挑战。

区块链因其去中心化、不可篡改的特点，可以实现点对点、匿名性、可追溯性、防篡改等功能，并保证交易过程中的安全和信任问题。区块链已在各个行业中得到应用，但是，为了达成共识，网络中的节点需要披露链上的交易信息，这给用户带来了严重的隐私问题。因此，研究有针对性的隐私保护方法具有重要意义。近年来，区块链有了许多技术和典型的应用程序。

（1）身份隐私挑战。用户的真实身份与区块链地址之间的关系属于身份隐私。区块链中的信息无法更改，其以分布式账本的形式存储在链上，任何节点均可从链上获取完整信息。虽然区块链中的交易具有一定的匿名性，但随着计算技术的发展，匿名性并不能完全保护用户身份隐私。攻击者可以通过监控和分析全局账本中公共数据的相关性找到敏感信息，例如如果不同地址之间存在稳定的相关事务，攻击者可以分析不同地址之间的事务关系图，并推导出用户特征的一些数据。此外，攻击者可以通过搜索具有近似平衡的所有可能交易获得相应的交易地址，从而推断出用户的身份信息和位置信息。

（2）交易隐私挑战。交易隐私是指存储在区块链中的交易记录和交易背后的潜在信息。传统的信息保护措施是为了防止攻击者通过加密信息窃取或篡改信息。但是，在对区块链中的交易信息进行加密的过程中，一方面有必要确保交易信息未被未经授权的节点窃取，另一方面需要在不披露敏感信息的情况下验证交易的真实性，而交易内容不能完全加密。二者之间存在矛盾，这也是隐私保护技术上的困难和挑战。综上所述，区块链技术并不能为用户隐私提供绝对的保护，有必要引入一些隐私保护算法、协议或其他策略实现区块链隐私保护，因此应当更多地关注区块链的隐私安全问题。

目前的隐私保护技术除利用访问控制外，还在密码学层面保证隐私安全，主要包括同态加密、多方安全计算、零知识证明、可信执行环境、不可区分混淆等几种主要的技术方向。但区块链由于计算能力有限，目前主要在学术研究阶段，落地应用有限，需要进一步结合链上链下协同计算等方式进行区块链和隐私计算的深度融合。

本章小结

密码学是研究如何隐秘传递信息的学科，包括密码编码学、密码分析学两个分支。在区块链系统中，密码学承担着交易签名、安全传输、数据隐私保护等重要作用，使用的仍然是比较基础的密码学知识和算法。区块链的基本特点是数据公开透明，具有多方监管的要求，但同时用户隐私需要得到更多保护。在隐私保护方面，目前许多学者有更为广泛的研究，通过将区块链、智能合约和其他技术相结合，扩展了基于"区块链+"的应用范畴。但由于区块链的计算能力十分有限，如何将各种复杂计算、边缘计算、预言机等技术结合，是业界内较为前沿的研究方向之一。

习题 4

1．什么是密码学？密码学的两个分支是什么？

2．抗战剧中发报文时发出的是密文，该密文会对应一个密码本，例如《红楼梦》这本书。它的加密方式会告知加密的文字属于书中的哪个字，当解密完成后即可得到明文的报文。上述加密方式属于古典密码学还是公钥密码学的范畴？

3．密码学在信息安全中的应用是多样的，在消息认证、数据加密、身份认证等场景应用时，密码学技术的使用方法是否一致？

4．什么是对称加密和非对称加密？列举几种对称加密和非对称加密的算法。

5．什么是同态加密？列举几种同态加密的算法。

6．列举几种隐私计算的方法，并对其概念进行解释和说明。

7．同态加密和联邦学习分别有什么特点？其应用场景有何不同？

8．简述密码学在区块链系统中的结合与应用。

第 5 章　P2P 网络

P2P（peer-to-peer）网络是一种在对等者（peer）之间分配任务和工作负载的分布式应用架构，是对等计算模型在应用层形成的一种组网或网络形式，统一称为对等网络（peer-to-peer network）。在 P2P 网络环境中，彼此连接的多台计算机之间均处于对等地位，各台计算机有相同的功能，并无主从之分。一台计算机既可作为服务器，设定共享资源供网络中其他计算机使用，又可作为工作站，整个网络一般不依赖专用的集中服务器，也没有专用的工作站。网络中的每台计算机既能充当网络服务的请求者，又对其他计算机的请求作出响应，提供资源、服务和内容。区块链底层采用 P2P 网络作为其组网模型，维护了区块链网络在底层通信信道上的平等特性和高效性。本章将从 P2P 网络的基本原理、发展历程、网络结构和在区块链中的应用 4 个部分进行介绍，使读者对区块链的 P2P 网络有一个初步认知。

5.1　P2P 网络定义与特点

5.1.1　P2P 网络定义

网络参与者共享其所拥有的一部分硬件资源（处理能力、存储能力、网络连接能力、打印机等），这些共享资源通过网络提供服务和内容，能够被其他对等节点直接访问而无须经过中间实体。此网络中的参与者既是资源、服务和内容的提供者（server），又是资源、服务和内容的获取者（client）。

5.1.2　P2P 网络类型

P2P 网络是为了能够从临近节点获取资源的一种架构。由于不存在中心节点，与其他网络结构（例如客户-服务器结构）相比，P2P 网络获取资源的速度极快。P2P 网络中的每个节点几乎都具有信息消费者、信息提供者和信息通信 3 个方面的功能。从计算模式上来说，P2P 网络打破了传统的客户-服务器模式，网络中的每个节点地位对等。节点不仅可以充当服务器，也可以为其他节点提供服务，同时也享用着其他节点提供的服务。

通俗来讲，P2P 网络中的每个节点代表身处网络的每个人，网络的作用就是使人们直接交流。这也就推动人与人之间通过互联网的联络变得更加方便和容易，从而更容易吸引人们享受互联网的乐趣。

P2P 网络的另一个十分关键的作用是实现去中心化，一改之前以以太网为中心的结构，真正让每个用户（每个节点）拥有权限。

P2P 网络是在分布式的基础概念上延伸出来的理论。实际上，P2P 网络不仅将权力分配给了每个用户（每个节点），也将其他网络中担任中心服务器角色节点的压力分配给了每个用户（每个节点），每个节点都必须负责部分计算需求和存储需求。P2P 网络中每加入一个节点，整个网络系统就多了一个节点分担压力，作出贡献。简而言之，节点数量越多，整个系统的运行速度就越快，服务质量也就越高。P2P 网络系统与其他网络系统相比，大概正如俗语所言——众人拾柴火焰高。

P2P 网络可以使用存在于互联网边缘地带的相对强大的计算机（个人计算机），执行比基于客户端的工作任务更高级的任务。现代个人计算机具有速度极快的处理器、海量内存以及超大硬盘，而在执行常规计算任务（例如浏览电子邮件和网页）时，无法完全发挥这些设备的潜力。新型个人计算机很容易就能同时充当多种类型应用程序的客户端和服务器（对等方）。

事实上，P2P 网络存在多种拓扑结构，目前根据结构关系主要将其分为 4 种拓扑形式——中心化拓扑、全分布式非结构化拓扑、全分布式结构化拓扑、半分布式拓扑。

1. 中心化拓扑

中心化拓扑具有资源搜索速度快、系统维护易操作的显著优势。但是，由于所有的节点交互和信息传输均依赖中心服务器，因此一旦中心服务器出现故障，整个系统就会崩溃。除此之外，该拓扑结构也很容易造成单点故障（访问同一个搜索频率过高的问题）。中心化拓扑是 P2P 网络使用的第一代架构，经典的 Napster 案例即起源于此。

Napster 是一个十分有名的音乐共享软件。其发展速度非常快，在市场上的流通也十分迅速，但其本质是利用一个中心服务器存储所有 Napster 用户上传的 MP3 的文件索引和存储地点的信息。Napster 软件的工作过程如下：首先，当用户节点搜索某个音乐文件时，系统首先连接至 Napster 中心服务器，查找是否存在用户需要的音乐文件的相关信息，如果存在则返回该音乐文件的相关信息；之后令搜索该音乐文件的用户节点直接与该音乐文件的拥有者通信。总结来说，Napster 使文件搜索与文件获取的分步进行变成现实，减少了中心服务器带宽的占用，缩短了 P2P 网络文件传输耗费的时间。

中心化拓扑的缺点也十分明显：一旦中心节点被攻陷，整个 P2P 网络系统就会陷入瘫痪；P2P 网络规模越大，对其进行维护和修理的成本就越大，成本耗费也就越多；中心服务器的存在导致服务运营商很有可能陷入版权纠纷，甚至被追究法律责任。

2. 全分布式非结构化拓扑

全分布式非结构化拓扑的 P2P 网络是在覆盖网络（overlay network）采用随机图的组织方式，节点度数服从 power-law 规律（幂次法则），从而能够较快发现目的节点，在面对网络的动态变化时表现出不错的容错能力，因而可用性较强；同时能够支持复杂查询，例如带有规则表达式的多关键词查询、模糊查询等。Gnutella 是采用全分布式非结构化拓扑的最经典案例，其不单指某一款软件产品，而是遵循 Gnutella 协议的网络和软件的统称。目前市面上基于 Gnutella 实现的客户端软件数目众多，比较有名的包括 Shareaza、LimeWire 和 BearShare 等。

3. 全分布式结构化拓扑

全分布式结构化拓扑是指利用分布式哈希表（DHT）技术架构 P2P 网络中的节点。

DHT 是分布式计算系统中的一类,用于将一个关键值的集合分散到所有分布式系统中的节点,还能将消息转送至唯一一个拥有查询者所提供关键值的节点。简单来讲,DHT 就是由许多节点的信息共同组成的巨大哈希表。该哈希表由多个不连续的块组成,每个块由一个节点领导。通过对哈希函数进行加密,即可生成 128 位或 160 位的哈希值。

4．半分布式拓扑

半分布式拓扑结合了中心化拓扑和全分布式非结构化拓扑的长处,采用分层式结构,运用信息层层向下传输的机制构建整个系统。首先,系统会选择性能较高的节点作为第一层节点,又称为超级节点(supernode),超级节点中记录着系统中其他部分节点的信息,负责运用发现算法互相传递消息。超级节点收到消息即进行处理,再将各种请求传递给合适的子节点。总结来说,半分布式拓扑是一个层次式结构,超级节点之间负责进行重大消息的转发,同时每个超级节点与其子节点层层传递消息,进行消息的细化处理。半分布式拓扑最典型的案例是 KaZaa。KaZaa 是一款文件共享软件,通过利用 P2P 网络的半分布式拓扑进行文件传输,占用了互联网 40%左右的带宽。KaZaa 的流行不仅依赖于利用中心化结构的中心服务器传输速度快的优势,也利用了全分布式非结构化拓扑容错能力强的优点。KaZaa 直接将性能较高的机器设置为超级节点,并在超级节点处存储距离超级节点最近的叶节点的相关信息。这样即无须搜索中心服务器,直接通过超级节点实现发现算法,然后通过超级节点和叶节点之间层层递进的方式实现消息搜索。

半分布式拓扑的 P2P 网络系统可扩展性较好,管理方便,性能较高,但是其超级节点的缺点类似于中心化拓扑的劣势,一旦被攻击则有可能造成“单点故障”。

表 5.1 从多个方面对以上 4 种拓扑的 P2P 网络系统进行对比,具体内容如下所示(等级 1～4 分别代表从最差到最优)。

表 5.1　P2P 网络系统对比

比较特点/拓扑类型	中心化拓扑	全分布式非结构化拓扑	全分布式结构化拓扑	半分布式拓扑
可扩展性	1	1	3	2
可靠性	1	3	3	2
可维护性	4	4	3	2
发现算法效率	4	2	3	2
复杂查询	支持	支持	不支持	支持

5.1.3　P2P 网络特点

1．去中心化

P2P 网络最核心的优势是去中心化。具体来说,去中心化是指将网络中的所有任务分散到各个节点,消息传输和功能实现均在节点之间进行,无须任何中间服务器提供服务,从而减少了短板的出现。去中心化说明整个系统不存在中心节点,也就表示 P2P 网络中的每个节点都不具备领导能力,地位平等。

P2P 网络贷款(简称“网贷”)是去中心化的典型案例,在其他网络结构中,网贷平台是整个系统的中心。然而,在 P2P 网络系统中,网贷平台不再起到非常强的主导性作用。

在理想模式下，借款人（borrower）在 P2P 网络平台发布项目，贷款人（lender）依据平台中公开发布的材料进行投资决断。P2P 网络平台只负责消息传送，而具体的借贷合同由双方独立完成，由借款人负责还款义务，贷款人承受投资风险。

然而，当前存在的网贷系统其实并没有在实际意义上去中心化。许多系统都在执行类似金融机构负责的任务，借款人和贷款人仍旧以 P2P 网络平台为中心进行业务办理，P2P 网络平台对项目进行风险控制并对资金进行担保，整个市场环境都存在着不成文的规定。在这种市场环境下，P2P 网络平台就变得至关重要，其不仅要有互联网的功能，还要有处理金融业务的功能。同时，随着未收取金钱的增加，P2P 网络平台需要承担的风险与日俱增，这说明 P2P 网贷受到金钱的束缚。因此，目前国内几乎不可能存在纯粹的消息中介系统，去中心化成为时代发展的需要。

P2P 网络的去中心化特性，为之带来可扩展性、稳健性、高性价比、隐私保护、负载均衡等方面的优势。

2. 可扩展性

在 P2P 网络中，随着节点的不断加入，虽然要求资源和服务的用户增多，但是 P2P 网络整体系统的资源和服务能力也在不断提升。因此，无论该 P2P 网络扩展到何种规模，理论上始终能够满足用户的需求。

虽然现实世界中存在诸多限制因素，但是理论上 P2P 网络的可扩展性是无限的。举例来说，在传统的信息传输方式中，通常节点越多，信息传输速度越慢；但是在 P2P 网络中恰恰相反，加入的节点越多，P2P 网络中可用的资源就越多，信息传输速度就越快。

对于任何一个可扩展的 P2P 网络而言，限制带宽和扩展节点两方面取得平衡是一个十分重要的需求。尽管 P2P 网络具有节电和可扩展的特性，但是随着节点扩展，会占据更多带宽。关于资源检索，如何能够更好地利用带宽和提高检索速度是人们亟待解决的问题，目前的几种检索方式包括非结构化 P2P 网络中的搜索技术、结构化 P2P 网络中的搜索技术、基于兴趣局部性优化的 P2P 搜索。

在资源的搜集过程中，平衡连接不同地理位置的节点和消耗的带宽是一件至关重要的事。下面对目前已存在的几种简化资源搜索程序的方案进行简要介绍。

（1）可以利用路径多样性以求达到更高的效率，以便抵达更加遥远的节点。虽然利用路径多样性可以提升带宽，然而路径多样性带来了搜索算法的多样性，从而提高了算法复杂度，导致了可能的搜索延迟。目前已有研究者提出使用特别的对等表产生路由表，从而缩小路由表的大小。路由表的尺寸不仅与搜索的距离大小密切相关，而且与搜索效率联系紧密。基于 P2P 网络的动态性，在缓冲阵列发生较大变化时，原有 URL 和代理之间的对应关系可能发生改变，从而使原有配置文件失效。

（2）可以通过减少心跳注册次数、降低带宽消耗来优化资源搜索方案。心跳注册是指每隔一段时间与对等节点通信并注册节点信息，以便在最快时间内更新对等节点的资源信息。

关于如何进行资源的优先搜索，已经有研究者提出，通过监督对等节点的资源利用状况判断后续搜索状态。对于带宽情况及响应相关参数值可以创建一个关于主题或资源搜索的优先顺序列表。对于使用资源的情况，当某些对等节点具有这些资源的参数值较高，则优先查询这些对等节点，如果对这些高优先级节点查询失败，则需要查询参数值较低的节点。该技术具有显著优势，即对等节点组织成对等节点集群，形成能够满足某种类型信息的资源搜索请求的对等节点组，使对等节点对资源的检索更加高效。不仅如此，对等节点集群对限制节点所使用的数据包的数量有十分重要的影响，从而对为获得某个对等节点所需的特定响应消息而需要的网络带宽有着全局性影响。但金无足赤，人无完人，该技术也存在缺点：由于部分节点的参数值较低，从而导致其利用率降低，埋没了一些可以利用的资源。

面向连接传输信息的 TCP 为人们带来互联网交流的高可靠性。尤其对于存在单一故障点瓶颈的集中式服务器，利用 TCP 进行消息传递是最为合适的方式。

与面向连接的 TCP 不同，UDP 是无连接的，因此高度不可靠。但是，由于在泛洪请求式资源搜索定位机制中系统存在冗余性，某些节点的故障不会影响系统运作，因此 UDP 十分适合该类场景。除此之外，UDP 传输速度极快，并且与泛洪式的状况十分匹配。

3. 稳健性

P2P 网络架构自创造之日起就拥有防御能力强、容错程度高的长处。由于 P2P 网络的定义为对等网络，信息的传输必然依赖于各个节点之间的互动进行。单个节点或部分节点失效并不会对整个系统造成重大影响。不仅如此，P2P 网络通常能够在个别节点发生故障时自行调整整体拓扑，维持其他节点的连通性。P2P 网络通常以自组织方式建立，并允许节点自由加入或离开。

4. 高性价比

随着 P2P 网络系统中节点的不断加入，系统规模不断扩大，系统的信息传输速度、稳定性等性能获得了显著提高，而投入市场使用的 P2P 网络系统的成本却不会显著上升。因此，P2P 网络系统的高性价比是 P2P 在业界流行的另一个十分重要的因素。随着硬件技术的发展，个人计算机的计算和存储能力以及网络带宽等性能依照摩尔定律高速增长。采用 P2P 网络能够有效利用互联网中分布的大量普通节点，将运算任务或存储需求分散到所有节点，从而利用其闲置的计算和存储资源，达到高性能计算和海量存储的目的。目前，P2P 网络在学术界已存在许多应用，但大都没有投入市场，技术方面也尚不成熟。当适应市场的技术成熟后，P2P 网络就会在社会各界的合适领域广泛推广，为许多单位大量节约购买大型服务器的成本。

5. 隐私保护

匿名性和隐私保护是当今时代十分热门的社会问题。P2P 网络的实践应用在许多应用场景中十分关键：在进行无记名投票时，人们担心自己的名字会公之于众，如果不能保证其隐私性，许多人的投票选择就会发生变化；在使用现金购买商品时，人们只是随机选购，并不希望因个人信息泄露而造成后续的诸多麻烦，因而此时个人隐私保护机制就显得尤为重要；在进行嫌疑人举报时，为了避免被犯罪分子报复，举报人往往希望只有警方知道自己的真实身份，此时的隐私保护就变得至关重要……由于如此多的现实状况需要，隐私保护和匿名机制已经成为当今时代正常运转必不可少的规则，多国政府甚至已经对隐私权进行了立法保护。

在目前的互联网世界中，使用者的隐私保护状态一直令人担心。目前互联网协议不支持隐藏通信端地址的功能，攻击者能够直接监视使用者的流量使用情况，获得其 IP 地址，并使用跟踪软件直接通过 IP 地址追踪到用户。SSL 等加密机制能够防止他人获得通信内容，但并不能隐藏发送信息用户的身份。

P2P 网络为解决以上问题作出巨大贡献。在 P2P 网络中，由于信息传输分散在各节点之间进行而无须经过某个集中环节，用户隐私被窃听和盗取的可能性大幅减小。目前解决隐私问题的主要方法是中继转发法，该方法可以将众多通信参与者掩藏在网络实体中。一些传统的匿名通信系统主要通过中继服务器节点实现这一机制，但在 P2P 网络中，所有节点均能实现中继转发功能，从而使匿名通信更加灵活可靠，并为用户提供完善的隐私保护。

然而，P2P 网络系统也面临许多挑战。首先是准入控制（admission control）。P2P 网络系统在初始阶段很难知道加入的节点是否安全。因此，如果一个恶意攻击者在其他节点加入 P2P 网络系统初期即对其进行控制，使其成为恶意节点，则可对 P2P 网络系统造成损伤。而对加入系统的节点进行身份认证又与匿名性这一目标相违背。除此之外，P2P 网络系统并非一成不变，而是动态流动的。许多节点并未固定在网络系统中，而是能够随时随地进入和离开 P2P 网络系统。节点加入系统时，需要为系统中其他节点形成匿名路径，由此可能带来一系列安全问题。每当节点离开网络时，该节点所在匿名路径上的用户需要等待新匿名路径的形成。节点加入和离开网络带来的另一个难题是节点必须知晓网络中的部分其他节点。而 P2P 网络系统不断变化的匿名集又给这一问题增添了困难。最后，P2P 网络系统中各个节点的性能存在差异，尤其在一个开放环境中。由此产生了一系列问题，例如，一个性能较差的节点会降低其所在匿名路径的效率，即使匿名路径上其他节点的性能优良。性能差异还可能有利于攻击者进行时间分析，因为攻击者可以从一条路径上的不同延迟获得相关信息。

目前，研究者已经设计出多种 P2P 匿名通信协议。CliqueNet 是由康奈尔大学设计的一个自组织可扩展 P2P 匿名通信协议。其采用分治思想对 DC-Net 协议进行改进，目的是解决 DC-Net 协议效率低和可扩展性差的弱点。与 DC-Net 相似，CliqueNet 同样需要可靠的广播，但很难在目前的因特网中实现。P5 采用分级广播的思想以创建匿名的通信网络，并且考虑到用户匿名性和通信效率之间的平衡。但是当用户数量较大时，该协议效率将降低。Crowds 想要为用户提供匿名的网络浏览，从而使用户能够在不对服务器和第三方泄露个人隐私的情况下，从 Web 服务器取回信息。Freenet 是应用层的点对点匿名发布系统，主要用于匿名存储和检索。OnionRouting、Tarzan、MorphMix 均为基于 Chaum 提出的 MIX 方法的 P2P 匿名通信协议，它们有不错的匿名性，适用于当前的互联网环境，但也存在缺点，例如在大规模环境下的可扩展性和效率较低。

除此之外，如果匿名通信技术被滥用将导致更多互联网犯罪产生，并且很难追究犯罪分子的责任。因此必须以不违反法律为前提，才能提供具有强匿名性和隐私保护功能的 P2P 网络。而匿名性与隐私保护和法律监管之间平衡的把握也是目前的一个难题。

6. 负载均衡

P2P 网络中由于不存在中心节点，因此减少了对传统架构下服务器计算和存储能力的要求，同时由于多个节点共同存储和提供资源，因此能够更好地实现网络的负载均衡。此外，由于 P2P 网络无须专门的服务器作网络支持，也无须依靠其他组件提高网络性能，因此成本较低，适用于人员较少、组网简单的场景。

具体的负载均衡算法的思路如下例所示。假设在一个 P2P 网络中存在诸多用户，其中至少存在一人拥有一个完整文件，其他用户可能正在下载、已经下载或不下载该文件。假

设某一时刻下有 m 个用户拥有文件 A($1 \leqslant m$)，当前有 n 个用户正在下载且已下载文件百分比分别为 $L_1, L_2, \cdots, L_i, \cdots, L_n$($0<L_i<1$)，则目前拥有文件 A 的用户共 $m+n$ 个，显然其中包括拥有不完整文件的用户。该时刻下一个新用户也要下载文件 A，新用户从 $m+n$ 个用户中分别取 $X_1, X_2, \cdots, X_n, X_{n+1}, \cdots, X_{n+m-1}, X_{n+m}$ 段的文件段下载，每段长度分别为 $LL_1, LL_2, \cdots, LL_i, \cdots, LL_{m+n}$（$0<LL_i<1$)，单位同样为百分比，最后拼凑该 $n+m$ 段为完整文件。此时需从负载均衡的角度考虑，如何将 $m+n$ 个用户的文件分段，使 $LL_1, LL_2, \cdots, LL_i, \cdots, LL_{m+n}$ 的方差最小，即最小化相互间的差距。

针对上述案例，具体的思路是：所有用户向服务器发送心跳包，告知自己当前上传的连接数和下载的百分比，服务器以连接总数除以用户总数，计算得到平均上传连接数。用户要增加下载连接时，首先从服务器获得有关信息，从下载百分比最小的用户开始，如果该用户当前上传的连接数不大于平均数（或平均数加上一个允许的偏差），则连接该用户。连接后首先获取该用户的下载情况，然后从中随机选择一个自己未下载的文件段并开始下载。如果没有自己未下载的文件段，则断开连接，再尝试下一用户；如果所有用户均不具备下载条件，则等待一段时间后重新开始尝试；如果连接中途断开或本段下载完毕且下载任务未完成，则重复前述步骤。

5.1.4　P2P 网络技术标准

近年来，随着 Napster、KaZaa、BT、eMule 等基于 P2P 技术的文件共享软件在互联网中迅速传播，P2P 技术在国内外引发了研究的新热潮。目前 P2P 网络尚无一个统一的标准。2000 年成立的 P2P 工作组，包括英特尔（Intel）、IBM 和惠普（HP）等公司。同时，发展 P2P 网络还会遇到版权问题、网络带宽问题和安全问题等障碍。此外，如何连接电话、手机、工业设备等，也是目前 P2P 网络有待解决的问题。

国内企业从未停止在 P2P 应用领域的研究，开发了许多使用广泛的 P2P 产品，主要集中在文件共享与下载、网络流媒体电视等方面，其中以 POCO 和 PPLive 为典范。POCO 是国内领先的多媒体分享平台，同时在线用户突破 70 万人，是国内最大的电影、音乐、动漫分享平台。POCO 是一个流量庞大的第三代 P2P 资源交换平台，提供多点传输、断点续传等技术，以保障数据传输的高速和稳定。PPLive 是一款热门的视频直播软件，通过网状模型解决了当前网络视频点播服务的带宽和负载有限问题，能够做到用户规模越大越流畅，使服务效率和质量大幅提升。

5.2　P2P 网络的发展历程

5.2.1　P2P 网络发展起源

P2P 网络技术诞生较早，几乎和众所周知的 USENET、FidoNet 在同一时间产生。USENET 于 1979 年创造，FidoNet 于 1984 年诞生，简要来说，二者均为一个简单的、去中心化的、非集中式的信息交换系统。P2P 网络系统诞生之初，用户甚至不会使用计算机，可想而知，P2P 网络的出现何其令人惊讶。然而，正是这种时代背景成为了 P2P 网络系统诞生的襁褓。

P2P 网络的发展史可以追溯至 1997 年 7 月。在那一年，有这样一句话记载在了 P2P 网络的历史长河中："Hotline Communications is founded, giving consumers software that lets them offer files for download from their own computers." 翻译为中文即为：Hotline Communications 建立并创造出一种令用户直接从他人的计算机中下载文件的软件。

1998 年，美国东北大学的高材生 Shawn Fanning 的舍友想要在网络中快速、便捷地寻找音乐，Shawn Fanning 为了能够帮助舍友排忧解难，便尝试编写了一个简洁的代码，用以在浩如烟海的网络中快速找到想要的音乐。该项目可以十分快捷地为用户查询到音乐文件，同时将该音乐文件的地址存入一个中心服务器，为该音乐文件提供检索目录。这样当用户再次查找该音乐文件时，即可快速过滤无用地址而找到目标文件。1999 年，令其意外的是，这个叫作 Napster 的项目成为一个"杀手级项目"，它完成了千万音乐爱好者的梦想，无数人因此开始使用 Napster。Napster 拥有 8 000 万注册用户，远远超过其他网络的覆盖范围，这或许是 P2P 软件在人们生活中取得胜利的象征。正是从这一刻起，P2P 开始书写其复杂而充满活力的历史进程。

如今，P2P 技术的发展经过日积月累，爆发出强大的生命力。经过时间的洗涤，使用 P2P 技术创造的软件无处不在。人们终于感受到使用 P2P 软件进行娱乐和生活的幸福。例如 QQ 和 MSN，就使人们感受到了用高科技交流的乐趣。

5.2.2　P2P 研究展望

经历 10 余年的深入研究和互联网大规模应用，P2P 技术已得到长足发展，主要的系统设计空间已经较为清晰。P2P 技术研究关注的方向已经从过去的 P2P 协议算法设计分析，转移到 P2P 系统性能优化、应用扩展和标准化。综合考虑 P2P 应用系统的基础技术和研究现状，未来的 P2P 技术研究将集中在以下几个方面。

1．理论分析和优化设计

合理抽象的理论模型能够刻画真实的 P2P 应用系统，揭示 P2P 系统性能极限，分析不同协议算法的系统服务质量。参照这些目标，现有的 P2P 系统建模和理论分析研究仍处于初始阶段。P2P 系统理论分析深入进展，将对 P2P 系统协议算法设计和系统部署策略起到重要的理论指导作用。值得关注的研究方向包含以下内容。

（1）不同架构 P2P 应用系统的理论模型。P2P 应用系统架构主要体现在覆盖网络拓扑、数据请求颗粒度、服务器辅助传输、网络与 P2P 应用间的协同、服务区分等。对 P2P 应用系统建模是分析系统性能和服务质量的基础。

（2）资源节点选择和数据传输调度算法对于系统服务质量的影响。资源节点选择和数据传输调度算法对于 P2P 应用系统的性能起到至关重要的作用。对于这种具有决定性影响的理论分析和结合实际系统环境的评估验证，目前只有很少或需要理想化假定条件的结果，因此有待进一步研究。相关的开放性问题包括各种资源节点选择和数据传输调度算法在不同用户规模、网络条件下的系统服务性能极限、收敛速度、自适应性等。

（3）系统服务质量与资源开销的关系。P2P 应用系统虽然能够以较低的部署成本支持大规模用户，但系统服务质量与商业用户的期望仍存在一定差距，尤其是 P2P 流媒体应用的用户体验度。通过增加系统资源，例如增加服务器数目和提高链路宽度，可以提升系统服务质量。但如何在系统服务质量和资源开销之间取得平衡，以合理的资源开销支持一定规模用户的服务质量，以及系统运营过程中的动态调整优化，仍需进一步研究。

2．系统架构演进与发展

P2P 网络技术研究、开发、部署和应用的过程已经持续了近 10 年时间，同时也对 P2P 应用系统架构演进与发展提出了以下问题。

（1）P2P 与内容分发网络（content delivery network，CDN）的融合。P2P+CDN 的混合式系统架构能够结合 P2P 和 CDN 两种技术的优点，同时克服 P2P 和 CDN 各自的技术局限。如何针对目前互联网内容分发的特点更好地融合 P2P 和 CDN 技术，仍需进行深入研究，主要的技术挑战包括：CDN 对于 P2P 应用系统海量媒体内容分发过程中的高效缓存和更新机制；CDN 服务器和带宽资源的动态缩放，包括单个 P2P 应用系统多内容、多用户群体之间，以及多个 P2P 应用系统之间；CDN 运营开销、系统可扩展性、终端用户体验度之间的合理平衡。

（2）P2P 系统与网络协同的流量控制。现有研究表明，P2P 系统与网络之间的协同将使得 P2P 应用系统和网络双方受益。但是，这种协同机制的优点和不足仍有待进一步研究，并在互联网真实环境中进行大规模实验验证，尤其在互联网中绝大多数应用并未与网络协同的情况下。这种协同因违背互联网传输的中立性原则和引入层间耦合而给互联网服务模型带来何种影响，也有待进一步研究。此外，P2P 系统与网络之间的协同在商业上是否可操作也属未知。

（3）可伸缩的 P2P 应用系统。P2P 系统的进一步应用发展将要求 P2P 系统在保证服务质量的同时具有较强的可伸缩性，能够有效支持不同规模的用户。在用户规模较小（如用户生成内容的分发）和极大（如热点节目直播）时，P2P 应用系统均能合理有效地配置系统资源和引导对等节点的覆盖网络构建和数据传输调度，以保证系统对用户的服务质量。

3．应用扩展与标准化

P2P 技术应用领域目前主要集中在流媒体分发、文件共享和即时通信。一方面，充分利用 P2P 模式的技术特点扩展应用领域，将成为 P2P 技术研究的重要领域；另一方面，P2P 应用的标准化广为期待，但 P2P 应用标准化进程能否统一或替换各种公开和私有的 P2P 应用协议，不仅取决于标准化研究本身，更大程度上还是取决于非技术因素。

5.2.3 P2P 应用扩展

P2P 应用领域目前主要集中于内容分发，包括流媒体直播、视频点播和文件下载，但近年来也有部分研究结合其他网络计算技术以扩展 P2P 应用领域。

1．基于 P2P 的网络在线游戏

网络游戏尤其是大型多人在线游戏系统中，服务器系统运营管理和维护成本随着用户规模的增加急剧上升。采用基于 P2P 技术的网络在线游戏，不仅能够降低服务器负载，而且能够聚集严格延时约束的节点，从而提升用户体验。P2P 大型多人在线游戏系统设计的基本技术问题主要包括游戏状态管理、兴趣及区域管理、游戏事件传播、非玩家角色宿主机分配、欺骗阻止、激励机制等。这些技术问题部分可采用 P2P 系统中常见的 DHT 算法解决，例如游戏状态管理、兴趣及区域管理；部分涉及动态可扩展性，需要在系统运行过程中进行优化处理，例如兴趣及区域管理、非玩家角色宿主机分配；部分与时延和同步控制相关，例如游戏状态管理、游戏事件传播；还有部分与计算系统信任机制相关，例如欺骗阻止和激励机制。

2. 社交网络

现有社交网站以及相关应用组件（例如 Facebook、开心网等）均采用基于 C/S 模式的 Web 应用。P2P 模式固有的分布式、可扩展的特点，可以克服基于 C/S 模式的社交网络系统在用户隐私保护、连通性、可扩展性方面的不足。基于 P2P 的社交网络系统目前主要集中于媒体分发和协同工作，例如视频和音乐共享、文档协同编辑等。社交网络系统在许多方面与传统 P2P 应用不同，包括用户规模、信息时效性、关系拓扑、搜索和身份识别、应用接口开放、内容和个人隐私、安全与权限控制等，从而为 P2P 技术在社交网络系统中的应用带来诸多技术挑战。

5.3 P2P 网络结构

目前，业界存在许多关于 P2P 的定义，比较典型的是 IBM 的定义：P2P 是由若干互连协作的计算机构成的系统，系统依存于边缘化（非中央式服务器）设备的主动协作，每个成员直接从其他参与成员而非从服务器中受益，系统中的成员同时扮演服务器与客户端的角色，系统用户能够意识到彼此的存在，构成一个虚拟或实际的群体。该定义强调 P2P 打破了传统的 C/S 模式，网络中每个用户节点的地位对等，称为对等节点（peer），简称节点。对等节点充当服务器为其他节点提供服务，同时享用其他节点提供的服务。其主要特点表现如下。

（1）去中心化。取消或弱化了集中控制概念，资源和服务分散在所有节点中，信息传输和服务实现均直接在对等节点之间进行，避免了集中的瓶颈，具有可扩展性、稳健性等优势。

（2）对等性逻辑。各节点在功能上对等，每个节点既是服务器又是客户端，减少了对传统 C/S 结构服务器计算和存储能力的依赖。由于资源分布在多个节点，因此能够更好地实现负载均衡。

（3）自组织性。各节点以自组织的方式互连成一个拓扑网络，能够适应节点的动态变化。

（4）资源共享。相互连接的各节点以资源共享为目的，所有参与者均可提供中继转发功能，因而大大提高了匿名通信的灵活性和可靠性。

（5）大规模和动态性。为了实现资源共享，P2P 系统中通常存在大量节点。节点通常具有自主性，因而可能频繁加入和离开，P2P 网络处在不停的变化中。

P2P 网络属于 OSI 模型的应用层，通过 P2P 协议连接而成，建立在 TCP/IP 协议层之上，也称覆盖网络。P2P 网络的协议层如图 5.1 所示。

P2P社区层(文件共享虚拟社区，即时通信虚拟社区)
P2P应用层(即时通信，文件共享，分布计算，协同工作，内容发布，信息检索等)
P2P基础层(路由，传输，集成等)
通信子网(TCP/IP)

图 5.1 P2P 网络协议层

（1）P2P 基础层：位于通信子网（TCP/IP）之上，为 P2P 网络提供路由、传输、集成等功能。这些功能协助 P2P 网络节点定位、通信、标识、共享和交换资源，以及进行身份认证与授权等安全管理。

（2）P2P 应用层：为 P2P 社区提供一系列应用服务，例如即时通信、文件共享、分布计算、协同工作、内容发布和信息检索等。

（3）P2P 社区层：该层并非指技术内容，而是关心 P2P 应用层的用户组成的群体，不同群体由不同兴趣的用户组成。例如，爱好搜索与下载的用户通过某种 P2P 搜索下载工具组成一个文件共享虚拟社区。

根据拓扑结构的不同可将 P2P 网络分为 4 类，典型的拓扑结构包括集中式拓扑（centralized topology）、全分布式非结构化拓扑（decentralized unstructured topology）、全分布式结构化拓扑（decentralized structured topology，也称 DHT 拓扑）和混合式拓扑（hybrid topology，也称半分布式拓扑）。下面讨论不同拓扑 P2P 网络的基础层功能。

5.3.1　集中式 P2P 网络

集中式拓扑也称中心化拓扑，特点是含有中心索引服务器，多个中心索引服务器放置在不同的地理区域，通过互联网相互连接以向用户节点提供统一的访问端口。中心索引服务器保存用户节点的注册目录和共享文件索引表，跟踪用户节点状态，维护注册目录和共享文件索引表的时效性。

1．Napster 拓扑结构

Napster 是典型的集中式 P2P 网络，于 1998 年由美国东北大学一年级新生 Shawn Fanning 开发。Napster 的功能是从网络中的节点机下载需要的 MP3 文件，同时令自己的机器成为一台服务器，为其他用户提供下载服务。在该网络中，Napster 本身并不提供 MP3 文件的下载服务，而是提供整个 Napster 网络的 MP3 文件目录，而 MP3 文件分布在节点机 Peer 中。Napster 传输速度快，具有强大的搜索功能，可以自动搜寻在线用户的 MP3 音乐信息并分类整理，以备其他用户查询。Napster 拓扑结构如图 5.2 所示。

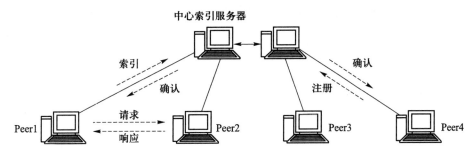

图 5.2　Napster 拓扑结构

2．Napster 协议

由于 Napster 协议的正式文本尚未公开，根据相关文献，将 Napster 协议归纳如下。

（1）消息格式

在 Napster 协议中，对等节点之间、对等节点与中心索引服务器之间传递的消息格式如下：

长度（2 B）	功能（2 B）	有效载荷（n B）

① 长度：指定有效载荷的字节数。

② 功能：定义 Napster 的消息类型。

③ 有效载荷：描述消息内容的 ASCII 字符串。

（2）消息类型

Napster 的协议消息如表 5.2 所示。

表 5.2　Napster 协议消息

消息类型	说明
注册请求	用户节点向中心索引服务器注册，包括用户名、密码、IP 地址和用于共享的 MP3 文件
注册确认	中心索引服务器向用户节点确认注册，可能包括中心索引服务器和节点之间可用带宽
搜索请求	用户节点向中心索引服务器发出搜索指定 MP3 文件的请求，包括 MP3 文件名
搜索响应	搜索成功，中心索引服务器向用户节点返回 MP3 文件所在节点的 IP 地址和其他信息
下载请求	用户节点向载有指定 MP3 文件的用户节点发出下载请求
下载响应	载有指定 MP3 文件的用户节点向请求用户节点返回指定的 MP3 文件
浏览文件请求	用户节点向中心索引服务器发出浏览一个 MP3 文件的请求
浏览文件响应	中心索引服务器向用户节点返回要浏览的 MP3 文件摘要
交替下载请求	用户节点向中心索引服务器发出请求，请求位于防火墙之后的用户节点中的 MP3 文件

一个用户节点在 Napster 中会经历注册加入、搜索文件、下载文件和退出 4 个阶段，具体如下。

① 注册加入：在图 5.2 中，Napster 已包含 3 个用户节点 Peer1、Peer2 和 Peer3，现在用户节点 Peer4 申请加入。Peer4 向中心索引服务器发出注册请求，注册请求消息携带 Peer4 的 IP 地址，以及可共享的 MP3 文件名。中心索引服务器同意接受注册请求，向 Peer4 返回注册确认消息，Peer4 便成为 Napster 中的一员。

② 搜索文件：假如用户节点 Peer2 希望得到一个 MP3 文件，便向中心索引服务器发出一个搜索请求，并给出所需 MP3 文件名。中心索引服务器发现目标 MP3 文件位于用户节点 Peer3 中，便将 Peer3 的 IP 地址等信息通过搜索响应返回给 Peer2。

③ 下载文件：用户节点 Peer2 根据搜索响应返回的 IP 地址，向用户节点 Peer3 发出下载请求，Peer3 将 MP3 文件回送给 Peer2。

④ 退出：要退出的节点向中心索引服务器发出退出请求，中心索引服务器即可将其除名。

Napster 没有完全规避中心服务器，尽管其中心索引服务器仅在注册和搜索文件过程中起作用。目标文件保存在用户节点中，在用户节点之间传送，中心索引服务器不参与目标文件传送。

Napster 免费下载 MP3 音乐文件，与美国唱片业协会发生版权冲突，最终于 2003 年被判决侵权而关闭。

5.3.2 全分布式非结构化 P2P 网络

全分布式非结构化拓扑的特点是网络拓扑不确定,内容存储位置与网络拓扑无关。对等节点(Peer,在 Gnutella 中也称 Servent)之间通过客户端软件搜索网络中存在的对等节点,并直接交换信息。Gnutella 是该类 P2P 网络的典型代表,其拓扑结构如图 5.3 所示。

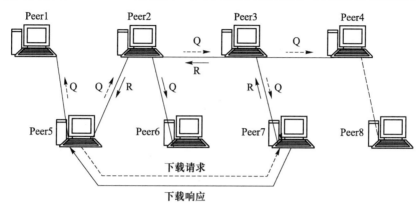

图 5.3　Gnutella 拓扑结构

1. Gnutella 拓扑结构

节点需要请求某个资源时,将以广播方式发送请求(Q)至其邻居节点,例如由 Peer5 到 Peer1 和 Peer2。如果邻居节点持有所需资源,便返回一个响应(R);如果邻居节点没有所需资源,便将请求再次转发至其邻居节点,例如由 Peer2 到 Peer3 和 Peer6、由 Peer3 到 Peer4 和 Peer7,直到 Peer7 按原路返回一个响应消息或存活时间(time to live,TTL)到达时,前者请求成功,后者请求失败。响应消息包括含有资源的节点 IP 地址,而后请求节点 Peer5 即可直接与资源节点 Peer7 通信以获取资源。这是一种随机泛洪转发机制,具有良好的容错性,规避了中心服务器,但随着网络规模的扩大,泛洪将造成网络流量的急剧增加,导致可扩展性较差。由于缺少确定拓扑结构的支持,非结构化网络无法保证资源发现效率,即使需要查找的目标节点存在,发现过程也可能失败。如果在响应消息返回路径的各对等节点中记录目标资源的位置信息,则可能加快后续查询速度。

2. Gnutella 协议

(1)协议消息头部

Gnutella 的所有协议消息包含一个 23 B 的定长协议头部,如下所示:

描述符唯一标识符	描述符类型	存活时间	跳数	有效载荷长度
0 　　　　　　15	16 　　　　　　　17	17	18	19 　　　　　　22B

① 描述符唯一标识符(UID):无重复字符串,用于唯一表示描述符,由源节点 Peer 发出。目标节点收到协议消息后,首先检查 UID 列表。如果协议消息的 UID 已存在于 UID 列表,则表示协议消息重复,目标节点将其丢弃;如果不存在于 UID 列表,则表示协议消息为一条新消息,目标节点将协议消息的 UID 置于 UID 列表中,并将协议消息转发至其邻居节点。

② 描述符类型:其作用类似于 HTTP 请求消息的方法和响应消息的状态,详见下文。

③ 存活时间（TTL）与跳数（Hops）：源节点设置存活时间为一个非 0 初值，将跳数置为 0。消息在泛洪传播过程中每通过一个对等节点，存活时间减 1，跳数加 1。当存活时间减至 0 时，如果没有找到所需对等节点，则表示检索失败。显然，$TTL(0)=TTL(i)+Hops(i)$，可用于错误检测。

④ 有效载荷长度：协议消息头部字节数加上有效载荷长度，表示该协议消息的总长度，同时确定了下一个协议消息的起始位置。

（2）描述符

Gnutella 协议调用了 5 个描述符，用于实现 Gnutella 网络中对等节点之间消息长度和资源共享，Gnutella 描述符如表 5.3 所示。

表 5.3　Gnutella 描述符

描述符	说明
Ping	源节点 Peer 用 Ping 动态探测 P2P 网络中的其他对等节点
Pong	被探测节点对 Ping 探测的响应，返回包括被探测节点的 IP 地址、端口号和共享资源的信息
Query	源节点用于向其他对等节点查找需要的共享资源和文件
QueryHit	目标节点对 Query 的回应，包括检索结果目标节点的 IP 地址、端口号和标识符
Push	源节点用于发现和共享处于防火墙之后的目标对等节点中的资源或文件

（3）探测 Ping 和响应 Pong

二者用于 Gnutella 中对等节点的动态检测，对等节点收到 Ping 后以 Pong 作出响应。Ping 的有效载荷长度为 0，即仅包含消息头部。Pong 的有效载荷如下：

端口号	IP 地址	文件数	文件大小
23　　　　24	25　　　　　　28	29　　　　　32	33　　　　　36B

① 端口号和 IP 地址：发出 Pong 的对等节点的 TCP 端口号和 IP 地址。

② 文件数：发出 Pong 的对等节点中可用于共享的文件数量。

③ 文件大小：发出 Pong 的对等节点中可用于共享的文件的长度，单位为 KB。

（4）检索 Query 和检索命中 QueryHit

检索 Query 被源节点用于检索需要的共享资源（文件），其有效载荷如下：

最小速度	检索关键字
①　　　　　24	25B

① 最小速度：定义源节点与目标节点之间传输信息的最小速度，单位为 Kbps。

② 检索关键字：发出 Query 的源节点所要检索的共享文件名，可能是多个文件名，其最大长度由消息头部有效载荷长度字段确定。

检索命中 QueryHit 被持有 Query 所需共享文件的目标节点用于回应其所接收的 Query，其有效载荷如下：

检索结果集	端口号	IP 地址	速度	响应记录	对等节点标识符
23　　　24	25　26	29　30	33　34		最后 16 B

① 检索结果集：名字检索条件的结果数量。

② 端口号和 IP 地址：发出 QueryHit 节点的 TCP 端口号和 IP 地址。

③ 速度：定义源节点和目标节点之间传输共享文件的网络速度，单位为 Kbps。

④ 响应记录：满足检索条件的结果集合，包括文件索引、文件大小和文件名，其长度由消息头部的有效载荷长度字段确定。

⑤ 对等节点标识符：表示第一个响应 Query 的目标节点的标识符。

（5）推出

当目标节点位于防火墙之后时，目标节点利用一个推出（Push）将检索到的共享文件传送给源节点，其有效载荷如下：

对等节点标识符	文件索引	IP 地址	端口号
23　　　　　38	39　　　　　42	43　　　　　46	47　　　　　48 B

① 对等节点标识符：标识发出 Push 的对等节点，其值由该节点设置。

② 文件索引：发出 Push 节点建立的共享文件索引。

③ IP 地址和端口号：发出 Push 节点的 IP 地址和 TCP 端口号。

5.3.3　全分布式结构化 P2P 网络

全分布式结构化拓扑基于分布式哈希表（DHT），遵循严格的规律，主要思想是每个对等节点和每条数据使用哈希算法赋予一个全局唯一 ID，将资源 ID 通过某种算法映射到节点 ID 以实现资源定位。该结构具有可扩展、可管理的优点，著名协议包括 Chord、Pastry、CAN、Tapestry 等。

根据对等节点度数可将 DHT 协议分为两类。一类 DHT 协议中对等节点度数和网络尺寸成正比，例如 Chord、Kademlia、Tapestry、Pastry 等。该类 DHT 协议分别以各自不同的方式组织对等节点，以便对数据进行高效定位。在该类 DHT 协议中，查询复杂度多为 $O(\log N)$，每个对等节点需要维护 $O(\log N)$ 个邻居节点，其中 N 为网络规模，即对等节点个数。另一类是常量度数（记为 d）的 DHT 协议，例如 CAN、Cycloid、Viceroy、Koorde 等。该类 DHT 协议中每个对等节点只有 $O(1)$ 个邻居，其中 Viceroy 和 Koorde 的查询复杂度为 $O(\log N)$，而 Cycloid 的查询复杂度为 $O(d)$。全分布式结构化拓扑及相关技术是目前的主流技术，下面以 Chord 为例讨论全分布式结构化 P2P 网络。

1. Chord 结构组成

Chord 是由 MIT 研究人员在 2001 年提出的一种 DHT 路由查找协议，其核心是解决如何在 P2P 网络中准确查找存放特定数据的对等节点。Chord 采用 SHA-1 安全哈希算法。

Chord 的目标是通过使用 DHT 技术使得发现指定对象只需维护 $O(\log N)$ 长度的路由表。在 DHT 技术中，网络节点利用哈希算法产生一个唯一节点标识符 NID，共享资源对象也通过哈希算法产生一个唯一资源键标识符 KID，共享资源的存放位置需满足 KID≤NID。查找资源时，根据 KID≤NID 能够很快定位存储该资源的节点。因此，Chord 的主要贡献是提出一个分布式查找协议，该协议将指定关键字 KID 映射到对应的节点 NID。Chord 的基本要素如下。

（1）节点 NID（node identifier）

NID=SHA-1(IP)是对等节点 IP 地址进行哈希运算后，得到的表示该节点的 m 位唯一节点标识符。m 需足够大，以保证不同对等节点 NID 相同的概率小到忽略不计。参与 P2P 网络的节点按其 NID 从小到大顺时针构成一个环。

（2）关键字 KID（key identifier）

KID=SHA-1(Data)是共享数据对象的 m 位关键字标识符，其中 Data 为待存放的数据对象。m 需足够大，以保证不同共享数据对象 KID 相同的概率小到忽略不计。为了清楚描述数据对象存放到环上对等节点的过程，将 Chord 环中存放数据对象到对应节点的操作，表示为在 Chord 环中存放数据对象的关键字 KID 到对应节点的操作。

（3）Chord 拓扑环

如图 5.4 所示，Chord 拓扑结构是一个环，环上最多可容纳 2^m 个节点，用于对等节点分布和资源分配与定位。节点分布是指按其 NID 从小到大顺时针放置于环上，资源分配则要求 KID≤NID。图 5.4 是一个 m=6 的 Chord 环，环上已有 10 个对等节点——N1、N8、N14、N21、N32、N38、N42、N48、N51 和 N56，按其 NID 从小到大顺时针表示在环上。5 个数据对象按 KID≤NID 的要求存放在相应节点中，即 K10 存放在 N14 中，K24 和 K30 存放在 N32 中，K38 存放在 N38 中以及 K54 存放在 N56 中。在 Chord 环上，每个对等节点均有一个后继节点。节点 k 的后继节点是环上从 k 起顺时针方向的第一个节点，记为 successor(k)，例如节点 N1 的后继节点是 N8，记为 N8=successor(N1)。

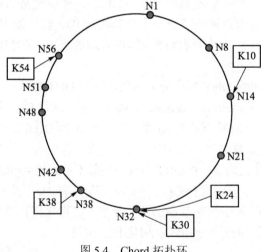

图 5.4　Chord 拓扑环

2．Chord 路由原理

（1）Chord 路由表

为了在 Chord 环上提高查找效率，Chord 协议令环上每个节点维护一张路由表，以在节点中快速查找数据关键字标识符，每个节点的路由表包含不超过 m 条记录。节点 N 中的路由表定义如下。

① finger[i].start:$(N+2^{i-1}) \bmod 2^m, 1 \le i \le m$：节点 N 路由表中第 i 条记录是指向 N 的第 i 个后继节点。

② finger[i].interval:[finger[i].start, finger[i+1].start),$1 \le i < m$ 或[finger[i].start, N),i=m：当前节点 N 的后继节点的区间范围。

③ finger[i].node：节点标识符大于或等于 N.finger[i].start 的第一个后继节点。

④ successor: 当前节点的第一个后继节点, 最后一个节点的后继节点是 finger[1].node。

⑤ predecessor: 当前节点的第一个前驱节点。

根据上述定义, 节点 N8 的路由表如表 5.4 所示。

表 5.4　Chord 环上节点 N8 的路由表

.node	.start	.interval	successor
$N8+2^0\bmod 2^6=N8+1$	N9	[9,10)	N14
$N8+2^1\bmod 2^6=N8+2$	N10	[10,12)	N14
$N8+2^2\bmod 2^6=N8+4$	N12	[12,16)	N14
$N8+2^3\bmod 2^6=N8+8$	N16	[16,24)	N21
$N8+2^4\bmod 2^6=N8+16$	N24	[24,40)	N32
$N8+2^5\bmod 2^6=N8+32$	N40	[40,8)	N42

（2）简单关键字查找算法

在 Chord 中, 环上节点直接通过其第一个后继节点完成关键字标识符查找, 称为简单关键字查找。例如, 通过节点 N8 采用简单关键字查找算法, 在环上查找存放在节点 N56 中的共享数据关键字标识符 K54, 并沿查找路径将查找结果返回节点 N8, 过程如下。

① 节点 N8 接收关键字标识符 K54 的查找请求, 首先检查自己的路由表。由于 K54 不在[N8,N14]范围内, N8 将查找任务转交至其第一个后继节点 N14。

② 由于节点 N14 没有保存 K54, 便将查找任务转交至其第一个后继节点 N21, 即 N8→N14→N21→N32→N38→N42→N48→N51→N56, 最终将查找任务转交到节点 N56, N56 中存放有 K54, 因而获得了查找结果。

③ 沿查找路径将查找结果返回节点 N8。

（3）扩展关键字查找算法

为了提高 Chord 的查找速度, Chord 应允许环上节点路由表保存一些额外路由信息, 例如当前节点的非首个后继节点的信息。这些额外路由信息是指节点已知的其他后继节点的信息。环上每个节点维持一张包含不超过 m 条记录的路由表, 如果节点 N 的路由表中, 其第 i 个后继节点是 S, $S=successor((N+2i-1)\bmod 2m),1\leqslant i\leqslant m$, 表示为 N.finger[i].node。S 的第 i 条记录包括第 i 个节点的节点标识符、IP 地址、端口号等信息。

当环上节点 Ni 接收到查找关键字的请求时, 首先检查 Ni 的路由表, 如果关键字 KID 在 Ni 与后继节点标识符 Nj 范围内, 则关键字 KID 被存放在节点 Nj 中。否则, 节点 Ni 在自己的路由表中找到一个节点标识符不超过 KID 的最大节点 Nk, 并将查找请求转交给节点 Nk。上述过程重复至找到 KID 所在的目标节点为止, 然后由目标节点将查找结果返回节点 Ni。图 5.5 中节点 N8 路由表中第一条记录为（8+20）mod26=9, 指向后继节点 N14; 节点 N8 路由表中最后一条记录为（8+25）mod26=40, 指向后继节点 N42。扩展关键字查找过程如下。

① 节点 N8 接收关键字标识符 K54 的查找请求, 检查自己的路由表。由于 K54 不在[N8,N42）范围内, 便将查找任务转交给节点 N42。

② 由于节点 N42 中没有保存 K54, N42 将查找任务转交给后继节点 N58。

③ 由于节点 N58 保存了 K54, 因而获得了查找结果。节点 N58 将查找结果返回节点 N8。

N8路由表	
.node	successor
$N8+2^0 \bmod 2^6 = N8+1$	N14, K10
$N8+2^0 \bmod 2^6 = N8+2$	N14, K10
$N8+2^0 \bmod 2^6 = N8+4$	N14, K10
$N8+2^0 \bmod 2^6 = N8+8$	N21
$N8+2^0 \bmod 2^6 = N8+16$	N32, K24, K30
$N8+2^0 \bmod 2^6 = N8+32$	**N42**

N42路由表	
.node	successor
$N42+2^0 \bmod 2^6 = N42+1$	N48
$N42+2^0 \bmod 2^6 = N42+2$	N48
$N42+2^0 \bmod 2^6 = N42+4$	N48
$N42+2^0 \bmod 2^6 = N42+8$	N51
$N42+2^0 \bmod 2^6 = N42+16$	**N58, K54**
$N42+2^0 \bmod 2^6 = N42+32$	N14, K10

图 5.5　Chord 环扩展关键字查找

3．Chord 网络动态处理

（1）节点加入处理

当新节点要加入 Chord 环时，需要先知道网络中已存在某个节点。新节点通过该已知节点初始化自己的路由表，通知其前驱节点和后继节点修改其路由表。如图 5.6 所示，假定 Chord 环初始状态存在 4 个节点——N1、N3、N6 和 N12，以及 3 个关键字标识符。其中，K4 存放在 N6 中，K7 和 K11 存放在 N12 中。现在节点 N8 要加入 Chord 环，则首先在节点 N8 中建立自己的路由表，其前驱节点是 N6，后继节点是 N12，关键字 K7 从节点 N12 移至 N8。N8 前驱节点 N6 的路由表修改后继节点为 N8，N8 后继节点 N12 的路由表修改前驱节点为 N8，同时撤销关键字 K7。

（2）节点离开处理

当节点主动离开 Chord 环或节点在 Chord 环中非正常失效时，Chord 环可以对这些情况进行容错处理。假定节点 N 的前驱节点是 P，后继节点是 S，节点 N 主动离开时，Chord 协议的处理算法如下。

① 节点 N 将其存放的共享文件关键字标识符 KID 传输至其后继节点 S。

② 节点 S 更新其前驱节点，由节点 N 改为 N 的前驱节点 P，并更新节点 S 的指针表（路由表）。

③ 节点 N 将离开消息通知给前驱节点 P，节点 P 将后继节点列表中的节点 N 删除，并将节点 N 后继节点列表中的最后一个节点添加到节点 P 的后继节点列表中。更新节点 P 的路由表。

④ 节点 N 正常离开网络。

当节点 N 非正常失效时，其既不能主动将原本存放的共享文件关键字标识符 KID 传输至其后继节点，也不能主动向其前驱节点和后继节点通报离开信息。针对节点非正常失效的情况，为了维护 Chord 环的稳定，环上各节点周期性运行稳定算法 stabilize() 来获知节点 N 非正常失效的情况，以保障节点指针表和环上节点路由信息的正确。

（3）节点稳定处理

节点稳定处理用于节点并发加入、节点非正常失效以及消息重组等情况。当出现这些情况时，Chord 自动运行稳定算法，维护后继节点的正确性。只要环上节点能够维护后继节点的正确性，即可保证路由正确和 Chord 环稳定。

N12路由表　　KID: K7, K11		
.start	.interval	successor
7	[7, 0)	N12
0	[0, 2)	N1
2	[2, 6)	N3
前驱：N6		后继：N1

N8路由表		

N6路由表　　KID: K4		
.start	.interval	successor
7	[7, 0)	N12
0	[0, 2)	N1
2	[2, 6)	N3
前驱：N3		后继：N12

(a) 节点N8加入Chord环前

N12路由表　　KID: K11		
.start	.interval	successor
7	[7, 0)	N12
0	[0, 2)	N1
2	[2, 6)	N3
前驱：N8		后继：N1

N8路由表　　**KID: K7**		
.start	**.interval**	**successor**
1	**[1, 2)**	**N3**
2	**[2, 4)**	**N3**
4	**[4, 0)**	**N6**
前驱：N6		**后继：N12**

N6路由表　　KID: K4		
.start	.interval	successor
7	[7, 0)	N8
0	[0, 2)	N1
2	[2, 6)	N3
前驱：N3		后继：N8

(b) 节点N8加入Chord环后

图 5.6　节点 N8 加入 Chord 环

Chord 环上每个节点周期性运行稳定算法，探测和获知网络中是否有新节点并发加入或节点非正常离开（失效）。稳定算法包括并发节点加入函数 join()、稳定函数 stabilize()及其子函数 notify()、指针表更新函数 fix_finger()和前驱节点失效检测函数 check_predecessor()。

4．Chord 讨论

Chord 协议考虑了多个节点同时加入系统的情况并对节点加入/退出算法进行了优化，本身具有以下优点。

（1）负载均衡：Chord 协议的负载均衡来自哈希函数 SHA-1，它能将网络中的共享数据进行哈希运算后，尽可能均匀分布到所有节点，以提供 P2P 网络负载均衡，避免某些节点负载过大而影响整个 P2P 网络的性能。

（2）分布性：Chord 是纯分布式系统，节点之间完全平等并完成同样的工作。这使得 Chord 具有较高的稳健性，可以抵御 DoS 攻击。

（3）可扩展性：Chord 协议的开销随着系统规模（节点总数 N）的增加而按 $O(\log N)$ 比例增加，因此 Chord 可用于大规模系统。

（4）可用性：Chord 协议要求节点根据网络变化动态更新路由表，因此能够及时恢复路由关系，使得查询可靠进行。

（5）命名灵活性：Chord 并未限制查询内容的结构，因此应用层可以灵活地将内容映射到关键字标识符空间而不受协议限制。

同时，Chord 协议也存在以下缺陷。

（1）没有考虑孤立网络的恢复，一旦出现孤立网络，则其可能一直存在。

（2）Chord 协议采用节点标识符 NID 逻辑地址定义节点，NID 通过 SHA-1(IP)得到。其与节点的物理地址之间不存在直接联系，这可能导致节点的逻辑地址与物理地址失配，从而在实际路由过程中出现"舍近求远"的情况。

（3）Chord 是一种覆盖网络，其拓扑结构虽然与底层非结构化 IP 网络没有直接关系，但也可能因网络层中某个连接失效而导致 Chord 覆盖网络中多个节点连接失效。

5.3.4 混合式 P2P 网络

混合式拓扑也称半分布式拓扑（partially decentralized topology），吸取了集中式拓扑和全分布式非结构化拓扑的优点，选择处理、存储、带宽等方面性能较高的节点作为超级节点，在各个超级节点中存储系统中其他部分节点的信息。该方式吸取了集中目录和泛洪请求模式的优点，以提高查询效率且尽量采用分布式结构为出发点，采用具有超级节点的两层架构，用分布式超级节点取代中央检索服务器。同时采用分层快速搜索改进搜索性能，缩短了排队响应时间，使每次排队产生的流量低于第二代分布式网络。超级节点的部署提供了高性能和弹性，由于不存在中央控制点，因此不会因一点故障导致全局瘫痪。发现算法仅在超级节点之间转发，超级节点再将查询请求转发给合适的叶节点。半分布式结构也是一个层次式结构，超级节点之间构成一个高速转发层，同时超级节点和所负责的普通节点构成若干层次。下面以 Skype 为例讨论混合式 P2P 网络。

1. Skype 结构组成

Skype 系统可以用于文本传输、语音通话和视频传送等。Skype 系统与传统电信网络的区别在于：除注册服务器外不包含任何中心服务器。Skype 节点分为普通节点和超级节点。普通节点即普通用户计算机或个人数字终端，其上安装有 Skype 客户端软件；超级节点是指满足某些要求的计算机节点，例如具有公共 IP 地址、处理能力足够强大、存储空间足够庞大、具有足够的网络带宽。Skype 系统结合了集中式与分布式网络结构的特点，网络边缘普通节点采用集中式网络结构连接到超级节点，超级节点之间采用分布式网络结构，也就是说，Skype 系统是结合了 C/S 和 P2P 的混合结构。图 5.7 是 Skype 的结构组成示例，包括一个注册服务器、4 个超级节点和若干普通节点。

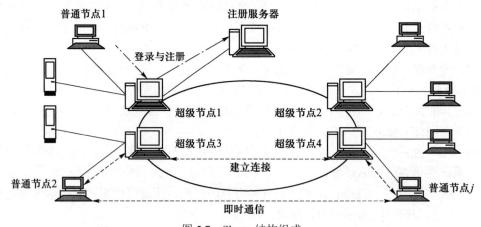

图 5.7　Skype 结构组成

2. Skype 通信流程

在使用 Skype 系统前，用户需要在计算机中安装 Skype 客户端软件。通常，Skype 系统的通信流程分为启动登录、注册认证、查找用户、呼叫建立与释放等阶段。

（1）启动登录

Skype 客户端软件启动时采用 HTTP 协议连接到注册服务器，登录时用户计算机会将"GetLastVersion"参数发送给注册服务器。

（2）注册认证

用户启动登录后将被连接至某个合适的超级节点，用户通过该超级节点将身份认证信息（用户名、密码等）传送给注册服务器。注册服务器验证用户身份认证信息的合法性，并向其他普通节点转发该用户的身份认证信息，判断该用户所在私有网络的防火墙类型。如果用户先前默认的超级节点已不可用，注册服务器还要为其寻找一个毗邻的具有公有 IP 的超级节点，以维持该用户与 Skype 系统的在线连接。

通常为了防止用户的超级节点不可用，用户需在其计算机中建立和维护一个可选连接超级节点的目录表。如果所有超级节点均不可用，用户应当尽力采用其他方式注册 Skype 系统，即首先使用 UDP 的 80 端口注册。如果不成功或超时，则可改用 TCP。如果仍不成功，则尝试使用 TCP 的 443 端口。注册认证过程中需要解决以下问题。

① 初次启动登录时如何连接到超级节点：用户初次安装 Skype 客户端软件后，在该用户的计算机中会缓存一个包含 7 个 IP 地址和端口号的目录表，用户使用该目录表可以连接到一个超级节点。

② 用户节点如何向其好友节点发送消息：由于 Skype 系统采用路由缓存机制，即用户在查找好友节点的过程中会在中间的超级节点缓存其路由信息。因此，用户启动登录后，其状态信息可通过超级节点通知给好友节点，好友节点的状态信息也可以返回该用户。

③ 如何判断用户所在私有网络的防火墙类型：Skype 客户端软件采用各种 SIUN 协议与超级节点交换信息，从而判断用户所在私有网络的防火墙类型。

（3）查找用户

Skype 系统采用一种全球索引技术查找其中的用户，该技术建立在普通节点和超级节点分层网络结构之上。每个超级节点保存所有可用用户和资源的信息，获取这些信息的延时应当最小。下面介绍 Skype 系统查找用户的具体过程。

① 用户启动登录后，向本地目录表中的用户发送自己的上线信息，这些用户收到上线信息后返回一个应答信息。

② 转发节点上线信息的中间节点，将本地目录表中不存在但又在网络中已被查找到用户信息缓存到自己的本地目录表中。

③ 公网中（具有公共 IP 地址）的用户在发送要查找的用户信息后，查找用户所在节点（即发现节点），通过 Skype 系统注册服务器获取其最邻近的 4 个节点的信息。如果无法获取，发现节点再次报告 Skype 系统注册服务器获取其次邻近的 8 个节点的信息，依次类推直到获得其邻近节点信息或超时。

④ 私网中的用户发送要查找的用户信息后，发现节点通过 Skype 系统完成对用户的查找，并向私网用户返回被查找用户的信息或查找失败的信息。

⑤ 当查找到所需用户后，将被查找的用户信息添加到本地目录表中，查找用户的过程宣告结束。

（4）呼叫建立与释放

主被叫双方均位于公网，二者之间呼叫的建立十分直接，呼叫信令使用 TCP 封装建立连接，而媒体流使用 UDP 封装。如果主被叫有一方位于私网，呼叫信令使用 TCP 封装建立连接，而媒体流使用 TCP 封装，呼叫信令和媒体流消息需经过一个或多个中间超级节点转发。通话结束后释放 TCP 连接。

3．Skype 讨论

Skype 系统因其免费、开放和较高的业务质量给传统电信业带来了强烈冲击。Skype 系统从 2003 年出现到 2005 年 3 月，其全球通话量累计达到 60 亿分钟。由于 Skype 系统使其所有节点均动态参与信息路由、信息处理和带宽共享，而不单纯依靠中心服务器，整个系统的管理成本大幅降低，同时保证了通信服务质量。从技术角度来看，Skype 系统的优点如下。

（1）能够识别不同的防火墙类型，实现防火墙穿越，保证了通信无障碍。无论用户终端处于何种网络，都不会影响用户使用 Skype 提供的服务。

（2）采用全球索引技术提供快速消息路由。用户路由信息分布于不同网络节点，保证了 Skype 系统具有较高的路由服务质量。

（3）专门针对互联网的特点引入语音质量增强算法，降低了通信过程对网络带宽的要求，保证了较高的业务服务质量。

（4）将许多工作下放给网络节点完成，降低了中心服务器的负担，减少了维护管理成本，可以轻松面对其他竞争系统的挑战。

（5）采用开放机制，鼓励互联网用户自行开发插件，为 Skype 系统注入强大生命力，具有较高的可扩展性。

Skype 系统也存在一些问题，例如网络的无管理性使其只能以免费方式走向市场，企业用户因担心其安全隐患而不敢采用。

上文介绍了 4 种 P2P 网络拓扑结构，每种拓扑结构的 P2P 网络各有其优缺点，表 5.5 从可扩展性、可靠性、可维护性、发现算法效率、复杂查询 5 个方面简要比较了 4 种拓扑结构的综合性能。

表 5.5 P2P 网络拓扑结构对比

比较标准／拓扑结构	集中式拓扑	非结构化拓扑	结构化拓扑	混合式拓扑
可扩展性	差	差	优	良
可靠性	差	优	优	良
可维护性	最优	最优	优	良
发现算法效率	最优	良	优	良
复杂查询	支持	支持	不支持	支持

5.4 P2P 网络在区块链中的应用

由于 P2P 网络具有去中心化、可扩展性、稳健性和共识机制等多个特性，因此区块链可以利用几大特性，分别满足各自的不同需求。例如，区块链可以利用 P2P 网络的去中心化特性，实现各个节点资源的均衡分配；区块链可以利用 P2P 网络的可扩展性特性，实现节点的随时增加和减少；区块链可以利用 P2P 网络的稳健性特性，实现系统的稳健性，即使部分节点遭受攻击，也不会影响整体系统的正常运行；区块链可以利用 P2P 网络的共识机制，帮助各个节点达成一致。

5.4.1　比特币中的 P2P 网络

比特币网络中的节点具备 4 项最主要的功能：挖矿、钱包、路由、区块链数据库。每个节点均具备路由功能，但不一定具备其他几项功能，一般来说只有比特币核心（bitcoin core）节点才会包含所有四大功能。

每个节点均会校验和广播交易和区块内容，并维持与其他节点的连接。全节点会存储比特币网络中所有区块的信息，包括全部交易信息。而其他节点仅存储比特币网络中的部分内容，即每个区块的区块头信息（不包含交易），这些节点通过"简单支付验证"的方式完成交易校验，称为轻节点。钱包通常是个人计算机或移动客户端的一种功能，用户可以查看自己的账户金额、管理钱包地址和私钥、发起转账交易等。通常来说轻节点即可实现钱包功能。在比特币工作量证明的机制下，挖矿节点间相互竞争以获得新区块。独立矿工（solo miner）的节点是一个全节点，其存储区块链中的完整数据库。大部分矿工则通过连接到矿池进行集体挖矿，这些节点称作矿池矿工（pool miner）。这种挖矿形式会构成一个矿池网络，其中心节点是一个矿池服务器，能够为每个加入的矿工分配任务。每个想参与挖矿的节点通过连接到矿池服务器进行挖矿，该场景下只需中心节点是全节点即可。

在比特币网络中，除了使用比特币协议进行通信的主网络，也存在其他扩展网络，例如上文提到的矿池网络。Stratum 协议是当前主流的矿池协议，然而不同的矿池网络可能使用不同协议。图 5.8 是一个包含比特币主网、Stratum 网络和其他矿池网络的扩展比特币网络。

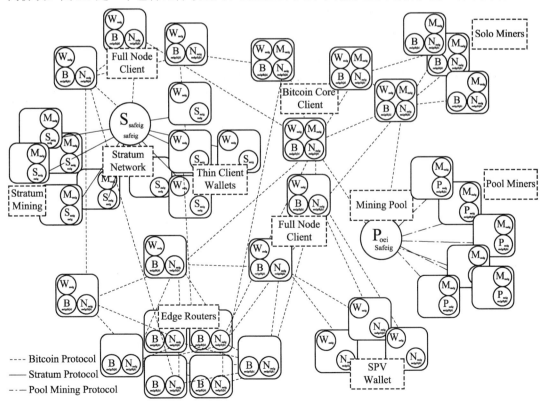

图 5.8　比特币网络

在比特币协议中，矿工每成功挖到一个新区块，该区块都会被广播至网络中的所有节点，所有节点均需更新其数据库，保存该新区块的内容，矿工获得挖矿奖励建立在多数节点承认此新区块的条件下才能有效，之后矿工们才可通过继续计算哈希以竞争下一个新区块的记账权。因此，最大限度缩短新区块在网络中的广播延迟尤其重要。如果仅采用图 5.8 所示的比特币网络传播新区块，必然会产生非常高的网络延迟。在实际场景下，比特币网络会采用一个专门的传播网络用于加快新区块在整个网络中的传播，该网络一般称作比特币传播网络。

最初的比特币传播网络于 2016 年被替换为 FIBRE，它是一个基于 UDP 的中继网络。另一种方案是康奈尔大学研究的 Falcon，通过直通路由的方式减小延迟，并且无须等待至接收整个完整区块。

5.4.2　以太坊中的 P2P 网络

类似地，以太坊网络中的节点同样拥有上述 4 种功能，并分为多种类型，也存在主网络和多种不同的扩展网络类型。但不同的是，以太坊的 P2P 网络是有结构的，而比特币的 P2P 网络是无结构的。相较于比特币网络使用的 Gossip 协议，以太坊的 P2P 网络采用 Kademlia（简称 Kad）算法实现。Kad 是一种分布式哈希表技术，可以实现在分布式网络中精准、迅速地路由并定位数据。下面讲解以太坊中的 Kad 网络。

Kad 网络中的所有节点均拥有唯一的 ID，并且能够计算不同节点间的逻辑距离。逻辑距离以两节点的 ID 进行异或计算而得，例如 A 和 B 两个节点之间的距离计算公式为 $D(A,B)=A.ID \oplus B.ID$。异或计算的一个重要性质是：x、y、z 为任意数值，若 $x \oplus y=x \oplus z$ 成立，则一定有 $y=z$。因此，如果给定某个节点 m 和逻辑距离 L，则有且仅有一个节点 n，使得 $D(m,n)=L$。这样即可准确度量 Kad 网络中不同节点之间的逻辑距离。

Kad 将整个网络拓扑组织为图 5.9 所示的二叉前缀树，每个节点 ID 与二叉树中的某个叶节点构成一一映射的关系。

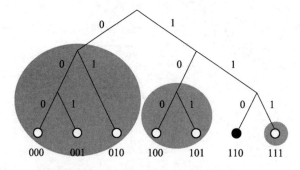

图 5.9　网络拓扑二叉前缀树

映射规则具体如下。

（1）以二进制形式表示节点 ID，左分支为 0，右分支为 1。

（2）节点 ID 的第 n 位对应二叉树的第 n 层。

（3）所有位处理完毕后，该节点 ID 即映射到二叉树的某个叶节点。

对于每个节点，与其距离越短的节点异或距离也越短，随后节点按照与自身距离的长短拆分整个二叉树。拆分规则为：从根节点开始，递归地拆离出不包含自身的子树，最终仅保留自身。以图 5.9 中的 110 节点为例，从根节点开始拆分，由于 110 节点位于根节点的右子树，因此拆离出整棵左子树（包含 000、001、010 叶节点）；在第 2 层子树中，继续拆离出包含 100 和 101 叶节点的左子树；最后拆离出包含 111 叶节点的子树。由此将整棵二叉树拆分出除 110 节点外的三棵子树。

当完成上述拆分步骤后，如果知道每棵子树中的某个节点，即可通过递归遍历路由二叉树的所有节点。在实际环境中，由于节点处于动态变化之中，通常不会仅知晓每棵子树的某个节点。因此在 Kad 中实现了一个称作 K-桶（K-bucket）的路由表，每个桶中记录其子树中知晓的多个节点。若某个节点最终拆分的结果包含 n 棵子树，该节点则需维护 n 张路由表。每个节点单独维护各自的 K-桶信息，每个 K-桶中记录的信息通常包含节点 ID、节点 IP、终端节点、与自身的异或距离等。以太坊中每个节点维护 256 个 K-桶，每个 K-桶最多只能记录 16 个节点的信息，这些 K-桶将按照与维护该 K-桶的节点的异或距离排序。

在以太坊的 Kad 网络中，节点间基于 UDP 进行通信，Kad 协议包含 4 个重要 PRC 操作，具体如下。

（1）Ping：探测某个节点是否处于网络中。

（2）Pong：响应 Ping 命令。

（3）FindNode：查找与自身异或距离最短的节点。

（4）Neighbors：响应 FindNode 命令，并返回一个或多个节点。

下面通过流程图 5.10 讲解邻居节点（加入 K-桶并完成 Ping-Pong 握手的节点）发现的大致过程。

（1）系统第一次启动时随机生成本机节点 ID，记作 LocalID。

（2）系统读取网络中的公共节点信息，若成功通过 Ping-Pong 交互，则写入 K-桶。

（3）系统每隔 7 200 ms 刷新一次 K-桶信息。

刷新 K-桶的流程大致如下。

（1）生成随机目标节点 ID，记作 TargetID，记录发现次数和时间。

（2）计算 TargetID 与 LocalID 的异或距离，记作 Dlt。

（3）计算 K-桶中节点的 KadID 与 TargetID 的距离，记作 Dkt。

（4）将 K-桶中 Dkt 小于 Dlt 的节点记为 K-桶节点，并向其发送 FindNode 命令。

（5）K-桶节点收到 FindNode 后，继续执行上述过程，在 K-桶中发现与 TargetID 距离更近的节点，并使用 Neighbors 命令发送至本机节点。

（6）本机节点收到返回信息后，将收到的节点信息写入 K-桶。

（7）若发现次数小于 8 次且时间小于 600 ms，则继续循环运行步骤（2）。

5.4.3　Fabric 中的 P2P 网络

现实中存在一个有趣的理论："某人与任何陌生人之间所间隔的人数一般不会超过 6 人。"从数学上来看，如果每个人平均认识 260 人，则其 6 次方为 1 188 137 600 000 人，几乎是整个地球人口的若干倍，这就是 Gossip 协议的雏形。

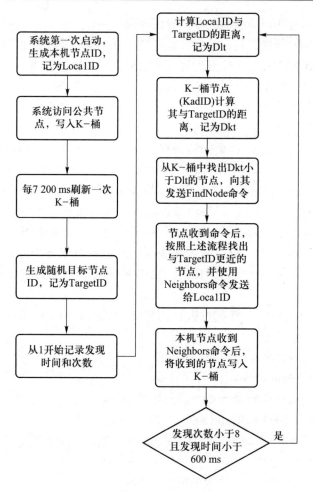

图 5.10　邻居节点发现过程

　　超级账本 Fabric 是一个去中心化网络。不同于以太坊，Fabric 在其框架中使用另一种 P2P 协议——Gossip 协议，以实现各节点间的可信通信和可扩展性，同时支持拜占庭容错。

　　在 Fabric 网络中，peer 节点通过 Gossip 协议传播账本数据。Gossip 协议使用一种随机方式，将信息传播至整个网络。Gossip 协议规定数据是连续不断的，channel 中的每个 peer 节点均会不停地接收其他 peer 节点的传播数据请求。考虑到账本安全，消息均经过加密签名处理，从而能够识别出伪造数据，并阻止其在网络中传播。但这种传播方式也导致其容易受到网络延迟和网络分区等因素的影响并丢失消息。不过 Gossip 协议中数据传播连续不断的特性弥补了上述缺点，最终网络中的所有 peer 节点均能获取最新的账本信息，达成一致的数据库。

1. Gossip 协议的广播实现过程

（1）Gossip 协议以 1 s 为周期传播消息。

（2）收到消息的节点随机选择 m 个相邻节点传播该消息。

（3）每次传播消息时均选择未发送过的节点。

（4）收到消息的节点不会再次向发送节点传播该消息。

注意，Gossip 协议传播消息的过程是异步的，发送消息的节点不关心接收方是否收到消息。不论对方是否成功收到消息，其均以 1 s 为周期向相邻节点发送消息。显而易见，异步方式是 Gossip 协议的一大优点，但也导致了消息冗余。

2．Gossip 协议类型

（1）Anti-Entropy：按照固定概率传播消息。

（2）Rumor-Mongering：只传播新接收到的消息。

3．Gossip 协议通信方式

Gossip 协议规定节点间存在 3 种通信方式，具体如下。

（1）Push：节点 P 推送消息给节点 Q，节点 Q 对比并更新本地数据。

（2）Pull：节点 P 发送消息给节点 Q，Q 将本地比 P 发送的新的数据返回给 P，P 收到后更新本地数据。

（3）Push/Pull：节点 P 先将消息发送至节点 Q，Q 将本地比 P 新的数据返回给 P，P 收到后更新本地数据；随后 P 将本地比 Q 新的数据发送给 Q，Q 接收并更新本地数据。

4．Gossip 协议的优点

（1）扩展性：网络中可以随意加入和退出节点，每个新增节点的数据库都能与其他节点保持一致。

（2）容错性：部分节点的宕机或重启不会影响 Gossip 消息在网络中的传播，Gossip 协议具有分布式系统的高容错性。

（3）去中心化：Gossip 协议作为一种 P2P 协议，不存在中心节点，所有节点地位对等。任意一个节点无须知晓整个网络状况，即可将消息传播到全网。

（4）一致性收敛：Gossip 协议中消息在网络中的传播速度呈指数级，因此整个网络的状态从不一致到一致只需要很短一段时间。

（5）简单：Gossip 协议的执行过程简单，代码较容易实现。

5．Gossip 协议的缺陷

（1）消息延迟：在 Gossip 协议中，节点只会随机向几个节点传播消息，消息通过多个轮次的传播而覆盖整个网络。因此使用 Gossip 协议不可避免会导致消息延迟，使得 Gossip 协议并不适用于高时效性的场景。

（2）消息冗余：在 Gossip 协议中，节点会周期性地随机向附近节点传播消息，且不关心对方是否成功接收，从而很容易将消息重复发送给相同节点，造成消息冗余，同时增加了接收节点的处理压力。并且由于消息的周期发送，即便节点已收到消息，也可能会反复收到相同消息，从而加重了消息冗余。

6．Gossip 协议在 Fabric 网络中的 3 个主要功能

（1）管理和维护网络中的 peer 成员，随时发现新的 peer 节点，并不断探测和更新 peer 节点的状态。

（2）传播账本信息，当某个 peer 节点收到新的账本数据时，将其更新在本地数据库中，并以随机的方式将账本数据传播给附近的一个或多个节点。

（3）对于新加入的 peer 节点和一些账本信息落后的 peer 节点，可以通过点对点的方式进行迅速更新。

5.4.4 区块链 P2P 协议对比分析

对不同的 P2P 网络结构进行对比分析，明确其优势与缺陷，并充分考量网络应用的实际需求。常见的区块链技术应用于网络代币系统中，出于对 P2P 网络结构进行直观对比与分析的考量，从网络结构构成层面进行分析，具体的对比分析项目包括去中心化程度、节点入网效率等方面。

首先进行去中心化程度的对比。比特币代币系统的出现及成功，越发提高了区块链去中心化特征的知名度。比特币和以太坊均具备完全去中心化的优势，这一点并不等同于传统中心金融机构的完全中心化。区块链 P2P 网络节点具有相同权限，无论种子节点还是普通节点，都具备一定的网络架构，去中心化程度较高。超级节点的功能与去中心化服务器相同，采用分布式集群，其去中心化程度低于比特币等代币，但高于银行类系统。

其次对比节点的入网效率，效率越高则服务水平越高。在接入网络时，需要明确节点接入区块链网络，并实现区块账本信息同步。银行类中心系统的完全中心化环境下的节点入网效率最高，但比特币及以太坊需要实现全部区块的同步才可进行共识挖矿。考虑到比特币的网络节点能够直接广播节点地址，因此相较于以太坊，其具有更高的节点发现效率。

在安全性方面，常见的区块链攻击方式有两种：一是节点伪造，即冒充其他节点进行交易；二是 DoS 攻击，即攻击服务提供者使系统瘫痪。中心化金融系统除采用多种加密方式外，还可绑定个人信息，在交易过程中结合人脸识别、PIN 密码、指纹及绑定个人信息的智能卡、与密码结合的双重保障等多种方式确保交易安全，强大的网络及服务器能力也使 DoS 攻击变得十分困难。比特币与以太坊采用账户与节点分离的设计，不限制节点的加入与退出，使得节点伪造失去意义。所有节点通过共识机制提供服务，不存在中心系统，攻击者只能攻击整个网络，但代价巨大，迄今为止没有成功攻击比特币与以太网的 DoS 攻击案例。Fabric 采用 CA 节点分配密钥以避免节点伪造，同时利用分布式超级节点抵抗攻击。Fabric 在安全性上相对比特币、以太坊增加了节点管理，但认证要求弱于银行类系统，因此安全性介于二者之间。

在隐私保护方面，身份信息隐私保护分为两个层面：基本层次是身份标识保护，高级层次是用户登录行为的不追踪性。由于区块链的去中心化特点，隐私问题在区块链中对应为基本层次节点 IP 地址是否匿名、高级层次身份信息是否保密两个方面。节点 IP 地址包含物理、地理信息等，可以用作节点的身份标识，但存在一个物理节点被多个用户使用的情况，而身份信息则可以精确定位用户，追踪用户行为。以太坊由于有 DHT 保存节点 IP 地址信息，有可能被针对性攻击。账户方面同比特币类似，不包含身份信息以保护隐私。Fabric 节点信息保存在中心服务器，虽然节点间采用随机连接的方式，但 IP 地址、身份信息等内容全部暴露给超级节点，对超级节点公开，对普通节点匿名，因此匿名性介于中心系统与分布式系统之间。对于银行类中心系统，身份信息是认证信息的一部分。身份证等信息对中心服务器公开，但节点间无法通信。银行类中心系统负责保护身份信息，一旦中心系统作恶，则有可能泄露隐私信息。比特币采用泛洪方式广播，无法定位节点是信息最初发出节点还是转发节点，从而保护节点地址信息；而账户采用匿名制，以保护用户身份信息。

在应用的丰富程度方面，P2P 网络使得区块链系统内节点间可以相互通信，构成系统网络通信底层，在此基础上，区块链上层延伸出一系列应用。银行类系统虽然功能丰富，但由于是中心化系统，参与者无法发布智能合约、分布式扩展应用等，限制了应用的扩展。比特币由于不支持智能合约，主要功能依旧是作为交易系统，因此扩展应用最少。以太坊 DHT 支持精确查找，可以精确定位节点或范围内节点地址进行通信，例如点对点通信、点对点文件传输等，在应用丰富程度上表现最佳。Fabric 支持智能合约，可以像以太坊般构建扩展应用，但由于没有 DHT，因此不支持精确地址点对点通信，应用扩展功能上弱于以太坊。

在行为追踪方面，以太坊通过 DHT 对 IP 信息进行保存以预防攻击，其账户并不包含身份信息；而比特币通过泛洪广播，难以定位具体网络节点。同时，采用对节点地址信息加以保护、账户匿名等方式，以保护用户隐私。

本章小结

区块链和 P2P 网络因为去中心化的根本思想而极具契合性，可以说是 P2P 网络构成了区块链系统的重要基础。结构不同的 P2P 网络优缺点也可能不同。比特币网络的结构简单且易于理解，实现也相对容易，而以太坊网络中引入了二叉前缀树、异或距离、K-桶等，结构相对复杂，但在节点路由效率上优于比特币网络。不论是比特币、以太坊还是 Fabric，都只是几种协议的集合，不同节点可以使用不同的协议。本章介绍了 P2P 网络的原理、发展历程和网络结构，通过比特币、以太坊和 Fabric 等实例介绍了 P2P 网络在区块链中的应用，为深入学习区块链打下基础。

习题 5

1. P2P 网络的特点是什么？分为哪几种拓扑形式？
2. P2P 网络中每种拓扑形式的优缺点是什么？
3. 以太坊网络中包含哪 4 种主要的通信协议？
4. 比特币网络中的节点具有哪些功能？
5. 什么是 Gossip 协议？请简述其广播实现过程。
6. 比特币网络基于 TCP 还是 UDP？主网默认通信端口是多少？
7. Gossip 协议的通信方式有哪些？请简述 Gossip 协议的优缺点。
8. 什么是 DHT？DHT 算法的核心思想是什么？
9. 以太坊的 Kad 网络如何发现邻居节点？
10. 为什么区块链会选择 P2P 网络作为网络基础？

第 6 章　共识算法

区块链可以看作一个分布式数据库，区块链网络中的每个参与者都是其中的一个数据库。公开账本历史数据不可篡改，只允许向后添加，每个节点都具有相同的权限，那么就带来一个问题：分布式数据库的每个新区块由哪个节点负责写入？区块链中的共识算法本质还是分布式系统中最重要的一致性问题，在分布式网络中保证数据一致性，共识算法就是核心。本章将介绍共识算法的基本原理和分类，对典型共识算法进行分析，并采用 Go 语言编程实现 PoW 和 PBFT 共识算法，使读者理解共识算法的原理和应用。

6.1　共识算法简介

共识算法是指在多方协同环境下使所有参与方对任务执行结果达成一致的算法。共识机制是区块链技术的基础和核心，共识算法多应用于确保分布式系统数据一致。区块要想加入区块链系统，需要经过区块链各个节点的共识，同时区块链的不可篡改性也由区块链的共识算法保证。区块链作为一个去中心化的分布式系统，其决策权分散在各个节点中，并且节点之间无须相互信任，因此，为了达到共同记账的目的，需要使用共识算法使各个节点对区块数据的有效性达成一致。共识算法作为区块链中的关键技术，直接影响着区块链的交易处理能力、可扩展性和安全性，因此成为区块链技术研究的热点。

6.1.1　共识算法的由来

共识问题是社会科学和计算机科学等领域的经典问题，已经有很长的研究历史。目前有记载的文献至少可以追溯至 1959 年，兰德公司和布朗大学的 Edmund Eisenberg 和 David Gale 发表的 *Consensus of subjective probabilities：the Pari-Mutuel method*，主要研究针对某个特定的概率空间，一组个体各自有其主观的概率分布时，如何形成一个共识概率分布的问题。随后，共识问题逐渐引起社会学、管理学、经济学，尤其是计算机科学等各学科领域的广泛研究兴趣。

计算机科学领域的早期共识研究一般聚焦于分布式一致性，即如何保证分布式系统集群中所有节点的数据完全相同并且能够对某个提案达成一致的问题，是分布式计算的根本问题之一。虽然共识（consensus）和一致性（consistency）在许多文献和应用场景中被认为是近似等价和可互换使用的，但二者的含义存在细微差别：共识研究侧重于分布式节点达成一致的过程及其算法，而一致性研究侧重于节点共识过程最终达成的稳定状态；此外，传统分布式一致性研究大多不考虑拜占庭容错问题，即假设不存在恶意篡改和伪造数据的拜占庭节点，因此在很长一段时间内，传统分布式一致性算法的应用场景大多是节点数量有限且相对可信的分布式数据库环境。与之相比，区块链系统的共识算法则必须运行于更为复杂、开放和缺乏信任的互联网环境下，节点数量更多且可能存在恶意拜占庭节点。因此，即使 Paxos 等许多分布式一致性算法早在 20 世纪 80 年代就已经提出，但是如何跨越拜占庭容错这道鸿沟、设计简便易行的分布式共识算法，仍然是分布式计算领域的难题之一。

一般而言，区块链系统的节点具有分布式、自治性、开放可自由进出等特性，因而大多采用对等网络（即 P2P 网络）组织散布全球的参与数据验证和记账的节点。P2P 网络中的每个节点地位对等且以扁平式拓扑结构相互连通和交互，不存在任何中心化的特殊节点和层级结构，每个节点均承担网络路由、验证区块数据、传播区块数据、发现新节点等功能。区块链系统采用特定的经济激励机制来保证分布式系统中所有节点均有动机参与数据区块的生成和验证过程，按照节点实际完成的工作量分配共识过程所产生的数字加密货币，并通过共识算法选择特定的节点将新区块添加到区块链。以比特币为代表的一系列区块链应用的蓬勃发展，彰显了区块链技术的重要性与应用价值，区块链系统的共识也成为一个新的研究热点。

迄今为止，研究者已经在共识相关领域做了大量研究工作，不同领域研究者的侧重点也各不相同。计算机学科通常称之为共识算法或共识协议，管理和经济学科则通常称之为共识机制。细究之下，这些说法存在细微的差异：算法一般是一组顺序敏感的指令集且有明确的输入和输出，协议和机制则大多是一组顺序不敏感的规则集。

6.1.2　拜占庭将军问题

美国计算机科学家 Leslie Lamport 于 1982 年提出拜占庭将军问题，他当年在研究分布式系统容错性时，形象地提出一个拜占庭将军的故事，相关论文发表后成为经典。那么，拜占庭将军问题在分布式计算系统中到底表示什么问题？为了易于理解，此处讲解故事的原型。

如图 6.1 所示，拜占庭在很久以前曾是东罗马帝国的首都。彼时东罗马帝国国土辽阔，出于防御目的，各个军队相隔很远，将军之间只能依靠信使传递消息。在发生战争时，拜占庭军队内所有将军必须达成一致的共识，才能更好地赢得胜利。但是，军队内可能存在叛徒，扰乱将军们的决定。这时，在已知有成员不可靠的情况下，其余忠诚的将军需要在不受叛徒或间谍的影响下达成一致的协议。

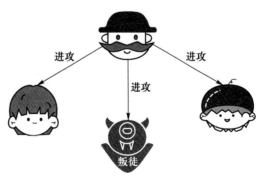

图 6.1　拜占庭将军问题

此处很容易从上述故事中找到以下两个科学问题。

（1）信使的信息来源是否可靠？在计算机网络中，可以理解为网络通道的稳定性。

（2）军队内所有将军是否达成某个目标（一致进攻或撤退）？在出现叛徒的情况下如何实现？在分布式计算机网络中，如何保证所有计算机的一致性，同时允许节点计算机发生故障或错误？

第一个问题在计算机中被称为网络通道问题，如果传递消息的信道可靠，则问题可解。然而，是否真正存在这样的通道呢？A 将军向 B 将军派出通信兵，A 要知道 B 是否收到信息，因此必须要求 B 给自己传输一个回执——"我收到了，同意明天 10 点准时进攻"。B 即便已经发送这条信息，也不能确定 A 一定在该时间进攻。B 发出的回执 A 未必能够收到，因此 A 需要再向 B 发出一个回执表示"我收到了"。

网络通道问题在于系统永远需要一个"回执"，更糟糕的是，通信兵的信息如果被篡改，那么目前并不存在一个一定可靠的通信协议。要解决此类问题，需要有一种相对可靠的通信协议，从而在有叛徒的情况下继续保持一致性，使将军们达成同一个目标，这就是 Lamport 提出的拜占庭将军问题，也称为拜占庭容错问题。

假设 1：将军总数为 3（A、B、C），其中叛徒将军数为 1（B）。A 将军派出通信兵，B 叛徒收到信息后回复不同命令，则 C 将军会收到两个相反的信息，从而无从判断谁是叛徒，系统无法达成一致。B 叛徒派出通信兵，发送两个相反的信息给 A 和 C，二者收到相反的信息，无法判断谁是叛徒，系统无法达成一致。

假设 2：将军总数为 4（A、B、C、D），其中叛徒将军数为 1（B）。A、C、D 任何一个将军派出通信兵，B 同样进行作恶，但是根据收到的信息结果很容易找出谁是叛徒（计算机或节点出现问题），从而快速达成共识。B 叛徒派出通信兵，发送不同信息给另外 3 个将军，但三者进行通信后同样能够达成一个共识。

Lamport 给出的算法就是计算机网络节点（计算机或机房）总数为 N，叛徒（出现错误的节点）数量为 F，则当 $N \geqslant 3F+1$ 时共识才能达成，这就是拜占庭容错（Byzantine fault tolerance，BFT）算法的前提。BFT 算法解决的是基于网络通信（大致）可靠的前提，网络节点可能出现故障的情况下达成一致性的问题。

1999 年，由 Castro 和 Liskov 提出的 PBFT 是第一个得到广泛应用的 BFT 算法，只要系统中存在 2/3 的节点正常工作，则可保证一致性。

依据条件设计的 Paxos、Raft、PBFT 等算法均为解决拜占庭容错而诞生，这些算法目前大多应用在私有链和联盟链中，需要基于中心化可控的网络系统，而中本聪在比特币去中心化网络中创造性地引入了"工作量证明"以解决共识问题。

6.1.3　分布式系统共识

在分布式对等网络中，不同节点通过交换信息达成共识，而网络中可能存在恶意节点篡改或伪造数据，通信网络也可能导致传输信息出错，从而影响节点间共识的达成，破坏分布式系统的一致性。该问题于 1982 年由 Leslie Lamport、Robert Shostak 和 Marshall Pease 正式命名为"拜占庭将军问题"。传统的分布式系统共识算法大多不考虑拜占庭容错问题，仅考虑网络延时或部分节点出现故障无法响应的情况下，非故障节点如何实现分布式系统的数据一致性。区块链系统运行在更为开放并且缺乏信任的网络环境中，节点数量众多且可能存在恶意节点，因此区块链系统的共识算法设计需要考虑"拜占庭将军问题"。

1985 年，由 Michael Fisher、Nancy Lynch 和 Michael Paterson 共同提出并证明了在分布式系统共识算法的设计中起到重要指导作用的"FLP 不可能定理"。该定理指出：在网络可靠的异步通信系统中存在节点故障（即使只有一个）时，没有协议能够保证在有限时间内使系统达成一致。"FLP 不可能定理"指出了在可能存在节点失效的分布式异步通信系统中，理论上不存在能使系统在有限时间内达成一致的共识算法。因此研究者们通过调整问题模型来规避"FLP 不可能定理"，从而寻找工程上可行的共识算法，例如比特币系统中通过假定网络为弱同步性，即网络节点间可以快速同步，以及矿工在一个区块上投入有限的时间等来规避"FLP 不可能定理"。

通过调整问题模型规避"FLP 不可能定理"，使得共识算法存在"工程解"。2000 年，Eric Brewer 在一次研讨会的报告中提出了一个猜想：分布式系统无法同时满足一致性（consistency）、可用性（availability）和分区容忍性（partition tolerance），最多只能同时满足其中两个特性。该猜想于 2002 年被 Seth Gilbert 和 Nancy Lynch 在异步网络模型中证明，被命名为"CAP 定理"。一致性是指分布式系统中所有节点在同一时刻持有相同的数据信息；可用性是指系统处于服务状态，当客户端发出请求，服务端能在有效时间内返回结果；分区容忍性是指允许网络中部分节点不与其他节点通信时依然可向外提供服务，即允许网络发生分区（不同区域之间的节点不能建立通信）。"CAP 定理"指出即使可以设计出工程上可行的共识算法，该算法也无法完美做到同时满足一致性、可用性和分区容忍性。该定理的提出为共识算法的设计提供了指导性原则，使研究者不再追求能够同时满足 3 个特性的共识算法。

6.1.4 共识算法发展历程

下面按照时间顺序归纳主要的共识算法和方案，有些尚未经过实践验证，但创新之处值得借鉴。

1975 年，Akkoyunlu、Ekanadham 和 Huber 提出计算机领域的"两军问题"，对于共识机制的研究从此开始。Lamport、Shostak 和 Pease 提出"拜占庭将军问题"，研究在可能存在故障节点或恶意攻击的情况下，非故障节点如何对特定数据达成一致。拜占庭将军问题成为共识机制研究的基础。纽约州立大学石溪分校的 Akkoyunlu、Ekanadham 和 Huber 在论文中首次提出计算机领域的两军问题及其无解性证明，著名数据库专家 James Gray 正式将该问题命名为"两军问题"。两军问题表明，在不可靠的通信链路上试图通过通信达成一致共识是不可能的，这被认为是计算机通信研究中第一个被证明无解的问题。两军问题对计算机通信研究产生了重要影响，互联网时代最重要的 TCP/IP 中的"三次握手"过程即是为解决两军问题不存在理论解而诞生的简单易行、成本可控的"工程解"。Lamport 提出了解决拜占庭将军问题的 Paxos 算法，该算法能够容忍网络中一定数量的节点发生崩溃（crash），在分布式系统中就某个特定值达成一致，但是该算法可读性较差，不利于工程实现。

Marshall 和 Robert 于 1980 年提出分布式计算领域的共识问题，该问题主要研究在一组可能存在故障节点、通过点对点消息通信的独立处理器网络中，非故障节点如何能够针对特定值达成一致共识。1982 年，作者在另一篇文章中正式将该问题命名为"拜占庭将军问题"，提出了基于口头消息和基于签名消息的两种算法来解决该问题。拜占庭假设是对现实世界的模型化，强调的是由于硬件错误、网络拥塞或断开以及遭受恶意攻击，计算机和网络可能出现的非预期的行为。此后，分布式共识算法可以分为两类，即拜占庭容错类和非拜占庭容错类共识。早期共识算法一般为非拜占庭容错算法，例如广泛应用于分布式数据库的 VR 和 Paxos，目前主要应用于联盟链和私有链。比特币等公有链诞生后，拜占庭容错类共识算法才逐渐获得实际应用。需要说明的是，拜占庭将军问题是区块链技术核心思想的根源，直接影响着区块链系统共识算法的设计和实现，因而在区块链技术体系中具有重要意义。

1988 年，麻省理工学院的 Brian 和 Barbara 提出 VR 一致性算法，采用主机–备份（primary-backup）模式，规定所有数据操作均必须通过主机进行，然后复制到各备份机器以保证一致性。1989 年，Lamport 提出 Paxos 算法，主要解决分布式系统如何就某个特定值达成一致的问题。随着分布式共识研究的深入，Paxos 算法获得了学术界和工业界的广泛认可，并衍生出 Abstract Paxos、Classic Paxos、Byzantine Paxos 和 Disk Paxos 等变种算法，成为解决异步系统共识问题最重要的算法家族。

1993 年，美国计算机科学家、哈佛大学教授 Cynthia 首次提出工作量证明思想，用于解决垃圾邮件问题。该机制要求邮件发送者必须算出某个数学难题的答案来证明其确实执行了一定程度的计算工作，从而提高垃圾邮件发送者的成本。1997 年，英国密码学家 Adam Back 也独立提出用于哈希现金（hash cash）的工作量证明机制。哈希现金同样致力于解决垃圾邮件问题，其数学难题是寻找包含邮件接收者地址和当前日期在内的特定数据的 SHA-1 哈希值，使其至少包含 20 个前导 0。

1999 年，Castro 和 Liskov 等人首次提出实用拜占庭容错算法（practical Byzantine fault tolerance，PBFT），优化了 Paxos 类算法。PBFT 允许网络中存在一定数量的拜占庭节点，这些节点会在共识达成过程中制造虚假信息，以各种手段阻碍其他诚实节点完成共识。PBFT 能够在敌手数量占比不超过全部节点数量 1/3 的情况下，最终实现诚实节点的共识。

2009 年，中本聪真正意义上提出了基于区块链的共识算法"工作量证明"（PoW）算法，推动了基于公有链环境的、全开放的分布式一致性算法的研究。其核心思想是通过每个节点的计算能力来保证数据的安全性和最终一致性。PoW 共识算法用于保证比特币网络分布式记账的一致性，而这也是最早和迄今为止最安全可靠的公有链共识算法。比特币系统的各节点（即矿工）基于各自的计算机算力相互竞争来共同解决一个求解复杂但验证容易的 SHA-256 数学难题（即挖矿），最快解决该难题的节点将获得下一区块的记账权和系统自动生成的比特币奖励。PoW 共识算法在比特币中的应用具有重要意义，其近乎完美地整合了比特币系统的货币发行、流通和市场交换等功能，并保障了系统的安全性和去中心性。然而，PoW 共识算法同时存在显著缺陷，其强大算力造成的资源浪费历来为人们所诟病，而且长达 10 分钟的交易确认时间使其相对不适合小额交易的商业应用。

2011 年，Mechanic 首次提出权益证明的概念，随后 Sunny King 进一步完善并提出了权益证明（PoS）共识算法。2012 年发布的点点币（Peercoin，PPC）首次在工程中应用 PoS 算法，该算法中的权益特指参与节点对特定数量货币的所有权，称为币龄。权益的引入一定程度上减少了 PoW 带来的算力浪费和能源消耗。

2013 年，比特股（Bitshares）项目首次提出委托权益证明（DPoS）共识算法，这是一个民主集中式的共识方式，即投票选出一定数量的节点轮流参与记账。DPoS 的基本思路类似于"董事会决策"，即系统中每个节点可以将其持有的股份权益作为选票授予一个代表，获得票数最多且愿意成为代表的前 N 个节点将进入"董事会"，按照既定时间表轮流对交易进行打包结算并签署（即生产）新区块。该算法可以有效解决算力浪费和矿工联合挖矿威胁等问题。DPoS 不仅能够很好地解决 PoW 浪费能源和联合挖矿对系统的去中心化构成威胁的问题，也能够弥补 PoS 中拥有记账权益的参与者未必希望参与记账的缺点，其设计者认为 DPoS 是当时最快速、最高效、最去中心化和最灵活的共识算法。

2014 年，Schwartz 等人提出瑞波（Ripple）共识算法，该算法解决了异步网络节点通信时的高延迟问题，通过使用集体信任的子网络，在只需最小化信任和最小连通性的网络环境中实现了低延迟、高稳健性的拜占庭容错共识算法。目前，Ripple 已经发展为基于区块链技术的全球金融结算网络。

2015 年，以太坊项目提出 Casper 共识算法。基于 PoS 设计的共识算法包含两个主要原理，分别是基于链的 PoS 和基于拜占庭容错（BFT）的 PoS。Casper 算法演化为两个方向：CFFG（Casper friendly finality gadget）是基于链的 PoS 共识算法，CFFG 是基于 BFT 的 PoS 与基于链的 PoS 的融合；同年，Mazieres 等人在 Ripple 的研究基础上提出恒星共识协议（stellar consensus protocol，SCP），该研究首次对共识机制的安全性给出了形式化证明。

2016 年，针对 PoW 的扩容问题，康奈尔大学 Ittay Eyal 等人提出 Bitcoin-NG 共识算法，该算法将区块分为关键区块和交易数据区块，在每个时间段中基于 PoW 选出领导者生成关键区块，然后领导者被允许在一定速率内生成数据区块，可以增加区块链处理交易的数量；图灵奖得主、MIT 的 Sivio 教授提出 Algorand 快速拜占庭容错共识算法，该算法采用密码学抽签算法 VRF 随机选择共识过程中的验证者和领导者，并设计了 BA*拜占庭容错算法对生成的新区块达成共识，算法被证明是安全高效的；同年，Luu 等人提出 Elastico 共识算法，首次引入分片技术增强区块链的容量和应用场景，是一个拜占庭容错安全的分片协议；Miller 等人首次提出实用的异步拜占庭共识协议 HoneyBadger，该协议基于可实现渐进效果的原子广播协议，无须任何时序假设即可保证系统的活性和高吞吐量；基于 Raft 算法，Kadena 提出 ScalableBFT 专用拜占庭容错协议，其共识效率被证明优于 Tangaroa；借鉴 PoS 的设计思路，NEO 项目提出基于 PBFT 改进的拜占庭容错算法 DBFT，该算法着重解决如何限制记账人权利而非选取记账人的问题；为了改进 PoW 的效率，超级账本的锯齿湖（Sawtooth Lake）项目提出消逝时间证明算法，类似地，Milutinovic 等人提出运气证明（proof of luck，PoL）算法，二者均创新性地将区块链共识问题规约到可信运行环境（trusted execution environment，TEE）中。基于 TEE 随机选取每轮共识的领导者，有效提高了共识效率，降低了能耗；Sompolinsky 等人提出 SPECTRE 共识算法，创新性地将区块链的链式结构改为基于有向无环图（DAG）的非线性结构，从中选取拥有最多子节点的区块为主区块；IOTA 项目提出的 Tangle 同样采用 DAG 拓扑结构，每个交易均需采用马尔可夫链蒙特卡洛（Markov chain Monte Carlo，MCMC）方法选取两个历史交易作为其合法性依据，从而扩展为 Tangle 网络，该方法针对物联网支付场景而设计。

2017 年，Cardano 项目的 Kayas 等人提出的 Ouroboros 共识算法是首个被严格证明安全的基于 PoS 的区块链协议，该算法创新性地引入新的奖励机制；同年，针对 PoW 中高能耗、计算无意义等问题，Ball 和 Rosen 等人提出有益工作量证明（proof of useful work，PoUW）算法，将 PoW 中无意义的 SHA-256 哈希计算替换为 3SUM 问题、计算正交向量问题等在实际场景中具有价值的运算；康奈尔大学 1C3 组织的成员 Elaine 提出休眠共识

（sleepy consensus）算法，论文针对互联网大规模共识节点可能随时出现离线状态的问题进行安全性分析，并给出新的解决方案保障系统的稳健性和安全性；同年，本文作者提出基于工作量证明的改进共识算法贡献量证明，可以有效提高矿工的挖矿效率，减少能源损耗；Pass 等人提出 FruitChains，主要解决自私挖矿攻击导致的区块链质量下降问题，交易和水果绑定，有效水果集随着水果的挖出和使用不断更新。还有许多区块链共识算法如 PoB、PoA 和 PoP 等，从不同角度实现了区块链共识。

2018 年，清华大学团队提出 Conflux 共识算法，基于有向无环图（DAG），通过 PoW 的方式确定主链及每个 Epoch 的主块，论文通过实验证明其性能远高于 PoW，并论述了其扩展到基于 PoS 和其他共识算法的可能；Sompolinsky 等人提出的 SPECTRE 采用基于 DAG 的共识算法，多条链跟随主链的形式并行出块，并且链路之间不存在环，随着网络中节点数量的增多，交易吞吐量增加；Byteball 和 Hashgraph 同样使用 DAG 结构作为链式结构，但是由于多条链并行产生区块，容易产生交易乱序。

2019 年，Yin 等人提出 HotStuff 共识算法，包括线性视图变换（linear view change）复杂度和乐观响应性（optimistic responsiveness），通过在投票中引入门限签名，实现了消息验证复杂度，并被改进应用于 Facebook 的 Libre 作为共识算法。然而 Leader 节点身份是公开透明的，容易遭受敌手攻击，Leader 节点需要从所有参与共识的节点中搜集消息并合成签名，随着参与共识节点数量的增加，Leader 节点的计算性能和网络带宽成为参与共识的瓶颈。

2020 年，Guo 等人提出小飞象拜占庭容错算法 DumboBFT，通过可证明可靠广播（provable reliable broadcast，PRBC）和多值共识算法（MVBA）将随机模块的调用从线性减少到常数，大大提升了系统的运行效率。异步网络分布式一致性算法中通常不存在主节点，需要搜集足够多的消息才能保持算法活性，在实际使用中，大多数系统部署部分同步网络分布式一致性算法。

6.1.5 共识算法分类

区块链共识算法根据设计思想可分为以下种类。

（1）证明类：核心思想是建块节点需证明自己具有某种能力或完成了某种事项才能合法建块，通常共识方式是完成一些难以解决却易于验证的难题去竞争建块权利。常见算法包括工作量证明（proof of work，PoW）、权益证明（proof of stake，PoS）、燃烧证明（proof of burn，PoB）、认证证明（proof of authentication，PoA）、可能性证明（proof of probability，PoP）等。

（2）拜占庭类：以拜占庭协议为基础设计整个算法，建块节点通常由其他节点投票选举或从所有符合一定条件的节点中随机选举。常见算法包括实用拜占庭容错（PBFT）、HotStuff、SBFT 算法等。

（3）故障容错类：将分布式系统的一致性算法应用于区块链系统，通常算法共识效率较高，但不支持拜占庭容错，即不考虑恶意篡改和伪造数据的拜占庭节点。典型算法包括Paxos、Raft 等。

（4）混合类：使用多种共识算法的混合体选择建块节点，例如 PoW 与 PoS 混合的Casper 算法、Raft 与 PBFT 混合的 Tangaroa 算法、PoS 与经典分布式一致性算法结合的

Algorand 混合共识机制等。

此外，近年来区块链、数字货币和智能合约等也引起人们关注，下面从共识算法、系统速率、扩展性等多维角度对常见的区块链系统进行分析对比，如表 6.1 所示。

表 6.1　常见区块链系统对比

属性	比特币	以太坊	EOS
链类型	公有链	公有链	联盟链
共识算法	PoW	PoW(PoS)	DPoS-BFT
货币控制	数量可控，产生不可控	完全不可控	不可控
系统速率	每秒 7 笔交易，速率低	每秒 25 笔交易，速率低	每秒上千笔交易，速率高
通信量	全网通信，通信量大	全网通信，通信量大	超级节点共识，共识效率高，通信量较小
扩展性	区块大小为 1 MB，扩展性差	节点、交易可扩展，系统扩展性强	扩展性差，选取超级节点
支持智能合约	不支持	支持多种智能合约	支持智能合约
安全性	系统安全性强	合约安全性差，系统安全性强	系统安全性居中
隐私性	交易全网可见，身份无法确定，隐私性强	交易全网可见，账户后台可见，隐私性居中	交易超级节点可见，隐私性居中
交易即时性	10 分钟生成区块，60 分钟确定交易，即时性差	交易速率低，即时性差	3 分钟确定交易，即时性强
监管性	不可监管	不可监管	可监管

6.2　典型共识算法

下面分别选取证明类、拜占庭类、故障容错类和混合类共识中典型的共识算法进行分析，并简要阐述其原理。

6.2.1　证明类共识算法

1. PoW

比特币的出现不仅解决了在去信任化的点对点网络中实现价值转移的问题，而且其采用的 PoW 共识算法联合经济激励机制、密码学等使得区块链跨越了分布式系统中拜占庭容错这一鸿沟，给如何在分布式场景下达成共识带来了巨大的创新和突破。区块链时代自此到来。中本聪在其比特币奠基性论文中采用了 PoW 共识算法，PoW 是指一方提交已知难以计算但易于验证的计算结果，而其他人均能通过验证该结果确信提交方为了求得结果已完成了大量计算。1996 年，BACK 提出以基于 SHA-256 的工作量证明为反垃圾邮件手段的哈希现金系统，该系统要求所有发件人发送邮件都必须完成高强度工作量证明，这就使得垃圾邮件发送者发送大量垃圾邮件变得很不划算，却仍允许用户在需要时向其他用户正常发送邮件。

PoW 的工作量是指方程式求解，率先解出即有权利出块。方程式通过上一区块的哈希值和随机值 nonce 计算下一区块的哈希值，率先找到 nonce 的区块即可最先计算出下一区块的哈希值。该方式之所以被称为计算难度值是因为方程式没有固定解法，只能不断进行尝试，这种求解方程式的方式称为哈希碰撞，是概率事件，碰撞次数越多，方程式求解的难度越大。

比特币是 PoW 共识算法代表性应用，由于不同节点接收数据有所区别，因此为了保证数据一致性，每个区块数据只能由一个节点进行记录。节点如果希望生成一个新区块并写入区块链，则必须解出比特币网络提出的 PoW 问题。其关键要素是工作量证明函数、区块信息及难度值。工作量证明函数是问题的计算方式，区块信息决定了问题的输入数据，难度值决定了问题所需的计算量。将不同的随机数值作为输入，尝试进行 SHA-256 哈希运算，找出满足给定条件（前几位数 0 的个数）的哈希值。而要求的前几位数 0 的个数越多，代表难度越大。PoW 的具体步骤如下。

（1）矿工节点对一段时间内全网待处理的交易进行验证并将通过验证的交易打包，然后计算这些交易的 HashMerkleRoot。

（2）计算当前目标难度值，将目标难度值与 HashMerkleRoot 等其他字段组成区块头，并将 80 B 的区块头作为 PoW 算法的输入。

（3）不断变更区块头中的随机数，对变更后的区块头进行双重 SHA-256 哈希运算，与目标值进行比对，如果小于或等于目标值，则 PoW 完成。

（4）矿工节点将上述区块向全网广播，其他节点验证其是否符合规则，如果验证有效则接收此区块，并附加在已有区块链之后，然后进入下一轮操作。

PoW 中一方提交已知难以计算但易于验证的计算结果，而其他人均能通过验证该结果确信提交方为了求得结果已完成了大量计算。各节点基于各自的计算机算力相互竞争以求解复杂但容易验证的 SHA-256 数学难题，最快解决该难题的节点将获得区块记账权、系统自动生成的比特币奖励和区块内的交易费。比特币系统通过灵活调整随机数搜索的难度来控制区块的平均生成时间为 10 分钟左右。

2．PoS

PoW 共识算法中哈希解谜的挖矿过程需要巨大能耗，研究者们思考是否可以采用虚拟挖矿（virtual mining）代替算力挖矿。虚拟挖矿是指一类对参与矿工仅要求少量计算资源的挖矿方法，可以减少资源浪费。权益证明（PoS）是常见的采用虚拟挖矿的共识算法。

PoS 通过区块链系统内部的虚拟资产管理安全性。区块链系统的参与者锁定其在该区块链中持有的虚拟资产（Coin 或 Token），并通过签署消息达成一致意见。只有已经成为系统一部分的参与者才能决定下一区块的内容。

PoW 共识算法从经济角度可以自然做到防止区块链分叉（区块链分叉的本质就是网络各节点对区块链的生成产生分歧，无法达成共识），但是 PoS 需要精心设计相应规则以防止分叉（即 "nothing at stake" 问题，矿工为获得生成区块的奖励而同时支持多个存在冲突的区块链分叉，导致区块链系统无法达成共识）。例如 PoS 可以设定惩罚机制，参与挖矿的矿工被要求锁定一定数量的虚拟资产，如果被侦测到存在不当行为，则系统会没收全部或部分被锁定的虚拟资产。

PoS 共识算法还需解决远程攻击（long range attack）和卡特尔形成（Cartel formation）两个问题。远程攻击是指矿工在撤回被锁定的虚拟资产后，再次发起之前生成的历史区块的分叉。卡特尔是指在区块链上的寡头垄断。由于 PoS 共识算法的本质是谁"富有"谁就拥有更大的话语权,因此少数富有矿工之间的"协调"将导致寡头垄断的形成。

第一个基于 PoS 的虚拟货币是点点币,采用 PoW 发行新币,采用 PoS 维护网络安全,即 PoW+PoS 机制。该机制中区块被分成两种类型:PoW 区块及 PoS 区块。在 PoS 区块中区块持有人可以消耗其币龄(交易输入和输出均为自己)获得利息,同时获得为网络产生一个区块和使用 PoS 造币的优先权。PoS 区块的第一次输入被称为核心输入,核心消耗的币龄越多,找到有效区块的难度就越低,而 PoW 的每个节点具有相同的目标值。PoS 区块的产生具有随机性,其过程与 PoW 相似,但一个重要区别在于,PoS 哈希运算在一个有限空间内完成,而非像 PoW 般在无限空间中寻找,因此无须消耗大量能源。PoS 还有一种新型造币过程,PoS 区块将根据所消耗的币龄产生利息,设计时设定每币一年将产生 1 分的利息,以避免将来发生通胀。在造币初期即保留 PoW,使最初的造币更加方便。

以太坊(Ethereum)是能够运行智能合约(smart contract)的公共区块链平台。智能合约是指以信息化方式传播、验证或执行合同的计算机协议,以脚本代码的形式出现,允许双方在不存在可信第三方的情况下实现可信交易。

以太坊大约每隔 15 s 产生一个区块,为了解决比特币中矿工利用专用集成电路(ASIC)挖矿而导致的算力中心化和挖矿资源集中化等问题,以太坊设计了抵抗 ASIC 且支持轻客户端(light client)快速验证的 PoW 算法 Ethash,在一定程度上缓解了挖矿中心化问题。

为了解决 PoW 挖矿带来的巨大能源消耗问题,以太坊正在从 PoW 共识机制向 PoS 共识机制转变,并且提出了转变需要经历的 4 个具体阶段。

(1)前沿(Frontier)。

(2)家园(Homestead)。

(3)大都会(Metropolis)。

(4)宁静(Serenity)。

前沿阶段是 2015 年以太坊刚发布时的试验阶段;家园阶段是以太坊正式发布的版本,完全采用 PoW 共识机制;大都会阶段又被分为拜占庭硬分叉和君士坦丁堡硬分叉阶段,2017 年 10 月,以太坊拜占庭硬分叉成功,为后期引入 zk-SNARKS 零知识证明技术提供准备,而君士坦丁堡硬分叉将引入混合 PoW 和 PoS 的共识机制。在宁静阶段,以太坊将完全实行 PoS 共识机制。

3.Bitcoin-NG

比特币系统每 10 min 产生一个区块,由于区块大小的限制,比特币每秒只能记录 3～4 个交易,其吞吐量远不能满足当前大部分系统的需求。现有扩容手段包括增加区块大小和减少区块间间隔,而这两种方案对区块的传播时延和分叉问题的性能均有相应影响。

如图 6.2 所示,Bitcoin-NG 意在提升比特币处理交易的能力,其敌手模型为 $n=2f+1$。Bitcoin-NG 的区块分为两种:第一种是关键块(key block),关键块类似于比特币中的区块,每 10 min 产生一个关键块,节点同样通过工作量证明的方式成为关键块的出块者,关键块包括上一区块哈希值、时间戳、随机数和出块者公钥等信息,主要用于选定一个时期的出块者,不用于记录交易;第二种是微块(micro block),微块存在于关键块之间，由本时期的出块者负责生成，微块中包含当前发生的交易，微块以不超过 10 s/个的速度产生。

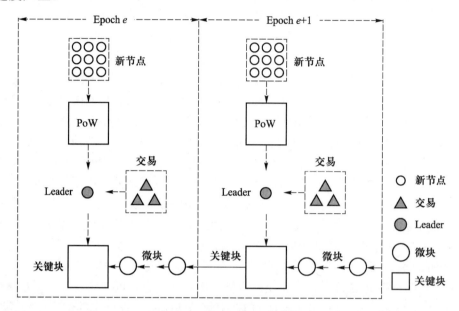

图 6.2　Bitcoin-NG 共识机制

Bitcoin-NG 的激励机制与比特币有所不同，在 Bitcoin-NG 中，激励主要包括两部分：一部分是挖到关键块的矿工直接获得一定数量的新币，这一点类似于比特币；另一部分是交易费的分配，假设两个连续关键块分别由节点 A 和节点 B 产生，则其中所包含微块中的交易费的 40%分配给前一个节点 A，60%分配给后一个节点 B，为了预防区块链产生分叉，Bitcoin-NG 中的酬金在 100 个关键块之后才能使用。Bitcoin-NG 的激励机制存在一定的问题，交易费的分配比例能够优化。敌手对 Bitcoin-NG 发动自私挖矿等攻击获得的收益比 Bitcoin 更高。

在 Bitcoin-NG 中，微块的产生不需要工作量证明，因此节点能够快速、廉价地产生微块，恶意节点可能通过产生微块分叉发起双花攻击，因此 Bitcoin-NG 采用"毒药交易"（poison transaction），允许后续出块者对恶意节点进行举报，举报成功则恶意节点获得的酬金无效，举报者能够获得恶意节点酬金 5%的奖励。Bitcoin-NG 与比特币相比，能够在增加交易区块频率、提升交易吞吐率的同时，保证协议的安全性和公平性。其提出的微块思想将交易区块与出块者选举的过程分离，体现了协议设计的模块化思想。

4. Conflux

Conflux 共识机制以及实验数据在比特币源代码框架下实现，也就是说区块生成算法沿用比特币的 PoW 机制。Conflux 共识机制可以扩展到或者结合其他共识算法，例如 PoS 等。实验数据表明，Conflux 共识机制的吞吐量能够达到 5.78 GBps，确认时间为 4.5～7.4 min，交易速度为 6 000 tps。

Conflux 的框架与比特币矿机类似：实现 P2P 网络交互，节点维护交易池，生成区块，以及维护区块状态。

图 6.3 中的虚线部分是一个节点中的细节。比特币区块链是一条链，也就是说，每个区块仅有一个父区块。和比特币不同，Conflux 的区块链由"DAG State"实现，每个区块除一个父区块外，还可能有多个"引用区块"。

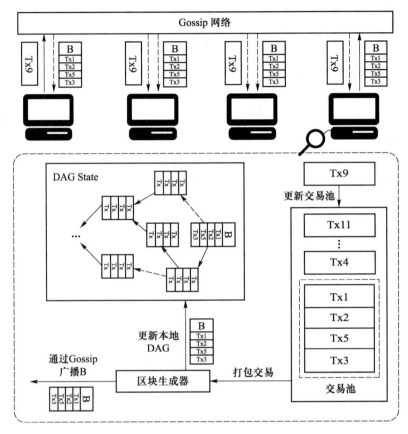

图 6.3　Conflux 架构图

Conflux 中的区块由多条边（edge，即连接）连通，这些边分成两类：父连接以及引用连接。在确定主链的基础上，新生成的区块必须使用"父连接"连接到主链的最后一个区块。除主链外，还存在其他非主链路径，新生成的区块必须使用"引用连接"连接这些非主链的最后一个区块。也就是说，Conflux 中区块间的连接关系组成有向无环图（DAG）。Conflux 中组成 DAG 的区块会确定一条主链，在主链确定的基础上再确定所有区块的先后顺序。

Genesis 是"创世"区块，即第一个区块。父连接用"实心"箭头表示，引用连接用"虚线"箭头表示。区块 C 使用"父连接"连接到 A，使用"引用连接"连接到 B。新生成的区块（new block）使用"父连接"连接到 H，使用"引用连接"连接到 K。

与中本聪提出的共识机制在打包区块时对交易顺序进行严格规范不同，Conflux 乐观地假设，在并存的区块中，交易（transaction，Tx）并不冲突，只要所有节点对一致的交易顺序达成共识即可。基于这一假设，Conflux 首先设立规则将区块整合为 DAG：每个区块都需要引用一条自身父区块的边（parent edge），也可以引用发生在自身之前、尚未被引用过的区块的边作为引用边（reference edge），父边和引用边确定了各个区块之间的先后关系，实现了 DAG 的整体框架，增加了同一时段一并被处理的区块的数量。相较于比特币一次只能处理一个区块的低效模式而言，DAG 结构大大提升了公有链的速度。

然而，DAG 无法显示同一时段产生的不同区块之间的顺序（区块全序），为进一步完善区块排序机制，Conflux 团队创造性地引入 GHOST 算法、拓扑排序，并提出 epoch 的概念，将细化排列区块全序的步骤拆分成以下 4 步。

（1）确认枢轴链（pivot chain，即主链）：Conflux 改用 GHOST 算法，即选择拥有最多子区块的区块作为枢轴链上的区块，然后采用相同算法将其后的区块纳入枢轴链。如图 6.3 所示，区块 A 和区块 B 都是创世区块的子区块，虽然区块 B 之后的链是最长链，但区块 A 拥有更多子区块（5 个），因此 GHOST 算法会选择区块 A 作为枢轴链上的区块。枢轴链即确定整个公链方向的主链，Conflux 团队表示 GHOST 算法使枢轴链和枢轴链以外其他分叉链上的区块均对确认枢轴链作出了贡献，这样即可进一步保障由诚实节点确定的枢轴链的安全性，除非攻击者的算力超过 50%。

（2）排列分叉链的区块：在确认主链后，为了令所有节点对区块全序产生共识，Conflux 又提出"时段"（epoch）概念，每个枢轴链上的区块均对应某一时段，分叉链上区块的时段由产生其后第一个引用该区块的枢轴链区块决定。区块 D 的时段属于时段 E，因为区块 E 是最先引用 D 的枢轴链区块。

（3）时段内排序：时段内的区块均产生于同一时段，这些区块之间的顺序由拓扑排序（topologically sorting）决定，如果两个区块排序相同，则根据其哈希 ID 进行排序。

（4）交易（Tx）排序：此时每个区块之间的顺序已经确定，Conflux 按照区块顺序为交易排序。区块内部的交易顺序由交易自身根据区块出现的顺序确定。

在区块全序和交易全序确认后，Conflux 还设定了规则以应对容易面临的交易问题和双花问题。

（1）交易问题：冲突交易和重复打包是最常见的交易问题。如图 6.3 所示，Tx2（X 转 8 枚币给 Y）和 Tx3（X 转 8 枚币给 Z）属于冲突交易，因为 X 的账户中只有 10 枚币，所以两笔交易只能实现一笔；另一种问题如 Tx4（Y 转 8 枚币给 Z）所示，Tx4 被重复打包到区块 B 和区块 G 中。当出现该类交易问题时，Conflux 只承认在全序中位置靠前的那笔交易，令排序靠后的冲突交易无效化。

（2）双花问题：Conflux 防止双花的思路和比特币基本一致。由于 Conflux 中的交易顺序由枢轴链决定，攻击者要进行双花交易，则需要改变枢轴链上的区块顺序以逆转已被确认的交易。除非攻击者掌握 50%以上的算力，分叉出包含更多子节点的链取代枢轴链，否则不可能实现双花。从理论上讲，Conflux 的运行时间越长，受到该类攻击的概率越小。

此外，Conflux 团队在 Amazon EC2 中搭建了原型系统，运行了 10 000 个带宽为 20 Mbps 的 Conflux 节点，使用控制变量法测试在区块大小、出块率变化的情况下，Conflux、GHOST 和比特币的吞吐率和交易确认时间。结果显示，尽管区块大小和出块率发生变化，Conflux 均能实现 100%的高区块利用率，其有能力处理所有区块，鲜少遗漏分叉中的区块，减少了出块时的资源浪费，实现了更大的吞吐量。此外，Conflux 可实现分钟级的确认时间（即用户高度相信区块全序不会改变所需花费的时间），然而和其他共识机制类似，区块越大，确认时间越长。

6.2.2　拜占庭类共识算法

1．PBFT

PBFT 是 practical Byzantine fault tolerance 的缩写，意为实用拜占庭容错。该算法由 Miguel Castro 和 Barbara Liskov 于 1999 年提出，解决了原始拜占庭容错算法效率不高的问题，将算法复杂度由指数级降低到多项式级，使得拜占庭容错算法在实际系统应用中变得可行。

系统假设为异步分布式，通过网络传输的消息可能丢失、延迟、重复或乱序。假设节点失效必须独立发生，也就是说代码、操作系统和管理员密码等在各个节点并不一致。使用加密技术防止欺骗攻击和重播攻击，以及检测被破坏的消息。消息包含公钥签名、报文认证码和无碰撞哈希函数生成的消息摘要。使用 m 表示消息，m_i 表示由节点 i 签名的消息，$D(m)$ 表示消息 m 的摘要。按照惯例，仅对消息的摘要进行签名，并附在消息文本之后，同时假设所有节点均知晓其他节点的公钥以进行签名验证。系统允许攻击者操纵多个失效节点、延迟通信，甚至延迟正确节点，但不能无限期延迟正确节点，并且算力有限不能破解加密算法。例如，不能伪造正确节点的有效签名，不能从摘要数据反向计算消息内容或找到两个具有相同摘要的消息。

算法实现了一个具有确定性的副本复制服务，该服务包括一个状态和多个操作。这些操作不仅能够进行简单读写，而且能够基于状态和操作参数进行任意确定性计算。客户端向副本复制服务发起请求以执行操作，并通过阻塞等待回复。副本复制服务由 n 个节点组成，在失效节点数量不超过 $(n\text{-}1)/3$ 的情况下同时保证安全性和活性。安全性是指副本复制服务满足线性一致性，如同中心化系统般原子化执行操作。安全性要求失效副本数量不超过上限，但是对客户端失效数量和是否与副本串谋不作限制。系统通过访问控制限制失效客户端可能造成的破坏，审核客户端并阻止客户端发起无权执行的操作。同时，服务可以提供操作以改变某个客户端的访问权限。由于算法保证了权限撤销操作可以被所有客户端观察到，因此该方法可以提供强大的机制从失效客户端的攻击中恢复。

PBFT 是一种状态机副本复制算法，即服务作为状态机进行建模，状态机在分布式系统的不同节点进行副本复制。每个状态机的副本均保存了服务状态，同时实现了服务操作。将所有副本组成的集合使用大写字母 R 表示，使用 $0\sim|R|\text{-}1$ 的整数表示每个副本。为了描述方便，假设 $|R|=3f+1$，其中 f 是可能失效的副本的最大个数。尽管可以存在多于 $3f+1$ 个副本，但是额外的副本除降低性能外不能提高可靠性。

所有副本在一个称为视图（view）的轮换过程中运作。在某个视图中，一个副本作为主节点（primary node），其他副本作为备份节点（backup node）。视图是连续编号的整数。主节点由公式 $p=v \bmod |R|$ 计算得到，其中 v 是视图编号，p 是副本编号，$|R|$ 是副本集合的个数。当主节点失效时则需启动视图转换（view change）过程。Viewstamped Replication 算法和 Paxos 算法即使用类似方法解决良性容错。

在节点运行过程中，全网配置（configuration）在不断变化。例如当前配置是 A 节点为主节点，其余节点均为从节点，则一段时间后该配置可能变为 B 节点为主节点，其余节点为从节点。PBFT 算法运行图如图 6.4 所示。

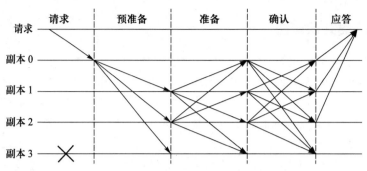

图 6.4　PBFT 运行图

PBFT 算法在保证算法活性（liveness）和安全性（safety）的前提下，允许 $f=(n-1)/3$ 个节点出现错误，其中 f 为错误节点数，n 为节点总数。安全性是指副本复制服务满足线性一致性，分布式系统如同中心化系统般原子化执行操作；活性是指只要失效副本数量不超过 $(n-1)/3$，并且延迟 $delay(t)$ 不会无限增长，所有客户端最终都会收到针对其请求的回复。算法将节点分为主节点和副本节点，并且只有当进行视图转换时才会改变主从节点的关系，因此节点之间会产生不对等的情况。在图 6.4 中，副本 0 为主节点，其他节点均为副本节点，请求表示客户端发送的请求。

同所有状态机副本复制技术一致，PBFT 对每个副本节点提出两个限定条件：所有节点必须具备确定性，也就是说，在给定状态和参数相同的情况下，操作执行结果必须相同；所有节点必须从相同状态开始执行。在上述两个限定条件下，即使失效副本节点存在，PBFT 算法依然对所有非失效副本节点的请求执行总顺序达成一致，从而保证了安全性。

PBFT 流程图如图 6.5 所示，除去请求和应答两个阶段，主要包含 3 个阶段：预准备阶段、准备阶段和确认阶段。在该算法中，客户端仅将请求消息发送给主节点，而副本节点无法接收相应消息，因此整个一致性过程均依赖于主节点的忠诚度。而在应答阶段，主节点和副本节点都会进行应答，并且客户端会选择多数的应答结果来决定请求的最终结果。

预准备阶段是指主节点将从客户端接收的请求进行编号，并将计算完成的数据广播给各个

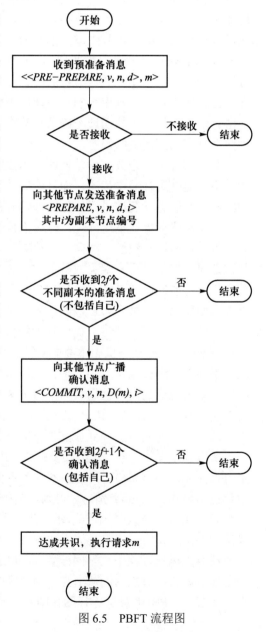

图 6.5　PBFT 流程图

副本节点；副本节点根据主节点发送的消息进行判断，判断消息签名、摘要、视图编号等信息，最后将节点的判断结果广播给其他所有节点。该阶段由于是主节点发起的一致性过程，因此主节点不会发送关于该阶段的决策信息，只有副本节点会将决策信息进行广播。

准备阶段是指所有节点在接收预准备消息后，首先广播节点的准备消息，之后节点在收到准备消息后对准备消息的签名进行验证，并且验证视图编号是否有效。在收到 $2f$ 个从不同节点发送的相同预准备消息和准备消息后，准备阶段完成。

确认阶段是指在完成准备阶段后，首先对接收的消息进行验证，如果通过则将确认消息广播给其他节点，然后进入确认阶段。节点在进入确认阶段后，当收到其他节点发送的确认消息时对消息签名进行判断，并对消息所属视图的有效性进行验证，在收到 $2f+1$ 个确认消息后，确认阶段结束，将确认消息反馈给客户端，最终整个算法过程结束。

2. HotStuff

HotStuff 提出一个三阶段投票的 BFT 类共识协议，该协议实现了安全性、活性、响应性特性。通过在投票过程中引入门限签名实现了 $O(n)$ 的消息验证复杂度。HotStuff 总结并对比了目前主流的 BFT 类共识协议，构建了基于经典 BFT 共识实现流水线 BFT 共识的模式。

如图 6.6 所示，HotStuff 是基于视图的共识协议，视图表示一个共识单元，共识过程由多个连续视图组成。在一个视图中，存在一个确定的领导者主导共识协议，并经过三阶段投票达成共识，然后切换到下一个视图继续进行共识。假如遇到异常状况，某个视图超时未能达成共识，同样切换到下一个视图继续进行共识。在 BasicHotStuff 即基础版本的共识协议中，一个区块的确认需要三阶段投票达成后再进入下一个区块的共识。流水线 HotStuff是流水线共识协议，提高了共识效率。

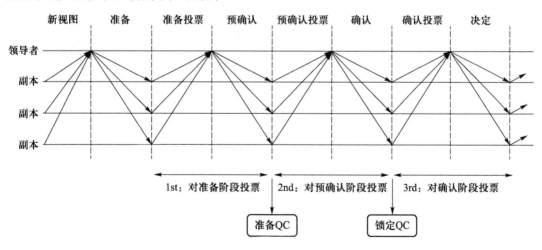

图 6.6　BasicHotStuff 三阶段流程

HotStuff 采用线性视图转换（linear view change，LVC），降低了视图转换中的通信复杂度。在 PBFT 中，当视图转换发生时，新的领导者需要广播目前的稳定检查点，并且提供 $2f+1$ 个节点的承诺凭证，证明检查点的合法性，通信复杂度为 $O(n^4)$。而在 LVC 中，新的领导者只需广播一个承诺凭证。其他节点只有在收到比本地稳定检查点更高的检查点时，才判定新领导者的合法性。在这种情况下，如果新领导者隐藏了更高的检查点，则不会影响协议的安全性，只会令其受到惩罚。

综合 LVC 和门限签名技术，HotStuff 每轮的通信复杂度最终为 $O(n^2)$。HotStuff 利用门限签名、并行流水线处理和线性视图转换等技术，极大提高了分布式一致性算法的效率。Abraham 等人提出同步网络模型下的 HotStuff 协议，实现了快速响应特性。交易确认时延为 $2\Delta+O(\delta)$，其中 Δ 表示网络时延上限，δ 表示网络真实时延。

3. DFINITY

DFINITY 网络模型为部分同步网络，敌手模型为 $n=2f+1$。DFINITY 采用模块化设计思想，将整个共识机制分为身份层、随机信标层、区块链层、公示层。DFINITY 协议以时期为单位运行，提出了"门限转发"算法，将所有参与节点分为 m 个不同的组，每一组相当于委员会，每个时期由一个随机委员会负责交易处理、共识运行。而在时期结束时，委员会运行随机数生成算法，利用 BLS 门限签名算法和可验证随机函数生成随机数，根据随机数决定下一时期由哪个组担任委员会。

DFINITY 共识机制具体运行流程如下。

（1）节点身份确认。DFINITY 是授权共识，因此所有参与共识的节点需要完成身份注册，注册人需要抵押部分资产，如果在参与协议期间节点出现恶意操作，则扣除其抵押资产。

（2）协议初始化。根据创世区块中随机数的设定，DFINITY 的节点被随机分配到不同委员会，每个委员会内部运行分布式密钥生成（distributed key generation，DKG）算法生成每个成员的公私钥对和整个委员会的总验证公钥，用于 BLS 门限签名算法对签名的计算和验证。DKG 算法由多个并行的可验证秘钥共享算法（verifiable secret share，VSS）构成。根据创世区块中的随机数选择初始委员会。

（3）随机数生成。当前委员会内部成员运行 (t,n)-BLS 门限签名算法，其中 t 是门限值，n 是委员会内成员个数，令 $n=2t+1$，当敌手数量 f 小于 t 时，可以保证能够顺利恢复 BLS 门限签名。委员会成员将上一轮随机数作为消息并产生 BLS 签名，任意节点如果收集到 t 个有效签名份额，便能利用 BLS 门限签名的签名重建函数恢复总签名。BLS 门限签名的唯一性保证了所有节点恢复出的总签名完全一致，不会因为选择的签名份额集合不同而导致最终签名不同。将总签名作为可验证随机函数（verifiable random function，VRF）的输入，运行哈希运算得到本轮随机数。

（4）区块提议和公示。委员会成员将本轮随机数作为伪随机数生成器（pseudo-random number generator，PRG）的种子，为每个节点生成对应随机数。然后将每个节点对应的随机数放入伪随机置换（pseudo-random permutation，PRP）函数，确定每个成员在委员会中的排序等级。DFINITY 允许委员会中的每个成员作出区块提议，但排序等级高的成员提出的区块具有更高"重量"。类似于比特币采取的"最长链"原则，DFINITY 采用"最重链"原则处理区块链分叉。为了防止自私挖矿攻击，DFINITY 采用区块公示机制，只有在一定时间范围内公开的区块才合法。在计算区块链"重量"时，合法区块才被计算入内。

（5）区块最终确认。区块最终确认是指网络中的所有节点在观察到已公示区块达到一定深度时，将其确定为最终确认区块，其中的交易同样完成最终确认。

（6）下一任委员会工作。在当前时期结束后，根据本时期随机数的值随机选取下一任委员会。DFINITY 利用门限签名实现了抗偏置随机数的生成，并利用随机数随机选取委员会工作。与此同时，DFINITY 加入的区块公示步骤有效防止了自私挖矿攻击和无利害关系攻击。

4. PaLa

PaLa 由 Chan、Pass 和 Shi 提出，实现了授权网络中的快速共识。PaLa 网络模型为部分同步网络，敌手模型是 $n=3f+1$。

PaLa 主要在两方面对授权共识作出改进。一方面是对拜占庭容错协议作出改进，在 PBFT 中，对每个区块需要 3 个阶段的投票和节点之间的信息交互，而 PaLa 利用并行流水线的方式处理对区块的投票。如果区块 B_r 首先被提出，经过一轮投票后得到超过 2/3 的票，则区块 B_r 的提议被确认，在下一轮中，区块 B_{r+1} 被提出，此轮投票包括对区块 B_r 的最终确认票和对区块 B_{r+1} 的公示票，如果此轮得票数超过 2/3，则认为区块 B_r 被最终确认，区块 B_{r+1} 的提议被确认。并行流水线的处理方式能够在一定程度上提升委员会共识的效率。

另一方面，PaLa 改进了委员会重配置的方式。在 PaLa 中，每个委员会包含两个子委员会（C_0, C_1）。在投票时，需要每个子委员会均获得超过 2/3 的成员投票才代表投票通过。在委员会重配置时，委员会由（C_0, C_1）切换到（C_1, C_2），只有其中一个子委员会发生变动。该重配置方式既能充分保证安全性，又能确保在委员会重配置期间，协议处理交易的可持续性。

PaLa 利用并行流水线的方式，提高了区块处理效率，采用子委员会滑窗式的重配置方式，能够保证重配置期间交易处理的可持续性。

6.2.3 故障容错类共识算法

1. Paxos

Paxos 在 $n=2f+1$ 模型中能够容忍 f 个崩溃节点，实现了基于消息传递的一致性算法。Paxos 中提出了主节点和备份节点的概念，其主要过程如下。

主节点向全网超过 1/2 的备份节点发送准备（prepare）消息，备份节点验证消息合法性，通过后向主节点返回承诺（promise）消息；主节点收集足够多的承诺消息，组成承诺凭证，并向备份节点发送包含承诺凭证的接受（accept）消息；备份节点验证接受消息的合法性，通过后向主节点返回已接受（accepted）消息。

Paxos 允许多个主节点提议，并对主节点赋予不同等级，高等级主节点的提议能够打断低等级主节点的提议，即使低等级主节点的提议已经得到备份节点的承诺消息。Paxos 协议被用于分布式系统中数据库的维护，只能对崩溃节点容错，不能对拜占庭节点容错。

Paxos 算法运行在允许宕机故障的异步系统中，不要求可靠的消息传递，可容忍消息丢失、延迟、乱序以及重复。其利用大多数（majority）机制保证了 $2f+1$ 的容错能力，即包含 $2f+1$ 个节点的系统最多允许 f 个节点同时出现故障。

一个或多个提议进程（proposer）可以发起提案（proposal），Paxos 算法使所有提案中的某个提案在所有进程中达成一致。系统中的多数派同时认可该提案即达成一致，最多仅针对一个确定提案达成一致。如图 6.7 所示，Paxos 将系统中的角色分为提议者（proposer）、决策者（acceptor）和最终决策学习者（learner）。

（1）提议者：提出提案。提案信息包括提案编号（proposal ID）和提议的值（value）。

（2）决策者：参与决策，回应提议者的提案。收到提案后可以接受提案，若提案获得多数决策者的接受，则称该提案被批准。

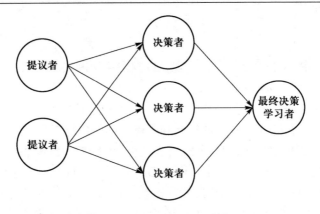

图 6.7　Paxos 算法中的角色

（3）最终决策学习者：不参与决策，从提议者或决策者学习最新达成一致的提案。

在多副本状态机中，每个副本同时具有提议者、决策者、最终决策学习者 3 种角色。如图 6.8 所示，Paxos 算法的共识流程如下。

（1）准备（prepare）阶段。提议者向决策者发出 prepare 请求，决策者针对收到的 prepare 请求进行 promise 承诺。

（2）决策（accept）阶段。提议者收到多数决策者承诺的 promise 后，向决策者发出 propose 请求，决策者针对收到的 propose 请求进行决策处理。

（3）学习（learn）阶段。提议者在收到多数决策者的决策处理后，标志着本次决策成功，决议形成，将形成的决议发送给所有最终决策学习者。

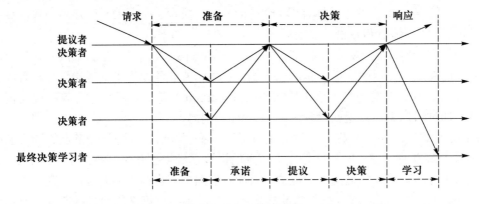

图 6.8　Paxos 算法流程

2．Raft

Raft 是一种旨在管理日志复制的分布式一致性算法。Raft 出现前，Paxos 一直是分布式一致性算法的标准。Paxos 难以理解，更难以实现。Raft 的设计目标是简化 Paxos，使得算法既容易理解又容易实现。Paxos 和 Raft 均为分布式一致性算法，该过程如同投票选举领袖，参选者需要说服大多数投票者为自己投票，一旦选出领袖，即由领袖发号施令。Paxos 和 Raft 的区别在于选举的具体过程不同。Raft 可以解决分布式 CAP 理论中的两个特性，即一致性和分区容忍性，并不能解决可用性的问题。

分布式一致性（distributed consensus）是分布式系统中最基本的问题，用于保证一个分布式系统的可靠性以及容错能力。简单来说，分布式一致性是指多个服务器的保持状态一致。分布式系统中可能出现各种意外（断电、网络拥塞、CPU/内存耗尽等），使得服务器宕机或无法访问，最终导致无法和其他服务器保持状态一致。为了应对这种情况，需要一种一致性协议进行容错，使得分布式系统中即使有部分服务器宕机或无法访问，整体依然可以对外提供服务。以容错方式达成一致自然不能要求所有服务器均达成一致状态，只要半数以上服务器达成一致即可。假设有 n 台服务器，大于或等于 $n/2+1$ 台服务器即算作半数以上。

Raft 将一致性问题分解成 3 个子问题：选举领导者、日志复制、安全性。在 Raft 中，任何时刻下每个服务器均处于以下 3 个角色之一。

（1）领导者（leader）：通常一个系统中有"一主多从"，领导者负责处理所有客户端请求。

（2）跟随者（follower）：不发送任何请求，只是简单响应来自领导者或参选者的请求。

（3）参选者（candidate）：选举新领导者时的临时角色。

Raft 将时间分割成任意长度的任期（term），任期用连续整数标记，每段任期从一次选举开始。Raft 保证了在一个给定任期内最多只有一个领导者。如果选举成功，领导者会管理整个集群直到任期结束；如果选举失败，则该任期将由于缺少领导者而结束。

领导者一旦被选举得出，即开始为客户端请求提供服务。客户端的每个请求均包含一条将被复制状态机执行的指令。领导者将该指令作为一个新条目追加到日志中，然后并行发起 AppendEntriesRPC 给其他服务器，使其复制该条目。当该条目被安全复制，领导者会应用该条目到自身状态机中（状态机执行该指令），然后将执行结果返回客户端。如果跟随者崩溃或运行缓慢，或者网络丢包，领导者会不断重试 AppendEntriesRPC（即使已经回复了客户端），直到所有跟随者最终均存储了所有日志条目。

6.2.4　混合类共识算法

为了解决区块链处理交易的可扩展性，利用多个并行委员会处理网络中不同分片的交易的混合共识机制被提出，其又称分片共识（sharding consensus）机制，目前主要包含通信分片、计算分片和存储分片。

（1）通信分片（communication sharding）：通信分片是指将全网划分为不同片区，每个片区由一个对应的委员会处理，每个委员会内部的成员多数时间只需内部通信，每个片区内部的其他客户端、节点多数时间可以通过与该分片内委员会通信获得目前区块链的状态。

（2）计算分片（computation sharding）：计算分片是指每个分片委员会只负责处理其对应的交易，例如根据交易 ID 判断其对应的分片，如果交易 ID 末位数字是 i，则由 i 号分片委员会处理该交易，对交易运行委员会内分布式一致性算法，验证该交易的合法性，决定该交易是否被添加到区块链中。计算分片使不同交易以并行形式被不同委员会处理，当网络中节点数量增多时，可以增加更多委员会，使得不同交易能够以并行形式被不同委员会同时处理，交易处理性能随着网络中节点数量的增多而增加，进而实现交易处理的可扩展性。

（3）存储分片（storage sharding）：存储分片是指不同分片委员会将处理后的交易分片进行存储，每个分片委员会只负责处理本分片对应的交易，将交易放到本分片专属的交易区块链上。交易区块链用于存储本分片产生的交易历史或当前分片的未花费交易池信息。

存储分片将整个区块链系统的交易数据或未花费交易输出（unspent transaction output，UTXO）数据分片存储，降低了节点的存储负担。

多委员会混合共识机制包括选举委员会成员、委员会成员分配、选举委员会领导者、运行委员会内分布式一致性算法、广播区块和重配置委员会等步骤。以上步骤与单一委员会混合共识机制类似，但是存在 3 个关键区别。

（1）增添了委员会成员分配步骤，在选举委员会成员后，需要将新选举的委员会成员分配到不同委员会中，为了防止敌手在此过程中影响成员分配，需要设置合理的分配策略。

（2）在运行委员会内分布式一致性算法的步骤中，需要考虑跨片交易的处理，即当一个交易包含多个输入且其属于不同分片时，需要多个分片协作完成对该交易的处理，防止交易遭受双花攻击。

（3）在广播区块的步骤中，如果采用存储分片，则可能导致每个分片各自生成和广播其区块链，不存在全局区块链。

1. ELASTICO

ELASTICO 的核心思想是将网络中的节点分成多个小型委员会，每个委员会处理互不相交的交易集合，这些不相交的交易集合称为分片（shard）。节点通过工作量证明建立身份信息，然后被随机分到各个委员会中，由于每个委员会中的节点数量足够小，因此委员会内部节点完全可以运行经典拜占庭共识协议，并且完全并行处理交易。因而 ELASTICO 几乎完成了对吞吐量的线性扩展。ELASTICO 的流程如图 6.9 所示。

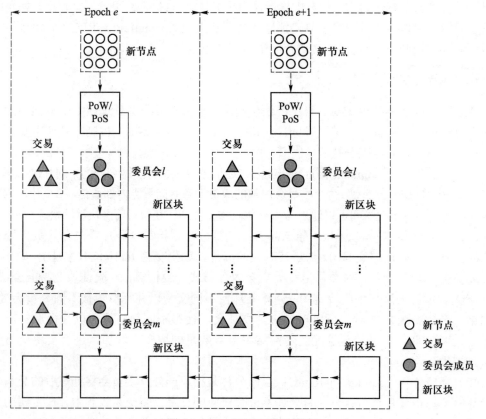

图 6.9　ELASTICO 共识算法

（1）建立身份并组建委员会。每个处理器首先在本地选择自己的身份信息组（IP，PK），分别代表其 IP 地址和公钥。为了使网络接受自己的身份，每个处理器还需找到一个 PoW 解决方案，该方案必须和自己选择的身份对应，并且系统中的每个成员均可验证该 nonce 值。利用这种方式可以有效避免女巫攻击，但还远远不够，为了防止节点提前计算 nonce 值然后在当前时期提交，系统还需引入一个随机变量，作为一个时期的随机源。该随机源在前一时期的最后一步被生成后公布。如此一来，每个时期下每个节点的 nonce 值均不可能提前计算，因为节点无法提前获知随机变量。

（2）委员会配置。一旦节点身份和其对应的委员会信息创建完成，每个委员会成员需要和同一委员会的其他成员进行点对点连接。一种简单的方式是要求每个节点广播自己的身份和所属委员会给网络中的每个节点。但是如果网络中存在 n 个节点，该方式会造成 $O(n^2)$ 的消息开销，很难进行扩展，因此并非一个好的方式。ELASTICO 为了降低通信复杂度，协议拥有特殊的委员会扮演目录（directory）的身份，和其他委员会相同，目录委员会同样由 c 个成员组成。确切地说，目录委员会即最先建立身份加入系统的 c 个节点组成的委员会。所有节点均可通过联系目录委员会得知其他委员会同伴，并和同伴们建立点对点连接。

（3）委员会内部共识。一旦委员会配置完毕，委员会内部共识即可沿用某些现存的拜占庭共识协议，例如 PBFT。在上一步中，每个委员会成员将其收到的所有身份作并集，创建一个至少拥有 c 个委员会成员的视图。该视图中最多包含 $3c/2$ 个成员，并且其中最多有 1/3 是恶意成员。

（4）在最坏情况下，假设每个委员会包含 $3c/2$ 个成员，并且其中最多有 1/3 是恶意成员，由此可得每个委员会中最多有 $c/2$ 个恶意身份。每个委员会成员验证交易集中每个交易的有效性，如果无误则对集合进行签名，并将带有签名的交易集发送给最终委员会（final committee）。交易集必须被至少 $c/2+1$ 个成员签名才算有效，这保证了至少有 1 个诚实的成员已经验证并接受了该交易集合，同时符合 PBFT 的特性。最终委员会是从所有普通委员会中随机选出的一个委员会，又称共识委员会。

（5）最终共识广播。每个最终委员会成员验证从各个委员会接收的值是否被对应委员会的至少 $c/2+1$ 个成员签名，然后将交易打包成区块并连接到链。为了给区块提供一个可信保证，最终委员会需要运行同一委员会内部的共识算法，网络中的所有成员可以通过验证区块是否被至少 $c/2+1$ 个最终委员会成员签名来判断区块有效性。最终委员会将最终结果广播到网络中，网络中每个成员验证无误后下载区块并更改自己的本地 UTXO。

（6）生成时期随机源。在协议最后一步，最终委员会生成随机字符串集合，该随机字符串集合将被用于下个时期。随机源的生成分为两个阶段。在第 1 个阶段中，每个最终委员会成员选择一个 r 位随机字符串 R_i，并将哈希值 $H(R_i)$ 发送给委员会其他成员。最终委员会成员针对该哈希值集合 S 运行委员会内部共识协议达成一致。S 集合必须包含至少 $2c/3$ 个哈希值，该集合会作为随机字符串集的验证。随后最终委员会在广播区块的同时向全网广播哈希集 S。在第 2 个阶段中，最终委员会的每个成员全网广播自己的随机字符串 R_i。最终委员会中的诚实节点会遵循协议，但是恶意节点会选择不发送或发送虚假值。这时网络中的节点挑选出不符合 $H(R_i)$ 的所有随机字符串 R_i，然后每个节点从收到的随机字符串 R_i 中挑选出任意 $c/2+1$ 个进行异或操作。因为每个成员结合了 $c/2+1$ 个字符串，R_i 必定包含至少一个诚实成员的R_i，并且该值直到时期结束才被公布给网络中的节点。

2．OmniLedger

OmniLedger 由一条身份链（identity chain）以及多条子链（shard chain）构成。OmniLedger 使用 RandHound 协议，将所有 validator 分成不同组，并随机将这些组分配到不同分片子链，验证以及共识区块。其敌手模型为 $n=4f+1$。其解决了 ELASTICO 分片共识中存在的一些问题，例如当恶意节点占比超过 1/4 时，协议运行失败率高；节点在寻找工作量证明时，若通过工作量证明的后几位决定进入对应委员会，则抗偏置性较差，找到多个工作量证明的节点可以选择进入的分片；跨片交易可能锁死，导致系统不能正常工作等。

OmniLedger 采用 UTXO 模型，网络中不同分片的节点只需处理和存储该分片对应的 UTXO 数据。与此同时，OmniLedger 提出跨片交易防锁死解决方案。在 OmniLedger 中存在两种区块链——身份区块链和交易区块链，身份区块链用于记录协议每个时期参与的节点和其对应的分片信息，每个时期更新一次，一个时期能够产生多个交易区块，每个分片负责产生和维护自己分片的交易区块链。OmniLedger 协议的具体过程如下。

（1）节点身份确认。与 ELASTICO 类似，节点想要参加时期 e 的共识，则必须在时期 $e-1$ 寻找工作量证明，找到工作量证明的节点将身份信息和相应工作量证明广播，在 $e-1$ 时期完成注册。时期 $e-1$ 的领导者收集所有合法注册者信息，运行委员会内分布式一致性算法，将合法注册者信息写入身份区块链。

（2）委员会领导者选举。时期 e 开始时，通过密码抽签的方式选举领导者，在一定时间 Δ 内，用户交换票据信息，选出最小数值对应的节点作为领导者，然后领导者启动随机数生成算法。

（3）随机数生成。领导者启动 RandHound 算法，生成本轮随机数 ξ_r。领导者在全网广播随机数 ξ_r 和其证明。节点收到信息后验证随机数 ξ_r 是否正确生成，若正确生成，则将其作为种子运行伪随机数生成器进而生成随机数，产生随机置换，并根据随机置换确认本轮所在的分片。

（4）委员会内分布式一致性算法执行。每个委员会内部按照 ByzCoin 的方式处理分片内部交易。

（5）委员会成员重配置。为了持续处理交易，OmniLedger 设置合理挖矿难度，使得每次重配置时每个委员会仅将部分节点替换，替换节点数量不超过总节点数的 1/3。在节点替换过程中，利用本轮随机数决定现任委员会中被替换的节点。

由于交易的分片存储，当交易存在多个输入且属于不同分片时，需要多个分片协作完成交易处理。OmniLedger 提出跨片交易解决方案，利用原子性跨片交易防止跨片交易锁死，主要流程如下。

（1）初始化。客户端上传交易，交易输入分片可能存在多个，假设输入分片为 IS_1 和 IS_2，输出分片为 OS。

（2）锁定。每个分片的领导者验证交易输入是否属于当前分片的 UTXO，如果验证通过，则提供交易的接受证明（proof of acceptance，PoA），即交易输入在本分片 UTXO 中的 Merkle 树路径，并将该交易输入设置为锁定状态，后续其他想要花费该交易输入的交易将被拒绝。如果验证未通过，则提供交易的拒绝证明（proof of rejection，PoR）。

（3）解锁。解锁分为以下两种情况：其一是解锁至提交状态，如果所有输入分片领导者均提供 PoA，那么交易可以被提交，客户端提交交易及其所有输入的 PoA，输出分片收到交易后验证所有交易的合法性，验证通过后将该交易加入输出分片的下个区块；其二是解锁至取消状态，如果有一个输入分片领导者提供了 PoR，那么客户端创建"取消交易"，包含该交易对应的 PoR，所有输入分片领导者收到"取消交易"后，将原交易的输入解锁至可用状态。

OmniLedger 解决了 ELASTICO 存在的许多问题，在分片数量为 16 且每个分片人数为 70 时，能够达到 5 000 tps 的交易吞吐率，且交易吞吐率随网络中节点增多而增加。

6.3 共识算法实现

6.3.1 PoW 算法实现

PoW 即比特币使用的共识机制。通过计算一个数值（nonce），使得拼接交易数据后内容的哈希值满足规定上限。节点成功找到满足的哈希值后，会立即对全网进行广播打包区块，网络中的节点收到广播打包区块将立即对其进行验证。如果验证通过，则表明已经有节点成功解谜，自己将不再竞争当前区块打包，而是选择接受该区块，并记录到自己的账本中，然后进行下一个区块的竞争猜谜。网络中只有最快解谜的区块才会添加到账本中，其他节点进行复制，这样即可保证整个账本的唯一性。

假如节点存在任何作弊行为，都会导致网络节点验证不通过，直接丢弃其打包的区块，该区块即无法记录到总账本中，作弊节点耗费的成本将白费。因此巨大的挖矿成本也使得矿工自觉自愿遵守比特币系统的共识协议，从而确保了整个系统的安全。

给定一个基本字符串"Hello, world!"，给出工作量要求为：可以在该字符串后添加一个称作 nonce 的整数值，对变更后（添加 nonce）的字符串进行 SHA-256 哈希运算，如果得到的哈希结果（以十六进制形式表示）以"0000"开头，则验证通过。为了达到该工作量证明的目标，需要不停递增 nonce 值，对得到的新字符串进行 SHA-256 哈希运算。按照上述规则，需要经过 4 251 次计算才能找到前 4 位恰好为 0 的哈希散列。

下面是基于 Go 语言的算法实现（Go 语言将在第 12 章介绍）。新建一个 .env 文件，内容为 ADDR=8080，表示调用 8080 端口。Windows 环境下会提示必须键入文件名，因此将文件名修改为 .env，即可创建以 .env 等开头的文件。然后创建一个 main.go 文件代表"源码"，打开该文件开始编程。

首先引入相应的包，具体内容如下。

```
1. package main
2. import (
3. "crypto/sha256" //软件包 sha256 实现 FIPS 180-4 中定义的 SHA-224 和 SHA-256 哈希算法
4. "encoding/hex" //hex 包实现十六进制编码和解码
5. "encoding/json" //json 编码和解码
6. "fmt"  // fmt 包使用函数实现 I/O 格式化
```

```
7. "io"   // package io 为 I/O 原语提供基本接口
8. "log"   // log 包实现一个简单的日志包
9. "net/http"   //http 包提供 HTTP 客户端和服务器实现
10. "os"   // package os 为操作系统功能提供一个平台无关的接口
11. "strconv" // strconv 包实现对基本数据类型的字符串表示的转换
12. "strings" //打包字符串实现简单的函数操纵 UTF-8 编码的字符串
13. "sync"   // 程序包 sync 提供基本的同步原语，如互斥锁
14. "time"   // 打包时间提供测量和显示时间的功能
15. "github.com/davecgh/go-spew/spew"
16. "github.com/gorilla/mux"
17. "github.com/joho/godotenv"
18. )
```

下面定义区块结构。difficulty 代表难度系数，如果赋值为 1，则需判断生成区块时产生的哈希前缀至少包含 1 个 0；Block 是定义的结构体，代表组成区块链的每个块的数据模型；Timestamp 是时间戳；Hash 代表数据记录的 SHA-256 标识符；PrevHash 表示链中上一条记录的 SHA-256 标识符；Difficulty 表示挖矿难度；Nonce 表示 PoW 中符合条件的数字。

```
1. const difficulty = 1
2. type Block struct  {
3.    Index int
4.    Timestamp string
5.    Bike int
6.    Hash string
7.    PrevHash string
8.    Difficulty int
9.    Nonce string
10. }
11. var Blockchain []Block
12. type Message struct{
13.    Bike int
14. }
15. var mutex = &sync.Mutex{}
```

下面定义生成区块的函数。区块增加 index 也相应增加，新区块的 PrevHash 存储上一区块的 Hash，通过循环不断增加 Nonce，判断 Hash 中 0 的个数是否与难度系数一致，直到选出符合难度系数的 Nonce。如果挖矿成功，则停止挖矿，否则一直循环增大 Nonce 的值。

```
1. func generateBlock(oldBlock Block, Bike int) Block {
2.    var newBlock Block
3.    t := time.Now()
4.    newBlock.Index = oldBlock.Index + 1
5.    newBlock.Timestamp = t.String()
```

```
6.    newBlock.Bike = Bike
7.    newBlock.PrevHash = oldBlock.Hash
8.    newBlock.Difficulty = difficulty
9.    for i := 0; ; i++ {
10.      hex := fmt.Sprintf("%x", i)
11.      newBlock.Nonce = hex
12.      if !isHashValid(calculateHash(newBlock), newBlock.Difficulty)
13.        fmt.Println(calculateHash(newBlock), " do more work!")
14.        time.Sleep(time.Second)
15.        continue
16.      }
17.    else {
18.        fmt.Println(calculateHash(newBlock), " work done!")
19.        newBlock.Hash = calculateHash(newBlock)
20.        break
21.      }
22.    }
23.    return newBlock
24. }
```

下面定义 Web 服务器。如果运行错误，则返回运行中的错误，将 run()函数作为启动
HTTP 服务器的函数，创建一个 HTTP 服务并监听端口，设置读写的超时时间均为 10 s，
如果监听中的错误不为空，则返回错误信息。当收到 GET 请求时，调用 handleGetBlockchain()
函数；当收到 POST 请求时，调用 handleWriteBlock()函数。

```
1. func run() error {
2.    mux := makeMuxRouter()
3.    httpAddr := os.Getenv("ADDR")
4.    log.Println("Listening on ", os.Getenv("ADDR"))
5.    s := &http.Server{
6.      Addr: ":" + httpAddr,
7.      Handler: mux,
8.      ReadTimeout: 10 * time.Second,
9.      WriteTimeout: 10 * time.Second,
10.     MaxHeaderBytes: 1 << 20,
11.    }
12.    if err := s.ListenAndServe(); err != nil {
13.      return err
14.    }
15.    return nil
16. }
17.
18. func makeMuxRouter() http.Handler {
19.    muxRouter := mux.NewRouter()
20.    muxRouter.HandleFunc("/", handleGetBlockchain).Methods("GET")
21.    muxRouter.HandleFunc("/", handleWriteBlock).Methods("POST")
```

22.	return muxRouter
23. }	

当程序执行开始计算 Hash 时，程序不断更改 Nonce 并计算 Hash，直到 Nonce 满足要求。如果系统提示防火墙拦截，需要同意防火墙的网络访问申请，程序运行结果如图 6.10 所示。

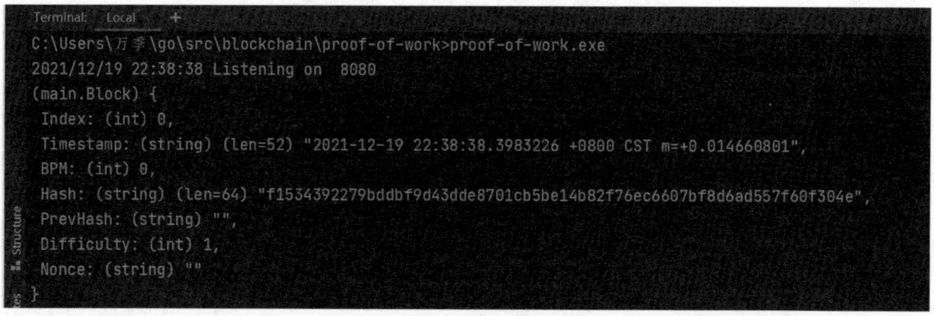

图 6.10　PoW 运行结果

PoW 系统的主要特征是客户端需要执行一定难度的工作得出一个结果，验证方却很容易通过结果检查客户端是否执行相应的工作。该方案的一个核心特征是不对称性：工作对于请求方是难度适中的，对于验证方则是易于验证的。其与验证码不同，验证码的设计出发点是易于被人类解决而不易被计算机解决。

6.3.2　PBFT 算法实现

在 PBFT 中，当主节点收到客户端请求时，主节点将该请求向所有副本节点进行广播，然后展开一个三阶段协议（three-phase protocol）。此处如果请求过多，主节点会将请求缓存稍后处理。消息包括请求消息、响应消息、预准备消息、投票消息等几种类型。

1.	type RequestMsg struct {
2.	Timestamp int64 json:"timestamp"
3.	ClientID string json:"clientID"
4.	Operation string json:"operation"
5.	SequenceID int64 json:"sequenceID"
6.	}
7.	
8.	type ReplyMsg struct {
9.	ViewID int64 json:"viewID"
10.	Timestamp int64 json:"timestamp"
11.	ClientID string json:"clientID"
12.	NodeID string json:"nodeID"
13.	Result string json:"result"
14.	}
15.	
16.	type PrePrepareMsg struct {

```
17.    ViewID     int64     json:"viewID"
18.    SequenceID int64     json:"sequenceID"
19.    Digest    string    json:"digest"
20.    RequestMsg *RequestMsg json:"requestMsg"
21.    }
22.
23.    type VoteMsg struct {
24.    ViewID     int64  json:"viewID"
25.    SequenceID int64  json:"sequenceID"
26.    Digest    string json:"digest"
27.    NodeID    string json:"nodeID"
28.    MsgType        json:"msgType"
29.    }
```

下面重点讨论预准备（pre-prepare）、准备（prepare）和确认（commit）3 个阶段。该机制下存在一个称作视图（view）的概念，在一个视图中，一个节点是主节点，其余节点均为备份节点。主节点负责将来自客户端的请求排序，然后依序发送给备份节点。但是主节点可能是拜占庭节点：其可能将不同请求编排相同序号或不分配序号，或者令相邻序号不连续。备份节点应当有职责主动检查这些序号的合法性，并能够通过超时机制检测出主节点是否发生故障。当出现异常情况时，备份节点就会触发视图转换协议以选举新的主节点。

（1）预准备阶段

在预准备阶段，主节点分配一个序列号 n 给收到的请求，然后向所有备份节点群发预准备消息，预准备消息的格式为 <<*PRE-PREPARE,v,n,d*>,*m*>，其中 v 是视图编号，m 是客户端发送的请求消息，d 是请求消息 m 的摘要。

只有满足以下条件，各个备份节点才会接受一条预准备消息。

① 请求和预准备消息的签名正确，并且 d 与 m 的摘要一致。

② 当前视图编号为 v。

③ 该备份节点从未在视图 v 中接受序号为 n 但摘要 d 不同的消息 m。

④ 预准备消息的序号 n 必须位于水线上下限 H 和 h 之间。

请求本身不包含在预准备消息中，这样即可使预准备消息足够小，因为预准备消息的目的是作为一种证明，确定该请求是在视图 v 中被赋予序号 n，从而在视图转换过程中可以追溯。从另一层面看，将"请求排序协议"和"请求传输协议"进行解耦，有利于对消息传输效率进行深度优化。

```
1.    func (state *State) PrePrepare(prePrepareMsg *PrePrepareMsg) (*VoteMsg, error) {
2.    // 获取 ReqMsg 并将其存入日志
3.    state.MsgLogs.ReqMsg = prePrepareMsg.RequestMsg
4.
5.    // 验证 v、n(即 SequenceID)、d 是否正确
6.    if !state.verifyMsg(prePrepareMsg.ViewID, prePrepareMsg.SequenceID, prePrepareMsg.Digest) {
7.     return nil, errors.New("pre-prepare message is corrupted")
```

```
8.      }
9.
10.     // 改变状态至预准备阶段
11.     state.CurrentStage = PrePrepared
12.
13.     return &VoteMsg{
14.      ViewID: state.ViewID,
15.      SequenceID: prePrepareMsg.SequenceID,
16.      Digest: prePrepareMsg.Digest,
17.      MsgType: PrepareMsg,
18.      }, nil
19.     }
```

（2）准备阶段

如果备份节点 i 接受了预准备消息<<*PRE-PREPARE,v,n,d*>,*m*>，则进入准备阶段。在准备阶段的同时，该节点向所有副本节点发送准备消息<*PREPARE,v,n,d,i*>，并且将预准备消息和准备消息写入自己的消息日志。

包括主节点在内的所有副本节点在收到准备消息后，对消息签名是否正确、视图编号是否一致、消息序号是否满足水线限制 3 个条件进行验证，如果验证通过则将该准备消息写入消息日志。

定义准备阶段完成的标志为副本节点 i 将（m,v,n,i) 记入其消息日志，其中 m 是请求内容、预准备消息 m 在视图 v 中的编号 n，以及 $2f$ 个从不同副本节点收到的与预准备消息一致的准备消息。每个副本节点验证预准备和准备消息的一致性主要检查视图编号 v、消息序号 n 和摘要 d。

```
1.      func (state *State) Prepare(prepareMsg *VoteMsg) (*VoteMsg, error){
2.      if !state.verifyMsg(prepareMsg.ViewID, prepareMsg.SequenceID, prepareMsg.Digest) {
3.       return nil, errors.New("prepare message is corrupted")
4.      }
5.
6.      // 将消息附加到日志
7.      state.MsgLogs.PrepareMsgs[prepareMsg.NodeID] = prepareMsg
8.
9.      // 输出当前投票状态
10.     fmt.Printf("[Prepare-Vote]: %d\n", len(state.MsgLogs.PrepareMsgs))
11.
12.     if state.prepared() {
13.     // 改变状态至准备阶段
14.      state.CurrentStage = Prepared
15.
16.      return &VoteMsg{
17.       ViewID: state.ViewID,
18.       SequenceID: prepareMsg.SequenceID,
19.       Digest: prepareMsg.Digest,
```

20.　　　MsgType: CommitMsg,
21.　　　}, nil
22.　　}
23.
24.　　return nil, nil
25.　}

（3）确认阶段

当（m,v,n,i) 条件为真时，副本 i 将<COMMIT,v,n,D(m),i>向其他副本节点广播，于是进入确认阶段。每个副本接受确认消息的条件如下。

① 签名正确。

② 消息的视图编号与节点的当前视图编号一致。

③ 消息序号 n 满足水线条件，位于 H 和 h 之间。

一旦确认消息满足接受条件，则该副本节点将确认消息写入消息日志。注意：需要将针对某个请求的所有接受的消息写入日志，该日志可存在于内存中。

定义确认完成 committed(m,v,n) 为真的条件为：任意 f+1 个正常副本节点集合中所有副本 i 的 prepared(m,v,n,i) 为真。本地确认完成 committed-local(m,v,n,i) 为真的条件为：prepared (m,v,n,i) 为真，并且 i 已经接受 2f+1 个确认（包括自身在内）与预准备消息一致。确认与预准备消息一致的条件是具有相同的视图编号、消息序号和消息摘要。

确认阶段保证了以下不变式成立：对某个正常节点 i 来说，如果 committed-local(m,v,n,i) 为真则 committed(m,v,n) 也为真。该不变式和视图转换协议保证了所有正常节点对本地确认的请求的序号达成一致，即使这些请求在每个节点的确认处于不同视图。更进一步讲，该不变式保证了任何正常节点的本地确认最终会确认 f+1 个以上的正常副本。

```
1.    func (state *State) Commit(commitMsg *VoteMsg) (*ReplyMsg, *RequestMsg, error) {
2.      if !state.verifyMsg(commitMsg.ViewID, commitMsg.SequenceID, commitMsg.Digest) {
3.        return nil, nil, errors.New("commit message is corrupted")
4.      }
5.
6.      // 将消息附加到日志
7.      state.MsgLogs.CommitMsgs[commitMsg.NodeID] = commitMsg
8.
9.      // 输出当前投票状态
10.     fmt.Printf("[Commit-Vote]: %d\n", len(state.MsgLogs.CommitMsgs))
11.
12.     if state.committed() {
13.       // 该节点本地执行请求的操作并得到结果
14.       result := "Executed"
15.
16.       // 改变状态至确认阶段
17.       state.CurrentStage = Committed
18.
19.       return &ReplyMsg{
```

20.   ViewID: state.ViewID,

21.   Timestamp: state.MsgLogs.ReqMsg.Timestamp,

22.   ClientID: state.MsgLogs.ReqMsg.ClientID,

23.   Result: result,

24.   }, state.MsgLogs.ReqMsg, nil

25.   }

26.

27.   return nil, nil, nil

28.   }

每个副本节点 i 在 *committed-local(m,v,n,i)* 为真后执行 m 的请求，并且 i 的状态反映了所有编号小于 n 的请求依次顺序执行。这样即可确保所有正常节点以相同顺序执行所有请求，从而保证了算法正确性。在完成请求的操作后，每个副本节点均向客户端发送回复。副本节点将时间戳小于已回复时间戳的请求丢弃，以保证请求仅被执行一次。程序的正常运行结果如图 6.11 所示。

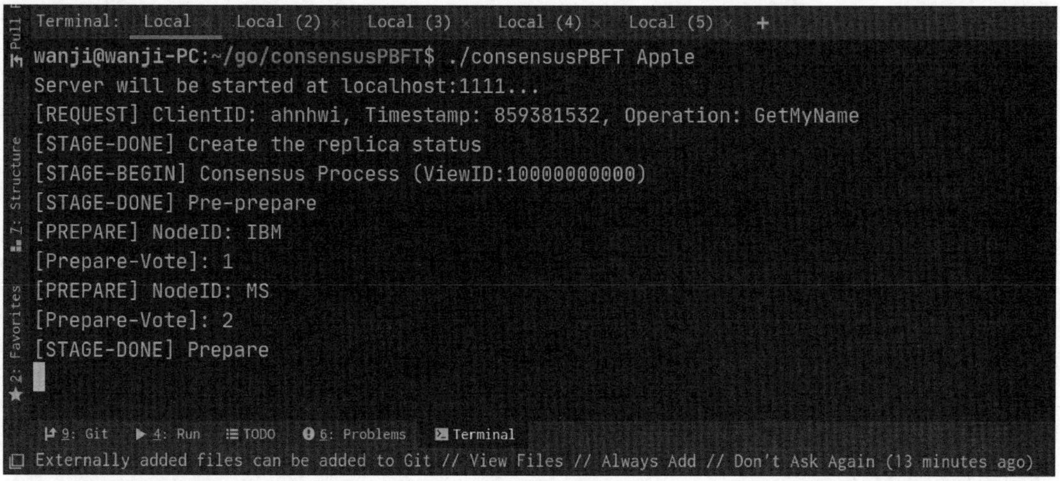

图 6.11　程序正常运行结果

视图转换将在主节点失效时仍然保证系统的活性。视图转换可由超时触发，以防止备份节点无限期等待请求执行。备份节点在收到一个有效请求但还未执行时，查看计时器是否正在运行，如果没有则启动计时器；当请求被执行时停止计时器。如果计时器超时，则将视图转换的消息向全网广播。

各个节点收集视图转换信息，并发送确认消息给视图 $v+1$ 中的主节点。新的主节点收集视图转换和视图转换确认消息（包含自己的信息），然后选出一个检查点作为新视图处理请求的起始状态，即从检查点集合中选出编号最大（假设编号为 h）的检查点。接着，主节点会从 h 开始依次选取 h 到 $h+1$（1 是高低水位之差）之间的编号 n 对应的请求在新视图中进行预准备，如果一条请求在上一视图中到达确认阶段，主节点则选取该请求开始在新视图中进行第三阶段。但是如果选取的请求在上一视图中并未被准备，则其编号 n 可能不被同意，需选择在新视图中作废这样的请求。

本章小结

共识算法是影响区块链发展的核心技术。近年来，通过业界和学术界的不断努力和创新，区块链共识算法进入快速发展、百花齐放的时期。本章概述了共识算法的发展历程，分别选取证明类、拜占庭类、故障容错类和混合类共识中典型的共识算法进行分析，采用 Go 语言编程实现了基本的 PoW 和 PBFT 共识算法，并简要阐述了这些共识算法的原理，为深入理解和应用区块链系统打下基础。

习题 6

1. 共识算法的作用是什么？区块链为什么要使用共识算法？
2. 共识算法分为哪些类型？请简述 PoS 共识算法的原理。
3. 什么是挖矿？挖矿存在哪些优缺点？
4. 什么是权益证明？其有何优势？
5. 什么是共识过程中的分叉？如何减少分叉的出现？
6. 什么是拜占庭故障？拜占庭故障节点是否可以发送错误信息？
7. 什么是 PBFT 共识算法？请简述其原理。
8. PBFT 共识算法能否用于节点数量较多的场景？为什么？
9. 现有区块链共识算法存在哪些方面的技术瓶颈？请提出建议。
10. 请使用 Go 语言编程实现 PoW 共识算法。

第二篇

原理与开发篇

第7章 区块链系统架构

区块链作为比特币的数据技术，本质上是在没有第三方监管机制的情况下，通过集体共识方式，维护一个可信数据库的技术方案。2015 年以来，区块链技术从金融账本数据库独立演变为一个在互联网缺乏诚信机制情况下的新型价值互联网基础设施和通用的可信数据存证、追溯和数字治理技术。针对这一具有独立性、融合性、学科性的技术，本章将以区块链技术体系架构为核心，对区块链各层关键技术进行概要介绍，使读者对区块链技术基础建立综合性的理解和认识，各层知识将在后续章节中详述。

7.1 区块链架构设计原则

区块链技术已经表现出极大的成长空间和更广泛的前景，但不可否认的是，该技术在技术成熟度以及服务落地模式等方面仍处于起步阶段。人们在概念认证和市场培育方面倾注了更多精力。而依托于政策监管和技术标准，包括引入监管规范、法律规定和技术标准，也是目前区块链发展的重点。

目前业界普遍认为区块链技术可以分为 3 代，如图 7.1 所示，区块链技术已经从 1.0 时代过渡到 3.0 时代。区块链 1.0 时代称为可编程货币时代，以比特币为代表，主要解决货币和支付手段的分散管理问题。区块链 2.0 时代称为可编程金融时代，以融合了智能合约的以太坊为代表，更加宏观地为整个互联网应用市场进行数字资产定义和交易转移，而不仅为数字货币的流通。区块链技术可以实现更多数字资产的转换，从而创造数字资产的价值。所有金融交易和数字资产均可在区块链上转换和使用，包括股票、私募股权、众筹、债券、对冲基金、期货和期权等金融产品，或数字版权、证书、身份记录和专利等数字记录。区块链 3.0 时代称为可编程社会时代，是区块链广泛应用于数字经济时代、发挥数字治理作用的时代，也是区块链技术和实体经济、实体产业相结合的时代，将链式记账、智能合约和实体领域结合，发挥区块链潜在的巨大价值。

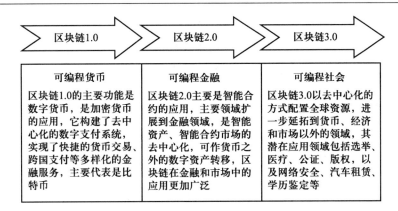

图 7.1　区块链技术的发展

无论区块链技术如何应用和实施，都应当遵循一些基本原则。下面详细介绍在第 1 章中提出的区块链设计七原则，这些原则是区块链系统设计与开发的重要原则，需要深刻理解和创新应用。

7.1.1　网络诚信

网络诚信是指在区块链网络中的两个节点之间能够互相信任，可以直接进行价值交换。在网络中进行价值交换时，最核心的问题就是安全问题，必须保证价值传输的唯一性，避免双重花费。在现实生活中，人们往往通过银行等金融中介机构来保证交易安全性。然而，通过金融中介机构进行的价值转移，在增加交易双方摩擦成本的同时，也大大降低了整个价值交换的效率，并且在这一交换过程中依然无法避免和判断中介是否存在恶意行为。

区块链通过加密技术及共识算法所建立的共识系统，通过向数据添加时间戳验证价值的唯一性。通过确保价值在时间上的唯一性，避免了系统中的双重花费问题。

网络诚信将公众对中介的信任转移到对区块链网络的信任，通过系统的代码协议所形成的信用，比由人组成的机构更加安全可信，并且通过区块链直接进行价值交换，更加具备高效性和安全性。

7.1.2　分布式自治

作为一个分布式系统，区块链构建了一个点对点网络（P2P 网络），从而建立了真正意义上的平等合作网络，不再有集中式的控制系统，也不再有独立的控制点，某个节点被破坏也不会影响整个网络系统的正常工作，任何参与者均不能关闭系统。

目前，大多数互联网系统以集中方式运行，集中控制系统的所有权和使用权。这些系统在收集海量用户数据时，未经用户许可随意存储和分析用户数据，达到谋取私利的目的。虽然已经发布了一些隐私保护协议，但并不能从根本上解决问题，因为系统的所有权和使用权均由中心化企业或机构牢牢控制。

利用分布式网络技术，在国内外数千台计算机中成功构建了知识产权数据库系统。区块链已经无处不在，所有人均能下载区块链的副本。区块链中的每个交易都将经由互联网进行广播，并实现了事后认证。因此整个流程既无须经过集中式第三方机构，也无须在集中式服务器中保存数据。而分布式网络也可以真正将权力下放给大多数公众，系统规范可以为每个参与者建立并执行，从而克服了当前集中式机构中的信任危机和合规性问题。

7.1.3　价值激励

区块链网络将所有参与系统维护的利益相关者集合到一起，并为这些系统参与者和维护者提供足够的价值奖励，实现"有付出就有回报"，这也正是区块链系统中所强调的激励机制。

在现实互联网系统中，每个用户每时每刻都在为系统贡献自己的数据。在当今大数据时代，数据即代表价值。互联网系统通过分析这些数据牟取利益，用户不仅没有得到相应的回报，反而成为相关受害者。因为数据一旦发生泄露，用户本身将遭受潜在且巨大的经济损失，例如电话诈骗、密码泄露等。用户遭受经济损失时，对互联网系统也产生了信任危机，不再愿意将自己的数据交给互联网系统，最终导致互联网系统无数据可用，从而影响了长远发展。

区块链网络通过增加激励机制，使每个为网络发展作出贡献的人都能获得回报。以比特币为例：比特币网络中产生的每个区块都会奖励创造者新的比特币。因为参与者手中持有比特币，他们希望自己的比特币变得更有价值，于是更有动力去保证整个系统的成功运行。此外，通过经济规则的制定与整合，使得作恶的经济成本远高于积极合作的成本，后者也获得了巨大利润。这种良性循环将每个系统参与者的利益绑定到整个平台，真正实现了互利共赢。

7.1.4　安全性

区块链采用共识算法和密码学中的非对称加密技术，在产生新区块和新交易时，都需要广播到整个区块链网络，使整个网络的参与者共同验证其合法性，从而保证区块中每笔交易的真实性和不可抵赖性。每个进入区块链网络的人必须使用加密技术，保证了加入区块链的每个人的安全性。

目前的互联网没有对个人、机构和经济活动加强安全保护。通常情况下，用户只能依靠自己的密码保护个人信息，而服务提供商无法提供更好的保护措施，导致数据容易被黑客破解和数据泄露，造成巨大损失。

区块链网络通过非对称加密技术确保系统安全。非对称加密技术为数据提供公钥和私钥。用户持有可以控制个人财产的密码学私钥，只有私钥可以控制数据。除非用户泄露其私钥，否则黑客无法获取私钥。

区块链真正通过加密算法与安全技术保证了个人数据的安全，区块链的安全性保护措施能够使人们更好地保护私人数据。

7.1.5　隐私保护

人们应当能够控制所拥有的数据，并且应当能够决定何时何地分享关于身份的何种信息。如上所述，目前的互联网系统大多采用集中式架构，导致人们的个人数据存储在公共或私有的中央数据库中，其他人可以在本人不知情的情况下收集和使用其数据。

在区块链中，隐私可以分为两类。其一是身份隐私，指用户身份信息与区块链地址之间的关联。区块链地址是用户在区块链系统中使用的假名，通常用作交易的输入账户或输出账户。在区块链系统中，地址由用户生成，与用户的身份信息无关。用户创建和使用地址无须第三方参与。因此，与传统账户（例如银行卡号）相比，区块链地址具有良好的匿名性。但是，当用户使用区块链地址参与区块链业务时，可能泄露一些敏感信息，例如区块链交易在网络层的传播轨迹，这些信息可能被用于推断区块链地址对应的真实身份。其二是交易隐私，指存储在区块链中的交易记录以及交易记录背后的数据。在早期区块链数字货币应用中，交易记录通常是公开的，不需要额外的保护措施。然而，随着区块链技术在银行等金融领域的应用，交易记录属于重要的敏感数据，需要采取额外措施限制未授权用户的使用。

面对这些隐私保护问题，区块链有着天然的优势。P2P 网络难以被网络窃听，区块链技术支持匿名交易，去中心化架构可以有效应对网络攻击。

7.1.6　权利保护

每个人都有与生俱来的、不可剥夺的权利，这些权利应当得到保护。在互联网中，没有办法保证著作权、专利权等人身权益不受侵犯。由于互联网的高速传播和可复制性，个人权益无法得到保障。

在区块链中，代码取代文本成为新的合同形式。通过对智能合约进行编码，规则或法律可以实现数字化。用户使用自己的私钥签署合同，只有满足相应的条件，合同内容才能执行。当一切权力与责任法律均被确认为一个公认程序时，法学上难以确定的事物就会转变为能够证明并拥有数学准确性的事物。

7.1.7　包容性

区块链网络中人人平等，经济发展的最佳状态就是包容所有人，降低参与门槛。在现实世界中，社会一直在发展，但许多人无法享受到社会发展的红利。包容性也意味着更全方位的科技覆盖，不仅针对科技前沿的中高端用户，也针对相对贫困的用户。

在区块链中每个节点都是平等的，无关社会地位，无论政界高官还是普通百姓都要遵守同样的规则，履行相关义务。每个人都可以参与整个区块链网络的建设，无须提供现实社会中的某些真实身份信息。

显而易见，社会霸权、经济霸权、性别歧视、种族歧视等人类面临的十分尖锐的社会矛盾在区块链中都有可能被解决，从而营造一个更加公平和诚信的社会。

7.2　区块链系统的层次结构

如图 7.2 所示，区块链系统通用的体系结构自下而上可分为数据层、网络层、共识层、激励层、合约层、应用层。

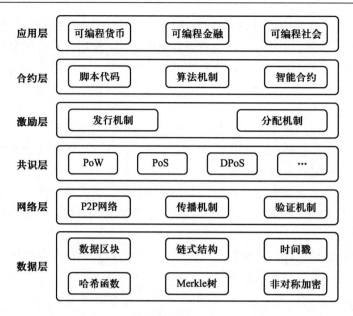

图 7.2　区块链的体系结构及主要内容

7.2.1　数据层

数据层封装底层数据区块及其相应的数据加密和时间戳等技术，主要包含以下内容。

1．数据结构

区块链的数据结构为区块相连组成的链表，如图 7.3 所示。

图 7.3　典型链式构造

区块是指一个包含在公开账簿系统（区块链）中的集成所有交易信息的容器数据结构，经过抽象后在计算机编程语言中，上部分是一个对象、一种结构体、一个类型，下部分则是一个区块变量的实例。

```
type Blockstruct{
    Number    string    //区块号
    PreHash   string    //前一个区块的哈希值
    Hash      string    //自身的哈希值
    Value     string    //携带的数据
    Create    string    //创建的时间戳
}
```

2．哈希函数

哈希函数是指将哈希表中元素的键值映射到该元素存储地址中的函数。也就是说，输入任意长度和任意内容的数据，哈希函数输出固定长度和固定格式的结果。

在区块链中，哈希函数用于快速验证和防止篡改。快速验证表示哈希函数生成区块链中各种数据的摘要。在比较两个数据是否相等时，只需比较其摘要即可。例如，要比较两个交易是否相等，只需比较二者的哈希值，这种方式既快速又简便。防止篡改是指确保其在传输过程中不被篡改，只需同时传输其摘要即可。接收数据的人员将重新生成数据摘要，然后比较传输的摘要和生成的摘要是否相等，如果相等，则表示数据在传输过程中未被篡改。

3．非对称加密

非对称加密算法是一种密钥方法，需要两个密钥：公钥（public key）和私钥（private key）。公钥和私钥是一对密钥。如果公钥用于加密数据，则只能使用相应的私钥解密数据。由于加密和解密使用两个不同的密钥，因此该算法称为非对称加密算法。

在区块链体系中，非对称加密技术不仅用于用户身份辨识和资金使用权认证，还用于数字资产地址的生成、资金使用权的确定以及数字资产的流转。因此，在比特币中，公钥等同于人们的银行账号，而私钥密码等同于人们的银行卡密码。在转账操作期间，一个重要输入是人们的银行账户，即使用公钥加密。当人们收到转账消息时，需要输入密码来验证转账是否成功，即使用私钥进行验证。

4．时间戳

时间戳是指每个节点的本地时间戳。时间戳的存在使得区块中的交易信息不可更改，可以作为交易凭证中十分重要的信息。因为时间戳被写入区块，所以在哈希值计算期间，父区块的时间戳将被包含在哈希中，从而形成先前时间戳的“增强”。区块一旦链接到区块链，将成为整个网络中所有节点的“公共账本”，难以篡改。

5．Merkle 树

Merkle 树是区块链存储验证交易的重要数据结构——一类基于哈希值的二叉树或多叉树，其叶节点中的值通常为数据块的哈希值，非叶节点中的值是其所有子节点的组合结果的哈希值。如图 7.4 所示，节点 A 的值必须通过节点 C、D 的值计算得到。叶节点 C、D 分别存储数据块 001 和 002 的哈希值，非叶节点 A 存储其子节点 C、D 的组合哈希值，该类非叶节点的哈希值称作路径哈希值，而叶节点的哈希值是实际数据的哈希值。

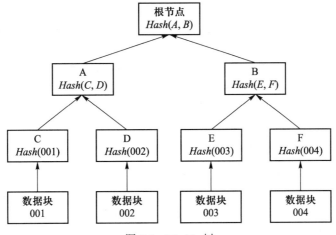

图 7.4　Merkle 树

在计算机领域，Merkle 树大多用于进行完整性验证处理。在处理完整性验证的应用场景中，尤其在分布式环境下进行该类验证时，Merkle 树会大大减少数据传输量以及计算复杂度。例如，若 C、D、E 和 F 存储一组数据块的哈希值，当将这些数据从 Alice 传输到 Bob 后，为了验证传输到 Bob 的数据完整性，只需验证 Alice 和 Bob 所构造的 Merkle 树的根节点值是否一致即可。如果一致，则表示数据在传输过程中没有发生改变。假如在传输过程中，E 对应的数据被人篡改，通过 Merkle 树很容易定位找到（因为此时根节点、B、E 所对应的哈希值均发生变化），定位的时间复杂度为 $O(\log(n))$。比特币的轻量级节点所采用的 SPV 验证正是利用 Merkle 树这一优点。

利用一个节点出发到达 Merkle 根所经过的路径中存储的哈希值，可以构造一个 Merkle 证明，验证范围可以是单个哈希值等少量数据，也可以是扩展至无限规模的大量数据。Merkle 树被应用于交易存储中，每笔交易都会生成一个哈希值，然后不同哈希值向上继续作哈希运算，最终生成唯一的 Merkle 根，并将该 Merkle 根放入数据块的区块头。利用 Merkle 树的特性，可以确保每笔交易均不可伪造以及不存在重复交易。

假如需要验证数据块 003 所对应的交易包含在区块中，除 Merkle 根外，用户只需要节点 A 对应哈希值 $Hash(C, D)$ 以及节点 F 对应的哈希值 $Hash(004)$。除数据块 003 外，无须其他数据块所对应的交易明细。通过 3 次哈希计算，用户即可确认数据块 003 所对应的交易是否包含在区块中。实际上，区块包含如图 7.4 所对应的 Merkle 树，并且区块所包含的 4 个交易的容量均达到最大值，下载整个区块可能需要超过 400 000 B。而下载两个哈希值加区块头仅需 120 B，可以大幅减少传输量。

7.2.2　网络层

网络层包括分布式的组网机制、数据传播机制和数据验证机制等，主要包含以下内容。

1．P2P 网络

点对点技术是一种新型网络技术，它依赖于网络中参与者的计算能力和带宽，而非将依赖集中在几台服务器上。

在区块链中，P2P 网络的应用可以实现去中心化，区块链的资源和服务分布在所有参与节点中。区块链网络具有以下特性。

（1）一致性：在不存在中心系统的情况下，区块链网络通过共识机制保持网络的一致性。

（2）可扩展性：区块链节点能够自由加入和退出，网络系统能够根据节点自由扩展。

（3）稳健性：由于区块链网络不含中心节点，因此不存在攻击对象。参与节点分布在网络中，部分节点损坏对区块链系统无影响。

（4）隐私保护：区块信息采用广播机制，广播初始节点无法定位，防止用户通信被监控，从而保护用户隐私。

（5）负载均衡：区块链通过限制节点连接数来避免资源负载和网络拥塞。

2．传播机制

任何区块数据产生后，将由生成该数据的节点广播到全网其他所有节点加以验证。目前的区块链系统大多针对现实应用需要设计了比特币传播协议的变体。以太坊区块链集成了所谓的 GHOST 协议，解决了区块数据快速确认带来的低效率和安全风险。

3．验证机制

P2P 网络中的每个节点都在不断监听网络中广播的数据和新区块。节点从相邻节点接收数据时，首先验证数据的有效性。如果数据有效，则按照接收顺序为新数据创建存储池，以临时存储尚未记入区块的有效数据，同时继续向相邻节点转发。如果数据无效，则立即丢弃该数据，以确保无效数据不会继续在区块链网络中传播。

7.2.3　共识层

共识层封装网络节点的各种共识机制算法，共识机制算法也是整个区块链的核心，因为其决定了区块的产生方式，而记账决定方法则会影响整个体系的安全与可靠性。

通俗地讲，保证区块链中各个区块在互相通信的过程中维护数据一致性的过程即为达成共识。所谓共识，是指人们就某件事的理解达成统一，在区块链中通过共识算法完成讨论问题的过程。

目前区块链中常见的共识算法包含以下类型。

1. PoW

PoW（工作量证明）从字面意思来说，是指工作量越多则话语权越大，类似于"多劳多得"的概念。以比特币为例，比特币挖矿通过计算符合某个比特币区块头的哈希值争夺记账权，而该计算过程是一个无法取巧的过程，只能通过计算机穷举的方法计算。因此挖矿者进行的计算量（工作量）越大，其尝试解答问题的次数越多，得到正确答案的概率就越大，从而有较大概率获得记账权。

在 PoW 共识算法下，许多节点进行挖矿，每个节点均有可能挖出一个区块。新区块被挖出后，随之要被广播到其他节点，其他节点根据自己的验证方式验证新挖出的节点是否合法，被确认合法后则会并入主链。图 7.5 为使用 PoW 共识算法选出胜出块。

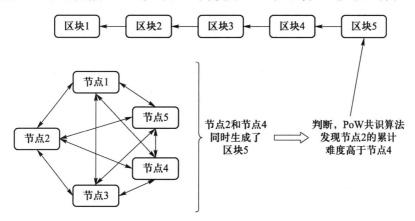

图 7.5　使用 PoW 共识算法选出胜出块

PoW 共识算法具有以下优点。

（1）通过挖矿的方式发行币，实现了相对公平。

（2）机制设计独特，例如动态调整挖矿难度系数，区块奖励逐步减半。

（3）早期投入较早，收益巨大，初期促使了加密货币快速发展，节点网络快速扩展。

PoW 共识算法具有以下缺点。

（1）PoW 机制纯粹依赖算力，需要计算机硬件（CPU、GPU 等）消耗大量能源，与可持续发展原则相悖。

（2）因为巨大算力导致挖矿群体和比特币社区完全分离，而某些矿池的巨大算力已经形成一个中心，这和比特币去中心化的思路背离。

（3）随着难度越来越大，当挖矿成本大于挖矿利润时，挖矿积极性就会下降，算力会急剧减少。

（4）安全性较低，例如容易遭受大于 51% 算力攻击。

2. PoS

PoS（权益证明）没有挖掘过程，但在创世区块中指定权益分配比例，然后通过转账和交易逐渐分配到用户的钱包地址，并通过"利息"以相同方式添加新货币。从字面意思来说即股份越多则话语权越大，和现实中的股份有限公司类似。

PoS 共识算法具有以下优点。

（1）缩短了共识达成时间。

（2）无须挖矿消耗大量能源。

（3）作弊得不偿失，因为作弊结果往往是拥有股权越多的人损失越多。

PoS 共识算法具有以下缺点。

（1）攻击成本低，只要拥有股权，节点即可进行脏数据的区块攻击。

（2）拥有股权多的节点获得记账权的概率更大，导致网络共识受少数富裕账户支配，失去公平性。

3. DPoS

DPoS（委托权益证明）在 PoS 的基础上提出"超级节点"的概念，超级节点可以生成区块。

具体原理是：每个持股节点均可投票选举超级节点，得到总同意票数中的前 n 位候选者当选超级节点，n 值需要满足至少一半参与投票的节点认为 n 已充分去中心化，超级节点彼此的权利完全相等，并且超级节点的候选名单定期更新。被选出的超级节点按照一定算法随机排列，每个超级节点依次在给定时间生成区块，如果未能及时生成区块，则交给下一个超级节点。图 7.6 为使用 DPoS 共识算法选出胜出块。

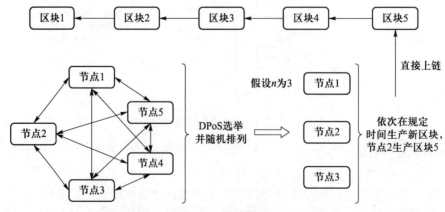

图 7.6 使用 DPoS 共识算法选出胜出块

在某种程度上，DPoS 类似于议会制。一旦代表无法完成工作（轮到时无法生成块），则将被删除，而网络会选举新的超级节点取而代之。

DPoS 共识算法具有以下优点。

（1）能耗更少，通过 DPoS 机制使节点数量进一步降低至 n 个，同时降低了网络运营成本。

（2）更加去中心化，选举得到的 n 值必须充分体现去中心化。

（3）避免 PoS 记账权由富裕节点把控。

（4）确认速度更快，由选出的超级节点进行确认，而非持股节点。

DPoS 共识算法具有以下缺点。

（1）无法保证每个持股节点均参与投票选举，并且投票选举需要一定时间。

（2）选举得到的超级节点可能代表性不强。

7.2.4　激励层

激励层将经济因素融入区块链技术体系。其用途为提出相应的鼓励举措，引导节点参加区块链中的安全认证，引导合乎规则的节点加入记账，处罚不合乎规则的节点。激励层主要包含以下内容。

1．激励规则

激励规则是指产品或社区事先制定的奖励规则，其经济规律的合理性、稳定性和自我维护性对区块链制度的成功起到至关重要的作用。以比特币系统为例，在每个区块发行时奖励的比特币数量随时间增长将逐步下降。包括创世区块在内的前 21 万个区块都将向该区块的记账人员发放 50 个比特币。此后，每隔 4 年（21 万个区块）比特币发行数量将减少一半，直到比特币数量稳定在 2 100 万的上限。为了保证区块生成时间稳定在 10 分钟左右，比特币会定期调整难度系数，稳定区块出块时间。

比特币交易期间将收取手续费，默认手续费为 1/10 000 个比特币。该部分费用也将记录在区块中，并奖励给记账员。两项费用将封装在每个区块的第一笔交易中（称为 coinbase 交易）。虽然和新发行时奖励的比特币（通常不超过 1 枚比特币）相比，每个区块的总手续费较小，但随着未来奖励比特币的逐步缩减或暂停，总手续费也将逐步变成推动节点共识和记账方式的主要力量。同时，手续费能够阻止通过比特币网站进行大量小额交易的"尘埃"入侵，从而达到保护安全的效果。

2．分配机制

分配机制是经济规律的体现，是系统自我维护的关键。例如，在比特币体系中，大量计算能力较弱的节点通常选择加入矿池，并通过相互合作汇集计算能力，以增加"挖矿"到某个新区域的概率，从而共享该区块的比特币价值和佣金奖励。据 bitcoinmining.com 称，目前存在 13 种不同的分配机制。主流矿池则普遍使用 PPLNS（payper last N shares）、PPS（payper share）和 PROP（proportion）机制。

矿池将根据各个节点贡献的实际计算能力按比例分配为不同贡献份额。PPLNS 机制是指当得到区块后，由各个合作节点按照最后 n 份实际贡献份额比例，在区块中分发比特币；PPS 按照份额比例，直接为每个节点计量并提供相对稳定的理论收益率，使用该方式的矿池将获取合理手续费，并补偿其对每个节点所承受的收入不确定性风险；PROP 机制按照节点贡献份额比例分享比特币。

矿池的出现减少了比特币等虚拟数字货币的挖矿困难，同时大大降低了挖矿门槛，真正实现人人均可参与的挖矿理念。但其弊端也显而易见，由于计算能力均直接连接到矿池，矿池将掌握极其庞大的计算能力资源。在比特币世界中，计算能力即代表记账权。如果单个矿池的计算能力达到50%以上，则很容易对类似的比特币等虚拟数字货币发动51%攻击，后果将十分严重。

（1）垄断开采权：矿池算力超过50%时，如果发动51%攻击，将能轻易占据全网全部有效算力，可使掌握剩余49%算力的矿池颗粒无收，瞬间退出竞争并倒闭破产。

（2）垄断记账权：可通过51%攻击进行双重花费等行为，将一笔钱多次使用，从而直接摧毁比特币等的信用体系。

（3）垄断分配权：由于单个矿池通过51%攻击占据全网算力，能够快速排挤剩余矿池使其倒闭。由于缺乏竞争，矿池便可自行进行收益分配，对矿工收取高额手续费等苛捐杂税。

7.2.5 合约层

合约层封装区块链系统生成的各种脚本代码、算法以及更为复杂的智能合约。如果数据层、网络层和共识层作为区块链底层的"虚拟机"，分别承担数据表示、数据传播和数据验证的功能，那么合约层就是基于区块链虚拟机的业务逻辑和算法，是实现区块链系统灵活编程和数据操作的基础。

由于区块链的每个区块具有可编程和可嵌入的代码特性，合约层包括脚本、算法和智能合约，可以简单理解为用户自定义的电子合同。其之所以被称为智能合同，是因为当约束条件满足时，合同可以自动触发并执行，无须人工干预，或当条件不满足时合同自动终止。理论上，其可触发所有预先约定的条款的执行，这也是区块链能够解放信用体系的核心技术之一，而之前的区块链不含这一层。因此，原有区块链只能用于交易，不能用于其他字段或其他逻辑处理。然而，合约层的出现使得区块链在其他领域的应用成为可能。第二代区块链以太坊的这一部分包括以太坊虚拟机（EVM）和智能合约。合约层主要包括以下内容。

1. 脚本代码

比特币系统采用一种简单的、基于堆栈的、从左到右的脚本语言，而脚本本质上是附加到比特币交易的指令列表。输入脚本包含两个将两个长数字推送到堆栈中的操作；输出脚本中的两行对应于上述两个输出，每个输出均有自己单独的脚本。图7.7为比特币交易中脚本的输入输出案例。

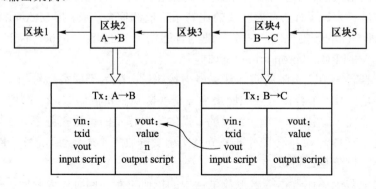

图 7.7　比特币交易中脚本的输入输出案例

　　下面从几个不同形式的脚本详细介绍交易验证流程。

　　（1）P2PK（pay to public key）：首先可以看到输入脚本（input script）包含的语句是一个签名，代表 B→C 交易需要 B 的签名。其后输出脚本（output script）包含两条语句，第 1 条语句是上一次交易的输出 B 的公钥，第 2 条语句检查输入签名和输出公钥是否相等。执行过程为依次将输入输出语句压入栈，最后执行 checksig 语句判断栈内两个元素是否相等，相等即交易合法，不相等即交易非法。图 7.8 为 P2PK 脚本执行。

图 7.8　P2PK 脚本执行

　　（2）P2PKH（pay to public key hash）：首先可以看到输入脚本（input script）包含两条语句，第 1 条是签名，代表 B→C 交易需要 B 的签名，第 2 条是输入的 B 的公钥。其后输出脚本（output script）包含 5 条语句，第 1 条是复制栈顶元素，第 2 条是对栈顶元素求哈希，第 3 条是上一次交易中 B 的公钥，第 4 条是比较栈顶和次栈顶元素是否相等，第 5 条是比较公钥和签名是否相等。脚本执行过程中，依次将输入输出语句压入栈中执行，经过两次验证后，得出交易是否合法的结论。图 7.9 为 P2PKH 脚本执行。

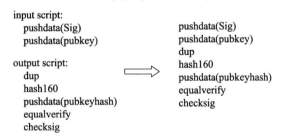

图 7.9　P2PKH 脚本执行

　　（3）P2SH（pay to script hash）：与前两种形式相比增加了一个赎回脚本（redeem script）的概念，即当交易发生时，输出脚本给出的不是收款人公钥的哈希，而是收款人提供的某个脚本的哈希，该脚本即称作赎回脚本。将来花费这笔钱时，输入脚本中要给出该赎回脚本的具体内容，同时给出令赎回脚本能够正确运行所需的签名。赎回脚本的形式分为 P2PK 形式、P2PKH 形式和多重签名形式，下面以 P2PK 形式为例。首先赎回脚本形式同 P2PK 脚本中的输出脚本一致，其后输入脚本的第 1 条语句是一个签名，代表 B→C 交易需要 B 的签名，第 2 条语句是序列化赎回脚本，赎回脚本的内容为给出收款人公钥。输出脚本的第 1 条语句是计算哈希，第 2 条语句是赎回脚本。然后将输入输出脚本进行拼接并依次压入栈中进行两个阶段的验证。第 1 阶段首先将输入脚本的签名压入栈，然后将赎回脚本压入栈，随后执行求哈希操作，得到赎回脚本的哈希值。这里 RSH 是指 redeem script hash，即赎回脚本的哈希值。下面还需将输出脚本中给出的哈希值压入栈，这时栈中即存在两个哈希值。最后使用 equal 语句比较两个哈希值是否相等，如果不相等则失败，如果相等，两个哈希值将从栈顶消失，至此第 1 阶段的验证结束。第 2 阶段首先将输入脚本提供的序列化赎回脚本进行反序列化，由每个节点自行完成。然后执行赎回脚本，首先将公钥压入栈，然后使用 checksig 语句验证输入脚本中给出签名的正确性。验证通过后，整个过程才算执行完成。图 7.10 为 P2SH 脚本执行。

使用P2SH实现P2PK

```
redeem script:                              第1阶段验证              第2阶段验证
    pushdata(pubkey)
    checksig

input script:                               pushdata(Sig)
    pushdata(Sig)                           pushdata(seriRS)      pushdata(pubkey)
    pushdata(serialized redeemScript)  ⟹   hash160           ⟹   checksig
                                            pushdata(RSH)
output script:                              equal
    hsah160
    pushdata(redeemScripthash)
    equal
```

图 7.10　P2SH 脚本执行

2．智能合约

智能合约是一种事件驱动的、有状态的、多方识别的程序，运行在可信共享的区块链账本中，可根据预设条件自动处理账本中的资产。智能合约的优点是以程序算法代替人工仲裁和执行合约。图 7.11 为智能合约模型。

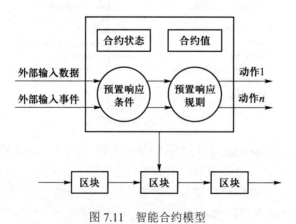

图 7.11　智能合约模型

例如，以太坊智能合约执行模型是一个以太坊虚拟机（Ethereum virtual machine，EVM），如图 7.12 所示，EVM 是一个基于栈（stack）的虚拟机，字大小为 256 b，便于进行 Keccak256 哈希计算，栈的大小不超过 1 024 b。存储器（memory）是按字寻址的字节数组，除存储器外还有贮存器（storage），同样为按字寻址，与存储器不同的是，贮存器的内容会作为系统状态的一部分被一直保留。

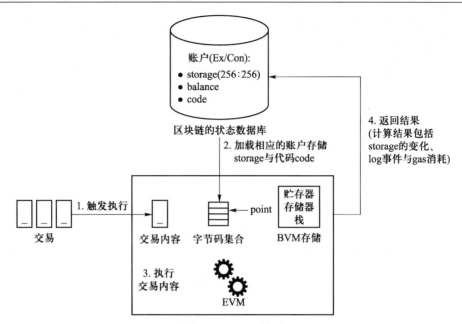

图 7.12　EVM 模型

交易计算需要由 EVM 完成,EVM 从区块链的状态数据库中读取相应的账户存储 storage 和代码 code 后,执行交易内容。EVM 设置了几种异常处理机制,包括非法指令和 out-of-gas(OOG)等。最后,EVM 对交易的计算结果会返回区块链的状态数据库,计算结果包括 storage 的变化、log 事件和 gas 的消耗。gas 用于保证 EVM 的安全,gas 消耗在 3 个方面:首先是指令计算,不同指令对 gas 的消耗不同;其次是消息调用与合约建立;最后是计算过程中存储器的使用。

节点生成区块时会从 txPool 中获取交易 tx,并按顺序处理每个交易。在处理交易前,节点为 statedb 构造快照 snap,然后调用 ApplyTransaction 处理交易,返回 receipt 和处理结果。交易成功则将交易和 receipt 放入区块,否则将 statedb 返回快照状态 snap。图 7.13 具体描述了 ApplyTransaction 的处理过程。

首先将交易转换为 msg,然后构造 EVM 的运行环境 vmenv,包括 msg、header、blockchain、author、statedb、config 和 vmcfg。通过 ApplyMessage 开始处理交易,根据不

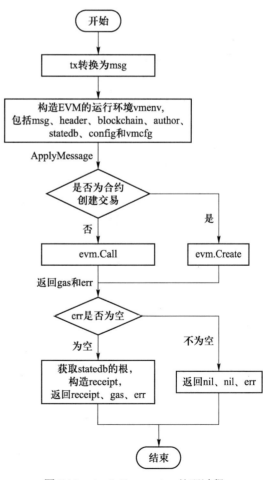

图 7.13　ApplyTransaction 处理过程

169

同交易执行不同的处理过程，如果是合约创建交易则调用 evm.Create，如果是其他合约交易则调用 evm.Call。以太坊中智能合约的代码使用的是低级的、基于栈的字节语言，称为"EVM code"。代码中每个字节代表一个操作。存储包括 3 个方面：stack、memory、storage（合约 account 自身附有的存储）。EVM 的状态包括 block_state、transaction、message、code、memory、stack、pc、gas 等。

7.2.6　应用层

应用层封装区块链的各种应用场景和案例，主要内容如下。

1．可编程货币

区块链 1.0：可编程货币。可编程货币是一种灵活的、几乎独立的数字货币。比特币是一种可编程货币，可以在互联网中传递价值。区块链构建了一个全新的数字支付系统，人们可以在其中进行无摩擦的数字货币交易或跨境支付。此外，由于区块链具有去中心化、不可篡改和可信的特点，可以确保交易的安全性和可靠性，同时对现有货币体系产生颠覆性影响。区块链 1.0 设置了货币的全新起点，但构建全球统一的区块链网络还有很长的路要走。

2．可编程金融

区块链 2.0：可编程金融。如果说可编程货币是为了实现货币交易的去中心化，那么可编程金融则可以实现整个金融市场的去中心化，这是区块链技术发展的下一个重要环节。与使用区块链作为虚拟货币的支撑平台不同，区块链 2.0 的核心理念是将区块链作为可编程的分布式信贷基础设施，以支持智能合约的应用。区块链的应用范围从货币领域扩展到其他具有合约功能的领域，交易内容包括房地产合同、知识产权、股权和债务凭证等。与此同时，以太坊、合约货币、彩色货币和比特股票的出现也表明区块链技术正逐渐成为推动金融业发展的强大引擎。

3．可编程社会

区块链 3.0：可编程社会。随着区块链技术的进一步发展，区块链应用将因其去中心化和去信任的功能而超越金融领域。区块链 3.0 不仅将其应用扩展到身份认证、审计、仲裁和投标等社会治理领域，还包括产业、文化、科学和艺术等。区块链技术通过解决去信任问题，提供了一种通用的技术和全球解决方案，即不再通过第三方建立信用和共享信息资源，从而提高整个领域的运营效率和整体水平。在该应用阶段，区块链技术将所有人和设备连接到一个全球网络，科学配置全球资源，实现全球价值流，推动整个社会发展进入智能互联新时代。目前，人们已经体验到越来越多的基于区块链的实体经济、政务和数字治理的应用。

7.3　几种典型的区块链架构

7.3.1　比特币区块链系统架构

比特币是区块链 1.0 的代表，其总体架构自下而上可以分为 5 层，如图 7.14 所示。

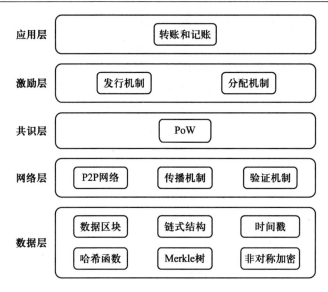

图 7.14　比特币区块链系统总体架构图

主要架构特点如下。

（1）**区块链**：由区块通过链式结构组成，不同于普通链表的指针指向某个地址，区块链的指针是哈希指针，指向前一个节点的哈希值。通过区块中内容的加密与哈希计算，以及区块内容的数字签名及增加时间戳印记，将交易数据构建成 Merkle 树，并计算 Merkle 树根节点的哈希值等。区块链的第一个区块叫作创世区块（genesis block），最后一个区块是最近产生的区块（most recent block），每个区块均包含指向前一个区块的哈希指针。一个区块的哈希指针是将前一区块的所有内容（包括其中的哈希指针）合并后取哈希值。如果有人改变一个区块的内容，后一个区块的哈希指针则无法对应，因为该指针根据前一区块的内容计算得到，以此类推，随之保留的最后一个哈希值也会发生变化。因此人们只需保存最后一个区块的哈希值，即可判断区块链数据是否改变。

（2）**P2P 网络**：比特币的 P2P 网络非常简单，所有节点都是对等的，节点间的数据传输通过 P2P 协议实现，任何节点均可随时加入或离开比特币网络集群，不存在所谓的超级节点。通过加入至少一个种子节点，P2P 网络会告知其对网络中其他节点的了解，这些节点通过 TCP 相互通信，有助于穿透防火墙。节点离开时无须执行任何操作，也无须通知其他节点，自行退出应用程序即可。其他节点没有收到退出节点的信息，一段时间后会将该节点删除。比特币网络的设计原则是简单、健壮而非高效。每当有一个新区块被发布，其他区块则需要验证该新区块的合法性，通过大多数区块的验证后即可上链。比特币中的每个区块时刻都在接收整个网络的广播信息，如果本节点的数据与多数节点的数据不一致，则更新自身数据。此外，数据具有不可篡改性。在 P2P 网络架构中，如果需要篡改数据，则需要改变网络中半数以上的节点，如果能够保证每个节点的数据的不可篡改性，那么整个网络的数据将难以被篡改。

（3）**PoW**：比特币挖矿是指通过计算符合某一比特币区块头的哈希值争夺记账权，而该计算过程是一个无法取巧的过程，只能通过计算机穷举的方法计算。因此挖矿者进行的计算量（工作量）越大，尝试解答问题的次数越多，得到正确答案的概率就越大，从而有更大概率获得记账权。比特币采用 PoW 共识算法（即挖矿），当同时有两个区块被挖出，整个网络的节点采用少数服从多数原则，选取大多数节点采用的账本，丢弃未被大多数节点采用的账本，从而达到最终一致性（又称最长链原则）。

（4）**数字签名**：比特币的数字签名是指仅由发起比特币转账的转出方生成的一段防伪造的字符串。通过验证该字符串，一方面证明该交易由转出方发起，另一方面证明交易信息在传输中没有被更改。

（5）**交易脚本**：比特币采用一种简单的、基于堆栈的、从左向右处理的脚本语言，而一个脚本本质上是附着在比特币交易中的一组指令的列表，包含输入脚本和输出脚本。通过脚本验证交易的合法性，即验证币的来源是否合法。

7.3.2 以太坊区块链系统架构

以太坊是区块链 2.0 的代表，通过融入智能合约技术，成为一个为去中心化应用程序而生的全球开源平台。图 7.15 是以太坊整体架构。

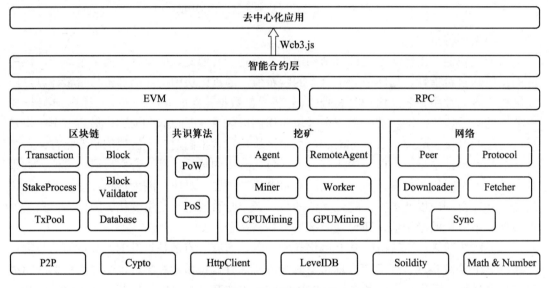

图 7.15 以太坊整体架构

以太坊架构的最大特点是加入了智能合约层。以太坊最上层为去中心化应用（DApp），它是整个区块链的展示层，通过 Web3.js 和智能合约层进行交换。例如以太坊使用的是 truffle 和 web3-js，区块链应用层可以是移动端、Web 端，或者融入现有服务器，将当前业务服务器作为应用层。所有智能合约均运行在 EVM 中，同时使用 RPC（即 A 通过网络调用 B 的过程）方法。

以太坊核心层位于 EVM 和 RPC 下方，包含以太坊的四大核心内容——区块链、共识算法、挖矿以及网络。以太坊基础层位于底部，除 DApp 外，其他所有部分均位于以太坊客户端中，目前最流行的以太坊客户端是 Geth（Go-Ethereum）。

以太坊的智能合约并非现实中常见的合同，而是存储在区块链中可以被触发执行的一段程序代码，这些代码实现了某种预定规则，是存在于以太坊执行环境中的"自治代理"。

以太坊智能合约实现了图灵完备性，实现了 EVM 智能合约运行虚拟机，因此极大扩展了区块链中应用的编程范围，具有巨大意义和价值。

以太坊被描述为一个交易驱动的状态机，它在某个状态下接收一些输入后，会确定地转移到一个新状态。具体来说，在一个以太坊状态下，每个账户拥有确定的余额和存储信息，当收到一组交易时，被影响账户中的余额和存储信息会发生变动，从创世区块开始不断收到交易，由此进入一连串新状态。每个区块包含区块头和交易，区块头结构如图 7.16 所示。当矿工将交易打包成块时将生成 3 棵树——交易树（交易显示在叶节点中）、收据树（交易生成的收据显示在叶节点中）和状态树（受交易影响的账户状态显示在叶节点中）。

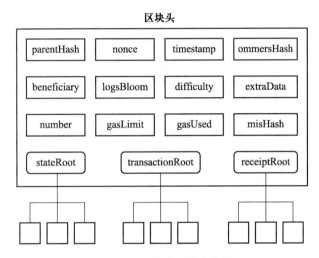

图 7.16　以太坊区块头结构

3 棵树求取哈希可以获得区块头中的 stateRoot、transactionRoot 和 receiptRoot 字段，从而建立交易和区块头字段的映射。其他用户收到一个区块时，可以根据区块中的交易计算收据和状态，计算 3 个根哈希，并使用区块头中的 3 个字段进行验证，以判断其是否为合法区块。交易树和收据树是 Merkle 树，状态树是 Merkle-Patricia 树。

与比特币区块链系统相比，以太坊将区块出块时间从 10 min 左右缩短到 15 s 左右，这对区块共识是一个巨大挑战。因为一个新区块若没有在 15 s 内扩散到整个区块链网络，则将面临分叉问题。比特币中分叉问题的产生是由于出块时间长，有足够的时间确认新区块，这在最长合法链原则下可以接受，但显然不适用于以太坊，因为以太坊的出块时间远优于比特币。因此以太坊引入 GHOST 协议，协议核心是为挖到的孤块（orphan block，ETH 称为 uncle block）同样给予出块奖励。如图 7.17 所示，当区块发生分叉时，图中同时有 3 个 $n+1$ 号区块被挖出，最后中间的区块作为主链被继续挖掘，随后挖出 $n+2$ 号区块，该区块即可包含之前分叉的 $n+1$ 号区块（即孤块）。每个被包含的孤块可以得到 7/8 出块奖励，而主动包含的区块可以得到 1/32 出块奖励，从图中看即 $n+1$ 号区块得到 7/8 出块奖励，$n+2$ 号区块得到 1/32 出块奖励。以太坊区块链中 7 代及以内的孤块均可得到奖励，超过 7 代的孤块将不会得到奖励，且奖励逐步减少。这是为了激励其他区块在发现最长链后尽快进行合并，同时避免某些矿工专门在之前的链上制造分叉后坐等被后续节点包含。

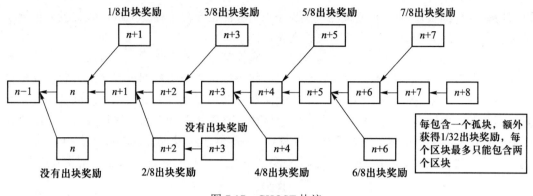

图 7.17　GHOST 协议

7.3.3　Hyperledger Fabric 区块链系统架构

Hyperledger 是一种开源协作，意在推动跨行业区块链科技的发展。这是一项国际性技术合作，内容涉及银行、金融服务、物联网、制造业、设备供应商以及科技的领导者。

Hyperledger Fabric 是 Hyperledger 中的一个区块链项目。和其他区块链技术相似，Hyperledger Fabric 同样包括一个分布式账本，使用智能合约系统，是一种可以通过每个参与者管理交易的系统。其创新性引入授权机制，设计了可插拔和可扩充功能，也是首个面向联盟链场景的开源项目。Fabric 系统架构如图 7.18 所示。

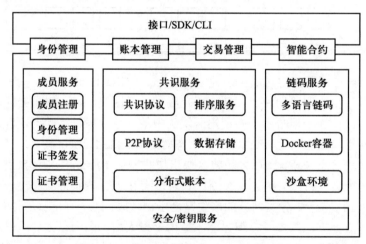

图 7.18　Fabric 系统架构

整体来说，Fabric 系统架构分为上下两层。高层为应用层，是应用程序与 Fabric 进行交互的媒介，主要包括以下功能。

（1）身份管理：联盟链充分考虑到商业应用对安全性、隐私、监管、审计、性能等的要求，并提高了准入门槛，成员需要获得授权才能进入互联网。Fabric 成员管理服务为整个区块链网络提供身份管理、信息安全、保密，以及可审计的金融服务。此外，成员管理服务利用公钥基础设施 PKI 以及去中心化共识机制，促使非授权的区块链发展为授权制区块链。

（2）账本管理：授权用户可以通过多种方式查询账本数据，包括根据区块号查询区块、根据区块哈希查询区块、根据交易号查询区块、根据交易号查询交易、根据通道名称查询区块链信息等。

（3）交易管理：账本数据只能通过交易执行才能更新，应用程序通过交易管理提交提案（proposal）并获取交易背书（endorsement）后，与排序服务节点（order）进行资料交换，最后打包形成区块。SDK 提供接口，可以利用用户证书本地产生的交易号，背书节点和记账节点校验是否出现重复交易。

（4）智能合约：实现"可编程账本"，通过链码执行提交的交易，实现基于区块链的智能合约业务逻辑。链码可以在提案交易中被调用以升级或查询账本。通过赋予适当权限，链码即可调用其他链码访问目标状态，不论是否位于同一通道。

底层为核心的区块链实现，主要包括以下功能。

（1）成员服务：成员服务提供方（member service provider，MSP）对成员管理系统进行抽象，主要为成员服务模块，包含成员注册、身份管理、证书签发、证书管理等功能，可以通过可插拔的 Fabric-CA 模块或第三方 CA 代替。

（2）共识服务：主要负责节点间共识协议、排序服务、P2P 协议、数据存储、分布式账本的实现，是区块链的核心组成部分，为区块链主体功能提供底层技术支持。

（3）链码服务：提供一系列接口，为智能合约实现带来便利，同时为配置、操作、部署创造环境。智能合约的实施过程依赖于安全的运行环境，以确保安全实施过程中与用户数据隔离。Fabric 使用 Docker 管理普通链码，并提供安全的沙盒环境与镜像文件库，可支持多种语言的链码。

（4）安全/密钥服务：安全问题是企业级区块链关系的问题，Hyperledger Fabric 专门定义一个 BCCSP（blockchain cryptographic service provider）标准，使其实现加密生成、哈希计算、签名验签、加密与解密等基本功能。

总的来说，Fabric 架构设计是模块化设计、可插拔架构。

（1）解耦了原子排序环节和其他复杂处理环节，从而减少了网络处理瓶颈，同时增加了可扩展性；解耦交易处理节点的逻辑角色，为背书支持多通道特性、节点（endorser）、确认节点（committer），并能够针对负载情况进行灵活部署。

（2）增加了电子身份证书管理服务，并作为独立的 Fabric CA 项目提供更多用途。

（3）不同通道间的数据相互分离，增加了隔离可靠性。

（4）支持可插拔架构，包含共识、授权管理、加解密、账本机制等模块，支持多种类型。

（5）引入系统链码实现区块链系统的处理，支持可编程和第三方实现。

7.4　区块链即服务

在建设价值互联网的区块链 3.0 时代，随着技术的不断发展，各行各业均受区块链赋能，享受区块链带来的非中心化管理、可溯源、透明可信、不可篡改等特点带来的优势。然而，区块链开发、部署及运维难度过大，对于普通计算机开发人员来说门槛过高。结合云计算方式，区块链即服务（blockchain as a service，BaaS）被提出，旨在利用云基础设施部署和管理的优势，在云端为用户提供区块链服务。本节对区块链即服务的产生背景与技术特点进行讲解，并简要介绍国内外区块链即服务的代表项目，帮助读者建立对该技术的理解。

7.4.1 区块链即服务介绍

云是对整个网络中可扩展资源的汇集和共享，可以理解为资源的抽象。云计算是一种通过云端提供基础架构、平台软件、应用服务等内容的交付方式，正在取代传统的本地硬布线、下载安装包并部署的方式，极大地方便了资源共享。在云计算领域中，通过提供资源的层级可以将云服务分类为提供底层硬件基础设施及配套网络与存储的基础设施即服务（infrastructure as a service，IaaS），提供运行系统、中间件及运行依赖库的平台即服务（platform as a service，PaaS），提供云端应用和数据托管服务的软件即服务（software as a service，SaaS）。它们的出现极大地完善了云服务生态系统，颠覆了传统的软件交付方式。

区块链技术自诞生以来，受到学界和工业界的大量关注。从技术本质上理解，区块链可以认为是密码学、P2P 网络、共识机制、智能合约等技术的综合，以非中心化管理、可溯源、透明公开、不可篡改为特点。在技术发展过程中，经历了以数字货币为代表的区块链 1.0 时代、以智能合约为代表的区块链 2.0 时代，到当前正处于的以建设价值互联网为目标的区块链 3.0 时代，区块链技术已经深入包括金融、司法、医疗、供应链管理、教育、政务等在内的多个产业。

然而，随着各行各业被区块链技术深入赋能，传统区块链技术的局限性也逐渐体现。对于普通行业及普通计算机从业者来说，由于缺少专业高性能的硬件、开发工具和配套开发生态的支持，区块链的开发、部署及运维难度过高，极大地限制了区块链技术的落地。为了解决这个问题，微软和 IBM 等巨头于 2015 年联合提出区块链即服务的服务模式，其本质上是一种新型云服务，即服务平台提供区块链开发所依赖的工具和生态环境。将区块链框架、开发工具、生态依赖等嵌入云平台，利用云基础设施管理和部署上的优势，用户通过租赁的方式从云端获取完备的区块链服务，显著降低了区块链技术使用的技术门槛与成本。

区块链即服务是区块链设施的云端租用平台，提供辅助建链以及区块链开发、部署、监控等工具的使用。区块链即服务技术利用云计算的思路改变了区块链服务的交付方式，基于降低区块链服务使用门槛的要求，区块链即服务技术需要满足以下特点。

（1）简单易用：利用开源区块链平台如以太坊、Hyperledger Fabric 等部署企业级区块链技术平台的难度过高，在要求部署人员具有专业区块链知识的同时，还需要进行复杂的配置。区块链即服务需要将复杂的配置与部署操作进行自动化封装，并提供整个生命周期的管理，将复杂烦琐的操作抽象成简单接口供用户调用，使用户更容易地使用区块链服务，更专注于上层业务流程的设计。

（2）安全可靠：区块链即服务从云端提供技术支持，需要设计完备的可信保证机制、原生云服务要求的数据隔离与管理机制、及时高效的崩溃处理与恢复机制等。核心安全技术包括加密方法、零知识证明、同态加密、海量存储支持等。

（3）灵活扩展：区块链即服务平台需要提供大量模块化接口集成不同的共识机制、智能合约等功能，支持开发者根据需要自定义选取配置，提高设计上的灵活性。

（4）完备运维：区块链即服务作为在云端远程提供的服务，更需要提供完备的平台监控报警功能和完善的运维机制，为用户区块链和链上合约应用提供全天候监控能力。

通过分析区块链即服务的特点，可以将区块链即服务技术的基础架构概括为图 7.19。

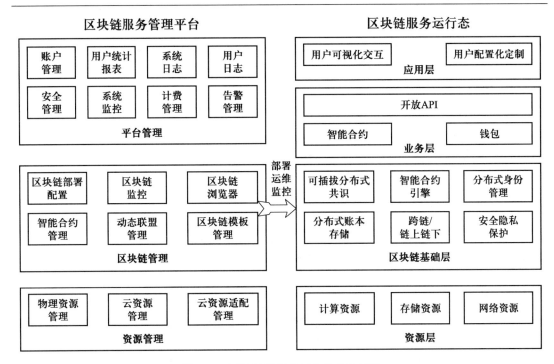

图 7.19 区块链即服务平台的总体架构

可以将区块链即服务平台抽象为两个部分：服务管理平台和服务运行态。

（1）服务管理平台提供对底层资源、云端区块链和服务平台的管理。底层资源管理包括对云端部署的虚拟化服务器、存储与网络设备等的管理；区块链管理负责区块链的灵活部署与配置管理、智能合约生命周期管理与对区块链系统的监控；平台管理则为用户提供通用管理服务，包括账户管理、监控模块、计费管理与使用日志报表的生成等。

（2）服务运行态是服务平台的运行时状态。资源层对应基础设施即服务中的计算、存储与网络设施；区块链基础层用于组成完整的区块链系统，可基于开源区块链系统构建，包括可插拔共识机制、多类型分布式账本存储、链上链下协同、多语言智能合约模块以及基于密码学的安全隐私保护等；业务层与应用层可以统一理解为针对不同场景需求设计功能完备的智能合约并提供解决方案。

区块链即服务技术发展至今已取得长足进步，然而其发展依然面临困难与瓶颈。受区块链技术本身的限制，当前区块链即服务的交易并发程度差，吞吐量受到限制，生态发展不足，操作难度依然较高。后续需要在链间并行机制、提升服务平台交易吞吐量等方面进行深入探究。

7.4.2 区块链即服务代表项目简介

2015 年，微软和 IBM 等巨头将区块链与云计算结合，联合提出区块链云服务的概念——区块链即服务技术。此后，微软联合多家大型银行和企业推出基于 Azure 的 Ethereum BaaS。IBM 将 Fabric 项目开源给 Linux 基金会后，利用其顶级开源区块链项目 Hyperledger，基于 Bluemix 宣布推出 BaaS 平台。2016 年，亚马逊云计算业务（AWS）紧随其后，与 DCG 达成合作，为企业提供 BaaS 实验环境。微软、IBM 和亚马逊在区块链即服务领域形成三足鼎立之势。近两年，国内云服务厂商也开始提供区块链即服务，例如 2017 年百度推出度小满 BaaS、腾讯与阿里云在 2018 年分别推出自己的 BaaS。下面分别以 IBM BaaS 和阿里云 BaaS 为例，简要介绍 BaaS 的代表性项目。

1. IBM BaaS

IBM BaaS 是 IBM 公司推出的区块链即服务平台，该平台基于 Hyperledger Fabric v1.0 和 IBM PaaS，使开发者更加专注于构建链上业务和开发应用业务逻辑，以便快速开发和部署，从而有效提升运维效率。其基础架构如图 7.20 所示。

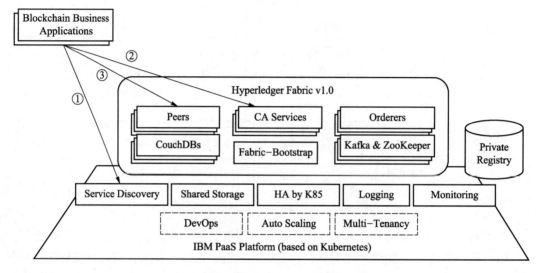

图 7.20　IBM BaaS 架构图

IBM BaaS 平台提供的功能服务和应用场景十分丰富，根据企业自身应用场景的需求定制区块链服务。IBM BaaS 提供开箱即用的区块链基础平台，支持多租户应用场景，具备共享存储资源、服务自动发现、日志及时监控、自动化运维等企业级功能。企业级应用往往需要区块链底层网络具备高可用性和高可扩展性，IBM BaaS 集成了 Docker 容器和容器管理工具 Kubernetes，支持故障节点及时恢复和负载均衡以应对服务随时可能发生的数据量高速增长。对于开发者来说，他们通常不愿直接接触复杂的底层区块链客户端，而是更希望集中资源和精力开发应用业务逻辑。IBM BaaS 提供了 SDK 和 CLI，方便企业级开发者快速利用，将区块链集成到自己的应用中。

2. 阿里云 BaaS

阿里云 BaaS 是阿里云团队推出的区块链技术平台服务，目前支持以太坊企业版 Quorum、Hyperledger Fabric 和蚂蚁区块链，致力于帮助企业用户构建更加安全稳定的生产级区块链服务，帮助开发者轻松部署、管理、开发、运维企业级区块链底层服务，支持同其他云服务快速整合，使开发者更加专注于应用的核心业务，实现应用服务快速上链。

阿里云 BaaS 基于容器管理服务 Kubernetes 集群，利用阿里云在云计算、安全、开发与运维、数据库服务、大数据等方面的基础设施优势，为企业用户提供公共云和专有云服务。其支持基于通道技术实现业务隔离，账本数据仅被业务通道内的组织共享，其他非通道内成员无法知晓账本数据。阿里云 BaaS 可应用于各行各业，业务应用场景十分丰富，例如数字版权保护、商品防伪溯源、数字资产交易、供应链金融、资产证券化、数字身份认证等。其基础架构如图 7.21 所示。

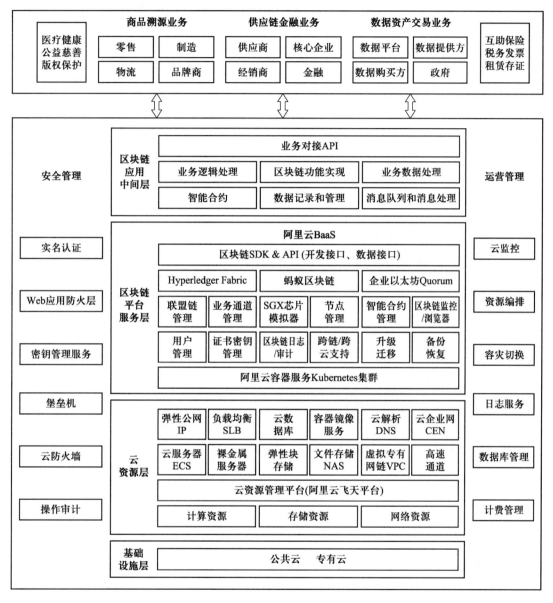

图 7.21　阿里云 BaaS 架构图

阿里云 BaaS 整体架构分为 4 个层次——基础设施层、云资源层、区块链平台服务层和区块链应用中间层，此外还包括一些其他云服务，例如安全管理服务和运营管理服务等。

本章小结

区块链系统架构是一种分层架构，融合了相当多的数据、加密、激励和经济类技术，也是区块链精华所在。本章概述了区块链架构设计的 7 个原则，分别对区块链系统的每个层次即数据层、网络层、共识层、激励层、合约层和应用层进行了分析讨论，区块链核心架构大多抽象简化为 3 层架构：基础层、核心层、上层应用层。在架构设计时，源头需求与项目产品定位是关键，针对性设计区块链的数据结构和核心算法，模块之间需要做到低耦合以增强系统的性能、灵活性和适应性。最后分别选取了公认较为成熟的区块链 1.0 和 2.0 的典型项目架构进行简单介绍，为系统理解区块链技术打下基础。后续章节还会详细介绍相关典型系统及其编程应用。

习题 7

1. 区块链最重要的设计原则是什么？为何重要？
2. 区块链的安全性具体体现在何处？
3. 为什么区块链技术有助于构建网络诚信？
4. 区块链数据层最主要的功能是什么？
5. 从数据结构层面看，区块链与普通链表的区别是什么？
6. 什么是共识？什么是区块链共识？
7. 什么是智能合约？
8. 智能合约与比特币脚本的最大区别是什么？
9. Hyperledger Fabric 同比特币和以太坊的区别有哪些？
10. 你认为未来区块链系统架构将在哪些方面进行发展优化？
11. 区块链即服务技术为什么会出现？
12. 区块链即服务技术有哪些特点？
13. 请介绍区块链即服务技术的典型架构，并说明其核心模块。
14. 请列举国内外著名区块链即服务平台的案例。

第 8 章　以太坊原理与开发

众所周知，Web2 是普遍使用的互联网版本，由互联网公司提供在线服务，以此交换个人数据，例如微博、知乎、抖音等；而 Web3 作为新一代应用互联网，是构建在区块链之上的去中心化应用，这些应用允许任何人参与其中，并且用户数据完全由自己掌控，例如 mirror、torum、bbs.market 等。此外，比特币作为区块链 1.0 的代表，虽然支持以脚本形式编写一些业务逻辑，但这些脚本代码并非图灵完备，而且无法支撑复杂业务场景。随着以太坊作为区块链 2.0 的代表出现，提供了一种更加图灵完备的智能合约引擎以及配套的智能合约语言（Solidity），任何人均可使用 Solidity 合约语言方便地实现自己的链上业务逻辑。这一特性的出现为加速 Web3 应用领域落地提供了重要基础设施。本章主要对以太坊从概念、定义以及架构设计等方面进行整体性介绍，并详细讲解如何在本地搭建一个基于以太坊的私有链环境。除此之外，本章围绕智能合约介绍在开发环节中必须使用的 IDE 工具、钱包以及智能合约语法等相关知识。

8.1　以太坊介绍

以太坊作为一个去中心化的开源公链平台，其概念由 Vitalik Buterin 受比特币启发后于 2013—2014 年间提出，同时被称为"区块链 2.0"的公链代表。其缘由在于：作为区块链 1.0 的代表——比特币，主要致力于解决货币以及支付手段的去中心化问题；而以太坊作为区块链 2.0 的代表，将智能合约引入区块链，使开发者可以基于公链创建与发布任意去中心化的应用程序，真正开启了区块链 2.0 时代。

8.1.1　以太坊简介

以太坊是一个支持智能合约的可编程开放公链平台。任何人均可在自己的计算机中运行一个区块链节点，并接入整个以太坊网络；也可将自己的 DApp 智能合约部署到以太主网或测试网。以太坊通过这种简单易接入的形式，共同创建与维护可自动执行智能合约代码（以太坊虚拟机）的分布式去中心化网络。

从架构角度讲，以太坊并非传统的客户-服务器模型架构。相反，它提出了一种新型分布式网络，网络中的每个参与节点既可以是企业也可以是个人主体，取代了传统意义上节点只能由企业专有服务器以及云厂商提供的模式。

以太坊提供了一个十分灵活且功能齐全的区块链平台，用户可以在该平台上使用原生且安全稳健的 Solidity 合约语言，借助开源合约标准（ERC20、ERC721、ERC1155 等）以及安全审计工具集，构建自己的去中心化应用程序。随着以太坊各类应用生态的不断发展，还逐渐衍生出一批供开发者快速上手 DApp 的辅助开发类工具及模板合约库，例如 hardhat、truffle、waffle、ethers.js、openzeppelin 等，旨在降低开发人员入门门槛以及提升开发人员编写 DeFi 以及 NFT 等金融应用程序的安全性。

基于以太坊公链，人们大致可以实现以下 3 类应用。

（1）代币（ERC20/ERC721/ERC1155）

加密货币钱包可以用于接收与发送以太代币来购买相应的产品服务。除以太代币外，平台还支持针对艺术家及游戏方提供非同质化代币铸造，例如游戏道具、加密头像、艺术收藏品等。

（2）智能合约

用户可以根据自己的业务场景，使用 Solidity 合约定制自己的业务规则，例如 DeFi、GameFi、SocialFi、DAO 等。

（3）链上数据跟踪

以太坊链上数据是对外公开的，可以通过监听与收集区块日志，针对日志进行合约事件以及链上数据分析，为用户提供各种决策数据支持，例如 Nansen 等。

8.1.2　以太坊项目历史

2013 年，Vitalik Buterin 首次描述以太坊，并发表以太坊白皮书，书中详细描述以太坊协议的技术设计和基本原理。

2014 年 1 月，Vitalik Buterin 在美国佛罗里达州迈阿密举行的北美比特币会议上正式提出以太坊。

2014 年 4 月，Gavin Wood 发表以太坊黄皮书，作为以太坊虚拟机的技术说明。按照黄皮书中的具体说明，以太坊客户端已经使用 7 种编程语言实现（C++、Go、Python、Java、JavaScript、Haskell、Rust），使软件总体上更加完善。

2014 年 6 月，以太坊开启为期 42 天的代币预售，共筹集到价值超过 1 800 万美元的比特币，并成立了以太坊基金会，负责对募集到的资金进行统一管理与运营。

2015 年 7 月底，以太坊正式对外发布第一个版本 Frontier，标志着以太坊区块链网络正式上线。第一个版本采用类似比特币的 PoW 共识算法，所有参与节点通过挖矿的形式共同维护整个区块链网络。

2016 年 3 月，以太坊采用分叉的形式发布了第二个版本 Homestead，该版本主要提升了安全性以及易用性，并对外提供了图形化界面客户端。

2016 年 6 月，以太坊中的一个去中心化组织 The DAO 被攻击，导致价值超过 5 000 万美元的以太代币被控制。2016 年 7 月，以太坊采用硬分叉的形式，重新夺回被黑客控制的 DAO 合约以太代币；而以太社区中不赞成硬分叉的另一类群体，则选择继续运行在原有公链上，即"以太经典"。

2017 年 2 月，以太坊成立以太坊企业级联盟（EEA），其创始成员包括埃森哲、桑坦德银行、BlockApps、纽约梅隆银行、CME 集团、ConsenSys、IC3、英特尔、摩根大通、微软和 Nuco。

2017—2019 年间，以太坊进行了 3 次分叉升级，其中包括 2017 年 10 月的"拜占庭"、

2019年2月的"君士坦丁堡"和"圣彼得堡",以及2019年12月的"伊斯坦布尔"。这些升级主要改善智能合约的编写,提高安全性,加入难度炸弹以及一些核心架构的修改,以协助未来从工作量证明转换至权益证明。

2020年至今是项目的最终阶段,将转换至权益证明,并开发第二层扩容方案。期间主要分成3阶段升级:柏林、伦敦,以及双链合并。2021年进行了柏林和伦敦分叉,并升级了信标链,为未来转换至权益证明作准备,并通过销毁手续费和降低区块奖励的方式控制总发行量。预计未来将原工作量证明的区块链并入信标链,转换至权益证明,并激活64块分片,从而完成以太坊2.0的升级。

8.2 架构原理与思想

以太坊项目的架构设计与比特币网络类似,但为了支持更为复杂的智能合约,以太坊提出许多创新性技术概念,例如智能合约、账户模型、代币标准以及Gas消耗机制等。此外,开发团队计划通过分片的形式,解决网络可扩展性问题。

以太坊作为一个重要的区块链应用平台,其体系架构可以分为5层:数据层、网络层、共识层、合约层以及应用层。以太坊架构如图8.1所示。

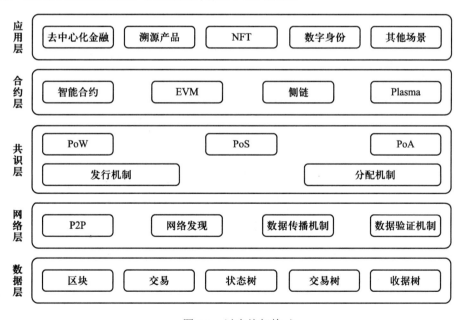

图8.1 以太坊架构

1. 数据层

作为区块链底层的数据层可以简单理解为数据库,但对于区块链而言,这是一个不可篡改、公开透明且具有分布式特性的数据库。

在数据层中,所有链上数据以区块链表的数据结构形式存在,其中包括交易树、状态树、收据树等信息,并通过各种加密技术及共识算法,确保数据在全网公开情况下的安全性。

2．网络层

区块链网络层本质上是一个 P2P 分布式网络架构，点对点意味着无须由中心化服务器操控整个系统，所有网络节点共同维护并对外提供链上服务。

网络层中的各个节点之间并无主从之分。每个节点均可接收用户发送的交易，并通过网络进行交易广播与同步，节点各自维护一个共同的区块账本。节点挖出一个区块后便会进行全网广播，其他节点在验证通过区块信息后，便将该区块数据写入本地账本，并基于当前最新区块进行下一区块的创建。

网络层通过 P2P 机制、数据传播机制以及数据验证机制，保障整个网络在交易同步以及区块共识上的传播效率。

3．共识层

共识层主要包括共识算法，即在高度分散的去中心化网络中，通过一套算法使新创建的区块在各个节点之间达成有效共识，有效杜绝作恶节点的干扰，以此维护与更新区块链总账本数据。共识算法是区块链技术的核心技术之一，也是区块链社区的治理机制。

目前以太坊支持 PoW、PoS 以及 PoA 共识算法。当然，开发者也可以基于以太坊封装的接口进行共识算法的扩展。

4．合约层

以太坊采用 EVM 作为智能合约的运行环境，EVM 是一个与外界隔离的轻量级虚拟机沙盒环境，运行在 EVM 中的智能合约无法访问本地网络、文件系统及进程数据。

对于智能合约的创建以及函数调用交易，在全网节点区块同步的过程中，需要在每个节点内的本地虚拟机中运行，以确保区块链数据的一致性和容错性。

运行在 EVM 中的智能合约主要使用原生合约语言 Solidity 进行编写，使用 solc 编译器进行编译，并生成 EVM 可识别的二进制字节码，通过客户端上传到区块链平台，之后由专门的矿工进行打包运行。

5．应用层

应用层类似于传统互联网中的门户网站、App、小程序等用户端程序，而区块链中的应用除运行在区块链平台之上、在交互模式上存在些许不同外，用户对其内部实现并不感知，例如溯源产品、去中心化金融项目（借贷、质押挖矿等）、元宇宙、数字衍生品（NFT、画像）以及 GameFi 等业务应用场景。

8.3　基本概念与术语

1．以太坊地址

在以太坊世界中，地址就是用户的身份。每个地址均对应一个私钥，只有拥有私钥才能发起一笔交易与链进行交互。此外，以太坊地址是对外公开的，任何人均可在链上看到他人的地址。私钥永远不要与任何人分享，以太坊中也不存在类似密码找回的功能。私钥拥有者即拥有该公钥资产的绝对控制权。

2．账户

以太坊包含两种类型的账户：外部账户和合约账户。外部账户（externally owned account，EOA）由私钥进行控制，没有关联代码，可以发起交易进行金额转账；而合约账户（contract account，CA）存在关联代码，当收到外部账户发起的合约调用交易时，会自动执行合约函数代码。合约账户不能自行发起交易，交易必须由外部账户触发。

3．交易

以太坊中的交易是指从一个以太坊账户发送到另一个外部或合约账户的签名数据消息。其中包含交易发送方、接收方、以太金额、智能合约函数名以及参数编码、交易 Gas 等。交易主要分为两种：外部账户间的转账交易、外部与合约账户间的调用交易。

以太坊采用交易作为执行操作的最小单位，每个交易包含如下字段。

（1）to：目标账户地址。

（2）value：指定转移的以太币数量。

（3）nonce：交易相关的字符串，用于防止交易被重放。

（4）gasPrice：执行交易需要消耗的 Gas 价格。

（5）gasLimit：交易消耗的最大 Gas 值。

（6）data：交易附带字节码信息，可用于创建/调用智能合约。

（7）signature：签名信息。

4．EVM

以太坊虚拟机（EVM）是一个简单但功能强大的图灵完备 256 位虚拟机，允许任何人执行任意 EVM 字节码。EVM 是以太坊协议的一部分，在以太坊系统的共识引擎中起着至关重要的作用。它允许任何人在无信任环境中执行任意代码，在该环境中执行结果可以得到保证并且完全确定。

5．Gas

在以太坊中，无论向他人转账还是创建或调用智能合约，都要向矿工支付一笔手续费，并且支付金额越高，被打包的速度越快。而具体消耗多少 Gas 则需通过统计调用函数中所需的运行指令集，并对每条指令所对应的 Gas 定义进行总和计算得到。

6．Gas price

Gas price 即每个 Gas 的单价。虽然用户可以自由设置 Gas 单价，但通常会结合市场价格并根据区块链拥堵情况按需设置。这正是区块链越拥堵，交易手续费越高的原因。

7．Gas limit

虽然在调用智能合约函数时可以事先估算大致的 Gas 消耗，但有时可能因为一些代码问题而导致过量消耗自己的 Gas。为了避免这种情况，可以指定一个 Gas 消耗最大值即 Gas limit，当程序超过该阈值时自动中止该交易。

8.4　搭建以太坊链环境

为了方便读者快速了解关于以太坊的一些基础知识，本节首先从如何在本地搭建一条链入手。本节介绍的链环境搭建方式为"单节点部署"方式，除该种方式外，还有"多节点部署""docker-compose 部署""puppeth 部署"等方式。

单节点部署方式适用于本地开发或线上测试阶段，便于快速发布自己的智能合约以及对合约进行用例测试。

8.4.1　安装客户端

在部署本地链环境前，需要先安装 geth 以及 puppeth 客户端命令。此处以 Ubuntu 16.04 操作系统为例，介绍从 PPA 仓库以及从源码仓库两种安装方式。

1．从 PPA 仓库安装

首先通过命令窗口安装依赖包文件：

```
apt-get install software-properties-common
```

然后添加以太坊仓库源并更新软件包：

```
add-apt-repository -y ppa:ethereum/ethereum
apt-get update
```

最后通过 apt-get 命令直接安装 go-ethereum：

```
apt-get install ethereum
```

安装成功后，可使用 geth 命令查看具体版本信息：

```
$ geth version

Geth
Version: 1.6.1-stable
Git Commit: 021c3c281629baf2eae967dc2f0a7532ddfdc1fb
Architecture: amd64
Protocol Versions: [63 62]
Network Id: 1
Go Version: go1.8.1
Operating System: linux
GOPATH=
GOROOT=/usr/lib/go-1.8
```

2．从源码仓库编译安装

使用源码编译的方式首先需要在本地安装 Go 语言环境。可以阅读 Go 安装说明并从 Go 下载页面获取对应操作系统的软件包进行安装，也可以使用以下方式进行快速安装。

首先使用 curl 命令下载 Go 软件包：

```
curl -O
https://storage.googleapis.com/golang/go1.8.linux-
amd64.tar.gz
```

下载完成后，将其压缩包解压到/usr/local 目录：

```
tar -xvf go1.8.linux-amd64.tar.gz
sudo mv go /usr/local
```

随后需要进行 Go 环境变量配置：

```
export GOPATH=/usr/local/go
export PATH=$PATH:/usr/local/go/bin:$GOPATH/bin
```

最后，通过查看 Go 命令版本信息，验证是否安装并配置成功：

```
go version

go version go1.8 linux/amd64
```

在 Go 编程环境配置成功后，接下来开始对以太坊进行源码编译：

首先安装 C 语言编译器：

```
apt-get install -y build-essential
```

然后使用 git 命令下载以太坊源码：

```
git clone https://github.com/ethereum/go-ethereum
```

最后使用 make 命令进行项目整体编译：

```
cd go-ethereum
make all
```

8.4.2　配置本地链环境

确保以太坊客户端命令安装成功后，即可开始配置与部署本地区块链环境。

首先需要在本地创建一个目录，用于存放链配置数据以及链在运行过程中生成的日志、区块数据以及账户公私钥等信息：

```
> mkdir -p ~/workmeta/ethereum/deploy_1/data
> cd ~/workmeta/ ethereum /deploy_1
```

其次使用 geth 命令事先生成挖矿账户、预置资金账户，供后续操作使用：

```
# 1. 创建密码文件，后续生成账户统一使用此密码

> echo "111111" > .passwd

# 2. 创建两个账户，一个为挖矿账户，一个为预置资金账户

> for ((n=0;n<2;n++)); do geth account new --password .passwd --
datadir ./data; done
```

然后使用 puppeth 命令生成创世区块配置，其中参数--network 用于定义链名称。当然，也可以直接调用 puppeth 而不添加此参数：

```
> puppeth --network pubchain
```

（1）执行命令后，从显示的选项中选择配置创世区块：

```
What would you like to do? (default = stats)
 1. Show network stats

 2. Configure new genesis[◀选择此项]

 3. Track new remote server

 4. Deploy network components
```

（2）选择共识类型：

```
Which consensus engine to use? (default = clique)
 1. Ethash - proof-of-work (pow)

 2. Clique - proof-of-authority (POA)[◀选择此项]
```

读者可以根据自身需求自由选择共识。本文统一使用 PoA 共识配置，无论使用哪种共识，在链部署环节都是一样的。

（3）设置出块时间：

```
How many seconds should blocks take? (default = 15)
> 15
```

该配置定义区块生产周期，即使没有交易也会出块。如果是本地开发环境，推荐设置为 0，这样只有产生交易时才会出块。

（4）设置挖矿账户（至少一个）：

```
Which accounts are allowed to seal? (mandatory at least one)
> 0x8e1d6472f156bc7d516f54594c536c5ba69f078f
> 0x
```

在 PoA 中该账户并不能通过挖矿获取收益，仅拥有打包权。

（5）设置预置资金账号：

```
Which accounts should be pre-funded? (advisable at least
one)
> 0xdf3f8d80c55d252ca5a12d3bed4e6d54a3f23a7c
> 0x
```

该配置主要用于初始化链数据时给指定账户预置一些金额。

（6）设置链 ID：

```
Specify your chain/network ID if you want an explicit one
(default = random)
> 100
```

当多节点进行集群部署时，链 ID 用于区分是否为同一条链。

（7）导出创世区块配置：

```
What would you like to do? (default = stats)
 1. Show network stats
 2. Manage existing genesis[←选择此项]
 3. Track new remote server
 4. Deploy network components
> 2
 1. Modify existing fork rules
 2. Export genesis configuration
 3. Remove genesis configuration
Which file to save the genesis into? (default =
pubchain.json)
> □  (注: 回车, 即可导出当前创世区块配置至当前目录)
```

（8）查看创世区块配置：

```
> ls -al
pubchain.json
> cat pubchain.json
```

注意，读者在本地生成的账户与教程中的账户有所不同，需根据具体生成的账户进行创世区块配置。

然后根据生成的创世区块配置文件，进行链数据初始化：

```
> geth init --datadir ./data pubchain.json
```

随后使用 geth 进行链节点启动：

```
> geth --datadir ./data --rpc --rpcaddr "0.0.0.0" --rpcport 8545
 --rpcapi "eth,web3,personal,net,miner,admin,debug,db" --unlock
127eb97163f790dd25c174429d85c3fa7c3cf116 --password .passwd –min
e
```

最后，通过链节点对外提供的服务进行节点验证，并通过 geth 进入控制台窗口：

```
> geth attach http://localhost:8545 //进入 geth 客户端

Welcome to the Geth JavaScript console!
  instance: Geth/v1.8.17-stable-8bbe7207/linux-amd64/go1.10.4
  coinbase: 0xd08e33b7f310aadfe52b5f94c8a04045d2594195
  at block: 841 (Tue, 30 Oct 2018 09:04:09 CST)
  datadir: /opt/node1
  modules: admin:1.0 debug:1.0 eth:1.0 miner:1.0 net:1.0 persona
l:1.0 rpc:1.0 web3:1.0
```

（1）查看转账前金额：

```
# 查看所有账户

> personal.listAccounts
["0x127eb97163f790dd25c174429d85c3fa7c3cf116",
"0x438a22e068b7d62d50a25706476545ab896e8510"]

 # 查看账户余额(0x127eb97163f790dd25c174429d85c3fa7c3cf116)

 > web3.fromWei(eth.getBalance(web3.personal.listAccounts[0]),
"ether")
 0

 # 查看账户余额(0x438a22e068b7d62d50a25706476545ab896e8510)

 > web3.fromWei(eth.getBalance(web3.personal.listAccounts[1]),
"ether")
9.046256971665327767466483203803742801036717552003169065582623750618
21325312e+5
```

（2）执行转账操作：

```
转账 10eth, 0x438a22e068b7d62d50a25706476545ab896e8510 -> 0x127e
b97163f790dd25c174429d85c3fa7c3cf116

> web3.personal.unlockAccount(web3.personal.listAccounts[1])
 Unlock account 0x438a22e068b7d62d50a25706476545ab896e8510
 Passphrase:
 true
> web3.eth.sendTransaction({from: web3.personal.listAccounts[1], to:
web3.personal.listAccounts[0], value: web3.toWei(10, "ether")})
"0x9a1057c619659a08ee15882f0954b9953435b7d065a64ec37fd5d5c8b0ef6247"
```

（3）查看转账后金额：

```
# 查看账户余额(0x127eb97163f790dd25c174429d85c3fa7c3cf116)
> web3.fromWei(eth.getBalance(web3.personal.listAccounts[0]),
"ether")
10.000378
# 查看账户余额(0x438a22e068b7d62d50a25706476545ab896e8510)
> web3.fromWei(eth.getBalance(web3.personal.listAccounts[1]),
"ether")
9.0462569716653277674664832038037428010367175520031690654826199706618
21325312e+56
```

8.5　Solidity 语法介绍

Solidity 是一门为智能合约而创建的高级编程语言。Solidity 是静态类型语言，支持继承、库和复杂的用户定义类型等特性。

1．源文件结构

（1）版本

版本格式如 pragma solidity ^0.4.1，意为源文件将不允许低于 0.4.1 版本的编译器编译，也不允许高于 0.5.1 版本的编译器编译。这是为使编译器在 0.5.1 版本之前不会发生重大变更，可以确保源代码始终按照预期被编译。

（2）导入其他源文件

在全局层面上使用如下格式导入语句：

import "filename"

创建新的全局符号：

```
import * as symbolName from "filename"
import {symbol_1 as abcd, symbol_2} from "filename"
```

（3）路径

"/"：目录分隔符；"."：指代当前目录；".."：指代父级目录

只有当 "." 和 ".." 后跟随 "/" 才能被视为当前目录或父目录。文件导入取决于编译器如何解析路径，目录层次可以映射到能够通过 ipfs、http 或 git 等发现的资源。

（4）注释

单行注释使用 "//"，多行注释使用 "/*...*/"。此外还包括 natspec 注释，使用 "///" 或以双星号开头的块 "/**...*/" 书写，直接在函数声明或语句中使用。注释示例如下：

```
// 这是一个单行注释
/*这是一个多行注释*/
```

2．合约结构

（1）状态变量

状态变量是指永久存储在合约存储中的值。

```
01.   pragma solidity ^0.4.1;
02.
03.   contract SimpleStorage {
04.       uint data; // 状态变量
05.   }
```

（2）函数

函数为合约代码的可执行单元。函数对其他合约不同程度可见，可以发生在合约内部或外部。

```
01.   pragma solidity ^0.4.1;
02.
03.   contract SimpleStorage {
04.       uint data; // 状态变量
05.
06.       function mint() public payable { // 函数
07.           // 执行某些事务
08.       }
09.   }
```

（3）数据结构体

数据结构体是指根据业务场景需求，通过使用不同数据类型的字段变量重新定义一个新的复杂结构类型。

```
01.   pragma solidity ^0.4.1;
02.
03.   contract SimpleStorage {
04.
05.       struct VoteItem { // 结构体
06.           uint id;
07.           bool voted;
08.           address delegate;
09.           uint vote;
10.       }
11.
12.   }
```

（4）枚举类型

枚举类型可用于创建由一定数量的常量值构成的自定义类型。

```
01.   pragma solidity ^0.4.1;
02.
03.   contract SimpleStorage {
04.
05.       enum State { // 枚举
06.           Created,
07.           Locked,
08.           Inactive
09.       }
10.
11.   }
```

3. 数据类型

（1）值类型

Solidity 是静态类型语言，每个变量均需要在编译时指定变量类型。因为这些类型的变量始终按值传递，即表示这些变量被用作函数参数或在赋值语句中时仅作值复制，故称为值类型。值类型包含以下内容。

① 布尔型（boolean）。

② 整型（integer）。

③ 定长浮点型（fixed point number）。

④ 定长字节数组（fixed byte array）。

⑤ 变长字节数组。

⑥ 有理数和整数字面常数（rational and integer literal）。

⑦ 字符串字面常数（string literal）。

⑧ 地址型（address）。

⑨ 地址字面常数（address literal）。

⑩ 十六进制字面常数（hexadecimal literal）。

⑪ 枚举型（enum）。

⑫ 函数型（function）。

（2）引用类型

当需要处理复杂类型（例如占用空间超过 256 位的类型）时，复制该类变量的开销较大，会消耗许多存储资源。如果使用引用的方式即可减少大量存储资源浪费。

（3）数据位置

计算机中的存储位置分为两类，即内存（memory，非永久存储）与存储（storage，保存状态变量的场所）。

数组、结构类型等复杂类型都有一个特殊属性——数据位置，用于说明数据存储在内存还是存储中。数据位置的指定十分重要，能够影响赋值行为。

数据一般存放于默认位置，通常分为以下 3 类。

① 内存（memory）：只存在于函数调用期间，局部变量默认存储在内存中。

② 存储（storage）：状态变量的数据强制存储在内存中，合约存在就会一直保存在区块链中。

③ 调用数据（calldata）：该存储位置不会永久存储且只读，一般用于存储函数参数。外部函数参数的数据位置强制指定为 calldata。

（4）数组

数组类型在不同存储区域会有不同限制，在存储中的数组元素可以是任意类型，在内存中的数组元素不能为映射类型。如果作为外部函数的参数，元素只能为 ABI 类型。

数组可在声明时指定长度，也可动态调整大小。例如，元素类型为 A、固定长度为 b 的数组可以申明为 $A[b]$，动态数组声明为 $A[]$。一个长度为 10，元素类型为 uint 的动态数组声明为 uint[10]。

注意：bytes 和 string 类型的变量是特殊数组，在 calldata 中会将元素连续存储在一处，不会按每 32 B 一单元的方式存放。string 和 bytes 暂时均不允许通过长度或索引访问。若想访问以字节表示的字符串 *C*，可以使用 bytes(s).length/bytes(s)[8] = 'd'，该方式访问的是 UTF-8 形式的低级 bytes 类型，而非单个字符。

（5）结构体

Solidity 可以通过构造结构体的形式定义新类型。结构体类型可作为元素用在映射和数组中，其自身也能包含映射和数组作为成员变量。需要注意的是：不能在声明结构体的同时将自身作为结构体成员，但可将其作为结构体中映射的值类型。

在函数中使用结构体时，使用结构体给局部变量赋值其实是保存了一个引用。

（6）映射类型

映射类型可看作哈希表，声明形式为 mapping(_KeyType => _ValueType)，_KeyType 可以是映射、合约、枚举、变长数组、结构体以外的所有类型，而_ValueType 可以是任意类型。映射没有长度限制。

4．智能合约

在 Java、JavaScript 中均存在类的概念，Solidity 的智能合约和类相似。下面详细介绍关于合约创建等内容。

（1）合约定义

合约创建时会执行一次构造函数（构造函数是可选的，但只能存在一个构造函数，因此不支持重载）。使用关键字 contract 声明合约，合约可以由函数、事件、状态变量等组成。

（2）可见性

在 Solidity 中函数和状态变量存在 4 种可见类型，具体如下。

① public：public 函数是合约接口的一部分，可以在内部或通过消息调用。对于公共状态变量会自动生成一个 getter 函数。

② private：private 函数和状态变量仅在当前定义其的合约中使用，且不能被派生合约使用。

③ internal：该类函数和状态变量只能被内部访问。

④ external：外部函数作为合约接口的一部分，使人们可以在其他合约中调用外部函数，如果要在内部调用本合约的外部函数，可以使用 this.funtionName 的格式进行调用。

（3）getter 函数

所有 public 状态变量编译器都会为其创建一个 getter 函数。getter 函数被当作内部访问时，会被视为一个状态变量。如果使用 this.从外部访问，则被视为一个函数。

（4）函数修饰符

修饰符（modifier）可以改变函数的行为。例如，可以使函数在执行前自动检查某个条件或执行某些预操作。对于同一函数的多个修饰符，可用空格分隔，修饰符会依次检查执行。

修饰符的参数可以是任意表达式，而在函数体中显式的 return 语句会跳出当前函数体，返回变量会被赋值。

（5）合约函数

当合约函数被声明为 view 类型函数时，状态不能被修改。getter 方法会被标记为 view。以下几种情况时会被视为状态被修改。

① 创建其他合约。

② 使用 selfdestruct。

③ 修改状态变量。

④ 使用低级调用。

⑤ 产生事件。

⑥ 使用包含特定操作码的内联汇编。

当合约函数被声明为 pure 类型函数时，不可进行状态读取和状态修改。状态读取的情况如下。

① 调用任何未标记为 pure 的函数。

② 访问 block、tx、msg 中任意一员。

③ 访问 this.balance。

④ 使用包含某些操作码的内联汇编。

（6）合约事件

对事件的监听可以使人们更方便地查看日志。合约中的事件可以被继承，当事件被调用时会将其参数存储到交易日志中，而日志和地址相关联，只要区块可以访问，被并入区块链的日志即可一直存在。但要注意的是日志和事件在合约内不能直接被访问。

（7）合约继承

Java、JavaScript 等编程语言中均存在对象的概念，而对象这一概念最大的特性是继承特性。合约在 Solidity 中同样类似于其他语言的对象概念，即同样具有继承特性，且支持多重继承。

当一个合约从多个合约继承时，只有一个合约会被创建在区块链上，所有基类合约的代码被复制到创建的合约中。这意味着继承的合约中所有函数都是虚拟的，除非指明合约名称，否则最远的派生函数会被调用。

当创建派生合约时，需要提供基类构造函数的所有参数，可通过以下两种方式实现。

① 直接在继承列表中调用基类构造函数。

② 使用修饰符方法作为派生合约构造函数定义头的一部分。

关于多重继承与线性化，Solidity 中的多重继承参考了 Python 的方式并且使用 "C3 线性化" 强制由基类构成的 DAG 保持一个特定顺序。

（8）抽象合约

合约函数可以缺少实现，却无法独立运行，但可作为基类合约供子合约进行扩展实现。继承自抽象合约的合约如果没有通过重写实现所有未实现的函数，则自身仍为抽象合约。

（9）合约接口

接口和抽象合约有些类似，但接口无法实现任何函数并且存在一定限制，具体如下。

① 无法定义枚举。

② 无法定义变量。

③ 无法定义构造函数。

④ 无法定义结构体。

⑤ 无法继承其他合约或接口。

接口可以表示的内容仅限于合约 ABI 可以表示的内容，并且接口和 ABI 之间的转换并不会丢失任何信息。

（10）库

库与合约类似，只需在特定地址部署一次。这意味着如果库函数被调用，this 指向的是调用合约，库函数的代码在调用合约的上下文中执行，库函数即可访问调用合约的存储。库函数只能访问调用合约明确提供的状态变量，因为每个库都是独立的一段代码。

调用库函数与调用显示的基类合约十分相似，可以将其看作合约的隐式基类合约。所有使用库的合约均能调用库中的 internal 函数，但必须使用内部调用约定调用内部函数，即所有内部类型和内训类型均通过引用而非通过复制传递。其实现原理是在编译阶段内部库函数的代码和从其中调用的所有函数会被拉到调用合约中，使用 JUMP 调用替代 DELEGATECALL。

5．表达式与控制语句

（1）输入参数

Solidity 中的函数不仅可以包含输入参数，还能返回任意数量的参数作为输出。输入参数的声明方式和变量的声明方式相同，当未使用的参数声明时可省略参数名。

（2）输出参数

输出参数的声明方式与输入参数相同，在关键词 return 后进行声明。输出参数名可以省略，也可以使用 return 语句制定。输入参数和输出参数可以在函数体中用作表达式。

（3）控制结构

Solidity 中的控制结构包含 if、else、while、do、for、break、continue、return、？：。需要注意的是，Solidity 中非布尔型数值不能转换为布尔型，并且条件表达式的括号不能省略，而单语句体两边的花括号可以省略。当有多个参数输出时，可写为 return（v0，v1，v2）。

（4）函数调用

函数调用分为两类，即内部函数调用和外部函数调用。内部函数调用是指直接调用当前合约中的函数，该类调用在 EVM 中会被理解为简单的跳转，因此当前内存也不会被清除，这说明内部调用函数之间传递的内存引用是十分有效的。

外部函数调用通常使用 this.f(param)或 contract.f(param)表达式进行。在使用外部调用时，所有函数参数均被复制到内存中。需要注意的是，不能在构造函数中通过 this.f(param)方式调用外部函数，因为此时合约实例尚未被创建。

调用函数时，如果被包含在{}中，函数调用参数可以按任意顺序由名称给出。未使用参数名称时，参数名称可以省略，而其仍然存在于堆栈中只是无法访问。

（5）使用关键词 new 创建合约

使用关键词 new 创建新合约时，新合约必须有最基础的完整结构。

（6）赋值

Solidity 中允许存在一个元素数量固定的对象列表，列表中的元素可以是不同类型的对象。该类元组（tuple）可以用于同时返回多个数值，也可以同时用于多个新声明的变量或既存变量。

（7）作用域

变量声明后将获得默认初始值，其初始值字节表示全部为 0。任何类型变量的"默认值"是其对应类型的典型"零状态"。例如，bool 类型的默认值为 false，uint 或 int 类型的默认值为 0。对于静态大小的数组和 bytes1 到 bytes32，每个单独元素将被初始化为与其类型相对应的默认值。对于动态大小的数组，bytes 和 string 类型的默认缺省值为字符串和空数组。而定义在代码块之外的变量（例如函数、合约、自定义类型等）并不会影响其作用域特性，因此在声明状态变量的语句之前使用，并递归调用函数。

（8）错误处理

Solidity 中进行错误处理的函数包括 require、revert、exceptions、assert。Solidity 的机制是使用状态恢复异常处理错误。异常将会撤销对当前调用中的状态所作的所有更改，并向调用方标记错误。assert 函数和 require 函数可用于检查条件并在条件不满足时抛出异常。assert 函数只能用于测试内部错误和检查非变量；require 函数用于确认条件有效性，例如检查输入变量、合约状态变量是否满足条件，验证外部合约调用返回值；revert 函数可用于标记错误并恢复当前调用，其中可能包含有关错误的详细信息，并且消息会被返回给调用方。

6．内联汇编

Solidity 语言是以太坊虚拟机 EVM 指令集的抽象，使人们编写智能合约的成本更低。当然，Solidity 中也定义了一种汇编语言，允许人们在没有 Solidity 的情况下使用。

在 Solidity 中使用汇编代码可以直接与 EVM 进行交互，实现对智能合约执行更加精细的控制。汇编代码相较于 Solidity 有更多控制权，可以执行更复杂的逻辑。EVM 虚拟机是基于栈的，导致很难准确定位栈内插槽的地址，无法为操作码提供正确的栈内位置以获取参数，而通过汇编代码即可控制指向特定内存插槽。

使用内联汇编的方式具有消耗 Gas 更少的优势。

8.6 智能合约编程

智能合约是以太坊区块链组织计算任务的方式。从本质上讲，智能合约是一个计算机代码。该代码通常定义被交换的资产，可以采用货币、财产或其他类型资产的形式。例如，如果智能合约针对两方之间的付款，则该合约可以自动管理和执行付款。更重要的是，智能合约甚至可以设置为在满足某些条件时自动执行付款。

8.6.1 RemixIDE 介绍

Remix 是一款基于浏览器的在线 IDE 工具，主要用于开发 Solidity 智能合约，也是目前比较推荐的一款开发以太坊智能合约的 IDE。基于此 IDE 工具，可以省去安装软件的麻烦，同时集成链运行环境，方便在开发智能合约过程中的快速编译、调试及合约发布。

通过浏览器打开 Remix 在线 IDE 工具，具体界面如图 8.2 所示。

整个 IDE 界面主要分为 4 块区域，具体如下。

（1）功能区：主要包括文件导航功能、合约编译配置功能、合约发布功能以及插件管理功能。

图 8.2　RemixIDE 开发工具

（2）文件导航区：方便人们快速定位要编辑的合约文件。

（3）代码主编辑区：方便人们查看、编辑合约文件内容。

（4）控制台：方便人们查看在编译合约、发布合约或进行合约调用时的后台日志信息，以便快速定位问题以及查看交易状态等。

8.6.2　MetaMask 钱包介绍

MetaMask 是一个基于浏览器的以太坊钱包插件，能够帮助用户方便地管理以太坊数字资产以及保管账户的公私钥对。MetaMask 无须在本地安装客户端，通过浏览器插件的形式即可直接使用，并且支持以太坊的所有测试网络以及私有链网络。此处将重点介绍如何使用浏览器插件版的 MetaMask。MetaMask 界面如图 8.3 所示。

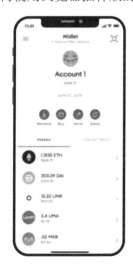

图 8.3　MetaMask 界面

如图 8.4 所示，首先需要进入 chrome 网上应用店，找到 MetaMask 插件。

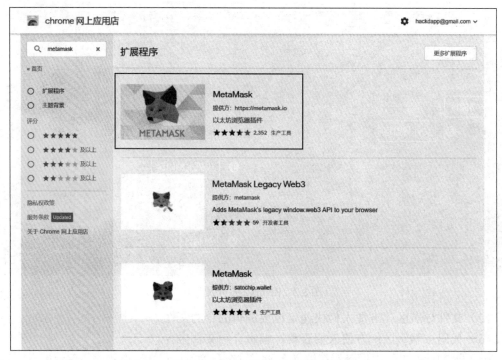

图 8.4　chrome 网上应用店（MetaMask 插件）

无须下载安装客户端，只需添加至浏览器扩展程序即可使用，因而可以很方便地调试和测试以太坊的智能合约，但目前仅支持 chrome 和 Firefox 浏览器。同时，该插件支持所有以太坊的测试网络和私有链网络。

在安装插件后，打开如图 8.5 所示的界面进行账户初始化。

图 8.5　MetaMask 插件初始化界面

如图 8.6 所示，因为是首次设置，所以选择右侧的"第一次，立即开始设置！"，进行钱包创建。随后在下一个界面点击"我同意"按钮，并跳转至密码设置界面。

图 8.6　新建钱包界面

在图 8.7 所示界面输入自己的密码，勾选同意条款复选框后点击创建。请务必牢记该密码，因为后续并没有找回密码这一功能，只能通过助记词或私钥进行恢复。

图 8.7　MetaMask 创建密码界面

下一步将跳转至助记词备份界面（如图 8.8 所示），请妥善保管助记词，不要告诉任何人，也不要将助记词保存在各类笔记软件或云盘中。一旦泄露，任何人均可通过助记词恢复你的钱包并转移重要资产。

如图 8.9 所示，备份助记词后，下一个界面将要求验证所保存的助记词是否正确。按之前备份的助记词次序选择下列单词，最后进行确认以验证助记词是否备份正确。

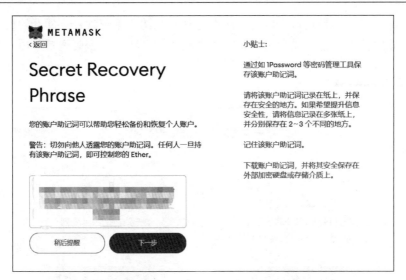

图 8.8　助记词备份界面

图 8.9　助记词验证界面

8.6.3　入门第一个合约

图 8.10 所示的示例代码为一个简单进行链上数据存储的智能合约。

第 1 行代码通过机器可读的形式声明代码的软件许可范围，详细许可范围可参考 SPDX 官方网站。

第 2 行代码用于声明合约是基于某个版

```
01.  //SPDX-License-Identifier: UNLICENSED
02.  pragma solidity ^0.4.1
03.
04.  contract SimpleStorage {
05.      uint storedData;
06.
07.      function set(uint x) public {
08.          storedData = x;
09.      }
10.
11.      function get() public view returns (uint) {
12.          return storedData;
13.      }
14.  }
```

图 8.10　示例智能合约代码

本的 Solidity 语法进行编写的,以便使用相应编译器版本进行编译,因为在大的版本升级过程中一些语法指令已经被遗弃而不建议使用。

第 4 行代码使用 contract 关键字定义主体合约。

第 5 行代码主要用于定义类成员变量,该变量值会持久化到区块链底层数据库中。在编写合约时,需要考虑使用何种数据结构以满足业务需求,例如使用 mapping 类型字段或复杂结构体成员变量以满足键值对复杂结构体的存储,使用基本类型成员变量存放简单状态存储。

第 7~8 行代码定义合约函数,通过函数方法更改合约成员变量值。

第 11~13 代码定义查询函数,通过该函数查询合约成员变量值。

8.6.4 合约编写、开发与部署

为了帮助读者快速了解整个智能合约的编写与部署过程,此处将通过一个简单的示例合约 helloworld.sol,并基于前文介绍的 RemixIDE 开发工具展示整个开发部署过程。

首先通过浏览器进入如图 8.11 所示的 RemixIDE 开发工具界面。

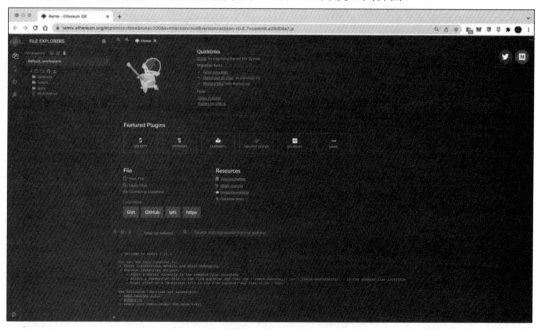

图 8.11 RemixIDE 开发工具界面

然后在左侧文件导航窗口中的 contracts 日录下创建合约文件 helloworld.sol,并填入如图 8.12 所示的代码内容。

```
01.   //我的第一个智能合约
02.   pragma solidity >=0.5.0 <0.7.0;
03.
04.   contract HelloWorld {
05.       function get()public pure returns (string memory){
06.           return 'Hello Contracts';
07.       }
08.   }
```

图 8.12 示例合约代码

随后在左侧功能导航区找到 SOLIDITY COMPILER 功能，并单击标红按钮，开始编译智能合约，如图 8.13 所示。

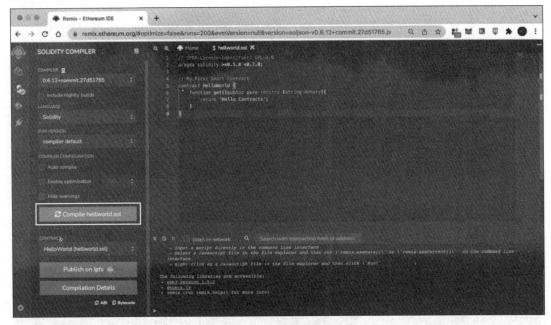

图 8.13　RemixIDE 编译界面

如果编译成功，功能区图标会显示绿色对勾状态；否则，控制台会出现具体错误提示信息，如图 8.14 所示。

图 8.14　合约编译失败界面

当智能合约编译成功后，即可准备发布智能合约。同样地，在左侧功能导航区选择第

3 个图标按钮（DEPLOY & RUN TRANSACTIONS）功能，如图 8.15 所示。

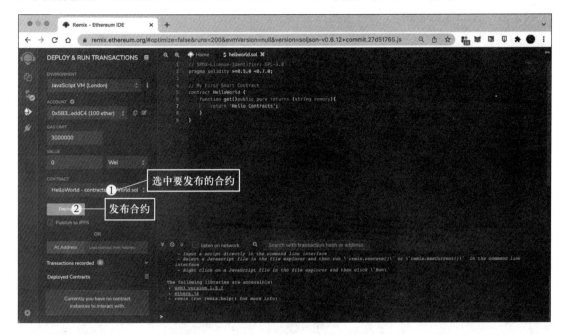

图 8.15 合约发布界面

选择要发布的智能合约文件（helloworld.sol）后，单击 Deploy 按钮即可发起创建合约交易，之后在右侧控制台区域便可查看创建合约的交易明细数据。

当合约创建成功后，在左下侧区块可以看到已经发布的合约信息，在右侧控制台可以查看具体的交易明细信息，如图 8.16 所示。

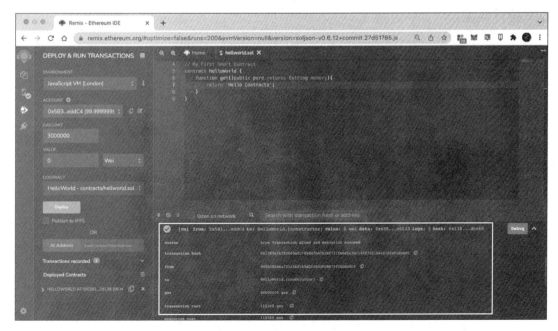

图 8.16 合约发布成功界面

最后在左侧已发布成功的合约列表中找到刚才发布的合约，并点击 get 函数验证是否正确返回"Hello Contracts"字符信息，如图 8.17 所示。

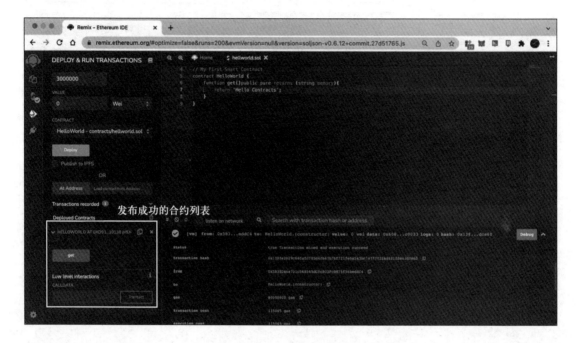

图 8.17 合约函数调用界面

至此，本章向读者讲解了从智能合约编写到发布及合约函数调用的完整流程。

本章小结

本章详细讲解了以太坊的技术体系知识。首先对以太坊可以提供的服务进行概述，令读者建立一个初步的概念认识；其次从架构设计角度介绍以太坊的运行机制与原理，并介绍相关技术的专业术语概念，带领读者学习如何搭建一个以太坊链环境；然后讲解智能合约语言 Solidity 的基本语法知识；最后从实践角度讲解 IDE 工具、MetaMask 钱包知识，帮助读者掌握如何使用 IDE 工具编写与发布智能合约。通过由浅入深的系列讲解，帮助读者快速建立对以太坊整个生态技术体系的理解与认识。

习题 8

1. 从架构设计角度简述区块链架构与传统互联网架构的不同。
2. 基于以太坊公链平台，试举例说明几个业务应用场景。
3. 尝试在本地搭建一个以太坊私链。
4. 以太坊架构设计分为几层？每层各由哪些模块组成？

5．请简述以太坊账户模型。

6．什么是 Gas？其与 Gas price 和 Gas limit 有何关系？

7．以太坊包含哪几种交易类型？有何差异？

8．使用 RemixIDE 工具编写与发布一个 Solidity 智能合约。

9．在 Solidity 语法中，哪些类型是值类型？哪些类型是引用类型？

10．在 Solidity 语法中，storage 与 memory 修饰符有何区别？

第 9 章 Hyperledger Fabric 原理与开发

区块链技术在经过比特币、以太坊等著名公链项目的高速发展后，区块链影响力越发巨大。随着区块链技术的普及，更多具有创新性的企业级应用案例也开始尝试使用区块链技术，但目前公链项目无法满足企业级的性能、隐私、许可需求。为了建立一个适用于企业的许可链，Hyperledger Fabric 专注于企业级分布式账本技术，目前 Fabric 已成长为全球著名且最具影响力的开源企业级分布式账本平台。本章将对 Hyperledger Fabric 进行介绍与分析，并介绍如何搭建一个 Fabric 网络及如何编写链码，使读者能够初步理解与使用 Fabric。

9.1 Hyperledger Fabric 简介

9.1.1 Hyperledger 项目背景及简介

Hyperledger（中文名为超级账本，后文统称为 Hyperledger）是全球三大开源软件基金会之一 Linux Foundation 旗下的一个子项目。同属于 Linux Foundation 的还有 Linux 内核、Kubernetes 等其他项目。Hyperledger 是一组开源软件的集合，专注于为企业级区块链部署开发一整套框架、工具和程序库。Hyperledger 并非一个单独的项目，而是由多个项目组成的项目组。自成立以来，Hyperledger 采用模块化方式托管项目，并用"温室"形容子项目的关系，如图 9.1 所示。Hyperledger 发展迅速，截至 2021 年 9 月，Hyperledger 由 16 个项目组成，其中 6 个为分布式账本框架类技术（distributed ledger），5 个项目为支持这些框架的工具（tool），4 个项目为程序库（library）。这些项目分别从不同层次、不同角度为企业级区块链提供专业解决方案。表 9.1 简要介绍了 Hyperledger 所包含的项目。

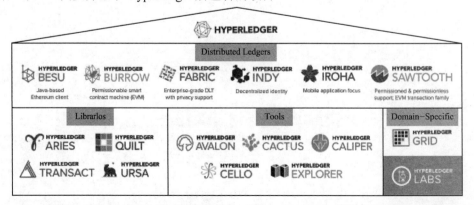

图 9.1 Hyperledger 温室项目架构（来源：Hyperledger 项目官方地址）

表 9.1　Hyperledger 项目

项目名称	项目状态	项目简介
分布式账本		
Hyperledger Fabric	完成	Fabric 是最早加入 Hyperledger 项目组的项目，也是 Hyperledger 的核心项目，旨在为开发具有模块化架构的应用程序或解决方案奠定基础，是面向企业的许可区块链项目。Fabric 设计并实现了可插拔组件（例如排序服务）并采用模块化、可扩展的架构设计，提供了一种独特的达成共识的方法，并在支持高性能的同时提供隐私保护
Hyperledger Besu	完成	Besu 是一个采用 Java 编写的开源以太坊客户端。Besu 运行于以太坊公共网络、专用网络和测试网络（Rinkeby、Ropsten 和 Görli），包含多个共识算法，包括 PoW（Ethash）和 PoA（QBFT、IBFT 2.0、Clique）。可以使用 Besu 提供的 API 运行、维护、调试和监测以太坊网络中的节点以及进行以太币挖矿、智能合约开发、DApp 开发等
Hyperledger Burrow	完成	Burrow 是一个许可的以太坊智能合约区块链节点。Burrow 支持运行基于 EVM 和 WASM 的智能合约，采用高性能 PoS Tendermint 共识算法。Burrow 拥有一个复杂的事件系统，可以维护链上数据的关系数据库映射。治理和许可是内置的，可以通过链上提案交易进行修改
Hyperledger Indy	完成	Indy 是专为分布式身份设计的分布式账本框架，用于提供基于区块链或其他分布式账本的数字身份，以便实现跨域、跨应用程序的互操作。Indy 实现了分布式身份标识（DID），除用于提供分布式身份服务外还可用于跨链互操作
Hyperledger Iroha	完成	Iroha 是一个易于部署和维护、采用模块化设计的许可区块链系统。Iroha 拥有自己的崩溃容错共识算法 YAC,可用于创建和管理定制可互换资产，采用基于角色的访问控制模型，并支持多重签名
Hyperledger Sawtooth	完成	Sawtooth 由 Intel 发起并提交到 Hyperledger。与 Fabric 相同的是，Sawtooth 是一个采用模块化设计的许可企业区块链项目；但与之不同的是，Sawtooth 清晰地分离出应用层与核心层，因此开发者能够更为容易地开发和部署应用。Sawtooth 还支持并行执行事务，同时支持包括 Sawtooth PBFT（由 Sawtooth 改进并扩充的 PBFT 算法）、PoET（类中本聪共识）、Sawtooth Raft（由 Sawtooth 改进并实现的 Raft 算法）、Devmode（用于测试）等多种共识算法
程序库		
Hyperledger Aries	完成	Aries 与 Indy 均为与身份相关的项目。Aries 提供了可重用的、可互操作的身份管理软件库，专为提供数字身份解决方案而设计，以支持各种区块链与分布式账本技术。Aries 使用 Hyperledger Ursa 提供的密码学软件库，以提供安全的秘密管理和分散的密钥管理功能
Hyperledger Transact	孵化	Transact 用于处理智能合约的执行，实现与平台无关的智能合约标准接口，从而简化区块链软件的开发。具体来说，Transact 实现了一个"智能合约引擎"，该"智能合约引擎"支持基于 EVM 和 WASM 的智能合约
Hyperledger Quilt	退出	Hyperledger Quilt 已于 2021 年 8 月被废弃，该项目没有被继续维护
Hyperledger Ursa	孵化	Ursa 是一个密码学软件库，包含许多加密方案的实现，开发人员可以直接使用从而避免重复的密码学实现工作。因为区块链开发十分依赖密码学相关操作，通过成熟的加密实现，开发人员可以提高开发过程中的程序安全性而无须理解底层复杂的密码学算法实现，从而降低开发时间成本

项目名称	项目状态	项目简介
工具		
Hyperledger Avalon	孵化	Avalon 意在安全地将区块链中的密集计算从主链转移到专用计算资源，以提高区块链的可扩展性并降低延迟。Avalon 提供区块链交易中的隐私保护，支持零知识证明、多方计算、基于硬件的可信执行环境等多种可信计算
Hyperledger Cactus	孵化	Cactus 是一个区块链集成工具，旨在允许用户安全集成不同区块链
Hyperledger Caliper	孵化	Caliper 是由华为贡献并提交 Hyperledger 的一个区块链性能测试框架，用户能够使用 Caliper 测试不同区块链性能并得到测试结果
Hyperledger Cello	孵化	Cello 提供区块链即服务（BaaS），支持自定义区块链配置并支持将区块链部署到裸机、虚拟机、容器等环境中，帮助用户减少部署及管理区块链的工作量
Hyperledger Explorer	孵化	Explorer 是一个功能强大、易于使用、可维护的开源区块链浏览器，提供 Web 界面用于查看链上数据及监测区块链状态
特定技术		
Hyperledger Grid	孵化	Grid 最早由 Intel 贡献，旨在提供使用区块链技术的供应链解决方案，包含用于开发智能合约及客户端接口的模块化组件以及特定领域的数据模型。Grid 真实展示了用于某一特定领域的包含 Hyperledger 的集成解决方案

值得一提的是，上述项目均为开源项目，项目代码均托管在 GitHub 中，从而可以免费下载和使用这些软件。访问项目官方网址可获取 Hyperledger 相关项目的信息和源代码。

Hyperledger 采用与其他开源项目类似的生命周期管理，所有项目一般均需经历提案（proposal）、孵化（incubation）、毕业/活跃（graduated/active）、休眠（dormant）、退出（deprecated）、终结（end of life）6 个生命周期。

一个项目要加入 Hyperledger 社区，首先需要发起人编写提案，提案内容需要包括清晰的项目描述、明确的范围、开发计划、初始维护者等信息，提交后提案需要由 Hyperledger 技术指导委员会（TSC）进行审查，提案批准后进入项目孵化阶段。项目成熟后可以申请进入毕业/活跃状态，发布正式版本；需要暂定或延迟的项目进入休眠阶段。任何人均可建议将项目退出，TSC 将根据所有情况决定是否令项目进入退出阶段，进入退出阶段后将维护最后 6 个月时间，在经过 6 个月的退出期后最终结束生命周期。

9.1.2　Hyperledger Fabric 简介

Hyperledger Fabric 是最早加入 Hyperledger 的顶级项目，也是其中著名且最具影响力的核心项目。Hyperledger Fabric 的定位是专为企业环境设计的分布式账本平台，属于许可区块链。Fabric 在 Hyperledger 的培育下十分成功，发展了强大的可持续社区和繁荣的生态系统，如今提到著名的许可链项目，Fabric 必为其中之一。Fabric 中包含 270 余家来自不同领域和地区的组织，其开发社区已包含超过 35 个组织和近 200 名开发人员。Fabric 相较于其他区块链或分布式账本平台有如下特性或优势，这些差异化设计使 Fabric 成为目前最著名的许可链项目之一。

（1）在架构设计方面，Fabric 采用高度模块化设计，组件支持可配置，灵活的架构设计可满足各行各业的业务需求并提供创新性、多样性服务。

（2）在共识协议方面，Fabric 共识协议采用可插拔设计，共识算法不固定于某一种，而是根据实际需求使用不同共识算法，例如在相对中心化的场景中（如区块链网络）只部署在单个企业内。拜占庭类容错共识（例如 PBFT 共识）算法可能非必须，网络出现拜占庭节点的概率较低，反而由于使用拜占庭类容错共识导致性能与吞吐量降低，因此使用崩溃类容错（如 Raft 共识）算法可能相对合适。

（3）在智能合约方面，与大多数区块链采用 Solidity 作为智能合约编程语言不同，Fabric 支持采用通用编程语言（例如 Java、Go）编写智能合约（Fabric 中称为"链码"），从而节省了学习一门新编程语言的开发时间成本。

（4）此外，Fabric 中不存在原生加密货币，因而在 Fabric 中不含挖矿操作或需要支付一定费用执行智能合约，运行 Fabric 网络无须高昂运营成本。Fabric 属于许可区块链，与公链项目不同，Fabric 的用户成员不是匿名的。

Fabric 提出至今经历了两次大版本更新，截至 2021 年 9 月，Fabric 最新版本为 2.3，表 9.2 为主要版本历史简介。

表 9.2　Hyperledger Fabric 主要版本历史

版本	发布时间	新特性	版本特点
0.6	2016-09-16	采用 PBFT 共识算法，peer 节点承担记账和共识功能	Fabric 最早公开的版本，由于 peer 节点承担了过多功能，系统性能、扩展性和可维护性欠佳
1.0	2017-07-11	重新设计系统架构，支持多通道，引入 Kafka 共识机制和系统链码，共识服务从 peer 中抽离	系统更加模块化，提升了系统性能和可扩展性
1.1	2018-03-15	链码编写语言支持 Node.js，提供链码加密库、基于属性的访问控制和所有组件之间的双向 TLS 通信，支持 CA 证书注销列表（CRL）	大幅优化了性能，某些场景下可提升一个数量级；提供基于通道的事件通知模型
1.2	2018-07-04	支持隐私数据集合（private data collection），提供动态网络服务发现与可插拔背书和验证逻辑，采用细粒度访问控制	提高了稳定性和易用性
1.3	2018-10-11	提供键级背书策略，支持 Identity Mixer 以增强隐私保护，链码支持 Java，客户端可以对链码查询结果集进行分页	部分重构链码生命周期管理，通过分页机制支持对大量数据的高性能查询
1.4	2019-01-09	提供运维相关的 RESTful 操作服务（操作指标、健康检查、日志），提供 peer 回滚区块功能，使用新的日志控制环境变量，加入新的 Raft 排序服务，改进了应用开发编程模型	首个长期支持版本，私有数据支持增强，维护更加方便，共识效率更高，更加易于编写 DApp
2.0	2020-04-16	为智能合约引入去中心化治理，使用新的链码生命周期，提供外部链码启动器等，采用提高 CouchDB 性能的状态数据库缓存	增强私有数据支持，增强排序服务，改进性能
2.1	2020-04-15	支持用于发现的集合级背书策略	—
2.2	2020-07-09	支持 TLS1.3，新增查询已批准链码定义明细的功能	—
2.3	2020-11-19	创建应用程序通道无须事先创建由排序服务创建的系统通道，支持账本快照	进一步提升通道私密性

9.1.3　Fabric 的关键概念

上文提到 Hyperledger Fabric 不同于其他区块链，是专为在企业环境中使用而设计的区块链，是一个开源的企业级许可分布式账本技术（distributed ledger technology，DLT）平台。除上文提到的区别外，Fabric 有着自身独特的技术概念，这些概念有些为 Fabric 独有的技术特性，有些为 Fabric 对区块链概念的阐释，认识这些概念有助于人们更好地认识和了解 Fabric。本节从关键概念的角度认识 Hyperledger Fabric 的工作方式及其特性。

1. 区块链网络的构成节点

区块链网络中负责维护网络运行的终端可以称为节点。Fabric 在发布之初的 0.6 版本将共识及记账工作均交由 peer 节点完成，由于节点承担了过多工作，整个区块链网络的性能、扩展性欠佳。因此 Fabric 在后续版本中将 peer 节点拆分为交易执行（背书和提交）节点和交易排序节点，以优化区块链网络的性能、安全性和可扩展性。根据节点工作的不同，Fabric 将节点划分为不同类型，节点之间彼此协作完成整个区块链系统的功能。

（1）peer 节点

peer 节点是 Fabric 网络中的重要节点，负责维护账本及链码实例，一个 peer 节点可以维护一个或多个链码和账本。在目前的 Fabric 网络中，peer 节点存在以下 4 种角色，这里的角色仅是逻辑意义上的分类，仍属于 peer 节点，可以说是特殊的 peer 节点。

① 背书节点（endorser peer）：背书策略是 Fabric 中的重要策略，背书节点是执行背书策略的主体。背书节点负责对交易提案进行检查，然后模拟执行交易，对交易产生的执行结果进行签名背书。

② 提交节点（committer peer）：负责维护账本，检查排序后交易结果合法性，接受合法修改并写入本地账本结构。目前所有 peer 节点均可作为记账节点。

③ 主节点（leader peer）：负责在分发新区块时拉取排序服务数据，然后分发给组织中其他节点。拉取数据的操作与分发由 Gossip 协议实现。在整个分发新区块的过程中，主节点充当排序节点与组织内其他 peer 的联通桥梁。主节点选举存在以下两种方式：静态选举，即主节点由系统管理员手动配置选择，可以设置一个或多个主节点，选定后其他节点不会成为主节点，若选定主节点崩溃则需管理员处理；动态选举，即组织内节点选举一个节点担任主节点，选出的主节点以固定频率向其他节点发送"心跳"以证明自己处于正常状态，若一段时间内节点未收到主节点的心跳信息，则会进行一轮选举选出一个新的主节点。以上两种选举方式配置路径为 peer 节点的配置文件 core.yaml。

④ 锚节点（anchor peer）：Fabric 网络中存在多个组织，锚节点作为组织节点通信代表存在，负责保证同一网络内不同组织间的通信，即充当组织间的联通桥梁。一个通道中必须至少存在一个锚节点，建议在每个组织中配置一个锚节点。锚节点无须通过选举产生，而是在通道配置文件中配置。在一个组织的节点连接到另一组织的锚节点时，锚节点会告知前者自己已知的节点信息。

（2）排序节点（orderer）

为了优化区块链性能及扩展性，经过 Fabric 1.0 系统架构重新设计后，共识服务从 peer 节点抽离并交由一类称为排序节点的节点完成。在整个交易流程中，客户端将满足背书策略的交易广播给排序服务，排序节点负责对收到的交易按时间或按通道进行排序，并将其打包成区块，最终将区块分发给其他连接到自身的 peer 节点。此外，排序节点维护允许创建通道的组织列表并对通道执行基本访问控制。

2．排序服务

前文提到，区块链离不开共识机制，通过共识算法保证账本一致性。不同的是，非许可区块链大多采用概率共识算法保证账本概率一致性，例如比特币、以太坊，而许可区块链大多采用确定性共识算法，Fabric 也不例外。Fabric 同样采用确定性共识算法保证所有 peer 验证的区块都是最终正确的，因而不会产生分叉。

在共识过程中，交易被排序并打包成区块，该过程中 Fabric 与其他区块链的处理方式不同，Fabric 将这一工作抽离并交由一种称为排序节点的节点，该节点负责使交易有序，并与其他排序节点共同形成排序服务。Fabric 提供以下 3 种类型的排序服务，其中两种已在 2.0 版本中被弃用。

（1）Raft：Raft 是一种崩溃故障容错（CFT）共识排序算法。Raft 共识采用"主从模型"，主节点通过动态选举决定，从节点是主节点的副本。需要保证半数以上节点正常运行。

（2）Kafka（弃用）：与 Raft 类似，Kafka 同样为 CFT 共识排序算法并同样采用"主从模型"。Kafka 利用一个 Zookeeper 进行管理，从 Fabric 1.0 开始采用。

（3）Solo（弃用）：Solo 模式中仅包含单一的排序节点，区块链交易顺序即其收到交易的顺序。该模式的可用性和扩展性较差，且不适用于生产环境，只能用于测试。

虽然 Kafka 与 Raft 同属于 CFT 类型，但相较 Raft 而言，Kafka 不适用于大型网络、配置管理较为复杂且并非 Fabric 原生支持的（Kafka 的相关支持需通过 Apache 支持，而 Raft 算法已在 Fabric 社区中实现）网络。出于上述原因，Fabric 排序服务从 Kafka 转向 Raft。

3．账本

账本是区块链世界的重要概念，区块链可以简单解释为一种分布式账本技术。同样地，账本的概念在 Fabric 中也十分重要，Fabric 中账本由"世界状态"和"区块链"两部分组成，存储有关业务对象的重要事实信息。这里的事实信息包括两部分，一部分为一个业务对象当前状态的有关事实，另一部分为该当前状态的历史有关事实，可以简单理解为账本存储的是对象的"现实"和"历史"。当前状态可能发生变化，但与之相关的历史事实不会改变，历史事实只会在之前基础上增加，但已存在历史事实无法篡改。对应到 Fabric 中，"世界状态"负责记录账本状态当前值，"区块链"记录"世界状态"的所有历史变化。"世界状态"和"区块链"关系不同但相互关联，"世界状态"源于"区块链"。

4．通道

在 Fabric 中通道（channel）的概念及其重要，一个 peer 节点可以维护多个账本和链码，通道起到业务隔离的作用，每个通道均包含一个完全独立的账本，加入该通道的组织共同维护这一账本，未加入该通道的组织不能访问该通道的任何信息，一个组织可以加入多个通道。可以简单理解为通道将一个 Fabric 网络分为多个子区块链。通道可以分为系统通道（在 Fabric 最新版本 2.3 中已取消）与应用通道，应用通道通过系统通道创建，通道一般指应用通道。

5．成员服务提供方

Fabric 属于许可链，这就代表并非所有节点均可加入 Fabric 网络，那么如何决定哪些节点或成员能够加入一个 Fabric 网络呢？这时人们会想到数字身份证书，但仅凭数字身份证书远远不够，需要成员服务提供方（membership service provider，MSP）解决这一问题。Fabric 抽象出称为 MSP 的逻辑组件选择哪些身份可以加入 Fabric 网络，并标识该身份在 Fabric 网络中的角色。即 MSP 的作用是将一个身份转化为一个角色，可以简单理解为 MSP 是一个权限管理者，负责权限验证和用户管理。具体来说，一个 Fabric 网络中可以存在一个或多个 MSP，MSP 中包含数字签名及验签算法，还包含 Fabric 网络参与者的公钥及证书文件，Fabric 网络参与者使用私钥对交易进行签名背书，MSP 可以通过验证签名的方式确保交易背书者是联盟参与者，由此将一个身份转化为一个角色或一种权限。这也是 Fabric 的基础能力，其令组织、节点、通道均可建立自己的 MSP 以决定谁能参与其中。具体操作及实例将在之后 Fabric 网络部署中讲解。为了成为 Fabric 网络中的一个成员，需要以下 4 个步骤。

（1）由 CA 为成员签发身份证书。

（2）将成员证书添加到组织的 MSP 中。

（3）将该 MSP 添加到通道中。

（4）确保 MSP 被包含在网络的安全策略定义中。

MSP 的本质是一个被添加到网络配置中的文件夹集合，Fabric 中存在以下两种 MSP 域，其区别在于作用范围不同。

（1）本地 MSP：为客户端和 orderer 或 peer 节点使用，定义哪些用户为节点管理员或参与者等。每个节点均需定义本地 MSP。本地 MSP 仅包含于文件系统中定义的节点或用户。逻辑和物理上每个节点均只拥有一个本地 MSP。

（2）通道 MSP：在通道层面上定义哪些用户是节点管理员和参与者。每个组织必须有一个 MSP 进行定义。channel MSP 包含通道中的所有组织，peer、orderer 等均包含其中。逻辑上一个通道只有一个 MSP；物理上通道中的每个节点均有一个 channel MSP 的副本，通过共识达成一致。

若组织内部需要更细微的隔离粒度，则可将组织进一步划分为组织单元（organizational unit，OU）。可以简单理解为将一个公司划分为多个部门以实现细粒度的 MSP，这样即可方便地定义策略，实现属性的访问权限控制。其中是否划分 OU 是可选的，可在配置文件中选择。

6．智能合约和链码

关于智能合约和链码的部分内容将在 9.4 节中具体介绍。

7．策略

在 Fabric 中，策略是一组规则的集合，这些规则规定了谁可以做什么。策略是 Fabric 的基础管理设施，有别于在公链中任意节点能够验证和生成交易，Fabric 是许可的，需要由一个规则进行约束，即需要一个管理机制管理和定义需要怎样的条件改变或更新 Fabric 网络中的通道、智能合约或成员的加入或退出等，例如需要以一个确定规则约束并非所有节点均需验证交易。策略在初始时需要由所有成员一致同意后设立，在网络运行后可以修改。所有定义谁可以做什么的行为均在策略中描述。策略在系统通道、应用通道、权限控制列表与智能合约 3 个层级均有实现，分别管理 Fabric 网络的不同层面。策略在系统通道层面管理排序、如何生成新区块等服务，在应用通道层面管理如何添加或删除通道成员以及背书策略等。具体存在以下代表策略。

（1）访问控制列表：用于限制哪些身份可以访问哪些资源。

（2）背书策略：指定需要多少个 peer 进行验证和执行才能使一个交易被认定为有效。

（3）修改策略：定义如何对策略进行更新。

Fabric 中存在两种编写策略的语法。一种是签名（Signature）语法，在需要明确签名时采用签名语法，在设置为签名语法后必须满足给定策略规则的签名组合；另一种是隐元（ImplicitMeta）语法，隐元语法在需要隐式签名时使用，例如指定需要一个组织的大多数成员签名而非需要明确某一成员，在隐元语法中可以指定任意（ANY）、全部（ALL）或大多数（MAJORITY），这样做的优势是在通道需要变更成员时无须重新配置策略来指定需要哪些成员签名。下文是 Fabric 配置文件中的策略示例。

```
1.    - &Org1
2.      Name: Org1MSP
3.      ID: Org1MSP
4.      #MSP 路径
5.      MSPDir: crypto-config/peerOrganizations/org1.example.com/msp
6.      #锚节点配置
7.      AnchorPeers:
8.        - Host: peer0.org1.example.com
9.          Port: 7051
10.     #策略部分
11.     Policies:
12.       Readers:
13.         Type: Signature   #Type指定策略编写的语法，这里指定签名语法
14.         Rule: "OR('Org1MSP.admin', 'Org1MSP.peer', 'Org1MSP.client')"
15.         # 通过 Rule 指定策略内容
16.       Writers:
17.         Type: Signature
18.         Rule: "OR('Org1MSP.admin', 'Org1MSP.client')"
19.       Admins:
20.         Type: Signature
21.         Rule: "OR('Org1MSP.admin')"
22.       Endorsement:
23.         Type: Signature
24.       Rule: "OR('Org1MSP.peer')"
```

```
1.    Application: &ApplicationDefaults
2.      Organizations:
3.      #策略部分
4.      Policies:
5.        Readers:
6.          Type: ImplicitMeta #Type 指定策略编写的语法，这里指定隐元语法
7.          Rule: "ANY Readers"# 通过 Rule 指定策略内容
8.        Writers:
9.          Type: ImplicitMeta
```

10.　　　　Rule: "ANY Writers"
11.　　Admins:
12.　　　　Type: ImplicitMeta
13.　　　　Rule: "MAJORITY Admins"
14.　　LifecycleEndorsement:
15.　　　　Type: ImplicitMeta
16.　　　　Rule: "MAJORITY Endorsement"
17.　　Endorsement:
18.　　　　Type: ImplicitMeta
19. Rule: "MAJORITY Endorsement"

背书策略（endorsement policy）是 Fabric 的重要策略，可以理解为对交易进行背书必须满足的条件，该条件规定了提交交易需要得到哪些节点或角色的签名背书。

背书策略的编写遵循一定的语法规则，其语法如下。

1.　　EXPR(E[, E…])

EXPR 为逻辑表达式，可以是 AND、OR、OutOf。E 可以是一个语法主体或另一个逻辑表达式。语法主体格式为"MSP.ROLE"，其中 MSP 代表该策略要求的 MSPID，ROLE 表示角色，包括 member、admin、client 和 peer。表 9.3 和表 9.4 分别为背书策略语法的释义及示例。

表 9.3　背书策略语法符号释义

EXPR	含义	角色	含义
AND	和	member	成员
OR	或	admin	管理员
OutOf	OutOf(2,E)：任意两个组织	client	客户端
—	—	peer	peer 节点

表 9.4　背书策略编写示例

背书策略示例	含义
AND('Org1.member', 'Org2.member', 'Org3.member')	要求 3 个组织的至少 1 个成员进行签名
OR('Org1.member', 'Org2.member')	要求组织 1 或组织 2 的任一成员进行签名
OR('Org1.member', AND('Org2.member', 'Org3.member'))	要求组织 1 的任一成员签名，或组织 2 和组织 3 的任一成员分别进行签名
OutOf(2, 'Org1.member', 'Org2.member', 'Org3.member')	要求 3 个组织中至少任意两个组织的任一成员进行签名

8.　Fabric 交易流程

经过前面对 Fabric 账本的认识，该部分讲解发起的一笔交易如何最终写入区块。

首先介绍交易的概念。由于 Fabric 是许可链以及无原生加密货币的属性，Fabric 中的交易与以太坊或比特币不同,交易根据是否对账本进行更新可以分为查询交易与更新交易:查询交易只查询账本,通常不会将交易提交给排序节点,也因此不会将交易写入新区块;而更新交易必须经过排序节点提供的排序服务,提交给排序服务前应用程序需检查是否满足指定背书策略,并会产生新区块。

下面分别讲解上述两种交易流程。更新交易相较于查询交易,起点及部分步骤相同但额外多出 3 个步骤。

（1）查询交易流程

① 客户端连接到 peer 节点。首先需要客户端连接到区块链网络的 peer 节点,应用程序使用 Fabric 提供的 SDK 连接到 peer 节点。

② 客户端发起交易。客户端使用应用程序所适用的 SDK（Java,Go,Node.js,Python）中的 API 生成一笔交易的提案,提案是包含调用链码方法的请求,这里请求的作用是查询账本。SDK 除将交易提案打包成正确格式外,还将使用用户密钥为提案生成数字签名,之后将合格提案发送给任一背书节点。

③ 背书节点验证收到的交易提案。背书节点收到交易提案后对其进行合规验证,验证合格后对其模拟执行,执行后得到交易结果,交易结果包括响应值、读集、写集。模拟执行不会对账本进行更新,随后背书节点将交易结果以及为交易结果生成的签名一并通过SDK 返回客户端。具体合规验证如下:

交易提案的格式是否完整、正确;

交易提案是否已提交过（防止重放攻击）;

验证附属的客户端数字签名是否有效;

验证交易发起者是否有权在该通道中执行;

客户端接收并检查背书节点响应结果。

通常查询交易至此结束,不会再将交易提交给排序服务。通常一个 peer 节点可以独立完成查询交易,因为查询交易不会涉及更新账本,因此无须“询问”其他节点达成共识,查询到结果后可以直接返回给应用程序,但应用程序可以选择连接多个节点以请求同一查询交易,从而保持所得数据是最新结果。

（2）更新交易流程

① 客户端连接到 peer 节点。该步骤与查询交易相同。

② 客户端发起交易。生成交易提案与查询交易相同,不同的是需要严格按照指定背书策略发送给背书节点,例如需要该通道的所有组织中至少一个 peer 节点背书签名。

③ 背书节点验证收到的交易提案。该步骤与查询交易相同,同时模拟执行链码不会对账本产生实际更改。

④ 客户端接收并检查背书节点响应结果。客户端验证收到的响应结果背书节点签名是否合规,在收到满足背书策略的响应结果后执行下一步操作。

⑤ 客户端将背书结果封装进交易。客户端构建新的交易请求发送给排序服务,新的交易请求包含背书节点的数字签名、通道 ID、读写集。排序服务接收来自客户端的交易,并将收到的交易及时间及通道排序,将交易打包成区块。排序节点在该过程中无须再次模拟执行交易。

⑥ 验证和提交交易。组织的主节点负责拉取排序节点的区块数据并分发给所有 peer

节点，peer 节点按照区块中的顺序处理每笔交易，每个 peer 节点都会验证该笔交易的链码是否满足背书策略。

⑦ 账本更新。区块验证完成后，每个 peer 节点均将区块添加到账本中。区块中失败的交易也会保留下来以供审计，但会被打上无效标签。

通过以上描述，可以了解在 Fabric 中从交易发起到账本更新的过程，还可了解 Fabric 对交易执行以及背书策略的考虑。Fabric 中交易执行与账本更新分离，交易在账本更新前执行。虽然所有 peer 节点均需在最终步骤更新账本，但执行交易只是安装被客户端使用的链码背书节点，而该选择由背书策略完成。因此背书策略也可以理解为定义由哪些节点执行某一交易，从而在提高吞吐量的同时保护隐私。

9.2 Fabric 基础环境配置

9.2.1 Docker 安装

本节介绍及安装使用 Fabric 所需要的软件及环境。Fabric 支持主流操作系统，例如 Linux（包括 CentOS、Ubuntu、Red Hat 等）、Windows 以及 macOS。后续基础环境配置将默认以 CentOS 18.04 操作系统为例进行介绍。

Docker 是一个开源的软件部署解决方案，也是轻量级的应用容器框架。Docker 中存在镜像、容器两个基本概念，镜像由多层文件系统构成，包括容器运行所需的数据，容器则是根据镜像创建的运行实例，镜像和容器的关系如同面向对象程序设计中类和实例的关系。Docker 可以通过 Dockerfile 的内容自动构建镜像。

Fabric 在 2.0 版本前只采用 Docker 容器作为链码执行环境，要求 Docker 成为部署环境的一部分，从 Fabric2.0 开始除 Docker 外还为链码提供外部构建器和启动器。由于本文采用 Docker 的方式部署 Fabric 网络以及采用 Docker 容器作为链码执行环境，因此 Docker 环境必不可少。

Docker 最新版本可以执行以下命令进行安装（命令示例适用于 CentOS 操作系统，Docker 版本应高于 17.06.2-ce）：

```
1.    sudo yum install -y yum-utils device-mapper-persistent-data lvm2
2.    sudo yum-config-manager --add-repo http://mirrors.aliyun.com/docker-ce/linux/centos/docker-ce.repo
3.    sudo yum install docker-ce docker-ce-cli containerd.io
4.    sudo systemctl start docker
```

使用下述命令使 Docker 在系统启动时自动启动：

```
1.    sudo systemctl enable docker
```

下面介绍 Docker 常用命令及简介，以镜像 fabric-peer 为例：
（1）pull：从镜像仓库中拉取或更新指定镜像：

```
1.    docker pull fabric-peer
```

（2）run：创建并启动一个容器：

1.　*#docker run 命令示例：通过 docker 单独启动 peer0 节点*
2.　*#docker run [OPTIONS] IMAGE [COMMAND] [ARG…]*
3.　docker run -d --publish 7051:7051 \
4.　-v /tmp/fabric/config/peer0.org1.example.com:/etc/hyperledger/fabric \
5.　-v/tmp/fabric/crypto-config/peerOrganizations/org1.example.com/peers/peer0.org1.example.com/msp:/etc/hyperledger/fabric/msp \
6.　-v /tmp/fabric/crypto-config/peerOrganizations/org1.example.com/peers/peer0.org1.example.com/tls:/etc/hyperledger/fabric/tls \
7.　-v /tmp/fabric/data/peer0.org1.example.com:/var/hyperledger/production \
8.　-v /var/run/:/host/var/run \
9.　--name peer0.org1.example.com hyperledger/fabric-peer:2.0 peer node start
10.　###############
11.　-d, --detach 后台运行容器
12.　-v, --volume list 数据挂载（建立主机与容器间的目录映射关系，":"前为主机目录，后为容器目录）
13.　--name string 设置容器名称

（3）images：列出镜像：

1.　docker images

（4）ps：列出容器：

1.　docker ps

（5）cp：在容器和宿主机之间复制文件：

1.　docker cp /www/ peer0.org1.example.com:/www/

（6）stop/start：停止/启动一个或多个容器：

1.　docker stop peer0.org1.example.com
2.　docker start peer0.org1.example.com

9.2.2　Docker-Compose 安装

Docker-Compose 是 Docker 官方开源项目，负责对 Docker 容器集群进行快速编排。虽然 Docker 可以方便地创建一个应用容器，但多个 Docker 容器之间独立分散，如需多个 Docker 容器互相配合完成某项任务，此时的 Docker 操作烦琐且效率低下。Docker-Compose 的出现使得用户能够方便且高效地定义、管理一组相关联的 Docker 容器。Docker-Compose 通过默认为 docker-compose.yaml 的配置文件配置所需服务。后文也将使用 Docker-Compose 快速搭建 Fabric 网络。

通过以下命令安装 Docker-Compose：

```
1.    #下载 Docker-Compose
2.    sudo curl -L "https://github.com/docker/compose/releases/download/1.29.2/docker-compose-$(uname -s)-$(uname -m)" -o /usr/local/bin/docker-compose get.daoclound.io
3.    #为 Docker-Compose 添加执行权限
4.    sudo chmod +x /usr/local/bin/docker-compose
```

执行以下命令检查已安装的 Docker-Compose 版本：

```
1.    docker-compose –version
2.    # Docker-Compose 版本需高于 1.14.0
```

下面介绍 Docker-Compose 的常用命令及简介：
（1）Up——构建并启动容器：

```
1.    docker-compose up -d   #-d: 在后台运行服务容器（可选）
```

（2）Down——停止容器并删除容器、网络、数据卷、镜像：

```
1.    docker-compose stop
```

（3）build——构建或重新构建服务：

```
1.    docker-compose build
```

9.2.3 Git 安装

Git 是一个开源分布式版本控制系统，能够便捷、高效地进行项目管理。后文将使用 Git 拉取 Fabric 官方仓库。通过如下命令安装：

```
1.    yum install git
```

下面介绍常见的 Git 命令。
（1）将远程仓库克隆到本地：

```
1.    $ git clone <url>
```

（2）初始化仓库：

```
1.    $ git init
```

（3）提交与修改：

```
1.    $ git add        #添加文件到仓库
2.    $ git commit     #提交暂存区到本地仓库
```

（4）查看仓库当前状态：

```
1.    $ git status
```

9.2.4　Go 语言环境配置

Go 语言（又称 Golang）来自谷歌，Go 语言相较其他编程语言具有执行效率高、高并发、跨平台、擅长网络编程等优势，十分适合区块链等分布式存储系统，此外，Go 语言提供丰富的标准库，降低了学习成本。目前 Go 语言已成为区块链项目开发的主流编程语言，Fabric 也不例外。

推荐下载 Go 语言最新稳定版本，在 CentOS 操作系统中下载并安装 Go 可以采用如下命令，也可以通过访问 Golang 官方网站下载压缩包进行安装：

```
1.    yum install epel-release
2.    yum install go
3.    #配置 Go 环境变量
4.    go env -w GOPROXY=https://goproxy.io,direct
5.    go env -w GO111MODULE=on
```

命令执行后可以通过执行 go version 命令查看 Go 语言版本，验证安装是否成功。

9.2.5　其他常用工具下载

Curl 是一个开源命令行工具，用以使用 URL 传输数据。Curl 功能强大，能够帮助用户快速完成相关操作，几乎支持所有互联网协议，例如 DICT、FILE、FTP、GOPHER、HTTP、HTTPS、IMAP、LDAP、POP3、RTMP、RTSP、SFTP、SMTP、TELNET、TFTP等。Curl 能够方便快捷地使用命令请求 Web 服务器，后文也将使用该工具下载 Fabric 相关文件。可以使用如下命令在 CentOS 中安装 Curl，并通过访问 Curl 官方文档了解详细使用说明：

```
1.    yum install curl
```

jq 是一个灵活的轻量级命令行 JSON 处理器。使用如下命令在 CentOS 中安装，并通过访问 jq 官方文档了解详细使用说明：

```
1.    yum install jq
```

9.2.6　Fabric 相关文件下载

1. 常规方式

首先创建 Fabric 工作目录，后续工作主要在该目录下执行：

```
1.    mkdir -p $HOME/go/src/github.com/fabric
2.    cd $HOME/go/src/github.com/fabric
```

下载 Fabric：使用 Git 从 GitHub 中下载 Fabric 源码：

```
1.    git clone https://github.com/hyperledger/fabric.git
```

下载二进制文件、示例程序、Docker 镜像：进入 Fabric 源码中的 scripts 目录，该目录中有一个重要的脚本文件 bootstrap.sh，能够帮助下载相关文件。通过以下命令使用 bootstrap.sh 实现一键下载：

```
1.    sudo ./bootstrap.sh -s
```

但该方式由于网络原因下载效率较低，因而可以选择手动拆分下载，该方式下载效率更高且更加灵活。下面介绍手动拆分下载的方式。

2．拆分方式

下载 Docker 镜像：此处仍采用 bootstrap.sh 下载 Docker 镜像：

```
1.    cd $HOME/go/src/github.com/fabric/scripts
2.    sudo ./bootstrap.sh  -b -s
```

执行完成后可以执行以下命令查看下载的 Docker 镜像：

```
1.    docker images
```

下载所需二进制文件，包括 configtxgen、configtxlator、cryptogen、peer 等：

```
1.    cd $HOME/go/src/github.com/fabric/scripts/opt
2.    wget https://github.91chifun.workers.dev//https://github.com/hyperledger/fabric/releases/download/
v2.3.2/hyperledger-fabric-linux-amd64-2.3.2.tar.gz
3.    wget https://github.91chifun.workers.dev//https://github.com/hyperledger/fabric-ca/releases/download/
v1.5.0/hyperledger-fabric-ca-linux-amd64-1.5.0.tar.gz
4.    tar -zxvf hyperledger-fabric-linux-amd64-2.3.2.tar.gz  -C $HOME/go/src/github.com/fabric/fabric/
scripts/fabric-samples/
5.    tar -zxvf hyperledger-fabric-ca-linux-amd64-1.5.0.tar.gz -C $HOME/go/src/github.com/fabric/fabric/
scripts/fabric-samples/
6.    #将 bin 目录加入 PATH
7.    export PATH=$PATH:~/fabric/bin
```

使用 Git 下载 Fabric 示例程序代码 fabric-samples：

```
1.    cd $HOME/go/src/github.com/fabric
2.    git clone https://github.com/hyperledger/fabric-samples
```

9.3 搭建一个 Fabric 网络

9.3.1 准备

搭建完成 Fabric 所需的基础环境后，即可开始搭建 Fabric 网络。本节主要介绍如何部署并运行一个 Fabric 区块链，命令示例同样直接适用于 CentOS 操作系统，读者可根据不同操作系统对部分操作命令作出调整。

进行操作前推荐获取操作系统的 root 权限，方便后续对文件进行修改、备份。使用如下命令获取 root 权限：

```
1.   sudo -i
```

其次需要简单了解 YAML。YAML 是编写配置文件的主流语言，在后续 Fabric 配置中主要通过配置 YAML 文件完成，不论是 docker-compose 的配置文件 docker-compose.yaml 还是证书文件生成的配置文件 crypto-config.yaml 等均由 YAML 语言编写。YAML 大小写敏感且使用缩进表示层级关系，相同层级左侧对齐。YAML 语法十分简洁，表 9.5 为其基本语法释义。

表 9.5　YAML 基本语法释义

语法	示例
对象（冒号+空格）	1.　　Key1: value 2.　　Key2: 3.　　　key3: value3
数组（破折号+空格）	1.　　Values: 2.　　　- value1 3.　　　- value2
单行注释（#）	1.　　# 注释
建立锚点（&）	1.　　Key2: &anchor 2.　　　key1: value1 3.　　　key2: value2
引用锚点（*）	1.　　Key3: *anchor #避免重复定义
合并标签（<<）	1.　　Key4: 2.　　　test: 1　　#添加额外对象 3.　　　<<: *anchor

了解 YAML 语言有助于更好地理解配置文件含义以及编写配置文件，避免语法错误引发不必要的错误。

9.3.2　运行 Fabric 测试网络

Fabric 官方提供了 Fabric 示例 fabric-samples，该示例中提供了 Fabric 测试网络 test-network。测试网络提供了一个自动化脚本，可以帮助人们快速部署并运行一个简单的 Fabric 网络，可以通过测试网络快速了解以及操作 Fabric，也可以利用其测试智能合约与应用程序，因而十分具有参考意义。

首先从上文设置的 Fabric 工作目录进入 test-network 目录：

```
1.   cd fabric-samples/test-network
```

在 test-network 目录中可以看到 Fabric 提供了一个自动化脚本 network.sh，之后将使用 network.sh 方便地操作 Fabric 网络。可以执行/network.sh -h 查看其使用说明。

执行如下命令，创建并启动一个 Fabric 网络：

```
1.    ./network.sh up
```

若命令执行成功，可以通过执行以下命令查看计算机中运行的 Docker 容器：

```
1.    docker ps -a
```

此时应当看到 3 个正在运行的 Docker 容器。

测试网络由两个 peer 节点和一个排序节点组成，两个 peer 节点分属两个组织，组织名分别为 Org1 和 Org2。测试网络采用的排序服务为单节点 Raft 排序服务。

启动测试网络后，开始创建通道。使用 network.sh 创建用于 Org1 和 Org2 之间的通道并将组织下的 peer 节点加入通道，执行以下命令创建一个指定名称为 testchannel 的通道：

```
1.    ./network.sh createChannel -c testchannel
2.    #-c:指定通道名称（可选），默认名称为 mychannel
```

通道创建后安装链码，链码为示例中提供的资产转移链码：

```
1.    ./network.sh deployCC -ccn basic -ccp ../asset-transfer-basic/chaincode-go -ccl go
```

链码安装后即可同 Fabric 网络进行交互。交互前需要设置环境变量，从而以 cli 客户端与 Fabric 网络交互：

```
1.    export CORE_PEER_TLS_ENABLED=true
2.    export CORE_PEER_LOCALMSPID="Org1MSP"
3.    export CORE_PEER_TLS_ROOTCERT_FILE=${PWD}/organizations/peerOrganizations/org1.example.
com/peers/peer0.org1.example.com/tls/ca.crt
4.    export CORE_PEER_MSPCONFIGPATH=${PWD}/organizations/peerOrganizations/org1.example.
com/users/Admin@org1.example.com/msp
5.    export CORE_PEER_ADDRESS=localhost:7051
```

调用链码创建资产：

```
1.    peer chaincode invoke -o localhost:7050 --ordererTLSHostnameOverride orderer.example.com --tls--
cafile ${PWD}/organizations/ordererOrganizations/example.com/orderers/orderer.example.com/msp/tlscacerts/
tlsca.example.com-cert.pem -C mychannel -n basic --peerAddresses localhost:7051 --tlsRootCertFiles ${PWD}/
organizations/peerOrganizations/org1.example.com/peers/peer0.org1.example.com/tls/ca.crt --peerAddresses
localhost:9051 --tlsRootCertFiles ${PWD}/organizations/peerOrganizations/org2.example.com/peers/peer0.org2.
example.com/tls/ca.crt -c '{"function":"CreateAsset","Args":["asset3","black","55","Jack","66"]}'
```

查询刚创建的资产：

```
1.    peer chaincode query -C mychannel -n basic -c '{"Args":["ReadAsset","asset3"]}'
```

可以使用以下命令关闭网络：

```
1.    ./network.sh down
```

9.3.3　自定义搭建 Fabric 网络

在上文中部署并运行了一个 Fabric 测试网络，测试网络提供的自动化脚本 network.sh 帮助人们快速完成相关步骤，但测试网络仅用于示例，部署的节点数量已定义，并且隐藏了部署操作细节。本节主要介绍如何手动自定义搭建一个 Fabric 网络，并通过搭建部署过程进一步认识 Fabric。

在本节部署示例中，基于 Docker-Compose 实现部署，整个网络规划了 3 个排序节点和 2 个组织，每个组织各包含 2 个 peer 节点，采用 Raft 排序服务。Fabric 版本为 2.2。

1．证书文件生成

Fabric 需要数字证书提供身份证明，有两个环节需要用到数字证书，其一是节点间通信的 TLS 证书，其二是用户登录和权限控制的用户证书。这些证书本应由 CA 颁发，但是在开发和测试阶段可以先不部署 CA 节点，因此目前暂未在本节中使用 CA 节点，但是 Fabric 为人们提供了一个 cryptogen 工具以生成证书。Cryptogen 是用于生成 Hyperledger Fabric 密钥材料的工具，为测试提供一种预配置网络的工具。需要注意的是，使用 cryptogen 生成证书的方式不应用于生产环境中。

使用 cryptogen 生成证书文件需要依赖 crypto-config.yaml 配置文件，cryptogen 会根据 crypto-config.yaml 配置文件生成相应的证书文件，因此需要先配置 crypto-config.yaml 文件。crypto-config.yaml 文件配置如下：

```
1.    OrdererOrgs:                    # 定义管理排序节点的组织
2.      - Name: Orderer              # 排序节点组织的名称
3.        Domain: example.com        # 排序节点组织的根域名
4.        EnableNodeOUs: true        # 是否设置组织单元
5.        Specs:
6.          - Hostname: orderer      # 访问这台 orderer 对应的域名为 orderer.example.com
7.          - Hostname: orderer1     # 访问这台 orderer 对应的域名为 orderer1.example.com
8.          - Hostname: orderer2     # 访问这台 orderer 对应的域名为 orderer2.example.com
9.    PeerOrgs:                       # 定义管理排序节点的组织
10.     - Name: Org1                 # 组织 1 的名称，自行指定
11.       Domain: org1.example.com   # 访问组织 1 用到的根域名
12.       EnableNodeOUs: true        # 是否设置组织单元
13.       Template:                   # 模板，根据默认规则生成 2 个 peer 存储数据的节点
14.         Count: 2                  # 1. peer0.org1.example.com 2. peer1.org1.example.com
15.       Users:                      # 除管理员用户 admin 外的普通用户账户个数
16.         Count: 1
17.     # ------------------------------------------------------------
18.     # 组织 2 的配置，同组织 1
19.     # ------------------------------------------------------------
20.     - Name: Org2
21.       Domain: org2.example.com
22.       EnableNodeOUs: true
23.       Template:
24.         Count: 2
```

25.	Users:
26.	Count: 1

上述 crypto-config.yaml 文件中定义了 1 个排序组织，组织中定义了 3 个排序节点，同时定义了两个 peer 组织，每个 peer 组织中包含两个 peer 节点以及两个用户（admin 管理员用户和一个普通用户）。EnableNodeOUs 设置为 true 即表示组织划分为更细粒度的组织单元。

配置保存后执行以下命令指定生成模板文件以生成证书：

1.　　cryptogen generate --config=./crypto-config.yaml

在命令行会输出以下信息：

org1.example.com
org2.example.com

执行成功后，会在当前目录下生成 crypto-config 子目录，该目录下包含 ordererOrganizations 和 peerOrganizations 两个目录，分别对应排序节点组织与 peer 组织，目录中存放对应的证书文件。目录结构如下所示：

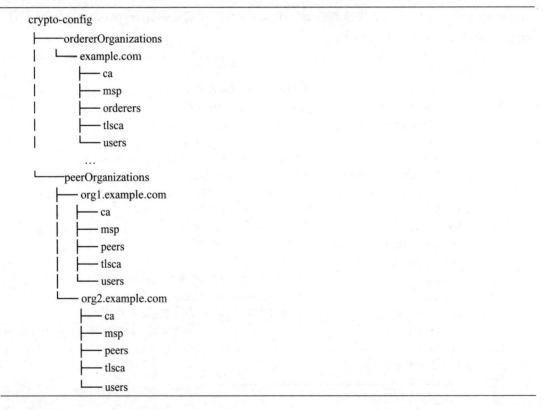

此外，cryptogen 还包括以下常用命令。

（1）显示默认配置模板：

1.　　cryptogen showtemplate

（2）显示版本信息：

```
1.    cryptogen version
```

（3）扩展现有网络：

```
1.    cryptogen extend --input="crypto-config" --config=config.yaml
```

（4）输出：

```
org3.example.com
```

此处 config.yaml 添加了一个新组织 org3.example.com。

2. 生成创始区块及通道文件

在生成相关证书后需要生成创世区块以及通道文件，二者均需使用 configtxgen 生成。configtxgen 的使用需要依赖配置文件 configtx.yaml，根据之前对 Fabric 网络的规划，修改 configtx.yaml 配置如下，由于配置文件内容较长，下面将其拆分介绍。

（1）组织配置：

```
1.    Organizations:
2.     - &OrdererOrg                       #排序组织配置部分
3.        Name: OrdererOrg
4.        ID: OrdererMSP
5.        MSPDir: crypto-config/ordererOrganizations/example.com/msp
6.        Policies:                        #策略信息部分
7.          Readers:
8.            Type: Signature
9.            Rule: "OR('OrdererMSP.member')"
10.         Writers:
11.           Type: Signature
12.           Rule: "OR('OrdererMSP.member')"
13.         Admins:
14.           Type: Signature
15.           Rule: "OR('OrdererMSP.admin')"
16.       OrdererEndpoints:
17.         - orderer.example.com:7050
18.     - &Org1                            #组织 1 配置部分
19.        Name: Org1MSP
20.        ID: Org1MSP
21.        MSPDir: crypto-config/peerOrganizations/org1.example.com/msp
22.        AnchorPeers:                     #锚节点信息部分
23.          - Host: peer0.org1.example.com    #锚节点域名
24.            Port: 7051                       #锚节点端口号
25.        Policies:                        #策略信息部分
26.          Readers:
27.            Type: Signature
```

28.	Rule: "OR('Org1MSP.admin', 'Org1MSP.peer', 'Org1MSP.client')"	
29.	Writers:	
30.	Type: Signature	
31.	Rule: "OR('Org1MSP.admin', 'Org1MSP.client')"	
32.	Admins:	
33.	Type: Signature	
34.	Rule: "OR('Org1MSP.admin')"	
35.	Endorsement:	
36.	Type: Signature	
37.	Rule: "OR('Org1MSP.peer')"	
38.	- &Org2	*#组织2配置部分（与组织1配置类似）*
39.	Name: Org2MSP	
40.	ID: Org2MSP	
41.	MSPDir: crypto-config/peerOrganizations/org2.example.com/msp	
42.	AnchorPeers:	
43.	- Host: peer0.org2.example.com	
44.	Port: 9051	
45.	Policies:	
46.	Readers:	
47.	Type: Signature	
48.	Rule: "OR('Org2MSP.admin', 'Org2MSP.peer', 'Org2MSP.client')"	
49.	Writers:	
50.	Type: Signature	
51.	Rule: "OR('Org2MSP.admin', 'Org2MSP.client')"	
52.	Admins:	
53.	Type: Signature	
54.	Rule: "OR('Org2MSP.admin')"	
55.	Endorsement:	
56.	Type: Signature	
57.	Rule: "OR('Org2MSP.peer')"	

（2）通道能力配置部分。Fabric 为通道定义了能力（Capabilities），由于 Fabric 网络中节点采用的 Fabric 版本可能不同，但版本高低会导致某些低版本节点无法处理来自高版本节点的信息，例如 Fabric1.2 之前的版本无法处理私有数据。不同能力分为应用程序、排序节点、通道 3 种类型：

1.	Capabilities:	
2.	Channel: &ChannelCapabilities	*#通道能力*
3.	V2_0: true	
4.	Orderer: &OrdererCapabilities	*#排序节点能力*
5.	V2_0: true	
6.	Application: &ApplicationCapabilities	*#应用程序能力*
7.	V2_0: true	

（3）应用程序配置部分：

```
1.    Application: &ApplicationDefaults
2.      Organizations:
3.      Policies:                                    #策略配置部分
4.        Readers:
5.          Type: ImplicitMeta
6.          Rule: "ANY Readers"
7.        Writers:
8.          Type: ImplicitMeta
9.          Rule: "ANY Writers"
10.       Admins:
11.         Type: ImplicitMeta
12.         Rule: "MAJORITY Admins"
13.       LifecycleEndorsement:
14.         Type: ImplicitMeta
15.         Rule: "MAJORITY Endorsement"
16.       Endorsement:
17.         Type: ImplicitMeta
18.         Rule: "MAJORITY Endorsement"
19.     Capabilities:                                #应用程序能力
20.       <<: *ApplicationCapabilities
```

（4）排序节点配置部分：

```
1.    Orderer: &OrdererDefaults
2.      OrdererType: etcdraft
3.      Addresses:                                   #排序节点地址
4.        - orderer.example.com:7050
5.      EtcdRaft:
6.        Consenters:
7.        - Host: orderer.example.com
8.          Port: 7050
9.          ClientTLSCert: crypto-config/ordererOrganizations/example.com/orderers/orderer.example.
com/tls/server.crt
10.         ServerTLSCert: crypto-config/ordererOrganizations/example.com/orderers/orderer.example.
com/tls/server.crt
11.     BatchTimeout: 2s                             #出块时间
12.     BatchSize:
13.       MaxMessageCount: 10                        #一个区块中最大交易数
14.       AbsoluteMaxBytes: 99 MB                    #一个区块允许的最大字节数
15.       PreferredMaxBytes: 512 KB                  #一个区块中最大交易数
16.     Organizations:
17.     Policies:                                    #策略配置部分
18.       Readers:
19.         Type: ImplicitMeta
20.         Rule: "ANY Readers"
21.       Writers:
```

22.	Type: ImplicitMeta	
23.	Rule: "ANY Writers"	
24.	Admins:	
25.	Type: ImplicitMeta	
26.	Rule: "MAJORITY Admins"	
27.	BlockValidation:	
28.	Type: ImplicitMeta	
29.	Rule: "ANY Writers"	

（5）通道配置部分：

1.	Channel: &ChannelDefaults	
2.	Policies:	*#策略配置部分*
3.	Readers:	
4.	Type: ImplicitMeta	
5.	Rule: "ANY Readers"	
6.	Writers:	
7.	Type: ImplicitMeta	
8.	Rule: "ANY Writers"	
9.	Admins:	
10.	Type: ImplicitMeta	
11.	Rule: "MAJORITY Admins"	
12.	Capabilities:	*#通道能力*
13.	<<: *ChannelCapabilities	

（6）Profiles 配置部分：

1.	Profiles:
2.	TwoOrgsOrdererGenesis:
3.	<<: *ChannelDefaults
4.	Orderer:
5.	<<: *OrdererDefaults
6.	Organizations:
7.	- *OrdererOrg
8.	Capabilities:
9.	<<: *OrdererCapabilities
10.	Consortiums:
11.	SampleConsortium:
12.	Organizations:
13.	- *Org1
14.	- *Org2
15.	TwoOrgsChannel:
16.	Consortium: SampleConsortium
17.	<<: *ChannelDefaults
18.	Application:
19.	<<: *ApplicationDefaults

20.	Organizations:
21.	- *Org1
22.	- *Org2
23.	Capabilities:
24.	<<: *ApplicationCapabilities

配置文件修改完成并保存后，执行以下命令生成创世区块：

| 1. | configtxgen -outputBlock ./channel-artifacts/genesis.block -profile TwoOrgsOrdererGenesis–channelID |
| | fabric-channel |

执行成功后，在 channel-artifacts 目录下生成创世区块 genesis.block。

生成创世区块后，使用 configtxgen 生成通道文件，执行以下命令完成通道文件的生成：

| 1. | configtxgen -outputCreateChannelTx ./channel-artifacts/channel.tx -profile TwoOrgsChannel -channelID |
| | mychannel |

执行成功后，在 channel-artifacts 目录下生成通道文件 channel.tx。

生成通道文件后，使用 configtxgen 创建两个组织锚节点配置文件：

1.	configtxgen -outputAnchorPeersUpdate ./channel-artifacts/Org1MSPanchors.tx -profile TwoOrgs
	Channel -channelID mychannel -asOrg Org1MSP
2.	configtxgen -outputAnchorPeersUpdate ./channel-artifacts/Org2MSPanchors.tx -profile TwoOrgs
	Channel -channelID mychannel -asOrg Org2MSP

configtxgen 命令参数说明：

-channelID string	#配置交易中使用的通道 ID
-configPath string	#包含所用配置的路径
-inspectBlock string	#打印指定路径区块中包含的配置
-inspectChannelCreateTx string	#打印指定路径交易中包含的配置
-outputAnchorPeersUpdate string	#创建一个更新锚节点的配置更新（仅在默认通道创建时有效，并仅用于第一次更新）
-outputBlock string	#写入创世区块路径
-outputCreateChannelTx string	#写入通道创建交易路径（如果设置完毕）
-profile string	#configtx.yaml 中用于生成的轮廓

3. 启动网络

在本节部署示例中，Fabric 网络通过 Docker-Compose 方式启动，需要根据网络规划配置 docker-compose.yaml 配置文件。同样由于配置文件内容较长，将其拆分介绍。

（1）排序节点配置：

1.	version: '2.4'
2.	volumes:　　　　　#Fabric 示例自定义网络中包含3 个排序节点、4 个 peer 节点
3.	orderer.example.com:
4.	orderer1.example.com:

5.　　　orderer2.example.com:

6.　　peer0.org1.example.com:

7.　　 peer1.org1.example.com:

8.　　peer0.org2.example.com:

9.　　 peer1.org2.example.com:

10.　networks:

11.　test:

12.　　name: fabric_test　　　*#Fabric 示例自定义网络名称*

13.　services:

14.　　orderer.example.com:　　　　　　　　　　*#排序节点配置部分*

15.　　 container_name: orderer.example.com　　　*#Docker 容器名称*

16.　　 image: hyperledger/fabric-orderer:latest　　*#使用的 Docker 镜像*

17.　　 labels:　　　　　　　　　　　　　　　　*#Docker 标签*

18.　　　service: hyperledger-fabric

19.　　 environment:　　　　　　　　　　　　　*#环境变量配置*

20.　　　- FABRIC_LOGGING_SPEC=INFO

21.　　　- ORDERER_GENERAL_LISTENADDRESS=0.0.0.0

22.　　　- ORDERER_GENERAL_LISTENPORT=7050

23.　　　- ORDERER_GENERAL_LOCALMSPID=OrdererMSP

24.　　　- ORDERER_GENERAL_LOCALMSPDIR=/var/hyperledger/orderer/msp

25.　　　*# TLS 配置*

26.　　　- ORDERER_GENERAL_TLS_ENABLED=true

27.　　　- ORDERER_GENERAL_TLS_PRIVATEKEY=/var/hyperledger/orderer/tls/server.key

28.　　　- ORDERER_GENERAL_TLS_CERTIFICATE=/var/hyperledger/orderer/tls/server.crt

29.　　　- ORDERER_GENERAL_TLS_ROOTCAS=[/var/hyperledger/orderer/tls/ca.crt]

30.　　　- ORDERER_KAFKA_TOPIC_REPLICATIONFACTOR=1

31.　　　- ORDERER_KAFKA_VERBOSE=true

32.　　　- ORDERER_GENERAL_CLUSTER_CLIENTCERTIFICATE=/var/hyperledger/orderer/tls/server.crt

33.　　　- ORDERER_GENERAL_CLUSTER_CLIENTPRIVATEKEY=/var/hyperledger/orderer/tls/server.key

34.　　　- ORDERER_GENERAL_CLUSTER_ROOTCAS=[/var/hyperledger/orderer/tls/ca.crt]

35.　　　*#创世区块配置*

36.　　　- ORDERER_GENERAL_GENESISMETHOD=file

37.　　　- ORDERER_GENERAL_GENESISFILE=/var/hyperledger/orderer/orderer.genesis.block

38.　　　- ORDERER_CHANNELPARTICIPATION_ENABLED=true

39.　　　- ORDERER_ADMIN_TLS_ENABLED=true

40.　　　- ORDERER_ADMIN_TLS_CERTIFICATE=/var/hyperledger/orderer/tls/server.crt

41.　　　- ORDERER_ADMIN_TLS_PRIVATEKEY=/var/hyperledger/orderer/tls/server.key

42.　　　- ORDERER_ADMIN_TLS_ROOTCAS=[/var/hyperledger/orderer/tls/ca.crt]

43.　　　- ORDERER_ADMIN_TLS_CLIENTROOTCAS=[/var/hyperledger/orderer/tls/ca.crt]

44.　　　- ORDERER_ADMIN_LISTENADDRESS=0.0.0.0:7053

45.　　　- ORDERER_OPERATIONS_LISTENADDRESS=0.0.0.0:17050

46.　　 working_dir: /opt/gopath/src/github.com/hyperledger/fabric

47.　　 command: orderer

48.　　 volumes:　　　　　　　　　　　　　　*#挂载路径映射*

49.　　　- ./channel-artifacts/genesis.block:/var/hyperledger/orderer/orderer.genesis.block

50.　　　- ./crypto-config/ordererOrganizations/example.com/orderers/orderer.example.com/msp:/var/

hyperledger/orderer/msp

51.　　- ./crypto-config/ordererOrganizations/example.com/orderers/orderer.example.com/tls/:/var/
hyperledger/orderer/tls

52.　　- orderer.example.com:/var/hyperledger/production/orderer

53.　ports:

54.　　- 7050:7050

55.　　- 7053:7053

56.　　- 17050:17050

57.　networks:

58.　　- test

59.　*#其余排序节点配置类似，故省略*

（2）peer 节点容器配置：

1.　peer0.org1.example.com:	*#组织 1peer0 节点配置*
2.　container_name: peer0.org1.example.com	*#Docker 容器名称*
3.　image: hyperledger/fabric-peer:latest	*#使用的 Docker 镜像*

4.　labels:

5.　　service: hyperledger-fabric

6.　environment:

7.　*#peer 节点环境变量配置*

8.　　- CORE_VM_ENDPOINT=unix:///host/var/run/docker.sock

9.　　- CORE_VM_DOCKER_HOSTCONFIG_NETWORKMODE=twonodes_test

10.　- FABRIC_LOGGING_SPEC=INFO

11.　*# - FABRIC_LOGGING_SPEC=DEBUG*

12.　- CORE_PEER_TLS_ENABLED=true

13.　- CORE_PEER_PROFILE_ENABLED=false

14.　- CORE_PEER_TLS_CERT_FILE=/etc/hyperledger/fabric/tls/server.crt

15.　- CORE_PEER_TLS_KEY_FILE=/etc/hyperledger/fabric/tls/server.key

16.　- CORE_PEER_TLS_ROOTCERT_FILE=/etc/hyperledger/fabric/tls/ca.crt

17.　- CORE_PEER_ID=peer0.org1.example.com

18.　- CORE_PEER_ADDRESS=peer0.org1.example.com:7051

19.　- CORE_PEER_LISTENADDRESS=0.0.0.0:7051

20.　- CORE_PEER_CHAINCODEADDRESS=peer0.org1.example.com:7052

21.　- CORE_PEER_CHAINCODELISTENADDRESS=0.0.0.0:7052

22.　- CORE_PEER_GOSSIP_BOOTSTRAP=peer0.org1.example.com:7051

23.　- CORE_PEER_GOSSIP_EXTERNALENDPOINT=peer0.org1.example.com:7051

24.　- CORE_PEER_LOCALMSPID=Org1MSP

25.　- CORE_OPERATIONS_LISTENADDRESS=0.0.0.0:17051

26.　volumes:

27.　　- /var/run/docker.sock:/host/var/run/docker.sock

28.　　- ./crypto-config/peerOrganizations/org1.example.com/peers/peer0.org1.example.com/msp:/etc/
hyperledger/fabric/msp

29.　　- ./crypto-config/peerOrganizations/org1.example.com/peers/peer0.org1.example.com/tls:/etc/
hyperledger/fabric/tls

30.　　- peer0.org1.example.com:/var/hyperledger/production

31.　　　working_dir: /opt/gopath/src/github.com/hyperledger/fabric/peer

32.　　　command: peer node start

33.　　　ports:

34.　　　　- 7051:7051

35.　　　　- 17051:17051

36.　　　networks:

37.　　　　- test

38.

39.　　peer0.org2.example.com:　　　　　　　　　　　　#*组织 2peer0 节点配置*

40.　　　container_name: peer0.org2.example.com

41.　　　image: hyperledger/fabric-peer:latest

42.　　　labels:

43.　　　　service: hyperledger-fabric

44.　　　environment:

45.　*#peer 节点环境变量配置*

46.　　　　- CORE_VM_ENDPOINT=unix:///host/var/run/docker.sock

47.　　　　- CORE_VM_DOCKER_HOSTCONFIG_NETWORKMODE=twonodes_test

48.　　　　- FABRIC_LOGGING_SPEC=INFO

49.　　　　*# - FABRIC_LOGGING_SPEC=DEBUG*

50.　　　　- CORE_PEER_TLS_ENABLED=true

51.　　　　- CORE_PEER_PROFILE_ENABLED=false

52.　　　　- CORE_PEER_TLS_CERT_FILE=/etc/hyperledger/fabric/tls/server.crt

53.　　　　- CORE_PEER_TLS_KEY_FILE=/etc/hyperledger/fabric/tls/server.key

54.　　　　- CORE_PEER_TLS_ROOTCERT_FILE=/etc/hyperledger/fabric/tls/ca.crt

55.　　　　- CORE_PEER_ID=peer0.org2.example.com

56.　　　　- CORE_PEER_ADDRESS=peer0.org2.example.com:9051

57.　　　　- CORE_PEER_LISTENADDRESS=0.0.0.0:9051

58.　　　　- CORE_PEER_CHAINCODEADDRESS=peer0.org2.example.com:9052

59.　　　　- CORE_PEER_CHAINCODELISTENADDRESS=0.0.0.0:9052

60.　　　　- CORE_PEER_GOSSIP_EXTERNALENDPOINT=peer0.org2.example.com:9051

61.　　　　- CORE_PEER_GOSSIP_BOOTSTRAP=peer0.org2.example.com:9051

62.　　　　- CORE_PEER_LOCALMSPID=Org2MSP

63.　　　　- CORE_OPERATIONS_LISTENADDRESS=0.0.0.0:19051

64.　　　volumes:

65.　　　　- /var/run/docker.sock:/host/var/run/docker.sock

66.　　　　- ./crypto-config/peerOrganizations/org2.example.com/peers/peer0.org2.example.com/msp:/etc/hyperledger/fabric/msp

67.　　　　- ./crypto-config/peerOrganizations/org2.example.com/peers/peer0.org2.example.com/tls:/etc/hyperledger/fabric/tls

68.　　　　- peer0.org2.example.com:/var/hyperledger/production

69.　　　working_dir: /opt/gopath/src/github.com/hyperledger/fabric/peer

70.　　　command: peer node start

71.　　　ports:

72.　　　　- 9051:9051

73.　　　　- 19051:19051

74.　　　networks:

| 75. | - test |
| 76. | *#其余 peer 节点配置类似，故省略* |

（3）cli 客户端容器配置。使用 cli 客户端使人们能够与 Fabric 网络交互，配置 cli 容器能够避免重复配置环境变量带来的工作量：

1.	cli1:	*#cli1 客户端配置部分*
2.	container_name: cli1	*#容器名称*
3.	image: hyperledger/fabric-tools:latest	*#使用的镜像名称*
4.	labels:	
5.	service: hyperledger-fabric	
6.	tty: true	
7.	stdin_open: true	
8.	environment:	*#cli1 环境变量配置*
9.	- GOPATH=/opt/gopath	
10.	- CORE_VM_ENDPOINT=unix:///host/var/run/docker.sock	
11.	- FABRIC_LOGGING_SPEC=INFO	
12.	- CORE-PEER-ID=cli1	
13.	- CORE_PEER_TLS_ENABLED=true	
14.	- CORE_PEER_LOCALMSPID=Org1MSP	

15. 　　- CORE_PEER_TLS_CERT_FILE=/opt/gopath/src/github.com/hyperledger/fabric/peer/crypto/peerOrganizations/org1.example.com/peers/peer0.org1.example.com/tls/server.crt

16. 　　- CORE_PEER_TLS_KEY_FILE=/opt/gopath/src/github.com/hyperledger/fabric/peer/crypto/peerOrganizations/org1.example.com/peers/peer0.org1.example.com/tls/server.key

17. 　　- CORE_PEER_TLS_ROOTCERT_FILE=/opt/gopath/src/github.com/hyperledger/fabric/peer/crypto/peerOrganizations/org1.example.com/peers/peer0.org1.example.com/tls/ca.crt

18. 　　- CORE_PEER_MSPCONFIGPATH=/opt/gopath/src/github.com/hyperledger/fabric/peer/crypto/peerOrganizations/org1.example.com/users/Admin@org1.example.com/msp

19.	- CORE_PEER_ADDRESS=peer0.org1.example.com:7051	
20.	*# - FABRIC_LOGGING_SPEC=DEBUG*	
21.	working_dir: /opt/gopath/src/github.com/hyperledger/fabric/peer	
22.	command: /bin/bash	
23.	volumes:	
24.	- /var/run/:/host/var/run/	
25.	- ./chaincode/go/:/opt/gopath/src/github.com/hyperledger/fabric-cluster/chaincode/go	
26.	- ./crypto-config:/opt/gopath/src/github.com/hyperledger/fabric/peer/crypto/	
27.	- ./channel-artifacts:/opt/gopath/src/github.com/hyperledger/fabric/peer/channel-artifacts	
28.	networks:	
29.	- test	
30.		
31.	cli2:	*#cli2 客户端配置部分*
32.	container_name: cli2	
33.	image: hyperledger/fabric-tools:latest	
34.	labels:	
35.	service: hyperledger-fabric	
36.	tty: true	

37.　　stdin_open: true
38.　　environment:
39.　　　- GOPATH=/opt/gopath
40.　　　- CORE_VM_ENDPOINT=unix:///host/var/run/docker.sock
41.　　　- FABRIC_LOGGING_SPEC=INFO
42.　　　- CORE-PEER-ID=cli2
43.　　　- CORE_PEER_TLS_ENABLED=true
44.　　　- CORE_PEER_LOCALMSPID=Org2MSP
45.　　　- CORE_PEER_TLS_CERT_FILE=/opt/gopath/src/github.com/hyperledger/fabric/peer/crypto/
peerOrganizations/org2.example.com/peers/peer0.org2.example.com/tls/server.crt
46.　　　- CORE_PEER_TLS_KEY_FILE=/opt/gopath/src/github.com/hyperledger/fabric/peer/crypto/
peerOrganizations/org2.example.com/peers/peer0.org2.example.com/tls/server.key
47.　　　- CORE_PEER_TLS_ROOTCERT_FILE=/opt/gopath/src/github.com/hyperledger/fabric/peer/
crypto/peerOrganizations/org2.example.com/peers/peer0.org2.example.com/tls/ca.crt
48.　　　- CORE_PEER_MSPCONFIGPATH=/opt/gopath/src/github.com/hyperledger/fabric/peer/crypto/
peerOrganizations/org2.example.com/users/Admin@org2.example.com/msp
49.　　　- CORE_PEER_ADDRESS=peer0.org2.example.com:9051
50.　　　*# - FABRIC_LOGGING_SPEC=DEBUG*
51.　　working_dir: /opt/gopath/src/github.com/hyperledger/fabric/peer
52.　　command: /bin/bash
53.　　volumes:
54.　　　- /var/run/:/host/var/run/
55.　　　- ./chaincode/go/:/opt/gopath/src/github.com/hyperledger/fabric-cluster/chaincode/go
56.　　　- ./crypto-config:/opt/gopath/src/github.com/hyperledger/fabric/peer/crypto/
57.　　　- ./channel-artifacts:/opt/gopath/src/github.com/hyperledger/fabric/peer/channel-artifacts
58.　　networks:
59.　　　- test

将以上配置内容合并保存，执行以下命令启动网络：

1.　　docker-compose up -d

4.　创建通道

执行以下命令进入终端 cli1 容器：

1.　　docker exec -it cli1 bash

创建通道：

1.　　peer channel create -c mychannel -f ./channel-artifacts/channel.tx --orderer orderer.example.com:
7050 --tls true --cafile /opt/gopath/src/github.com/hyperledger/fabric/peer/crypto/ordererOrganizations/example.
com/msp/tlscacerts/tlsca.example.com-cert.pem

在路径下生成 mychannel.block：

1.　　docker exec -it cli2 bash

5．加入通道

1.　　peer channel join -b mychannel.block

9.4　Fabric 的智能合约

智能合约（smart contract）是一种使用算法和程序编制合同条款、部署在区块链中且可按照规则自动执行的数字化协议。上文的账本概念中提到账本由一组业务对象的当前状态有关事实与当前状态的历史事实组成，而智能合约定义了生成这些被添加到账本中的新事实的可执行逻辑。智能合约能够查询、更新账本，与账本共同构成 Hyperledger Fabric 区块链系统的核心。

Fabric 中存在一个经常用到的名为链码（chaincode）的概念，用户常常将其与智能合约混用，但两个概念在 Fabric 世界中稍有不同。智能合约负责定义业务逻辑，而链码负责将智能合约示例化并安装容器，因此一个链码中可定义一个或多个智能合约。当一个链码部署完毕，该链码中的所有智能合约均可供应用程序使用。

链码可以分为普通链码和系统链码（system chaincode）。普通链码用于实现业务逻辑，系统链码则是 Fabric 系统内置的用于系统管理的链码。以下为不同类型的系统链码及其介绍。

（1）_lifecycle：运行于所有 peer 节点，负责管理节点中的链码安装，批准组织的链码定义，并将链码定义提交到通道。

（2）生命周期系统链码（LSCC）：负责管理 Fabric 1.x 版本的链码生命周期。该版本的生命周期要求在通道中实例化或升级链码。

（3）配置系统链码（CSCC）：运行于所有 peer 节点，负责处理通道配置的变化，例如策略更新。

（4）查询系统链码（QSCC）：运行于所有 peer 节点，负责提供账本查询类 API，包括区块查询、交易查询等。

（5）背书系统链码（ESCC）：运行于背书节点，负责对交易进行背书签名。

（6）验证系统链码（VSCC）：负责验证一个交易，包括检查背书策略和读写集版本。

系统链码的存放路径为/root/go/src/github.com/fabric/fabric/core/scc/，可以在该路径下查看系统链码源码。

Fabric 2.x 版本启用了新的链码生命周期，使得链码治理更加去中心化。新的链码生命周期要求组织对链码的多个参数达成共识，周期内需要执行以下 4 个步骤，需要注意的是无须所有组织均执行。

（1）打包链码：链码被安装到 peer 节点前需要打包为 tar 文件。该步骤可以使用 Fabric peer 命令、Node Fabric SDK 或第三方工具实现（由一个或所有组织完成）。

（2）安装链码：将打包后的链码安装在每个 peer 节点中（每个使用链码的组织均需要完成）。

（3）批准链码定义：链码能够在通道中运行前，链码定义需要被足够多的组织批准以满足通道的生命周期背书（lifecycle endorsement）策略（默认为大多数组织，每个使用链码的组织均需要完成）。

（4）提交链码定义：一旦通道中所需数量的组织已经批准，提交交易即需要被提交。提交者首先从已批准组织中足够的 peer 节点收集背书，然后通过提交交易提交链码声明（第一个收集到足够数量的节点执行）。

目前能够以 Node.js、Java、Go 开发 Fabric 链码，其中 Go 语言的链码支持性最佳。Fabric 官方提供了两种开发链码的途径：fabric-shim 和 fabric-contract-api。fabric-shim 是一种相对底层的 fabric grpc 协议封装，它直接将链码接口暴露给开发者。fabric-contract-api 则是更高层级的封装，开发者直接继承开发包提供的 Contract 类。目前更推荐使用 fabric-contract-api 开发链码。

使用 fabric-shim 编写链码的基本结构流程是：首先导入所需的包，其次定义结构体 struct，然后实现 init 方法以及 invoke 方法，最后实现 main 函数作为链码入口。最重要的是实现初始化 init 方法以及调用 invoke 方法。init 方法在实例化时被调用，用于初始化数据；invoke 方法在更新或查询账本时被调用，用于实现业务逻辑。

链码在编写完成后不能立即使用，需要经过链码生命周期的操作才能应用在 Fabric 网络中。本节将介绍使用 Fabric peer 生命周期指令即 peer lifecycle chaincode 指令进行链码生命周期的相关操作。接续前文内容，采用两个 cli 终端容器分别操作两个组织。

在使用命令进行相关操作前，首先需要进入 cli 容器，后续操作如无特殊说明均在 cli 容器中实现。使用命令 docker exec -it cli1 bash 进入 cli1 容器。如需退出容器则使用 exit 命令。

（1）打包链码

使用命令 peer lifecycle chaincode package 打包链码。打包链码可以在一个组织中完成或在所有组织中完成，例如只在一个组织中完成则需将链码包复制到其他组织。

执行以下命令进行打包：

```
1.    peer lifecycle chaincode package sacc.tar.gz --path github.com/hyperledger/fabric-cluster/chaincode/
go/ --label sacc_1
```

执行完成后会在目录下得到以.tar.gz 扩展名结尾的 tar 文件。

（2）安装链码

使用命令 peer lifecycle chaincode install 安装链码，链码安装需要在所有组织中完成。

执行以下命令安装链码：

```
1.    peer lifecycle chaincode install sacc.tar.gz
```

链码安装成功后会返回链码包标识符（chaincode package identifier），需要保存该标识符以在后续操作中使用。它是包标签和包哈希值的结合，用于关联安装在 peer 节点中链码包已被批准的链码。

（3）批准链码定义

使用命令 peer lifecycle chaincode approveformyorg 批准链码定义，需要在所有组织中完成。当通道成员批准一个链码定义即表示同意链码运行在该通道中。链码定义包含以下参数。

① 链码名称。

② 链码版本：链码打包时生成。

③ 序列号：用于追踪链码更新次数，可自增。

④ 背书策略：规定哪些组织可以执行或验证交易。

⑤ 私有数据集合配置：与私有数据相关。

⑥ 初始化。

⑦ ESCC/VSCC 插件。

执行以下命令批准链码定义：

```
1.    peer lifecycle chaincode approveformyorg
2.    --channelID mychannel –name sacc –version 1.0 –init-required –
3.    package-id sacc_1:0730c33ef4216613f9edf82e02d6d7dc02156d6426f38eda47b5b1a171c2f621
4.    --sequence 1 –tls true
5.    --cafile /opt/gopath/src/github.com/hyperledger/fabric/peer/crypto/ordererOrganizations/example.com/
msp/tlscacerts/tlsca.example.com-cert.pem
```

（4）提交链码定义

使用命令 peer lifecycle chaincode commit 提交链码定义：

```
1.     peer lifecycle chaincode commit
2.    --channelID mychannel
3.    --name sacc –version 1.0 –init-required
4.    --sequence 1 –o orderer.example.com:7050  --tls true
5.    --cafile /opt/gopath/src/github.com/hyperledger/fabric/peer/crypto/ordererOrganizations/example.com/
msp/tlscacerts/tlsca.example.com-cert.pem
6.    --peerAddresses peer0.org1.example.com:7051
7.    --tlsRootCertFiles /opt/gopath/src/github.com/hyperledger/fabric/peer/crypto/peerOrganizations/org1.
Example.com/peers/peer0.org1.example.com/tls/ca.crt
8.    --peerAddresses peer0.org2.example.com:9051
9.    --tlsRootCertFiles /opt/gopath/src/github.com/hyperledger/fabric/peer/crypto/peerOrganizations/org2.
Example.com/peers/peer0.org2.example.com/tls/ca.crt
```

其他常用操作及命令如下。

查询指定 peer 节点中已经安装的链码：

```
1.    peer lifecycle chaincode queryinstalled [flags]
```

从指定 peer 节点获取已经安装的链码包：

```
1.    peer lifecycle chaincode getinstalledpackage [outputfile] [flags]
```

检查链码定义是否可以向通道提交：

```
1.    peer lifecycle chaincode checkcommitreadiness [flags]
```

9.5　Fabric 的编程 SDK 集成

9.5.1　fabric-sdk-node 的安装及简介

Fabric 的 SDK（software development kit，软件开发工具包）提供了强大的 API 以与 Fabric 网络交互。Fabric 目前提供 Node.js 和 Java 两种 SDK，本节使用 Node.js 介绍 Fabric SDK 的使用。

首先执行以下命令安装 Node.js：

```
1.    #在 CentOS 中安装 Node.js
2.    curl –sL https://rpm.nodesource.com/setup_12.x | sudo –E bash –
3.    yum install nodejs
4.    #检查 Node.js 和 NPM 版本
5.    node –v
6.    npm –v
```

通过 NPM 安装 fabric-sdk-node：

```
1.    npm install fabric-network
```

fabric-sdk-node 2.x 版本支持 Fabric 2.2 版本，Node 10、12、14 版本以及 NPM 6 及以上版本。

Fabric 官方提供的 Node.js SDK 由以下 3 个模块组成。

（1）fabric-network：用于客户端应用程序与链码交互的高级 API，是构建客户端应用程序的推荐 API，提供将事务提交到智能合约、查询智能合约以获取最新应用程序状态、监听和重播智能合约事件及阻止事件、轻松访问相关交易信息等功能。

（2）fabric-ca-client：提供 API 与可选的证书颁发机构组件，该组件包含用于成员资格管理的服务。

（3）fabric-common：用于实现 Fabric 网络功能的低级 API，提供与 Fabric 网络中核心组件（即 peer 节点、排序节点和事件流）交互的 API，包含提交交易、检测事件等功能。

9.5.2　fabric-sdk-node 的基本使用方法

应用程序与 Fabric 网络的连接涉及两个类，分别是网关类（Gateway）和钱包类（Wallets）。fabric-network 与 Fabric 网络的交互从网关类开始，网关是 API 调用入口，网关类实例化后提供长期的可用连接。网关类提供 connect 方法建立与 Fabric 的连接，该方法的输入是连接配置文件和网关选择配置。钱包则用于存放用户身份，构造网关时需要指定钱包中的用户。以下为应用程序连接 Fabric 网络的示例：

```
1.    import * as fs from "fs";
2.    import {
3.      Wallets,
```

```
4.    Gateway,
5.    GatewayOptions,
6.    } from "fabric-network";
7.    const connectionProfileYaml = (await fs.promises.readFile('connction.yaml')).toString();
8.    const yaml = require('js-yaml');          //读 YAML 文件
9.    const connectionProfile = yaml.safeLoad(connectionProfileYaml);
10.   const wallet = await Wallets.newFileSystemWallet('./WALLETS/wallet');
11.   const gatewayOptions: GatewayOptions = {
12.     identity: 'admin',
13.     wallet,
14.   };
15.   const gateway = new Gateway();
16.   await gateway.connect(connectionProfile, gatewayOptions);
```

Fabric 网络配置文件 connection.yaml：

```
1.    name: "Network"
2.    version: "1.1"
3.    channels:
4.     mychannel:
5.       orderers:
6.         - orderer.example.com
7.      …
8.       peers:
9.         - peer0.org1.example.com
10.        - peer0.org2.example.com
11.     …
12.   organizations:
13.    Org1:
14.      mspid: Org1MSP
15.      peers:
16.        - peer0.org1.example.com
17.    Org2:
18.      mspid: Org2MSP
19.      peers:
20.        - peer0.org2.example.com
21.   orderers:
22.    orderer.example.com:
23.      url: grpcs://localhost:7050
24.      grpcOptions:
25.        ssl-target-name-override: orderer.example.com
26.      tlsCACerts:
27.        path: test/ordererOrganizations/example.com/orderers/orderer.example.com/tlscacerts/example.
com-cert.pem
28.    …
29.   peers:
```

30.　　peer0.org1.example.com:

31.　　url: grpcs://localhost:7051

32.　　grpcOptions:

33.　　 ssl-target-name-override: peer0.org1.example.com

34.　　tlsCACerts:

35.　　 path: test/peerOrganizations/org1.example.com/peers/peer0.org1.example.com/tlscacerts/org1. example.com-cert.pem

36.　　peer0.org2.example.com:

37.　　url: grpcs://localhost:8051

38.　　grpcOptions:

39.　　 ssl-target-name-override: peer0.org2.example.com

40.　　tlsCACerts:

41.　　 path: test/peerOrganizations/org2.example.com/peers/peer0.org2.example.com/tlscacerts/org2. example.com-cert.pem

42.　…

Fabric 身份凭证 wallet：

1.　　{"credentials":{"certificate":signcert-of-user-with-linebreaks-replaced-by-\n ,"privateKey":secret-key-of-user-with-linebreaks-replaced-by-\r\n},"mspId":mspid-of-org,"type":"X.509","version":1}

根据 gateway 获取指定通道网络：

```
1.    const network = await gateway.getNetwork(channelName);
```

根据 chaincode 名称从通道网络中获取链码：

```
1.    const contract = network.getContract(chaincodeId);
```

提交事务存储到账本：

```
1.    const args = [arg1, arg2];
2.    const submitResult = await contract.submitTransaction('transactionName', ...args);
```

从账本中查询状态：

```
1.    const evalResult = await contract.evaluateTransaction('transactionName', ...args);
```

断开连接：

```
1.    gateway.disconnect();
```

本章小结

Hyperledger Fabric 是目前主流的许可链项目之一，本章从 Hyperledger 项目出发，分别介绍 Hyperledger Fabric 的项目演进、Fabric 的关键概念、Fabric 网络的搭建以及如何编写链码，通过对 Fabric 的介绍与分析，使读者理解 Fabric 对企业级许可分布式账本技术的独特思考与设计，为深入理解联盟链打下基础。

习题 9

1．Hyperledger 项目与 Fabric 有何关系？Hyperledger 项目中还包含哪些项目？

2．在 Fabric 中，peer 节点可以扮演哪些不同角色？分别有什么作用？

3．Fabric 中采用何种排序服务算法？

4．账本的隔离和隐私性用什么技术进行保护？

5．什么是通道？通道的作用是什么？

6．Fabric 中可能涉及哪些证书的使用？

7．什么是 MSP？MSP 的作用是什么？

8．Fabric 中链码的生命周期包含哪些环节？每个环节分别有什么作用？

9．请简述链码的背书策略及其作用。

10．请简述链码与智能合约的关系。

11．请自定义搭建一个 Fabric 网络。

第 10 章　FISCO-BCOS 原理与开发

随着数字经济的发展及数字资产自由流转的迫切需求，全球范围内跨行业跨区域的新型信任机制逐步构建，区块链技术日渐成为人们关注的重点。针对不同商业场景以及各大应用场景对数据的许可程度与范围的不同，区块链平台类型可以划分为 3 类：公有链、联盟链以及私有链。本章所要介绍的 FISCO-BCOS 正是属于联盟链范畴的区块链平台。本章将带领读者从 FISCO-BCOS 的基础介绍、平台特性、架构设计以及开发工具等方面逐一讲解，使读者通过本章的学习对该平台建立初步的概念认识，并通过动手实践学习如何搭建一条联盟链以及如何基于联盟链进行简单的合约开发工作。

10.1　FISCO-BCOS 介绍

FISCO-BCOS 是由国内企业主导研发、对外开源、安全可控的企业级金融联盟链底层平台，由金链盟开源工作组协作打造，并于 2017 年正式对外开源。社区以开源链接多方，截至 2020 年 5 月，汇聚了超 1 000 家企业及机构、逾万名社区成员参与共建共治，发展成为目前最大最活跃的国产开源联盟链生态圈。底层平台可用性已经过广泛应用检验，数百个应用项目基于 FISCO-BCOS 底层平台研发，超 80 个已在生产环境中稳定运行，覆盖文化版权、司法服务、政务服务、物联网、金融、智慧社区等领域。

为提升系统性能，FISCO-BCOS 从交易执行效率和并发性两个方面进行优化，使得交易处理性能达到万级以上。

（1）基于 C++的 Precompiled 合约：区块链底层内置 C++语言编写的 Precompiled 合约，执行效率更高。

（2）交易并行执行：基于 DAG 算法根据交易间互斥关系构建区块内交易执行流，最大化并行执行区块内交易。

（3）交易生命周期的异步并行处理：共识、同步、落盘等各个环节的异步化以及并行处理。

考虑到联盟链的高安全性需求，除节点之间、节点与客户端之间通信采用 TLS 安全协议外，FISCO-BCOS 还实现了一整套安全解决方案。

（1）网络准入机制：限制节点加入、退出联盟链，可将指定群组的作恶节点从群组中删除，保障了系统安全性。

（2）黑白名单机制：每个群组仅可接收相应群组的消息，保证群组间网络通信的隔离性；CA 黑名单机制可及时与恶意节点断开网络连接，保障了系统安全。

（3）权限管理机制：基于分布式存储权限控制机制，灵活、细粒度地控制外部账户部署合约和创建、插入、删除及更新用户表的权限。

（4）支持国密算法：支持国密加密、签名算法和国密通信协议。

（5）落盘加密方案：支持加密节点落盘数据，保障链上数据的机密性。

（6）密钥管理方案：在落盘加密方案的基础上，采用 KeyManager 服务管理节点密钥，安全性更强。

（7）同态加密、群环签名：链上提供同态加密、群环签名接口，用于满足更多业务需求。

在联盟链系统中，区块链的运维至关重要。FISCO-BCOS 提供一整套运维部署工具，并引入合约命名服务、数据归档和迁移及导出、合约生命周期管理等工具以提升运维效率。

（1）运维部署工具：部署、管理和监控多机构多群组联盟链的便捷工具，支持扩容节点、扩容新群组等多种操作。

（2）合约命名服务：建立合约地址到合约名和合约版本的映射关系，方便调用方通过记忆简单的合约名实现对链上合约的调用。

（3）数据归档、迁移和导出功能：提供数据导出组件，支持链上数据归档、迁移和导出，增加了链上数据的可维护性，降低了运维复杂度。

（4）合约生命周期管理：链上提供合约生命周期管理功能，便于链管理员对链上合约进行管理。

10.2　架构思想与原理

FISCO-BCOS 以联盟链的实际需求为出发点，兼顾性能、安全性、可运维性、易用性、可扩展性，支持多种 SDK，并提供可视化的中间件工具，大幅缩短建链、开发、部署应用的时间。此外，FISCO-BCOS 通过信通院可信区块链功能、性能两项评测，单链 TPS 可达两万。在最新发布的 FISCO-BCOS 开源版本中，金链盟创新性地提出"一体两翼多引擎"架构（如图 10.1 所示），实现系统吞吐能力的横向扩展，大幅提升性能，在安全性、可运维性、易用性、可扩展性上均具备行业领先优势。

一体指群组架构，支持快速组建联盟和建链，使企业建链像建聊天群一样便利。根据业务场景和业务关系，企业可选择不同群组，形成多个不同账本的数据共享和共识，从而快速丰富业务场景、扩大业务规模，并且大幅简化链的部署和运维成本。

两翼指支持并行计算模型和分布式存储，二者为群组架构带来更好的扩展性。前者改变了区块中按交易顺序串行执行的做法，基于 DAG 并行执行交易，大幅提升了性能；后者支持企业（节点）将数据存储在远端分布式系统中，克服了本地化数据存储的诸多限制。

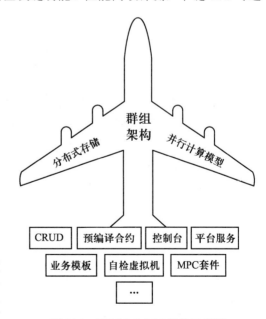

图 10.1　FISCO-BCOS 架构示意图

多引擎是一系列功能特性的总括，例如预编译合约能够突破 EVM 的性能瓶颈，实现高性能合约；控制台可以帮助用户快速掌握区块链使用技巧等。

上述功能特性均聚焦于解决技术和体验的痛点，为开发、运维、治理和监管提供更多工具支持，使系统处理更快、容量更高，使应用运行环境更安全、更稳定。

FISCO-BCOS 采用高通量可扩展的多群组架构，可以动态管理多链、多群组，满足多个业务场景的扩展需求和隔离需求，核心模块如下。

（1）共识机制：可插拔的共识机制，支持 PBFT、Raft 和 rPBFT 共识算法，交易确认时延低、吞吐量高，并具有最终一致性。其中 PBFT 和 rPBFT 可解决拜占庭问题，安全性更高。

（2）存储：世界状态的存储从原有 MPT 存储结构转为分布式存储，避免了世界状态急剧膨胀导致性能下降的问题；同时引入可插拔的存储引擎，支持 LevelDB、RocksDB、MySQL 等多种后端存储，在支持数据简便快速扩容的同时将计算与数据隔离，降低了节点故障对节点数据的影响。

（3）网络：支持网络压缩功能，并基于负载均衡的思想实现良好的分布式网络分发机制，最大化降低带宽开销。

10.3　深入理解 FISCO-BCOS

10.3.1　整体架构

在整体架构上，FISCO-BCOS 划分为基础层、核心层、管理层和接口层，如图 10.2 所示。

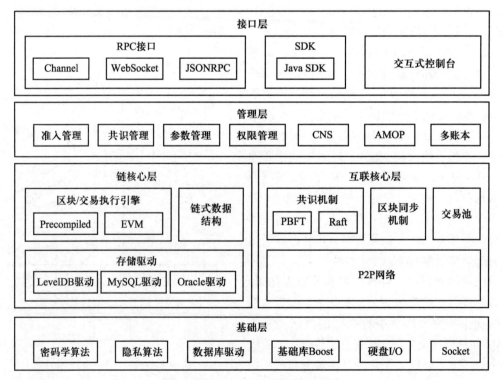

图 10.2　FISCO-BCOS 整体架构图

（1）基础层：提供区块链的基础数据结构和算法库等。

（2）核心层：实现区块链的核心逻辑，分为两大部分：① 链核心层：实现区块链的链式数据结构、区块/交易执行引擎和存储驱动；② 互联核心层：实现区块链的基础 P2P 网络通信、共识机制、区块同步机制和交易池。

（3）管理层：实现区块链的管理功能，包括参数配置、账本管理和 AMOP 等。

（4）接口层：面向区块链用户，提供多种协议的 RPC 接口、SDK 和交互式控制台。

FISCO-BCOS 基于多群组架构实现了强扩展性的多群组账本，基于清晰的模块设计构建了稳定、健壮的区块系统。

考虑到真实业务场景需求，FISCO-BCOS 引入多群组架构，支持区块链节点启动多个群组，群组间交易处理、数据存储、区块共识相互隔离，在保障区块链系统隐私性的同时降低了运维复杂度。

如图 10.3 所示，在多群组架构中，群组间共享网络，通过网络准入和账本白名单实现各账本间网络消息隔离。群组间数据隔离，每个群组独立运行各自的共识算法，不同群组可使用不同共识算法。每个账本模块自底向上主要包括核心层、接口层和调度层，三者相互协作，从而保证单个群组独立健壮地运行。

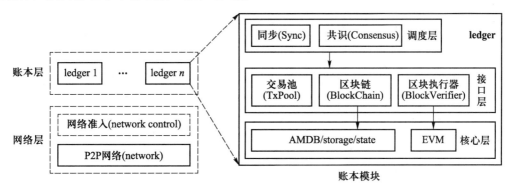

图 10.3 FISCO-BCOS 多群组架构运行机制

（1）核心层

核心层负责将群组的区块数据、区块信息、系统表以及区块执行结果写入底层数据库，存储过程如图 10.4 所示。

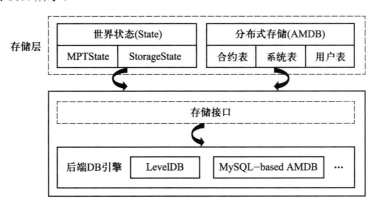

图 10.4 FISCO-BCOS 存储过程

存储分为世界状态（State）和分布式存储（AMDB）两部分。世界状态包括 MPTState 和 StorageState，负责存储交易执行状态信息，StorageState 性能优于 MPTState，但不存储区块历史信息；AMDB 向外暴露简单的查询（select）、提交（commit）和更新（update）接口，负责操作合约表、系统表和用户表，具有可插拔特性，后端支持多种数据库类型，目前支持 RocksDB 和 MySQLstorage。

（2）接口层

接口层包括交易池、区块链和区块执行器 3 个模块，具体内容如下。

① 交易池（TxPool）：与网络层和调度层交互，负责缓存客户端或其他节点广播的交易，调度层（主要为同步和共识模块）从交易池中取出交易进行广播或区块打包。

② 区块链（BlockChain）：与核心层和调度层交互，是调度层访问底层存储的唯一入口，调度层（同步、共识模块）可通过区块链系统提供的接口查询区块属性，例如查询区块高度、获取指定区块和提交区块。

③ 区块执行器（BlockVerifier）：与调度层交互，负责执行从调度层传入的区块，并将区块执行结果返回调度层。

（3）调度层

调度层包括共识模块（Consensus）和同步模块（Sync），具体内容如下。

① 共识模块：包括 Sealer 线程和 Engine 线程，分别负责打包交易、执行共识流程。Sealer 线程从交易池取交易，并打包成新区块；Engine 线程执行共识流程，共识流程会执行区块。共识成功后，将区块以及区块执行结果提交到区块链，区块链统一将这些信息写入底层存储，并触发交易池删除上链区块中包含的所有交易，将交易执行结果以回调的形式通知客户端。目前 FISCO-BCOS 主要支持 PBFT 和 Raft 共识算法。

② 同步模块：负责广播交易和获取最新区块。考虑到共识过程中，leader 负责打包区块，而 leader 随时可能切换，因此必须保证客户端交易尽可能发送到每个区块链节点，节点收到新交易后，同步模块将这些新交易广播给所有其他节点；考虑到区块链网络中机器性能不一致或新节点加入均会导致部分节点区块高度落后于其他节点，同步模块提供区块同步功能，该模块向其他节点发送本节点的最新块高，其他节点发现块高落后时，会主动下载最新区块。

10.3.2 区块链交易流程

交易是区块链系统的核心，负责记录区块链中发生的一切。区块链引入智能合约后，交易便超脱"价值转移"的原始定义，其更加精准的定义应当是区块链中一次事务的数字记录。无论大小事务均需要交易的参与。

交易过程贯穿如图 10.5 所示的各个阶段。此处将梳理交易的整个流转过程，一窥 FISCO-BCOS 交易完整生命周期。

1. 交易生成

用户请求到达客户端后，客户端会构建一笔有效交易，交易中包含以下关键信息。

（1）发送地址：用户自身账户，用于表明交易来自何处。

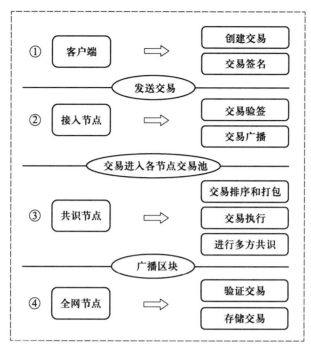

图 10.5　区块链交易生命周期

（2）接收地址：FISCO-BCOS 中的交易分为两类，分别为部署合约的交易和调用合约的交易。前者由于并无特定接收对象，因此规定接收地址固定为 0x0；后者则需要将交易接收地址设置为链上合约地址。

（3）交易相关数据：一笔交易往往需要一些用户提供的输入来执行用户期望的操作，这些输入会以二进制形式编码到交易中。

（4）交易签名：为了表明交易确实由自己发送，用户会向 SDK 提供私钥以使客户端对交易进行签名，其中私钥和用户账户是一一对应关系。

区块链客户端会额外向交易填充一些必要字段，例如用于防止交易重放的交易 ID 及 blockLimit。交易的具体结构和字段含义可以参考编码协议文档，交易构造完成后，客户端随后通过 Channel 或 RPC 信道将交易发送给节点，具体过程如图 10.6 所示。

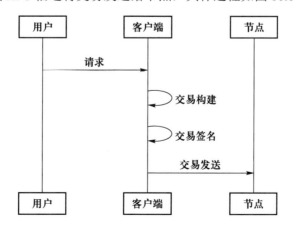

图 10.6　交易生成过程

2. 交易池

区块链交易被发送到节点后，节点会通过验证交易签名的方式验证一笔交易是否合法。若一笔交易合法，则节点会进一步检查该交易是否重复出现，若从未出现，则将交易加入交易池缓存。若交易不合法或交易重复出现，则直接丢弃交易。

3. 交易广播

节点在收到交易后，除将交易缓存在交易池外，还会将交易广播至该节点已知的其他节点。为了使交易尽可能到达所有节点，其他收到广播交易的节点也会根据一些精巧的策略选择一些节点，将交易再一次进行广播。例如，对于从其他节点转发的交易，节点只会随机选择 25% 的节点再次广播，因为这种情况通常表示交易已经开始在网络中被节点接力传递，缩减广播规模有助于避免因网络中冗余交易过多而出现广播风暴问题。

4. 交易打包

为了提高交易处理效率，同时也为确定交易后的执行顺序保证事务性，当交易池中存在交易时，Sealer 线程负责从交易池中按照先进先出顺序取出一定数量的交易，组装成待共识区块，随后待共识区块会被发送至各个节点进行处理，具体过程如图 10.7 所示。

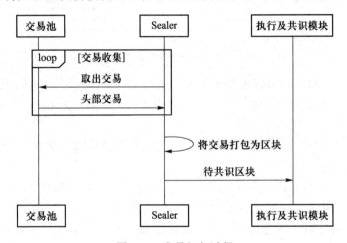

图 10.7 交易打包过程

5. 交易执行

节点收到区块后会调用区块验证器，将交易从区块中逐一取出执行。如果是预编译合约代码，验证器中的执行引擎会直接调用相应 C++ 功能，否则执行引擎将交易交由以太坊虚拟机（EVM）执行。交易可能执行成功，也可能因为逻辑错误或 Gas 不足等原因执行失败。交易执行的结果和状态会封装在交易回执中返回。具体过程如图 10.8 所示。

6. 交易共识

区块链要求节点间就区块执行结果达成一致才能出块。FISCO-BCOS 中通常采用 PBFT 算法保证系统一致性，其大致流程是：各节点首先独立执行相同区块，随后节点间交换各自的执行结果，如果发现超过 2/3 的节点得出相同执行结果，则说明该区块在大多数节点间取得一致，节点便开始出块。

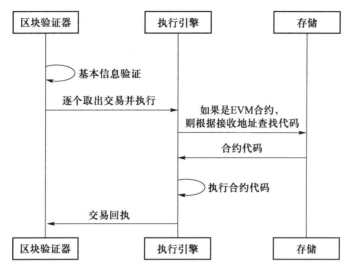

图 10.8　交易执行过程

7．交易落盘

在共识出块后，节点需要将区块中的交易及执行结果写入硬盘永久保存，并更新区块高度与区块哈希的映射表等内容，然后节点从交易池中剔除已落盘交易，以开始新一轮出块流程。用户可以通过交易哈希等信息，在链上历史数据中查询感兴趣的交易数据及回执信息。

10.4　搭建一条联盟链

使用开发部署工具 build_chain.sh 脚本可以快速在本地搭建一条 4 节点 FISCO-BCOS 链，以 Ubuntu 18.04 64bit 操作系统为例进行操作示范。

10.4.1　配置链环境

1．安装依赖

开发部署工具 build_chain.sh 脚本依赖于 openssl、curl，根据所使用的操作系统，使用以下命令安装依赖：

```
sudo apt install -y openssl curl
```

2．创建操作目录，下载安装脚本

```
cd ~ && mkdir -p fisco && cd fisco ## 创建操作目录
curl -#LO https://github.com/FISCO-BCOS/FISCO-BCOS/releases/download/v2.8.0/build_chain.sh && chmod u+x build_chain.sh ##下载脚本
```

3．搭建单群组 4 节点联盟链

在 fisco 目录下执行以下命令，生成一条单群组 4 节点 FISCO 链。执行命令前首先确保机器的 30300～30303、20200～20203、8545～8548 端口未被占用：

```
bash build_chain.sh -l 127.0.0.1:4 -p 30300,20200,8545
#-p 选项指定起始端口，分别是 p2p_port、channel_port、jsonrpc_port，
分别代表 RPC/P2P/Channel 的监听端口，数值必须位于 1024～65535 范围
内，且不能与机器中其他应用监听端口冲突
```

命令执行成功会输出 All completed。如果执行出错，需检查 nodes/build.log 文件中的错误信息。整个过程如图 10.9 所示。

```
Generating CA key...
===================================================
Generating keys and certificates ...
Processing IP=127.0.0.1 Total=4 Agency=agency Groups=1
===================================================
Generating configuration files ...
Processing IP=127.0.0.1 Total=4 Agency=agency Groups=1
===================================================
[INFO] Start Port     : 30300 20200 8545
[INFO] Server IP       : 127.0.0.1:4
[INFO] Output Dir      : /home/ubuntu/fisco/nodes
[INFO] CA Path         : /home/ubuntu/fisco/nodes/cert/
===================================================
[INFO] Execute the download_console.sh script in directory named by IP to get FISCO-BCOS console.
e.g.  bash /home/ubuntu/fisco/nodes/127.0.0.1/download_console.sh -f
===================================================
[INFO] All completed. Files in /home/ubuntu/fisco/nodes
```

图 10.9　搭建单群组 4 节点联盟链

4．启动 FISCO-BCOS 链

启动所有节点：

```
bash nodes/127.0.0.1/start_all.sh
```

启动成功后会输出类似图 10.10 中内容的响应，否则需使用 netstat -an | grep tcp 检查机器的 30300～30303、20200～20203、8545～8548 端口是否被占用。

```
try to start node0
try to start node1
try to start node2
try to start node3
 node2 start successfully
 node1 start successfully
 node3 start successfully
 node0 start successfully
```

图 10.10　启动单群组联盟链

5．检查进程

检查进程是否启动：

```
ps -ef | grep -v grep | grep fisco-bcos
```

正常情况下会有图 10.11 所示的输出，如果进程数不为 4，则说明进程没有启动（通常由端口被占用导致）。

```
root      7305     1  4 14:00 pts/0    00:00:08 /home/ubuntu/fisco/nodes/127.0.0.1/node2/../fisco-bcos -c config.ini
root      7307     1  4 14:00 pts/0    00:00:07 /home/ubuntu/fisco/nodes/127.0.0.1/node3/../fisco-bcos -c config.ini
root      7309     1  4 14:00 pts/0    00:00:07 /home/ubuntu/fisco/nodes/127.0.0.1/node1/../fisco-bcos -c config.ini
root      7312     1  4 14:00 pts/0    00:00:08 /home/ubuntu/fisco/nodes/127.0.0.1/node0/../fisco-bcos -c config.ini
```

图 10.11　检查进程

6．检查日志输出

使用如下指令查看节点 node0 连接的节点数：

```
tail -f nodes/127.0.0.1/node0/log/log*  | grep connected
```

正常情况下会不停输出图 10.12 所示的连接信息，从输出可以看出 node0 与其他 3 个节点存在连接。

```
info|2021-12-29 14:05:23.266189|[P2P][Service] heartBeat,connected count=3
info|2021-12-29 14:05:33.266527|[P2P][Service] heartBeat,connected count=3
info|2021-12-29 14:05:43.266856|[P2P][Service] heartBeat,connected count=3
info|2021-12-29 14:05:53.267151|[P2P][Service] heartBeat,connected count=3
info|2021-12-29 14:06:03.268581|[P2P][Service] heartBeat,connected count=3
info|2021-12-29 14:06:13.268888|[P2P][Service] heartBeat,connected count=3
```

图 10.12　区块链网络中 node0 连接的节点数

使用如下指令检查系统是否正在共识：

```
tail -f nodes/127.0.0.1/node0/log/log*  | grep +++
```

正常情况下会不停输出++++Generating seal，表示共识正常，如图 10.13 所示。

```
info|2021-12-29 14:09:26.016081|[g:1][CONSENSUS][SEALER]+++++++++++++++++ Generating seal on,blkNum=1,tx=0,nodeIdx=3,hash=6185284e...
info|2021-12-29 14:09:30.054866|[g:1][CONSENSUS][SEALER]+++++++++++++++++ Generating seal on,blkNum=1,tx=0,nodeIdx=3,hash=ca16603b...
info|2021-12-29 14:09:34.091523|[g:1][CONSENSUS][SEALER]+++++++++++++++++ Generating seal on,blkNum=1,tx=0,nodeIdx=3,hash=41fd8607...
info|2021-12-29 14:09:38.119875|[g:1][CONSENSUS][SEALER]+++++++++++++++++ Generating seal on,blkNum=1,tx=0,nodeIdx=3,hash=8fb68b54...
```

图 10.13　区块链网络中的共识

10.4.2　配置链控制台

控制台是 FISCO-BCOS 重要的交互式客户端工具，通过 Java SDK 与区块链节点建立连接，实现对区块链节点数据的读写访问请求。控制台拥有丰富命令，包括查询区块链状态、管理区块链节点、部署并调用合约等。此外，控制台提供一个合约编译工具，用户可以方便快捷地将 Solidity 合约文件编译为 Java 合约文件。

在控制台链接 FISCO-BCOS 节点后，实现查询区块链状态、部署并调用合约等功能，能够快速获取所需信息，控制台配置和启用步骤如下。

1．准备依赖

安装 Java（Java 8 到 Java 14 均可）：

```
sudo apt install -y default-jdk  ##Ubuntu 系统安装 Java
```

获取控制台并回到 fisco 目录：

```
cd ~/fisco
curl -LO https://github.com/FISCO-BCOS/console/releases/downl
oad/v2.8.0/download_console.sh && bash download_console.sh
```

复制控制台配置文件：

```
cp -n console/conf/config-example.toml console/conf/config.t
oml
```

配置控制台证书：

```
cp -r nodes/127.0.0.1/sdk/* console/conf/
```

2．启动并使用控制台

启动控制台：

```
cd ~/fisco/console && bash start.sh
```

输出图 10.14 的信息表明启动成功，否则需检查 conf/config.toml 中节点端口配置是否正确。

```
=============================================================================================
Welcome to FISCO BCOS console(2.7.2)!
Type 'help' or 'h' for help. Type 'quit' or 'q' to quit console.
 ________ ______  ______   ______   ______       _______   ______   ______   ______
|        |      \/      \ /      \ /      \     |       \ /      \ /      \ /      \
| $$$$$$$$\$$$$$|  $$$$$$|  $$$$$$|  $$$$$$\    | $$$$$$$|  $$$$$$|  $$$$$$|  $$$$$$\
| $$__     | $$ | $$___\$| $$   \$| $$  | $$    | $$__/ $| $$   \$| $$  | $| $$___\$$
| $$  \    | $$  \$$    \| $$     | $$  | $$    | $$    $| $$     | $$  | $$\$$    \
| $$$$$    | $$  _\$$$$$$| $$   __| $$  | $$    | $$$$$$$| $$   __| $$  | $$_\$$$$$$\
| $$      _| $$_|  \__| $| $$__/  | $$__/ $$    | $$__/ $| $$__/  | $$__/ $|  \__| $$
| $$     |   $$ \\$$    $$\$$    $$\$$    $$    | $$    $$\$$    $$\$$    $$\$$    $$
 \$$      \$$$$$$ \$$$$$$  \$$$$$$  \$$$$$$      \$$$$$$$  \$$$$$$  \$$$$$$  \$$$$$$

=============================================================================================
```

图 10.14　FISCO-BCOS 启动成功示意图

使用控制台获取信息，步骤如下。

（1）获取客户端版本，如图 10.15 所示。

```
[group:1]> getNodeVersion
ClientVersion{
    version='2.7.2',
    supportedVersion='2.7.2',
    chainId='1',
    buildTime='20210201 10:03:03',
    buildType='Linux/clang/Release',
    gitBranch='HEAD',
    gitCommitHash='4c8a5bbe44c19db8a002017ff9dbb16d3d28e9da'
}
```

图 10.15　控制台版本信息

（2）获取 peer 节点信息，如图 10.16 所示。

```
[group:1]> getPeers
[
    PeerInfo{
        nodeID='d26dddf3847b81ab7150bc06b9eeb3fbd85692849d0a4785a5a874887c417579ddfae9f4208868fa7360b3b88ed757875bbec2f4c106eaf1ec7793b2013df12e',
        iPAndPort='127.0.0.1:53214',
        node='node2',
        agency='agency',
        topic='[

        ]'
    },
    PeerInfo{
        nodeID='04996a64586f541096351b254e9883fca1d1154e7335184bf1f5e04366133d593d8e462d82564d0106ed0bc59533695514dd159375a3f286b4f65278953edeb0',
        iPAndPort='127.0.0.1:53222',
        node='node3',
        agency='agency',
        topic='[

        ]'
    },
    PeerInfo{
        nodeID='322e7c438f5f715befe6bd8de2fa02c9282b1c44455cf1762373a76e7a6e0bd41fee59ae7bb1932daf90310201cd843c989c3b4406914b2aa18ad39c9be65fc1',
        iPAndPort='127.0.0.1:53212',
        node='node1',
        agency='agency',
        topic='[
            _block_notify_1
        ]'
    }
]
```

图 10.16　peer 节点信息

10.4.3　部署合约及合约调用

1．编写 HelloWorld 合约

HelloWorld 合约提供两个接口，分别是 get()和 set()，用于获取和设置合约变量 name。合约内容如图 10.17 所示。

```
01.  pragma solidity ^0.4.24;
02.
03.  contract HelloWorld {
04.      string name;
05.
06.      function HelloWorld() {
07.          name = "Hello, World!";
08.      }
09.
10.      function get() constant returns (string) {
11.          return name;
12.      }
13.
14.      function set(string n) {
15.          name = n;
16.      }
17.  }
18.
```

图 10.17　示例智能合约代码

2．部署 HelloWorld 合约

为了方便用户快速体验，HelloWorld 合约已经内置于控制台，位于控制台目录下 contracts/solidity/HelloWorld.sol 中，参考下述命令部署即可。

在控制台输入图 10.18 所示命令部署，成功则返回合约地址。

```
[group:1]> deploy HelloWorld
transaction hash: 0x1cdb3742049cd78b57d2f14e69c8eeeea950b7668a003d7659cf152519ea01e0
contract address: 0xbf50b9465e6369cece224a2f43fc2a994fd4b9ce
currentAccount: 0x23637eeda783f4ce0906ecbfd260f3b0eba1f4ac
```

图 10.18　部署 HelloWorld 合约

3．调用 HelloWorld 合约

（1）查看当前块高，如图 10.19 所示。

```
[group:1]> getBlockNumber
41
```

图 10.19　区块链块高

（2）调用 get 接口获取 name 变量（此处合约地址是 deploy 命令返回的地址），如图 10.20 所示。

```
[group:1]> call HelloWorld 0xbf50b9465e6369cece224a2f43fc2a994fd4b9ce get
--------------------------------------------------------------------
Return code: 0
description: transaction executed successfully
Return message: Success
--------------------------------------------------------------------
Return value size:1
Return types: (STRING)
Return values:(Hello, World!)
--------------------------------------------------------------------
```

图 10.20　调用合约中的 get 接口

（3）再次查看当前块高（块高不变，因为 get 接口没有更改账本状态），如图 10.21 所示。

```
[group:1]> getBlockNumber
41
```

图 10.21　再次获取区块链块高

（4）调用 set 接口设置 name，如图 10.22 所示。

```
[group:1]> call HelloWorld 0xbf50b9465e6369cece224a2f43fc2a994fd4b9ce set "Hello, FISCO BCOS"
transaction hash: 0x0668b6be77236bfa5cdea2d7976dcab25783c0f7c3fc68fa7797c540174aa5e1
--------------------------------------------------------------------
transaction status: 0x0
description: transaction executed successfully
--------------------------------------------------------------------
Receipt message: Success
Return message: Success
Return values:[]
--------------------------------------------------------------------
Event logs
Event: {}
```

图 10.22　调用合约中的 set 接口

（5）再次查看当前块高（块高增加表示已出块，账本状态已更改），如图 10.23 所示。

```
[group:1]> getBlockNumber
42
```

图 10.23　再次获取区块链块高

（6）调用 get 接口获取 name 变量，检查设置是否生效，如图 10.24 所示。

```
[group:1]> call HelloWorld 0xbf50b9465e6369cece224a2f43fc2a994fd4b9ce get
--------------------------------------------------------------------
Return code: 0
description: transaction executed successfully
Return message: Success
--------------------------------------------------------------------
Return value size:1
Return types: (STRING)
Return values:(Hello, FISCO BCOS)
--------------------------------------------------------------------
```

图 10.24　调用合约中的 get 接口

（7）退出控制台，如图 10.25 所示。

```
[group:1]> quit
wukedong:console$
```

图 10.25　退出控制台

10.5　智能合约开发

本节介绍一个基于 FISCO-BCOS 区块链的业务应用场景开发全过程，从业务场景分析到合约设计实现，然后介绍合约编译以及如何部署到区块链，最后介绍一个应用模块的实现，通过 Java SDK 实现对区块链中合约的调用访问。

本教程要求用户熟悉 Linux 操作环境，具备 Java 开发基本技能，能够使用 Gradle 工具，并熟悉 Solidity 语法。

区块链天然具有防篡改、可追溯等特性，这些特性决定其更容易受到金融领域青睐。本示例将提供一个简易的资产管理开发示例，并最终实现以下功能。

（1）能够在区块链中进行资产注册。

（2）能够实现不同账户的转账。

（3）可以查询账户资产金额。

10.5.1　设计与开发智能合约

在区块链中进行应用开发时，结合业务需求，首先需要设计对应的智能合约，确定合约需要存储的数据，在此基础上确定智能合约对外提供的接口，最后给出各个接口的具体实现。

1. 数据结构设计

FISCO-BCOS 提供合约 CRUD 接口开发模式，可以通过合约创建表，并对创建的表进行增删改查操作。针对本应用需要设计一个存储资产管理表 t_asset，表中字段如下。

（1）account：主键，资产账户（string 类型）。

（2）asset_value：资产金额（uint256 类型）。

其中 account 是主键，即操作 t_asset 表时需要传入的字段，区块链根据该主键字段查询表中匹配的记录。

2. 接口设计

按照业务设计目标，需要实现资产查询、注册、转移功能，对应功能接口如下：

```
// 查询资产金额
function select(string account) public constant returns (int256, uint256)

// 资产注册
function register(string account, uint256 amount) public returns(int256)

// 资产转移
function transfer(string from_asset_account, string to_asset_account, uint256 amount) public
returns(int256)
```

3. 编写合约

根据第一步的存储和接口设计创建一个 Asset 智能合约，实现查询、注册、转移功能；

同时引入一个 Table 系统合约，该合约提供 CRUD 接口：

```
# 进入 console/contracts 目录
cd ~/fisco/console/contracts/solidity
# 创建 Asset.sol 合约文件
vi Asset.sol

# 将 Assert.sol 合约内容写入
# 并键入 wq 保存退出
```

具体文件代码内容如下：

```solidity
pragma solidity ^0.4.24;
import "./Table.sol";

// 源码地址: https://gist.github.com/63b3b3d2361a7411c2583a4f0fdd66be
contract Asset {
    // event
    event RegisterEvent(int256 ret, string account, uint256 asset_value);
    event TransferEvent( int256 ret, string from_account, string to_account, uint256 amount);

    constructor() public {
        createTable();
    }

    function createTable() private {
        TableFactory tf = TableFactory(0x1001);

        tf.createTable("t_asset", "account", "asset_value");
    }

    function openTable() private returns (Table) {
        TableFactory tf = TableFactory(0x1001);
        Table table = tf.openTable("t_asset");
        return table;
    }

    function select(string account) public constant returns (int256, uint256) {
        // 打开表
        Table table = openTable();
        // 查询
        Entries entries = table.select(account, table.newCondition());
        uint256 asset_value = 0;
        if (0 == uint256(entries.size())) {
            return (-1, asset_value);
        } else {
            Entry entry = entries.get(0);
            return (0, uint256(entry.getInt("asset_value")));
        }
    }

    function register(string account, uint256 asset_value) public returns (int256) {
        int256 ret_code = 0;
        int256 ret = 0;
        uint256 temp_asset_value = 0;
        // 查询账户是否存在
        (ret, temp_asset_value) = select(account);
        if (ret != 0) {
            Table table = openTable();

            Entry entry = table.newEntry();
            entry.set("account", account);
            entry.set("asset_value", int256(asset_value));
            // 插入
            int256 count = table.insert(account, entry);
            if (count == 1) {
                // 成功
                ret_code = 0;
            } else {
                // 失败? 无权限或者其他错误
                ret_code = -2;
            }
```

Asset.sol 所引用的 Table.sol 已在~/fisco/console/contracts/solidity 目录下。该系统合约文件中的接口由 FISCO-BCOS 底层实现。当业务合约需要操作 CRUD 接口时，均需要引入该接口合约文件。

运行 ls 命令，确保 Asset.sol 和 Table.sol 在目录~/fisco/console/contracts/solidity 下。结果如图 10.26 所示。

```
wukedong:console$cd contracts/solidity/
wukedong:solidity$ls
Asset.sol  Crypto.sol  HelloWorld.sol  KVTableTest.sol  ShaTest.sol  Table.sol  TableTest.sol
```

图 10.26　智能合约列表

10.5.2　编译智能合约

Solidity 智能合约需要编译为 ABI 和 BIN 文件才能部署至区块链网络，两个文件存在即可凭借 Java SDK 进行合约部署和调用。但该调用方式相对烦琐，需要用户根据合约 ABI 传参和解析结果。为此，控制台提供的编译工具不仅可以编译出 ABI 和 BIN 文件，还可自动生成一个与所编译智能合约同名的合约 Java 类，该类根据 ABI 生成。当应用需要部署和调用合约时，可以调用该合约 Java 类的对应方法，传入指定参数即可。使用该合约 Java 类开发应用可以极大简化用户代码。

```
# 创建工作目录~/fisco
mkdir -p ~/fisco
# 下载控制台
cd ~/fisco && curl -#LO https://github.com/FISCO-BCOS/console/releases/download/v2.7.2/download_console.sh && bash download_console.sh

# 切换到 fisco/console/目录
cd ~/fisco/console/

# 编译合约，后续指定一个 Java 包名参数，可以根据实际项目路径指定包名
./sol2java.sh org.fisco.bcos.asset.contract
```

运行成功后会在 console/contracts/sdk 目录下生成 java、abi 和 bin 目录，如下所示：

```
# 其他无关文件省略
|-- abi # 生成的 abi 目录，存放 Solidity 合约编译生成的 ABI 文件
|    |-- Asset.abi
|    |-- Table.abi
|-- bin # 生成的 bin 目录，存放 Solidity 合约编译生成的 BIN 文件
|    |-- Asset.bin
|    |-- Table.bin
|-- contracts # 存放 Solidity 合约源码文件，将需要编译的合约复制到该目录下
|    |-- Asset.sol # 复制的Asset.sol 合约，依赖 Table.sol
|    |-- Table.sol # 实现系统 CRUD 操作的合约接口文件
|-- java  #存放编译的包路径及 Java 合约文件
|    |-- org
|        |--fisco
|            |--bcos
|                |--asset
|                    |--contract
|                            |--Asset.java  # Asset.sol 合约的
Java 文件
|                            |--Table.java  # Table.sol 合约的
Java 文件
|-- sol2java.sh
```

java 目录下生成 org/fisco/bcos/asset/contract/包路径目录，该目录下包含 Asset.java 和

Table.java 两个文件，其中 Asset.java 是 Java 应用调用 Asset.sol 合约需要的文件。

Asset.java 的主要接口如图 10.27 所示。

```
01.    package org.fisco.bcos.asset.contract;
02.
03.    public class Asset extends Contract {
04.        // Asset.sol合约 transfer接口生成
05.        public TransactionReceipt transfer(String from_account, String to_account, BigInteger amount);
06.
07.        // Asset.sol合约 register接口生成
08.        public TransactionReceipt register(String account, BigInteger asset_value);
09.
10.        // Asset.sol合约 select接口生成
11.        public Tuple2<BigInteger, BigInteger> select(String account) throws ContractException;
12.
13.        // 加载Asset合约地址，生成Asset对象
14.        public static Asset load(String contractAddress, Client client, CryptoKeyPair credential);
15.
16.
17.        // 部署Asset.sol合约，生成Asset对象
18.        public static Asset deploy(Client client, CryptoKeyPair credential) throws ContractException;
19.    }
```

图 10.27　Asset 类接口定义

其中 load 与 deploy 函数用于构造 Asset 对象，其他接口分别用于调用对应 Solidity 合约的接口。

10.5.3　创建区块链应用项目

1．安装环境

首先从官网下载 JDK8 并安装，然后修改环境变量。操作示例如下：

```
# 确认当前 Java 版本
$ java -version
# 确认 Java 路径
$ ls Library/Java/JavaVirtualMachines
# 返回
# jdk-1.8.0_292.jdk

# 如果使用 bash
$ vim .bash_profile
# 在文件中加入 JAVA_HOME 的路径
# export
JAVA_HOME=/Library/Java/JavaVirtualMachines/jdk-
1.8.0_292.jdk/Contents/Home
$ source .bash_profile

# 如果使用 zash
$ vim .zashrc
# 在文件中加入 JAVA_HOME 的路径
# export JAVA_HOME =
Library/Java/JavaVirtualMachines/jdk-
1.8.0_292.jdk/Contents/Home
$ source .zashrc


# 确认 Java 版本
$ java -version
# 返回
# openjdk version "1.8.0_292"
# OpenJDK Runtime Environment (build 1.8.0_292-
8u292-b10-0ubuntu1~18.04-b10)
# OpenJDK 64-Bit Server VM (build 25.292-b10,
mixed mode)
```

2．创建一个 Java 工程

在 IntelliJ IDE 中创建一个 Gradle 项目，勾选 Gradle 和 Java 复选框，并输入工程名 asset-app，如图 10.28 所示。

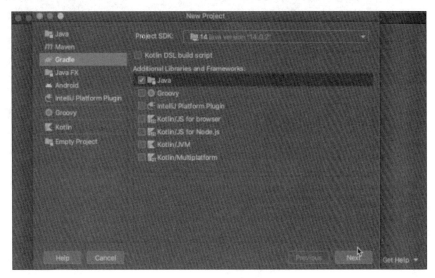

图 10.28　创建 Gradle 项目

注意，该项目源码也可使用以下方法直接获取并参考：

```
$ cd ~/fisco
$ curl -#LO https://github.com/FISCO-BCOS/LargeFiles/raw/
master/tools/asset-app.tar.gz
# 解压得到 Java 工程项目 asset-app
$ tar -zxf asset-app.tar.gz
```

3．引入 FISCO-BCOS Java SDK

在 build.gradle 文件的 dependencies 下加入对 FISCO-BCOS Java SDK 的引用：

```
repositories {
    mavenCentral()
    maven {
        url
"http://maven.aliyun.com/nexus/content/groups/public/"
    }
    maven {
        url "https://oss.sonatype.org/content/reposito
ries/snapshots"
    }
}
```

在项目中引入 Java SDK jar 包：

```
testCompile group: 'junit', name: 'junit', version:
'4.12'
compile ('org.fisco-bcos.java-sdk:fisco-bcos-java-
sdk:2.7.2')
```

具体配置结果如图 10.29 所示。

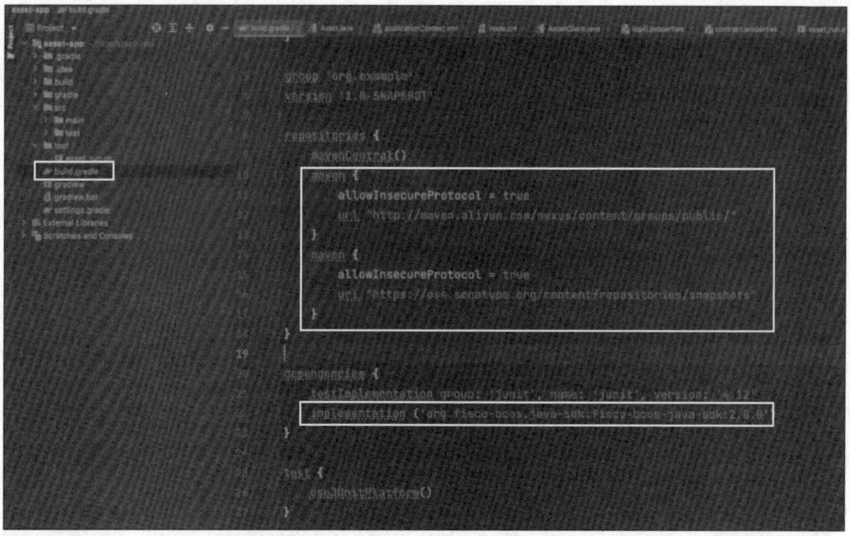

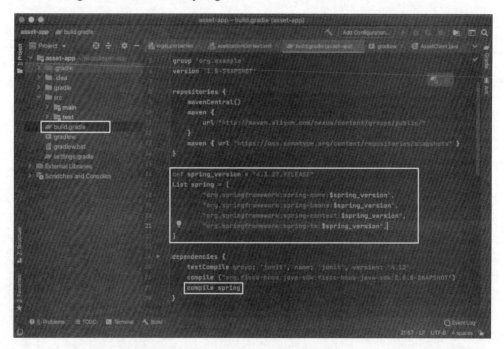

图 10.29 配置依赖包

10.5.4 配置 SDK 证书

修改 build.gradle 文件，引入 Spring 框架，如图 10.30 所示。

图 10.30 配置 Spring 框架

如图 10.31 所示，在 asset-app/test/resources 目录下创建配置文件 applicationContext.xml，写入配置内容。各配置项内容可参考 Java SDK 配置说明，该配置说明以 toml 配置文件为例，本例中的配置项与该配置项相对应。

图 10.31　创建配置文件

applicationContext.xml 内容如下：

```
<!--// 此文件为代码片段 -->

<?xml version="1.0" encoding="UTF-8" ?>
<beans xmlns="http://www.springframework.org/schema/beans"
    xmlns:xsi="http://www.w3.org/2001/XMLSchema-instance"

xsi:schemaLocation="http://www.springframework.org/schema/
beans
http://www.springframework.org/schema/beans/spring-beans-
4.0.xsd">
<bean id="defaultConfigProperty" class="org.fisco.bcos.sd
k.config.model.ConfigProperty">
<property name="cryptoMaterial">
        <map>
            <entry key="certPath" value="conf" />
        </map>
    </property>
    <property name="network">
        <map>
            <entry key="peers">
                <list>
                    <value>127.0.0.1:20200</value>
                    <value>127.0.0.1:20201</value>
                </list>
            </entry>
        </map>
    </property>
</bean>
...
</beans>
```

注意：如果建链时设置 jsonrpc_listen_ip 为 127.0.0.1 或 0.0.0.0、channel_port 为 20200，

则 applicationContext.xml 配置无须修改。若区块链节点配置发生改动，则需同样修改配置 applicationContext.xml 的 network 属性下 peers 配置选项，配置所连接节点的 IP:channel_ listen_port。

在以上配置文件中，指定证书存放位置 certPath 的值为 conf。之后需要将 SDK 用于连接节点的证书放到指定 conf 目录下。

```
# 假设将 asset-app 放在~/fisco 目录下,进入~/fisco 目录
$ cd ~/fisco
# 创建放置证书的目录
$ mkdir -p asset-app/src/test/resources/conf
# 复制节点证书到项目资源目录$ cp -r nodes/127.0.0.1/sdk/* asset-
app/src/test/resources/conf
# 若在IDE直接运行,复制证书到 resources 路径
$ mkdir -p asset-app/src/main/resources/conf
$ cp -r nodes/127.0.0.1/sdk/* asset-
app/src/main/resources/conf
```

10.5.5　业务逻辑开发

前面已经介绍如何在项目中引入以及配置Java SDK，本节介绍如何通过 Java 程序调用合约，同样以示例资产管理说明。

1. 将编译完成的 Java 合约引入项目（如图 10.32 和图 10.33 所示）

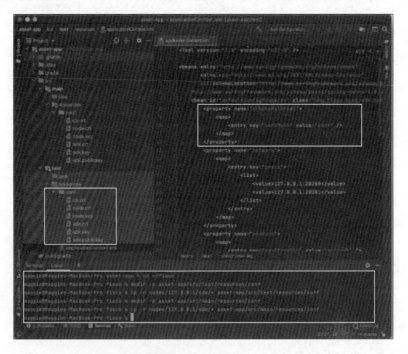

图 10.32　复制证书

```
cd ~/fisco
# 将编译完成的合约 Java 类引入项目
cp console/contracts/sdk/java/org/fisco/bcos/asset/contract/A
sset.java asset-app/src/main/java/org/fisco/bcos/asset/contra
ct/Asset.java
```

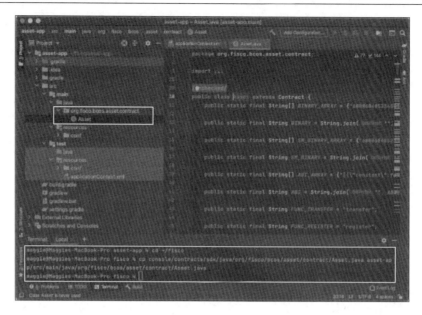

图 10.33　引入 Java 合约

2．开发业务逻辑

在路径/src/main/java/org/fisco/bcos/asset/client 目录下创建 AssetClient.java 类，通过调用 Asset.java 实现对合约的部署与调用，如图 10.34 所示。

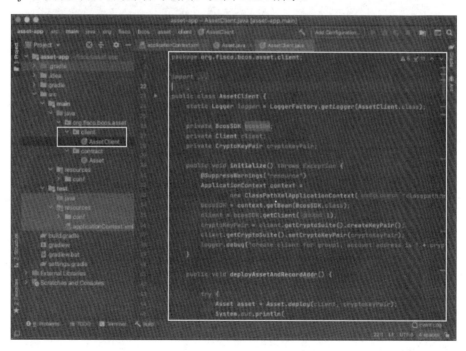

图 10.34　创建 AssetClient.java

AssetClient.java 代码如图 10.35 所示。

```
01.  // 此处为代码片段
02.
03.  public class AssetClient {
04.      static Logger logger = LoggerFactory.getLogger(AssetClient.class);
05.
06.      private BcosSDK bcosSDK;
07.      private Client client;
08.      private CryptoKeyPair cryptoKeyPair;
09.
10.      public void initialize() throws Exception {
11.          @SuppressWarnings("resource")
12.          ApplicationContext context = new ClassPathXmlApplicationContext("classpath:applicationContext.xml");
13.          bcosSDK = context.getBean(BcosSDK.class);
14.          client = bcosSDK.getClient(1);
15.          cryptoKeyPair = client.getCryptoSuite().createKeyPair();
16.          client.getCryptoSuite().setCryptoKeyPair(cryptoKeyPair);
17.          logger.debug("create client for group1, account address is " + cryptoKeyPair.getAddress());
18.      }
19.
20.      public void deployAssetAndRecordAddr() {
21.
22.          try {
23.              Asset asset = Asset.deploy(client, cryptoKeyPair);
24.              System.out.println(" deploy Asset success, contract address is " + asset.getContractAddress());
25.
26.              recordAssetAddr(asset.getContractAddress());
27.          } catch (Exception e) {
28.              // TODO Auto-generated catch block
29.              // e.printStackTrace();
30.              System.out.println(" deploy Asset contract failed, error message is   " + e.getMessage());
31.          }
32.      }
33.
34.      ...
35.  }
```

图 10.35　AssetClient 源码

3. 配置运行脚本

在 asset-app/tool 目录下添加一个调用 AssetClient 的脚本 asset_run.sh，如图 10.36 所示。

图 10.36　创建 asset_run.sh 脚本文件

脚本文件内容如下：

```
// https://gist.github.com/65d3d3232be9ada4a44354f460a3847c

#!/bin/bash
```

```
function usage()
{
echo " Usage : "
echo "    bash asset_run.sh deploy"
echo "    bash asset_run.sh query     asset_account "
echo "    bash asset_run.sh register asset_account asset_amount
"
echo "    bash asset_run.sh transfer from_asset_account to_asse
t_account amount "
echo " "
echo " "
echo "examples : "
echo "    bash asset_run.sh deploy "
echo "    bash asset_run.sh register  Asset0  10000000 "
echo "    bash asset_run.sh register  Asset1  10000000 "
echo "    bash asset_run.sh transfer  Asset0  Asset1 11111 "
echo "    bash asset_run.sh query Asset0"
echo "    bash asset_run.sh query Asset1"
exit 0
}

case $1 in
deploy)
        [ $# -lt 1 ]&& { usage; }
        ;;
register)
        [ $# -lt 3 ] && { usage; }
        ;;
transfer)
        [ $# -lt 4 ] && { usage; }
        ;;
query)
        [ $# -lt 2 ] && { usage; }
        ;;
*)
    usage
        ;;
esac

java -Djdk.tls.namedGroups="secp256k1" -cp 'apps/*:conf/:lib/*
' org.fisco.bcos.asset.client.AssetClient
```

4．配置日志文件

在 asset-app/test/resources 目录下创建 log4j.properties，如图 10.37 所示。
具体日志配置内容如下：

```
### set log levels ###
log4j.rootLogger=DEBUG, file

### output the log information to the file ###
log4j.appender.file=org.apache.log4j.DailyRollingFileAppend
er
log4j.appender.file.DatePattern='_'yyyyMMddHH'.log'
log4j.appender.file.File=./log/sdk.log
log4j.appender.file.Append=true
log4j.appender.file.filter.traceFilter=org.apache.log4j.var
ia.LevelRangeFiler
log4j.appender.file.layout=org.apache.log4j.PatternLayout
```

```
log4j.appender.file.layout.ConversionPattern=[%p] [%-
d{yyyy-MM-dd HH:mm:ss}] %C{1}.%M(%L) | %m%n

###output the log information to the console ###
log4j.appender.stdout=org.apache.log4j.ConsoleAppender
log4j.appender.stdout.Target=System.out
log4j.appender.stdout.layout=org.apache.log4j.PatternLayout
log4j.appender.stdout.layout.ConversionPattern=[%p] [%-
d{yyyy-MM-dd HH:mm:ss}] %C{1}.%M(%L) | %m%n
```

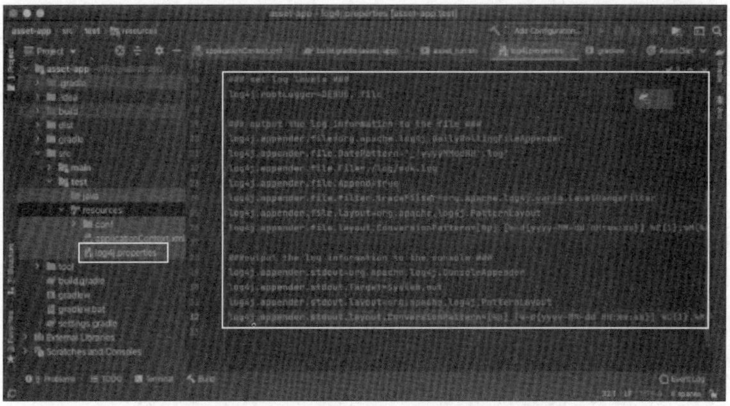

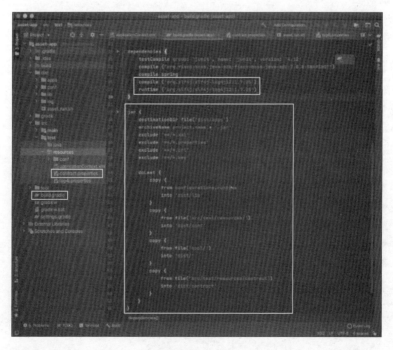

图 10.37　创建日志配置文件 log4j.properties

5．配置 Gradle 打包

通过配置 Gradle 中的 Jar 命令，指定复制和编译任务并引入日志库，在 asset-app/test/resources 目录下创建一个空 contract.properties 文件，用于在运行时存放合约地址。具体如图 10.38 所示。

图 10.38　引入日志库并创建合约存放目录

引入日志库：

```
dependencies {
    testCompile group: 'junit', name: 'junit', version:
'4.12'
    compile ("org.fisco-bcos.java-sdk:fisco-bcos-java-
sdk:2.7.2")
    compile spring
    compile ('org.slf4j:slf4j-log4j12:1.7.25')
    runtime ('org.slf4j:slf4j-log4j12:1.7.25')
}
jar {
    destinationDir file('dist/apps')
    archiveName project.name + '.jar'
    exclude '**/*.xml'
    exclude '**/*.properties'
    exclude '**/*.crt'
    exclude '**/*.key'

    doLast {
        copy {
            from configurations.runtime
            into 'dist/lib'
        }
        copy {
            from file('src/test/resources/')
             into 'dist/conf'
        }
        copy {
            from file('tool/')
            into 'dist/'
        }
        copy {
            from file('src/test/resources/contract')
            into 'dist/contract'
        }
    }
}
```

至此完成全部应用的开发。

10.5.6　程序运行与演示

前面已经介绍使用区块链开发资产管理应用的所有流程并实现了功能，下面即可运行
项目，并测试功能是否正常，如图 10.39 所示。

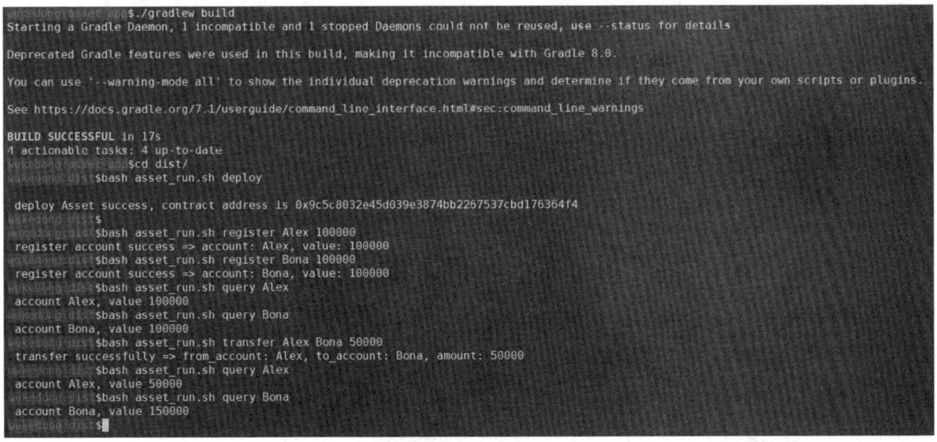

图 10.39　程序测试示例

首先运行 Gradle 编译命令：

```
# 切换到项目目录
$ cd ~/fisco/asset-app
# 编译项目
$ ./gradlew build
```

编译成功后将在项目根目录下生成 dist 目录，dist 目录下存在一个 asset_run.sh 脚本，用于简化项目运行。现在开始逐一验证最初确定的需求。

然后通过脚本部署 Asset.sol 合约：

```
# 进入 dist 目录
$ cd dist
$ bash asset_run.sh deploy
Deploy Asset success, contract address is
0x9c5c8032e45d039e3874bb2267537cbd176364f4
```

最后逐一验证业务功能。

（1）注册资产：

```
$ bash asset_run.sh register Alex 100000
Register account success => account: Alex, value: 100000
$ bash asset_run.sh register Bona 100000
Register account success => account: Bona, value: 100000
```

（2）查询资产：

```
$ bash asset_run.sh query Alex
account Alex, value 100000
$ bash asset_run.sh query Bona
account Bona, value 100000
```

（3）转移资产：

```
$ bash asset_run.sh transfer Alex Bona 50000
Transfer successfully => from_account: Alex, to_account:
Bona, amount: 50000
$ bash asset_run.sh query Alex
account Alex, value 50000
$ bash asset_run.sh query Bona
account Bona, value 150000
```

至此完成在 FISCO-BCOS 联盟区块链中，从环境搭建、合约编写到部署调用的整个业务开发工作。

本章小结

本章通过对 FISCO-BCOS 进行系统性介绍，使读者对 FISCO-BCOS 区块链建立初步认识；并通过对架构设计及模块进行深层次讲解，使读者理解其中的运作原理；最后通过一系列操作实践，使读者了解如何搭建一条链、如何基于链进行 DApp 开发，从而加深对区块链应用开发流程的整体理解。

习题 **10**

1. 根据许可范围的不同，区块链平台可分为几种类型？请举例说明。
2. FISCO-BCOS 相较于传统公链有何区别？
3. 从架构角度讲，FISCO-BCOS 有哪些核心模块？模块间有何关联？
4. 尝试在本地搭建一条联盟链并编写、发布一个智能合约。
5. 尝试在本地已搭建成功的联盟链环境中扩容一个新节点。
6. 请简述 FISCO-BCOS 的准入机制。
7. FISCO-BCOS 支持哪些共识算法？
8. 尝试编写一个支持增删改查业务的智能合约并完成功能测试验证。
9. 联盟链节点存在几种状态？每种状态之间如何进行切换？
10. 请简述 FISCO-BCOS 的整体架构思想以及各个核心模块的功能。

第 11 章　EOS 原理与开发

尽管以太坊创造性地引入智能合约这一概念设计，并大幅提升了区块链应用的开发效率，但以太坊平台目前存在交易速度慢以及手续费昂贵等问题，严重影响了其商业化应用；而 EOS 作为区块链 3.0 的公链代表，从资源管理、权限设计、共识方案以及高吞吐效率方面均有其独特的架构设计，其目标是建立可以承载商业级智能合约与应用的区块链基础设施，成为新一代区块链生态体系的底层操作系统。本章主要从 3 个方面对 EOS 原理与技术进行整体性介绍：首先介绍 EOS 为什么是下一代底层操作系统，以及相较于其他区块链平台有何差异与特点；其次从基本概念以及架构层次，对 EOS 的核心组件模块进行详细讲解；最后从开发套件、高级合约函数、高阶使用技巧以及编译发布等方面，详细讲解 EOS 智能合约的开发部署流程。

11.1　EOS 介绍

11.1.1　EOS 是什么

EOS（enterprise operation system），可以译为商用分布式区块链操作系统，是由 Block.one 公司主导开发的一种全新区块链智能合约平台，旨在为高性能分布式应用提供安全、合规和可预测的底层区块链服务。EOS 项目的目标是实现一个类似操作系统的支撑分布式应用程序的区块链架构，该架构可以提供账户注册、身份认证、资料库、异步通信等功能，并能够在数以万计的 CPU/GPU 集群中进行程序调度和并行运算。EOS 每秒能够支持数百万个交易，同时普通用户执行智能合约无须支付使用费用。

EOSIO 是 Block.one 公司开发的平台软件，旨在实现更高程度的可配置性，对于可编程基础设施的创建和管理很有价值。它允许架构师部署公共或私有区块链网络，并通过可执行智能合约实施默认协议或合适的自定义治理协议。EOSIO 不同于其他区块链，其提供可升级的智能合约，并且基于 C++构建。相较于其他公链技术，EOSIO 有以下技术特点。

（1）大幅提升底层公链交易速度

EOS采用DPoS共识算法机制，相对于传统公链在速度方面优势明显。例如，VISA 每秒管理 1 667 笔交易，而 PayPal 每秒管理 193 笔交易。相比之下，比特币每秒只能处理 3～4 笔交易，以太坊每秒可以处理 20 笔交易。

EOS 在有限测试条件下已经实现每秒上万次的交易量，如果使用并发技术继续扩展其网络性能，有望实现每秒数百万次的交易处理能力。届时，EOS 将在一定程度上解决底层公链的速率和拓展性问题，并且可同时支持数千个商业级分布式应用程序（DApp）在其平台上运行。

（2）提升底层公链可拓展性，避免硬分叉

当出现分歧时能否达成共识，在避免硬分叉的前提下保持迭代，对于一个去中心化操作系统而言至关重要。在区块链中，底层代码相当于现实生活中的法律。代码中存在 bug 是无法避免的，如果一个区块链底层平台出现 bug 时无法修复将十分危险。BTC 和 ETH 都曾出现分叉问题，BTC 因为区块扩容以及网络拥堵的问题使社区无法达成共识，至今已经出现多种分叉币。ETH 因为 The DAO 黑客事件，造成社区内激烈争论，最终分叉为 ETH 和 ETC 两条链。

EOS 从整体架构设计上解决了硬分叉问题。EOS 的约束性合约相当于"宪法"，为系统平台进行了明确定义：在公链运行中，当系统出错时，能够根据可读性意图区分该错误是否确实为 bug，并且判断社区修复是否正确。有了这套机制，如果未来出现新技术，即可很容易地添加到 EOS 系统中，有利于系统升级和迭代。例如，当 EOS 中出现类似 The DAO 黑客事件的问题时，系统中的 21 个节点将迅速采取行动，冻结黑客账户，然后通过投票采取最有效的处理方式，不会发生像 ETH 因无法共识而出现硬分叉的情况。从这一方面看，EOS 在稳定性和可扩展性方面相较于已有底层公链系统具有很人优势。

（3）用户免费使用网络资源

EOS 采用所有权模式，如果拥有相应比例的代币，即有权免费使用相应比例的网络资源，对用户而言交易将是零成本的。

（4）安全性高，避免 DDoS 攻击

DDoS 攻击是一种常见并且具有很大危害性的攻击方式。它通过各种手段消耗系统资源和堵塞网络带宽，使正常网络服务陷入瘫痪状态。在近几年的实践中，以太坊网络已经被证明非常容易受到 DDoS 攻击的影响。

EOS 的代币则相当于网络资源的所有权，用户只能使用相应比例的网络资源。因此，攻击者只能使用其 EOS 代币相应比例的带宽资源，形成了天然的制度屏障，使 DDoS 攻击仅可能出现在某个应用程序中，不会破坏整体网络运行，因此 EOS 从设计上提升了整个基础链的安全性。

（5）提升公链系统兼容性

为了更好地实现兼容性，EOS 中提供跨链交互和虚拟机独立架构。对于开发者来说，目前在其他公链中开发 DApp 并不容易，需要自行编写许多基础模块才能实现。EOS 的设计目标是成为区块链的底层操作系统，已经为开发者提供了各类底层开发模块。简单来说，EOS 已经设计出各类基础功能模块，开发者只需了解如何使用这些基础工具即可完成开发，大幅降低了开发者门槛。加之EOS平台并发处理速度快、没有手续费等特点，将会吸引更多普通开发者，有助于 EOS 平台开发大量商业级应用，快速形成平台生态系统。

（6）完善的权限体系

EOS 具有完善的权限系统，可以为各种业务情景创建自定义权限方案。例如，可以创建自定义权限保护 EOS 智能合约的特定功能，还可以在具有不同权限权重的多个账户中拆分调用 EOS 智能合约功能所需的权限。该功能使开发人员无须重新发明"轮子"即可构建强大的 DApp。

（7）可升级性

部署在 EOS 区块链平台上的所有智能合约支持重复可升级，即用户可以对已部署的智能合约进行应用程序逻辑的扩展修改及代码修复，无须像以太坊般进行合约发布。

11.1.2　EOS 是如何工作的

与以太坊类似，EOS 同样支持部署智能合约，但 EOS 在单位时间内的交易速度要远胜于以太坊。EOS 白皮书中表示，未来的目标是通过并行多线程的方式，实现毫秒级的确认速度以及最高 10^6tps 的交易吞吐量，目前 EOS 的交易吞吐量大致为 5 000 tps。

EOS 采用"所有权模式"，即用户通过持有代币，相应拥有与所持代币对等的网络性能资源。例如，如果钱包中有 1 个 EOS，则拥有十亿分之一的"NET、CPU"资源。用户可以通过质押 EOS 的形式免费获得网络资源使用权，无须像以太坊般每次发起交易时均支付 Gas 费用，而是仅消耗对应的网络资源配额。通过这种形式，不仅可以稳定平台持币份额，而且可以以无成本的交互模式吸引大量新用户加入 EOS 生态。

EOS 在生态应用上具有高度灵活性，允许用户租借网络资源，同时可将自身资源质押给其他开发者，开发者再使用这些资源部署自己的 DApp。

在 EOS 中运行 DApp 时，需要使用 3 种类型的资源：CPU、RAM 以及 NET。

（1）CPU：是指在 EOS 网络中可以使用的处理能力。质押的 EOS 越多，使用的 CPU 资源就越多。

（2）RAM：用于在区块链中存储数据。在 EOS 中创建新账户时，需要购买一些 RAM 以存储实际的账户数据信息，例如账户名称、创建日期等；部署 DApp 合约时，也需要购买相应 RAM 资源以存储后续业务应用数据。两种情况均会将信息存储于 EOS 区块链平台。

（3）NET：是指可以使用的网络带宽。和 CPU 类似，NET 同样需要质押 EOS 才能换取对应资源。并且质押换取的资源也不能无限使用，每天均有固定的配额，如果用尽则只能再次质押 EOS 或临时向官方或他人租借资源。

11.1.3　如何在本地启动一个测试网络

为了使读者能够快速体验 EOS 建链流程，这里带领读者在本地计算机环境下搭建一条基于 EOS 公链技术的私有链。

搭建链环境可通过多种方式，例如使用源码编译的方式、使用 Docker 容器的方式或使用 IDE 工具自带的链环境等，本节主要介绍使用 Docker 容器的方式进行私有链环境的配置与搭建。

在开始安装部署链服务前，需要事先安装一些前置依赖服务：

（1）Get Docker | Docker Documentation

（2）Git - Downloads

安装依赖服务后，首先需要将 EOS 源码复制到本地，对源码进行镜像构建：

```
#> git clone https://github.com/EOSIO/eos.git --recursive
#> cd eos/Docker
#> docker build . -t eosio/eos
```

然后使用 docker 命令启动 EOS 链节点服务：

```
#> docker run --name nodeos -p 8888:8888 -p 9876:9876 -t
eosio/eos start_nodeos.sh arg1 arg2
```

最后通过查询 URL 的方式，验证区块链环境是否搭建成功。如果能够正常显示区块链信息，则代表搭建成功：

```
#> curl http://127.0.0.1:8888/v1/chain/get_info
```

11.2　EOS 架构与原理

EOS 技术架构体系中主要包括 3 个核心服务：Keosd、Nodeos、Cleos。其中，Keosd 主要负责对外提供用户钱包公私钥信息的管理与维护工作；Nodeos 主要负责运行区块链节点服务工作，例如接收与广播交易或区块信息，或作为共识节点参与区块共识，是整个区块链网络服务中不可或缺的一部分；Cleos 作为一个命令行工具，主要负责调用 Keosd 以及 Nodeos 对外公开的各个服务接口，例如调用 Keosd 创建钱包、调用 Nodeos 服务签发交易等。EOS 架构如图 11.1 所示。

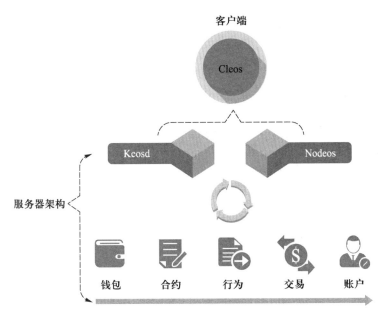

图 11.1　EOS 架构

除以上 3 个核心组件外，平台还提供多种开发工具。图 11.2 展示了所有功能组件在生态应用不同业务环节中的特定功能。

（1）keosd：作为守护进程运行的钱包管理器，cleos 工具与之交互以便签署请求（这样才能信任提交区块链的请求）。

（2）EOSIO.CDT：EOS 的合约开发工具包，负责开发智能合约所需全部内容。

（3）nodeos：守护进程（服务器）应用程序，充当"块生产者"。nodeos 通过 REST API 公开许多核心 EOS 功能。

（4）eosio.contracts：公开一些核心 EOS 功能，是 C++ 库的集合。

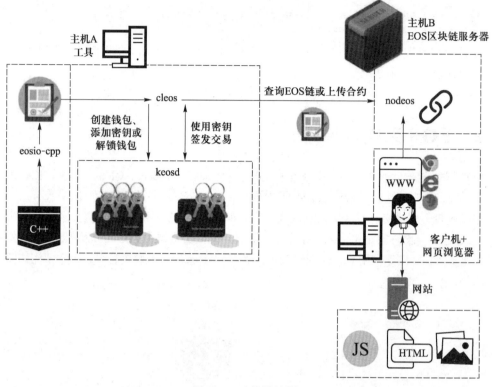

图 11.2　功能模块图

（5）cleos：命令行工具，可直接调用 keosd 以及 nodeos 节点服务对外提供的 REST API。

（6）EOS VM：由 Block.one 定制构建的 WebAssembly 引擎，安全、高性能且专为区块链应用程序构建。

（7）eosio-cpp：一种编译器，允许将 C++编译为可以上传到区块链的格式。

11.3　EOS 基础概念知识

1. 账户

账户是指存储在区块链中的用户名称。其根据权限配置，可由个人或单位通过授权拥有。用户需要拥有一个账户才能将有效交易转移或推送到区块链。

2. 钱包

钱包相当于客户端，用于存储用户密钥，这些密钥可能与一个或多个账户的权限相关（也可能不相关）。在理想情况下，钱包具有密码保护的锁定（加密）和解锁（解密）状态。EOSIO/eos 工具库中内置了一个名为 cleos 的命令行界面客户端，其可与工具库中另一个名为 keosd 的 Lite 客户端进行交互，从而实现对用户钱包账户的管理。

3. 授权和权限

权限用于定义与限制用户对合约特定方法的可执行要求。例如，对合约中的某些函数方法进行权限组设定，然后将该权限组授权分配给指定用户，用户才允许合法调用该合约指定方法。

4．智能合约

智能合约是一段代码，可以在区块链中执行，并将合约执行状态和结果存入该区块链成为不可篡改数据。因此，开发人员可以将该区块链作为可信计算环境，其中智能合约的输入、执行和结果相互独立，不受外部影响。

5．委托权益证明（DPoS）

EOSIO 平台实现了一种经过验证的去中心化共识算法，能够满足区块链中应用程序的性能要求。该共识算法称为委托权益证明（DPoS）。在该算法下，如果在基于 EOSIO 的区块链中持有代币，可以通过持续批准投票系统选择区块生产者。任何人均可选择参与区块生产，并有机会生产区块，前提是可以说服代币持有者为其投票。

6．系统资源

（1）RAM：在基于 EOSIO 的区块链中，RAM 是区块链账户和智能合约消耗的重要系统资源之一。RAM 充当永久存储器，用于存储账户名称、权限、代币余额和其他数据，以便快速访问链上数据。RAM 需要购买，并且并非基于 staking，因为它是一种有限的持久资源。

（2）CPU：在基于 EOSIO 的区块链中，CPU 代表动作处理时间，以微秒（µs）为单位。CPU 是一种暂时性系统资源，属于 EOSIO 的 staking 机制。

（3）NET：除 RAM 和 CPU 外，NET 也是基于 EOSIO 的区块链中十分重要的资源。NET 代表事务的网络带宽，以字节（B）为单位。NET 也是一种瞬态系统资源，属于 EOSIO 的 staking 机制。

11.4　EOS 智能合约开发

基于 EOSIO 的区块链使用 WebAssembly（WASM）执行用户生成的应用程序和代码。WASM 是一种新兴 Web 标准，得到了谷歌、微软、苹果和行业领先公司的广泛支持。

目前用于构建编译为 WASM 应用程序的最成熟工具链是 clang/llvm 及其 C/C++编译器。为获得最佳兼容性，建议使用 EOSIO.CDT 工具套件。

11.4.1　CDT 开发套件

EOSIO.CDT（contract development toolkit）是开发 EOS 智能合约必不可少的一个编译工具。一方面，在开发过程中需要随时检查合约是否存在错误；另一方面，发布合约时所需要的 ABI 和 WASM 文件均通过 CDT 编译而成。

本节讲解的 CDT 版本为 1.3.2。如果之前使用的是 1.2.x 版本，则强烈建议阅读 *Differences between Version 1.2.x and Version 1.3.x* 文档，因为 1.3.x 版本中移除了一些数据类型，例如 account_name、permission_name、symbol_name 等，并且新加入了一些数据类型进行替代，例如 signature→capi_signature、N(foo)→"foo"_n 等。如果继续使用 1.3.x 版本之前的数据类型编写智能合约，则无法在 cdt_1.3.2 中编译成功。另外需要说明的是，无论使用哪个 CDT 版本编译的合约文件，生成的 ABI 及 WASM 文件均可发布成功，EOS 运行环境节点是向下兼容的。

下面依次介绍以下 CDT 工具。

（1）eosio-abigen

该命令主要用于根据合约 CPP 文件生成对应 ABI 文件，例如：

```
eosio-abigen hello.cpp --output=hello.abi
```

（2）eosio-cc

该命令与 eosio-cpp 作用相同，只是缺少两项可选参数，即-fcoroutine-ts 和-std=<string>。该命令也可对智能合约进行合约编译与生成 ABI 文件。

（3）eosio-launcher

该命令用于协助部署一个多节点区块链网络的应用程序，可通过 eosio-launcher--help 了解其具体参数用法。

（4）eosio-cpp

作为最常用的命令之一，该命令主要用于生成智能合约接口描述 ABI 文件以及发布合约所必需的二进制编译 WASM 文件：

```
eosio-cpp -abigen "xx.cpp" -o "xx.wasm" --contract "xx"
```

（5）eosio-wasm2wast 与 eosio-wast2wasm

该命令用于将二进制文件与可阅读文本格式进行相互转换，示例如下：

```
> eosio-wasm2wast eosio.token.wasm --no-debug-names -o
eosio.token.wat
> cat eosio.token.wat
  (i32.store
  (tee_local $3
   (i32.add
    (get_local $0)
    (i32.const -4)
   )
  )
  (i32.and
   (i32.load
    (get_local $3)
   )
   (i32.const 2147483647)
  )
 )
)
 (func $__wasm_nullptr (type $FUNCSIG$v)
  (unreachable)
 )
)
```

（6）eosio-blocklog

该命令用于查询指定区块的详细信息，例如查询区块高度为 1 和 2 的区块信息。

（7）eosio-ld

该命令主要用于链接程序对库文件的链接依赖。

（8）eosio-abidiff

该命令主要用于比较两个 ABI 文件的不同。

CDT 开发套件的出现减少了开发过程中对于 EOS 仓库的依赖。在 EOS 1.3 版本之后，移除了 EOS 仓库中的 eosio-cpp 程序以及 contracts/eosiolib、contracts/libc++、contracts/musl 等合约依赖库文件，取而代之的便是 CDT。此外，CDT 基于 WABT（the WebAssembly binary toolkit）进行扩展开发，如果想要深入了解与学习，也可阅读其源代码。

11.4.2　合约高级函数介绍

eosio::multi_index是EOS 提供给合约开发人员在编写合约时持久化数据的一种服务接口，同时在持久化过程中可以保证多个action 间嵌套事务的数据一致性。

eosio::multi_index 在 C++[Boost.MultiIndex Container]基础之上进行扩展实现，因此在索引器的定义与使用上与原生索引器大致相同。该索引器提供丰富的检索功能，支持对不同索引字段的排序与检索。

传统型数据库可以按照主键进行检索，而索引器同样支持基于主键检索。但在 EOS 智能合约中主键字段仅支持 uint64_t 数据类型字段,且在结构体中必须实现 primary_key()const 成员常量函数。

eosio::multi_index 类内部共提供 25 个方法，按照日常开发场景对其进行分类，可划分为以下 4 个部分。

（1）定义：如何通过构造函数进行索引器定义，其中包括主键索引、二级索引。

（2）存储：添加、修改、删除方法。

（3）查询：根据主键查询、基于条件进行区间查询。

（4）迭代：正向迭代、反向迭代列表数据。

因此, eosio::multi_index 的所有知识点可以分成 4 个模块。每个模块将分别通过方法功能、参数说明、方法结果及详细代码示例，帮助读者完整地学习与掌握整个索引器知识点。

1．索引器定义篇

本小节将介绍如何对自定义数据结构体定义主键索引、二级索引，并通过代码示例的形式帮助理解。

索引器可以分为普通索引定义和二级索引定义两类，具体内容如下。

（1）普通索引定义

```
typedef eosio::multi_index<[TableName], [T]>
[index_type];
```

索引主要由 3 个参数进行定义。

① TableName：数据结构体所对应的表名，其名称长度不可超过12个字符，且名称只允许由小写字母、数字 1～5、"."这 3 种字符构成。

② T：数据结构体名称。

③ index_type：索引器类型别称，需要针对不同结构体进行不同的索引器定义。

由于缺省索引器基于主键查询，因此在定义结构时，内部必须实现一个名为 primary_key()且返回值为 uint64_t 数据类型的成员常量函数。要实现一个简单的索引器定义，需要执行以下 4 个步骤。

① 定义结构体

```
struct user {
  uint64_t account_name;
  uint64_t age;
};
```

② 定义主键查询方法

在上述结构体中实现 primary_key()方法：

```
uint64_t primary_key() const { return account_name; }
```

③ 定义索引器

```
typedef eosio::multi_index< "user"_n, user >
user_index;
```

④ 实例化索引器

在实例化索引器 multi_index（name code,uint64_t scope）时，需要传递两个参数：code、scope。code 参数是指表所归属的合约账户，即所要查询或处理的数据是哪个合约账户下的数据；scope 参数主要用于对表数据进行分表处理，例如按账户进行数据隔离，scope 参数即传入对应账户名。

```
user_index userestable(_self, _self.value); // code,
scope
```

完整代码示例如图 11.3 所示。

```
01.   #include <eosiolib/eosio.hpp>
02.   using namespace eosio;
03.   using namespace std;
04.
05.   class booking : contract {
06.     struct user {
07.       uint64_t account_name;
08.       uint64_t age;
09.
10.       uint64_t primary_key() const { return account_name; }
11.     };
12.     public:
13.       booking (name self):contract(self) {}
14.
15.       typedef eosio::multi_index< "user"_n, user > user_index;
16.
17.     void createuser(name user, uint64_t age) {
18.         user_index userestable(_self, _self.value); // code, scope
19.       }
20.   }
21.
22.   EOSIO_DISPATCH( booking , (myaction) )
```

图 11.3 普通索引代码示例

（2）二级索引定义

通常情况下，在实际业务场景中很可能对某一张数据表进行多个字段的数据表统计查询。此时则需要进行二级索引定义：

```
typedef eosio::multi_index< [TableName], [T],
   indexed_by<
         [IndexName],
         const_mem_fun<[T], [IndexFieldType],
[FieldGetter]>
     >
  > user_index;
```

与普通索引的定义方式相比，二级索引新增一个indexed_by的扩展定义。indexed_by 需要进行 4 个参数定义：

```
indexed_by<
   [IndexName],
   const_mem_fun<[T], [IndexFieldType],
[IndexFieldGetter]>
 >
```

其中 IndexName 是二级索引名称，其名称长度不可超过 13 个字符，其中前 12 个字符只允许由小写字母、数字 1～5、"."这 3 种字符构成，第 13 个字符只允许从小写字母 a～p 或"."这两类字符中选择；T 为数据结构体名称；IndexFieldType 为二级索引字段数据类型，目前仅支持以下几种。

① uint64_t

② uint128_t

③ eosio::checksum256

④ double

⑤ long double

注意，索引器目前最多支持 16 个二级索引。

对普通索引器所提供的代码示例进行二级索引扩展，新增 age 字段二级索引，如图 11.4 所示。

```
01.  //在数据结构体中添加二级索引字段
02.  struct user {
03.   uint64_t account_name;
04.   uint64_t age; //新增索引字段
05.
06.   uint64_t primary_key() const { return account_name; }
07.  }
08.  //在数据结构体中定义对二级索引字段的查询方法
09.  uint64_t by_age() const { return age; }
10.  //在user数据结构体中定义对age字段的查询方法
11.  //在索引器中添加二级索引定义
12.  typedef eosio::multi_index< "user"_n, user,
13.   indexed_by<
14.    "byage"_n,
15.    const_mem_fun<user, uint64_t, &user::by_age>
16.   >
17.  > user_index;
18.  //实例化索引器，并获取二级索引实例
19.  //1. 实例化索引器
20.  user_index userestable(_self, _self.value); // code, scope
21.
22.  //2. 实例化二级索引
23.  auto age_index = userestable.get_index<"byage"_n>();
```

图 11.4　二级索引代码示例

通过本小节的学习，读者能够熟悉整个索引器关于定义数据结构体、主键与二级索引定义以及索引器、二级索引实例化的完整开发流程。

2. 数据存储篇

本小节将介绍如何利用 eosio::multi_index 所提供的数据操作方法对数据进行添加、修改、删除。

（1）添加方法

eosio::multi_index::emplace 为 eosio::multi_index 提供的数据添加方法，其方法参数为

payer 和 Lambda 函数，形式定义如下：

```
const_iterator eosio::multi_index::emplace (
    name payer,
    Lambda && constructor
)
```

emplace 参数说明如下。

① payer：支付资源账户，即存储数据所需消耗资源的支付账户。

② Lambda && constructor：Lambda 函数。

例如：

[&](auto & address) { //TODO do some stuff }

另外，在传统数据库表设计中，通常人们会将主键设置为自增类型。同样地，智能合约中也可以实现自增ID，可以通过索引器提供的 eosio::multi_index::available_primary_key() 方法获取下一个 ID 并对主键进行赋值。

图 11.5 所示代码示例表示新建一条用户数据。

```
01.  void createuser(name username, uint64_t age) {
02.    user_index userestable(_self, _self.value); // code, scope
03.
04.    userestable.emplace(username, [&](auto& user) {
05.      user.account_name = username;
06.      user.age = age;
07.      });
08.  }
```

图 11.5　合约添加函数代码示例

（2）修改方法

eosio::multi_index::index::modify 为 eosio::multi_index 索引器提供的数据修改方法：

```
void eosio::multi_index::index::modify (
    const_iterator itr,
    eosio::name payer,
    Lambda && updater
)
```

参数说明如下。

① itr：该参数主要用于接收所要修改数据实例对应的 const_iterator 对象，而非对象实例本身。const_iterator 对象也可理解为数据实例的引用地址。

② payer：资源消耗付费账户，即修改数据所需消耗资源的支付账户。

③ Lambda && updater：例如[&](auto & address){//TODO do some stuff}。

图 11.6 所示代码示例表示修改一个用户的年龄（age）属性。

（3）删除方法

eosio::multi_index::erase 为 eosio::multi_index 索引器提供的数据删除方法：

```
const_iterator eosio::multi_index::erase (
    const_iterator itr
)
```

```
01.   void modifyuser(name username, uint64_t age) {
02.     user_index userestable(_self, _self.value); // code, scope
03.
04.     auto iter = userestable.find(username);
05.
06.     userestable.modify(iter, username, [&](auto& user) {
07.       user.age = age;
08.       });
09.   }
```

图 11.6　合约修改函数代码示例

参数说明如下。

itr：该参数主要用于接收 const_iterator 类型实例，而该类型实例其实是对表数据实例的地址引用封装。与添加、修改的不同之处在于：删除数据时无须指定资源支付账户，因为删除数据相当于释放资源。在开发过程中，提倡及时清理无用资源。

图 11.7 所示代码示例表示删除一个用户。

```
01.   void deluser(name username) {
02.     user_index userestable(_self, _self.value); // code, scope
03.
04.     auto iter = userestable.find(username);
05.
06.     userestable.erase(iter);
07.   }
```

图 11.7　合约删除函数代码示例

3．数据检索篇

本小节将为读者讲解 5 种数据查询方法：find、require_find、get、lower_bound、upper_bound。

（1）find 函数

基于主键或二级索引快速查询某条数据，并返回 const_iterator 迭代器实例：

```
const_iterator eosio::multi_index::find (
    uint64_t primary
) const
```

参数说明如下。

primary：接收主键值。

返回结果：当对二级索引进行查询时，可能检索到多条数据记录，因此可通过迭代器进行循环查询，具体在迭代器小节中进行介绍。

图 11.8 代码示例：查询主键值为 1 的用户。

```
01.   //1. 实例化索引器
02.   user_index userestable(_self, _self.value); // code, scope
03.
04.   //2. 查询用户
05.   auto iter = userestable.find(1); //此处直接返回const_iterator对象
06.
07.   //3. 业务逻辑断言
08.   eosio_assert(itr->account_name == 1, "Incorrect user ");
09.
```

图 11.8　find 函数代码示例

注：userestable.find(1)方法返回的是 const_iterator 对象，若想访问实例属性，则需按照指针调用形式进行获取，例如 iter→account_name。只有直接通过数据结构体进行实例化时，才会使用 user.account_name 形式获取属性值，例如 user newinstance=user(); newinstance.account_name="xxx"。

（2）require_find 函数

基于主键索引快速查询某条数据，并返回 const_iterator 迭代器实例。若不存在，则抛出事先定义的例外信息：

```
const_iterator eosio::multi_index::require_find (
    uint64_t primary,
    const char * error_msg = "unable to find key"
) const
```

参数说明如下。

① primary：待查询主键值。

② error_msg：待查询数据不存在时所要抛出的例外信息，如果未定义则默认使用 unable to find key 提示信息。

返回结果：当对二级索引进行查询时，可能检索到多条数据记录，因此可通过迭代器进行循环查询，具体在迭代器小节中进行介绍。

图 11.9 代码示例：查询主键值为 1 的用户。

```
01.    //1. 实例化索引器
02.    user_index userestable(_self, _self.value); // code, scope
03.
04.    //2. 查询用户
05.    auto iter = userestable.require_find(1, "not found object"); //此处直接返回const_iterator对象
06.
07.    //以上代码方式实际与下述实现逻辑相同
08.    auto iter = userestable.find(1);
09.    eosio_assert(itr != userestable.end(), "not found object");
```

图 11.9　require_find 函数代码示例

在业务开发中，可根据不同场景选择使用 find 还是 require_find。对于不允许为空的情况，可以使用 require_find 方式使代码更加简洁；但如果需要根据是否为空处理，则可以 find 方式配合值判空条件处理不同业务逻辑。

（3）get 函数

基于主键索引快速检索某条数据，并返回其数据对象：

```
const T & eosio::multi_index::get (
    uint64_t primary,
    const char * error_msg = "unable to find key"
) const
```

参数说明如下。

① primary：主键参数。

② error_msg：例外信息，可自行定义其内容。

返回结果：直接返回数据结构体实例本身。

图 11.10 代码示例：查询主键值为 1 的数据实例。

```
01.    //1. 实例化索引器
02.    user_index userestable(_self, _self.value); // code, scope
03.
04.    userestable.emplace(_self, [&](auto& s){
05.     s.account_name = 1;
06.     s.age = 18;
07.    });
08.
09.    //2. 查询用户
10.    user user = userestable.get(1, "not found object"); // 此处直接返回数据结构体实例本身
11.
12.    //3. 访问并输出用户名称
13.    print user.account_name
```

图 11.10　get 函数代码示例

（4）lower_bound 函数

基于主键或二级索引，查询大于或等于指定参数的 const_iterator 迭代器对象：

```
const_iterator eosio::multi_index::lower_bound (
    uint64_t primary
) const
```

参数说明如下。

primary：主键值。

返回结果：当对二级索引进行查询时，可能检索到多条数据记录，因此可通过迭代器进行循环查询，具体在迭代器小节中进行介绍。

图 11.11 代码示例：查询年龄大于或等于 18 岁的用户列表数据。

```
01.    user_index userestable(_self, _self.value); // code, scope
02.
03.    userestable.emplace(_self, [&](auto& s){
04.     s.account_name = 1;
05.     s.age = 19;
06.    });
07.    userestable.emplace(_self, [&](auto& s){
08.     s.account_name = 2;
09.     s.age = 18;
10.    });
11.    userestable.emplace(_self, [&](auto& s){
12.     s.account_name = 3;
13.     s.age = 1;
14.    });
15.
16.    auto agestable = userestable.get_index<"byage"_n>();
17.
18.    //查询年龄大于或等于18岁的用户列表数据
19.    auto iter = agestable.lower_bound(18);
20.    eosio_assert(iter->account_name == 2, "Incorrect First Lower Bound Record ");
21.    iter++;
22.    eosio_assert(iter->account_name == 1, "Incorrect Second Lower Bound Record");
23.    iter++;
24.    eosio_assert(iter == agestable.end(), "Incorrect End of Iterator");
```

图 11.11　lower_bound 函数代码示例

（5）upper_bound 函数

基于主键或二级索引，查询小于或等于指定参数的 const_iterator 迭代器对象：

```
const_iterator eosio::multi_index::upper_bound (
    uint64_t primary
) const
```

参数说明如下。

primary：主键值。

返回结果：当对二级索引进行查询时，可能检索到多条数据记录，因此可通过迭代器进行循环查询，具体在迭代器小节中进行介绍。

图 11.12 代码示例：查询年龄小于或等于 18 岁的用户列表数据。

```
01.  user_index userestable(_self, _self.value); // code, scope
02.
03.  userestable.emplace(_self, [&](auto& s){
04.      s.account_name = 1;
05.      s.age = 19;
06.  });
07.  userestable.emplace(_self, [&](auto& s){
08.      s.account_name = 2;
09.      s.age = 18;
10.  });
11.  userestable.emplace(_self, [&](auto& s){
12.      s.account_name = 3;
13.      s.age = 1;
14.  });
15.
16.  auto agestable = userestable.get_index<"byage"_n>();
17.
18.  //查询年龄小于或等于18岁的用户列表数据
19.  auto iter = agestable.upper_bound(18);
20.  eosio_assert(iter->account_name == 3, "Incorrect First Upper Bound Record ");
21.  iter++;
22.  eosio_assert(iter->account_name == 2, "Incorrect Second Upper Bound Record");
23.  iter++;
24.  eosio_assert(iter == agestable.end(), "Incorrect End of Iterator");
```

图 11.12 upper_bound 函数代码示例

4．迭代器篇

eosio::multi_index 类中提供 cbegin、begin、crbegin、rbegin、cend、end、crend、rend 这 8 个迭代方法，共计 4 对对称方法。

（1）cbegin/cend

（2）begin/end

（3）crbegin/crend

（4）rbegin/rend

虽然以上 4 对方法名称均有所不同，但从源代码实现上可以归为以下两种。

（1）正向迭代器：cbegin/cend、begin/end。

（2）反转迭代器：crbegin/crend、rbegin/rend。

可参考其具体源代码，如图 11.13 所示。

正向迭代器其实是按照索引由低到高的顺序进行遍历，而反转迭代器其实是对正向迭代器进行反转操作，即按照索引由高到低的顺序进行遍历。

而所有迭代器的 begin 均特指当前排序的首个对象实例，end 均特指当前排序的末尾结束符（注意并非最后一个对象实例）。

```
01.  const_iterator cbegin()const {
02.      using namespace _multi_index_detail;
03.      return lower_bound( secondary_key_traits<secondary_key_type>::lowest() );
04.  }
05.  const_iterator begin()const  { return cbegin(); }
06.
07.  const_iterator cend()const { return const_iterator( this ); }
08.  const_iterator end()const  { return cend(); }
09.
10.  const_reverse_iterator crbegin()const { return std::make_reverse_iterator(cend()); }
11.  const_reverse_iterator rbegin()const  { return crbegin(); }
12.
13.  const_reverse_iterator crend()const   { return std::make_reverse_iterator(cbegin()); }
14.  const_reverse_iterator rend()const    { return crend(); }
```

图 11.13　迭代器代码示例

（1）正向迭代器（cbegin/cend、begin/end）

功能：按索引由低到高的顺序进行数据遍历。

代码示例如图 11.14 所示。

```
01.  user_index userestable( _self, _self.value); // code, scope
02.
03.  userestable.emplace( _self, [&](auto& s){
04.   s.account_name = 1;
05.   s.age = 19;
06.  });
07.  userestable.emplace( _self, [&](auto& s){
08.   s.account_name = 2;
09.   s.age = 18;
10.  });
11.  userestable.emplace( _self, [&](auto& s){
12.   s.account_name = 3;
13.   s.age = 1;
14.  });
15.
16.  auto agestable = userestable.get_index<"byage"_n>();
17.
18.  //正向迭代，索引由低到高的顺序
19.  auto iter = agestable.begin(); // or agestable.cbegin()
20.
21.  eosio_assert(iter->account_name == 3, "Incorrect First Record ");
22.  iter++;
23.  eosio_assert(iter->account_name == 2, "Incorrect Second Record");
24.  iter++;
25.  eosio_assert(iter->account_name == 1, "Incorrect Third Record");
26.  iter++;
27.
28.  eosio_assert(iter == agestable.end(), "Incorrect End of Iterator"); // or agestable.cend()
```

图 11.14　正向迭代器代码示例

（2）反转迭代器（crbegin/crend、rbegin/rend）

功能：按索引由高到低的顺序进行数据遍历。

代码示例如图 11.15 所示。

以上若干小节首先讲解如何针对数据结构体进行主键及二级索引的索引器定义，然后介绍如何利用索引器对数据进行添加、修改、删除操作，之后介绍如何对合约表数据进行主键、二级索引单条记录、区间记录查询，最后介绍如何利用迭代器对数据进行正向或反转遍历。

```
01.   user_index userestable(_self, _self.value); // code, scope
02.
03.   userestable.emplace(_self, [&](auto& s){
04.     s.account_name = 1;
05.     s.age = 19;
06.   });
07.   userestable.emplace(_self, [&](auto& s){
08.     s.account_name = 2;
09.     s.age = 18;
10.   });
11.   userestable.emplace(_self, [&](auto& s){
12.     s.account_name = 3;
13.     s.age = 1;
14.   });
15.
16.   auto agestable = userestable.get_index<"byage"_n>();
17.
18.   //反转迭代，索引由高到低的顺序
19.   auto iter = agestable.rbegin(); //or agestable.crbegin()
20.
21.   eosio_assert(iter->account_name == 1, "Incorrect First Record ");
22.   iter++;
23.   eosio_assert(iter->account_name == 2, "Incorrect Second Record");
24.   iter++;
25.   eosio_assert(iter->account_name == 3, "Incorrect Third Record");
26.   iter++;
27.
28.   eosio_assert(iter == agestable.rend(), "Incorrect End of Iterator"); //or agestable.crend()
```

图 11.15　反转迭代器代码示例

11.4.3　多合约间交互

本节主要介绍如何在当前合约中对第三方合约数据进行查询或更新操作，例如，在交易合约中查询某个账户的余额信息，在成功后及时更新用户账户的余额信息。而在上述过程中，均需与第三方合约进行数据交互工作。

合约间交互是指在合约中完成对第三方合约的数据查询、添加、修改、删除操作。前面曾经讲到，使用 multi_index 可以对合约数据表进行添加、修改、删除、查询等操作。那么针对第三方合约，是否也可以直接使用 multi_index 进行操作呢？答案是可以查询，但不允许更新数据。

下面将从如何对第三方合约进行数据查询、数据更新两个方面分别进行介绍。

1．如何在当前合约中查询第三方合约数据

查询第三方合约数据和查询本合约数据的方式一致，只是在构建具体索引实例时需要传入的参数有所不同。因为在实例化索引时，需要传入以下两个参数。

（1）code：表所归属的用户，即要查询的合约账户。

（2）scope：数据存储维度，该值往往根据实际场景选择具体的变量或常量。

因此，在查询第三方合约数据时，一定要清楚对方的合约名及数据存储维度，同时需要了解所查询表的数据结构。对于数据结构，可以直接通过区块链浏览器查询对方合约的 ABI 来获取。

下面以在当前合约中查询某个账户的 EOS 余额为例，讲解查询某账户中某币种余额信息的过程（如图 11.16～图 11.18 所示）。

（1）定位所要查询的第三方合约，例如 EOS 币对应 eosio.token 合约。

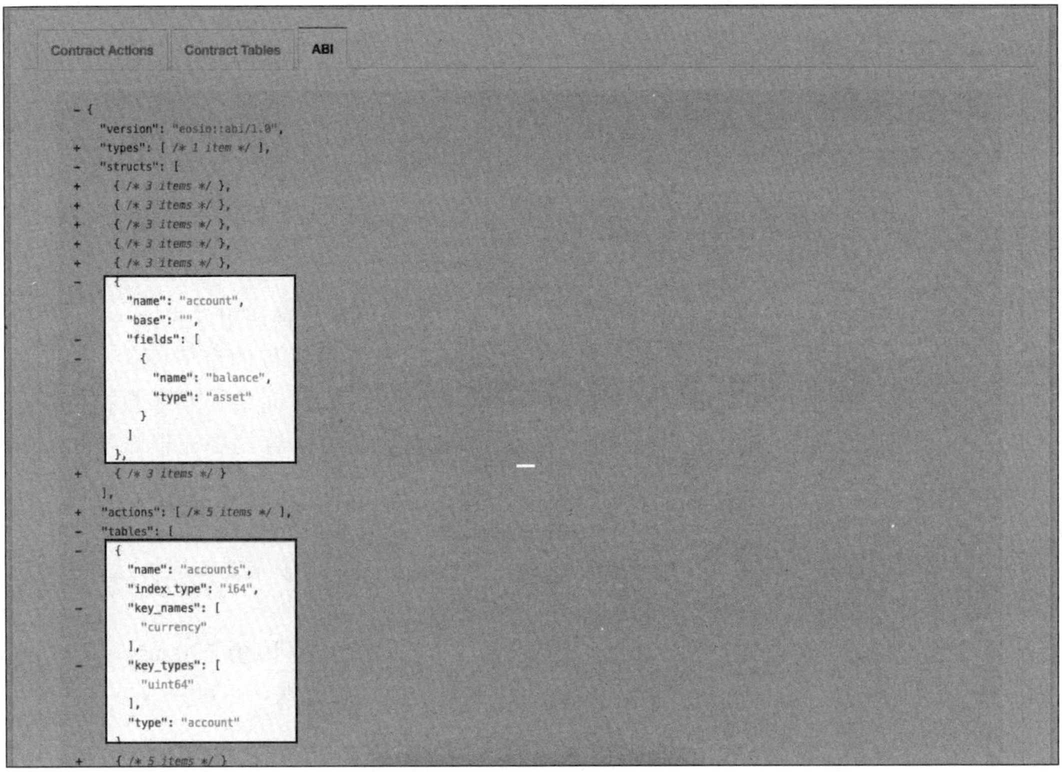

图 11.16　查询 ABI 信息

```
01.  //余额表定义
02.  struct account {
03.        asset balance;
04.  uint64_t primary_key()const { return balance.symbol.name(); }
05.  };
06.
07.  //索引器定义
08.  typedef eosio::multi_index<N(account), account> accounts;
```

图 11.17　定义数据结构

```
01.  asset token::get_balance( name owner, symbol_code sym )const {
02.   accounts accountstable( _self, owner );
03.   const auto& ac = accountstable.get( sym );
04.   return ac.balance;
05.   }
```

图 11.18　实例化索引

（2）查询第三方合约表及数据结构。在明确要查询的合约账户后，即可通过区块链浏览器查询对方合约具体 ABI 信息，在 ABI 信息中即可找到该合约中所有表数据结构定义以及方法说明等信息。此外，eosio.token 是公开合约，因而也可直接从官方 GitHub 中找到具体的源代码实现。例如，通过 https://bloks.io/account/eosio.token 查询 ABI 信息，其中 account 为具体的用户余额数据结构，而 accounts 为具体的用户余额索引器定义。

（3）定义数据结构。根据对方合约的 ABI 信息，在当前合约中定义对应的数据结构及索引器。

（4）实例化索引及查询数据。因为 eosio.token 中账户余额基于账户维度进行数据存储，所以实例化时需要传入具体要查询的账户名称。

注意：由于 eosio.token 合约为公开合约，因此当需要查询 EOS 余额信息时，推荐直接在自己的合约中引入 eosio.token.hpp 来直接调用查询账户余额方法。假如所要查询的合约为非公开合约，则需按照前面介绍的方式进行自定义实现。

2．如何在当前合约中更新第三方合约数据

当需要对第三方合约进行数据更新操作时，合约提供以下两种调用方式。

（1）inline action：该调用方式类似于常规 Web 项目开发过程的事务操作。如果在调用方法过程中出现任何例外，均会导致整个流程回退，以保证整个业务数据的原子性。例如，当用户向交易所账户转账成功后，才会更新交易所合约中充值账户的余额信息。

（2）deferred action：该调用方式属于异步调用方式。异步调用方式在运行过程中存在的不可预知错误并不会影响其主要流程。该调用方式在合约实现中主要体现为延迟指定时间段后再执行，类似于 cron 定时调度。

关于所适用的业务场景，由于 EOS 链要求合约方法执行时间不超过 30 ms，因此可以选择将某些业务方法设计为异步方式，假如上述业务方法运行失败，也可后续再次调用实现数据修复。

11.4.4　同步与异步调用合约方法

EOS 智能合约支持两种 action 合约间方法调用，其中 inline action 可理解为同步执行操作，deferred action 为异步执行操作。

（1）inline action：强调在同一事务中的关联方法拥有与调用入口方法相同的权限。它们可以保证当前关联方法中的任一方法出现错误时，均会回退整个交易数据。此外需要说明的是，一个交易中的所有方法均在同一区块中执行。

（2）deferred action：将合约设定为未来某个时刻执行的方法。其与 inline action 的不同之处在于：不能保证自身被执行。因为合约方法内进行 deferred action 调用时，即表示新开启了一个事务，而该事务最终能否被生产节点接收则无法确定。但即便失败，deferred action 也不会对源方法造成数据回退影响，因为当延迟方法开始执行时，源方法所在区块可能已被生产。

deferred action 在实际开发场景中确有其存在意义，但是需要结合不同业务场景使用。例如，一个合约方法中的业务逻辑较为复杂，而 EOS 链要求所有合约方法执行时间不超过 30 ms，则很可能无法执行复杂方法。但此时如果将一些非强事务型方法进行抽取改为异步执行，则可优化方法执行时间，确保合约方法正常执行。这里的非强事务型方法包括日志记录、可重复执行的方法（即异步执行出错时，可以通过手动调用弥补错误）等。

下面通过示例代码的形式，帮助读者理解整个过程。

首先创建一个合约，定义 send 和 deferred 方法，并在 send 方法中发起对 deferred 方法的延迟调用；然后定义一个 onError 方法，当 EOS 链发现延迟方法执行失败时，会由系统触发合约中的onError方法，返回错误信息；之后进行宏定义，根据系统通知决定如何进行路由请求。相关示例代码如图 11.19～图 11.21 所示。

```
01.   void dexchange::deferred(name from, const std::string &message){
02.       require_auth(from);
03.       print("Printing deferred ", from, message);
04.   }
05.
06.   void dexchange::send(name from, const std::string &message, uint64_t delay){
07.       require_auth(from);
08.
09.       eosio::transaction t{};
10.       t.actions.emplace_back(
11.         action(
12.             eosio::permission_level(from, "active"_n),
13.             _self,
14.             "deferred"_n,
15.             std::make_tuple(from, message)
16.         )
17.       );
18.
19.       t.delay_sec = delay;
20.       t.send(now(), from);
21.
22.       print("Scheduled with a delay of ", delay);
23.   }
```

图 11.19　deferred action 示例代码

```
01.   void onError(const onerror &error){
02.     print("Resending Transaction: ", error.sender_id);
03.     transaction dtrx = error.unpack_sent_trx();
04.     dtrx.delay_sec = 3;
05.     dtrx.send(now(), _self);
06.   }
```

图 11.20　onError 示例代码

```
01.   extern "C" {
02.     void apply(uint64_t receiver, uint64_t code, uint64_t action){
03.       if (code == "eosio"_n.value && action == "onerror"_n.value){
04.           eosio::execute_action(eosio::name(receiver), eosio::name(code), &dexchange::onError);
05.       }
06.
07.       if (code != receiver)
08.         return;
09.
10.       switch (action) {
11.           EOSIO_DISPATCH_HELPER(dexchange, (send)(deferred));
12.       };
13.       eosio_exit(0);
14.     }
15.   }
```

图 11.21　宏定义示例代码

由图 11.21 的示例代码可知，apply 方法中包含 3 个参数——receiver、code、action。receiver 参数为合约账户名；code 值取决于合约方法调用方，如果合约调用自身内部方法，则 code 与 receiver 一致，如果其他合约调用本合约方法，则 code 为其他合约账户名；action 为调用的方法名称。

此处之所以使用宏定义，是因为在实际开发场景中往往需要根据 code 判断是否为合法合约账户发送的请求。例如，进行交易所 EOS 资金充值时，交易合约往往在收到 eosio.token 的 transfer 消息通知时才会进行交易所资金的修改，如果不在宏定义处通过 code 判断消息来源，则很可能造成假充值现象。

最后发布智能合约，调用 send 合约方法进行测试。此外，延迟方法尚未执行时，可以通过 cancel_deferred 方法取消交易。

11.4.5 链上日志存储与检索

在开发 EOS DApp 智能合约时，可以使用 multi_index 对合约数据进行存储与查询，但合约存储需要消耗一定资源，并且随着用户增长业务数据往往会越发庞大，从而导致合约需要更多资源支撑其数据。

此时可以通过业务设计使业务数据得到即时清理及资源释放，但多数情况下不允许清理业务数据。针对这种情况，优选方案是借用 EOS 链提供的 history_api_action 插件服务以及内部合约 action 调用，完成对业务数据的存储与查询，从而降低对合约存储资源的消耗。

举例说明：在去中心化交易所中往往会产生大量成交订单，将其保存在合约数据库中显然欠妥，因此可以在撮合方法中通过调用内部日志方法的形式，将订单数据作为交易日志写入区块；然后通过 EOS 节点提供的查询历史 action 接口，查询合约日志数据并增量同步到中心化数据库。下面通过具体的代码示例帮助读者理解整个过程。

首先新建一个合约（dexchange.hpp/dexchange.cpp）的代码，如图 11.22 所示。

```
01.  //dexchange.hpp
02.  #include <eosiolib/eosio.hpp>
03.  #include <eosiolib/print.hpp>
04.
05.  using namespace eosio;
06.
07.  CONTRACT dexchange : public contract {
08.    public:
09.      using contract::contract;
10.      dexchange(eosio::name receiver, eosio::name code, datastream<const char*> ds):contract(receiver, code, ds) {}
11.
12.      [[eosio::action]]
13.      void executetrade(uint64_t pair_id, uint64_t sell_order_id, uint64_t buy_order_id);
14.
15.      [[eosio::action]]
16.      void log(uint64_t deal_price, uint64_t quantity, uint64_t sell_order_id, uint64_t buy_order_id);
17.
18.  };
19.
20.  EOSIO_DISPATCH(dexchange, (executetrade)(log))
```

图 11.22 去中心化交易所合约

然后定义并实现两个方法——executetrade 和 log。executetrade 方法负责撮合业务，撮合业务处理完毕后调用 log 方法，通过交易信息将参数调用数据写入区块，如图 11.23 所示。

从以上示例可知，合约 log 日志方法无须进行任何业务逻辑处理。只需间接被调用，即可将需要的业务数据通过交易形式记录在区块中，并且不会浪费合约存储空间，也无须担心资源释放问题。

随后发布智能合约，并调用一次 executetrade 方法：

```
01.  //filename: dexchange.cpp
02.
03.  #include "dexchange.hpp"
04.
05.  void dexchange::executetrade(uint64_t pair_id, uint64_t sell_order_id, uint64_t buy_order_id){
06.    uint64_t deal_price = 1200;
07.    uint64_t quantity = 10000;
08.
09.    action(
10.        permission_level{ _self, "active"_n },
11.        _self, "log"_n,
12.        std::make_tuple(deal_price, pair_id, sell_order_id, buy_order_id)
13.    ).send();
14.  }
15.
16.  void dexchange::log(uint64_t deal_price, uint64_t quantity, uint64_t sell_order_id, uint64_t buy_order_id){
17.    require_auth( _self );
18.  }
19.  //https://gist.github.com/ea6ec431a57faee3a2823cfeee406efd
```

图 11.23　交易撮合函数示例代码

```
//发布合约至 hackdappexch 合约账户
>cleos set contract hackdappexch contracts/ -p
hackdappexch@active

//执行合约方法
>cleos push action hackdappexchexecutetrade '[1,2,3]' -p
hackdappexch@active
```

最后，通过 EOS 链节点提供的 RPC 服务进行历史 action 数据查询，通过数据过滤找到日志方法及参数数据（如图 11.24 所示）。

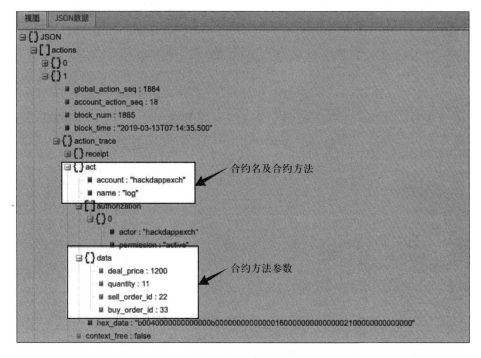

图 11.24　合约查询

在确保前述操作均成功执行后，使用 curl 命令查询其对应服务：

```
curl --request POST \\\\
  --url <https://localhost:8888/v1/history/get_actions>
\\\\
  --header 'content-type: application/x-www-form-
urlencoded; charset=UTF-8' \\\\
  --data '{"pos":-1,"offset":-
10,"account_name":"hackdappexch"}'
```

通过该接口查询得到的数据不仅是 log 合约方法数据，还可能存在该合约的其他方法事件，需要根据情况再次过滤数据。

如果曾在本地搭建 EOS 私链，则 EOS 启动时或许可以配置不同插件，其中一个插件 history_api_plugin 即用于监听并存储合约方法调用信息。此外在启动链节点时，可以按照规划自由指定所要监听的合约账户及方法，例如--filter-onhackdappexch::log 这一参数配置表示只监听 hackdappexch 合约中的 log 方法。

```
nodeos -e -p eosio -d /mnt/dev/data \\\\
  --config-dir /mnt/dev/config \\\\
  --http-validate-host=false \\\\
  --plugin eosio::producer_plugin \\\\
  --plugin eosio::chain_api_plugin \\\\
  --plugin eosio::http_plugin \\\\
  --plugin eosio::history_api_plugin \\\\
  --http-server-address=0.0.0.0:8888 \\\\
  --access-control-allow-origin=* \\\\
  --contracts-console \\\\
  --filter-on hackdappexch:log: \\\\
  --max-transaction-time=1000 \\\\
  --verbose-http-errors &
```

执行上述 EOS 节点启动命令，即可展示启动一个 EOS 节点的具体参数配置。其中，--filter-on 参数用于指定只监听记录 hackdappexch 合约的 log 方法调用数据。因此，当希望通过链节点 RPC 服务查询合约方法历史调用数据时，首先需要确认提供 RPC 服务的节点是否已开启 history_api_plugin 插件，以及所要查询的合约是否符合其过滤规则。

11.4.6　合约编译

前面曾经介绍 ABI 文件结构及 CDT 开发套件，此处讲解如何使用 CDT 套件中的 eosio-cpp 命令编译并生成具体的 ABI 及 WASM 文件。

eosio-cpp 作为一个最常用命令，主要用于生成智能合约接口描述 ABI 文件以及发布合约所必需的二进制编译 WASM 文件。

首先需要在本地开发环境中安装具体的 CDT 开发套件：

```
brew tap eosio/eosio.cdt //增加仓库
brew install eosio.cdt //安装工具包
```

安装完成后，可以尝试在命令容器中执行 eosio-cpp-help，查看具体的参数使用说明：

```
~> eosio-cpp -help
OVERVIEW: eosio-cpp (Eosio C++ -> WebAssembly compiler)
USAGE: eosio-cpp [options] <input file> ...

OPTIONS:

Generic Options:

  -help                - Display available options (-help-
hidden for more)
  -help-list           - Display list of available
options (-help-list-hidden for more)
  -version             - Display the version of this
program

compiler options:

  -C                   - Include comments in preprocessed
output
  -CC                  - Include comments from within
macros in preprocessed output
  -D=<string>          - Define <macro> to <value> (or 1
if <value> omitted)
  -E                   - Only run the preprocessor
  -I=<string>          - Add directory to include search
path
  -L=<string>          - Add directory to library search
path
```

然后使用 eosio-cpp 命令进行合约编译,生成对应 ABI 合约描述文件及 WASM 合约文件:

```
eosio-cpp -abigen "xx.cpp" -o "xx.wasm" --contract "xx"
```

例如, 根据 hello.cpp 合约文件及合约名 hackdappcom1,生成对应的 hello.wasm 合约二进制文件:

```
eosio-cpp -abigen 'contracts/hello.cpp' -o
'contracts/hello.wasm' --contract 'hackdappcom1'
```

编译完成后会在工程目录生成 hello.abi、hello.wasm 两个编译文件。hello.abi 类似于 Web 服务中的 wsdl 描述语言,主要用于对合约接口及数据结构进行结构性描述;hello.wasm 文件为合约编译后的二进制文件。

11.4.7 合约发布

在实际开发过程中往往需要验证合约方法的业务逻辑,而该过程需要通过多次发布合约进行验证,对于该重复性工作不可能一直使用 cleos 命令进行重复性操作,因为过于影响开发效率,因此需要一种更加快捷的发布方式替代。

下面介绍如何通过 eosjs 进行智能合约发布。

如图 11.25 所示,在进行合约发布时需要使用 EOS 系统合约中的 setcode 和 setabi 方法,二者分别用到智能合约编译后的 .wasm 和 .abi 文件。

图 11.25　合约发布

本书示例中使用的 eosjs 版本为 16.0.9。

首先需要初始化 EOS-SDK 实例，预先准备初始化 SDK 所必需的参数，如图 11.26 所示。

```
01.  //config.js
02.  const Eos = require('eosjs')
03.
04.  const eos = Eos({
05.      chainId: "cf057bbfb72640471fd910bcb67639c22df9f92470936cddc1ade0e2f2e7dc4f",
06.      httpEndpoint: "<http://localhost:8888>",
07.      keyProvider: "5K7mtrinTFrVTduSxizUc5hjXJEtTjVTsqSHeBHes1Viep86FP5",
08.      broadcast: true,
09.      sign: true
10.  })
11.
12.  module.exports = {
13.      eos,
14.  }
15.
16.  //https://gist.github.com/hackdapp/2522411b98b1acdadc0d842f712ca6e0
```

图 11.26　实例化 EOS-SDK

（1）chainId：要发布的目标 EOS 链 ID，例如，正式 chainId 为 aca376f206b8fc25a6ed-44dbdc66547c36c6c33e3a119ffbeaef943642f0e906，jungle 测试网络chainId 为e70aaab8997-e1dfce58fbfac80cbbb8fecec7b99cf982a9444273cbc64c41473 等。

（2）httpEndpoint：EOS 链环境 http 接口地址，例如 http://localhost:8888。

（3）keyProvider：合约账户私钥，主要用于交易签名。

接着需要代码实现对合约目录中.wasm 及.abi 文件的读取，如图 11.27 所示。

```
01.  function getDeployableFilesFromDir(dir) {
02.      const dirCont = fs.readdirSync(dir)
03.      const wasmFileName = dirCont.find(filePath => filePath.match(/.*\\\\.(wasm)$/gi))
04.      const abiFileName = dirCont.find(filePath => filePath.match(/.*\\\\.(abi)$/gi))
05.      if (!wasmFileName) throw new Error(`Cannot find a ".wasm file" in ${dir}`)
06.      if (!abiFileName) throw new Error(`Cannot find an ".abi file" in ${dir}`)
07.      return {
08.          wasmPath: path.join(dir, wasmFileName),
09.          abiPath: path.join(dir, abiFileName),
10.      }
11.  }
12.
13.  //https://gist.github.com/69b29103e5cc114f4478390076d8ad39
```

图 11.27　读取合约编译数据

然后，通过调用 EOS 实例分别执行系统合约的 setcode/setabi 方法，从而实现智能合约的发布，如图 11.28 所示。

```
01.  function deployContract({ account, contractDir }) {
02.    const { wasmPath, abiPath } = getDeployableFilesFromDir(contractDir)
03.
04.    const wasm = fs.readFileSync(wasmPath)
05.    const abi = fs.readFileSync(abiPath)
06.
07.    const codePromise = eos.setcode(account, 0, 0, wasm)
08.    const abiPromise = eos.setabi(account, JSON.parse(abi))
09.    return Promise.all([codePromise, abiPromise])
10.  }
11.
12.  //https://gist.github.com/69b29103e5cc114f4478390076d8ad39
```

图 11.28　执行合约发布

最后调用 deployContract 方法，测试合约发布功能，如图 11.29 所示。

```
01.  deployContract({ account: "eosio.token", contractDir: "./contract" }).then((result) => {
02.    console.log(`Deployment successful`, JSON.stringify(result, null, 4))
03.  })
04.  .catch(err => {
05.    console.error(`Deployment failed`, err)
06.  })
07.
08.  //https://gist.github.com/69b29103e5cc114f4478390076d8ad39
```

图 11.29　调用合约发布函数

通过脚本发布的方式，可以实现一键式发布合约，无须在命令容器与开发容器间频繁切换，甚至可以将编译与发布脚本整合实现，进一步提高开发效率。

11.4.8　智能合约剖析

通过剖析官方智能合约 eosio.token，对整个合约进行拆分讲解，使读者了解一个完整合约必须实现的各个代码环节。

首先从 EOS 官方仓库中找到 eosio.token 系统合约，如图 11.30 所示。

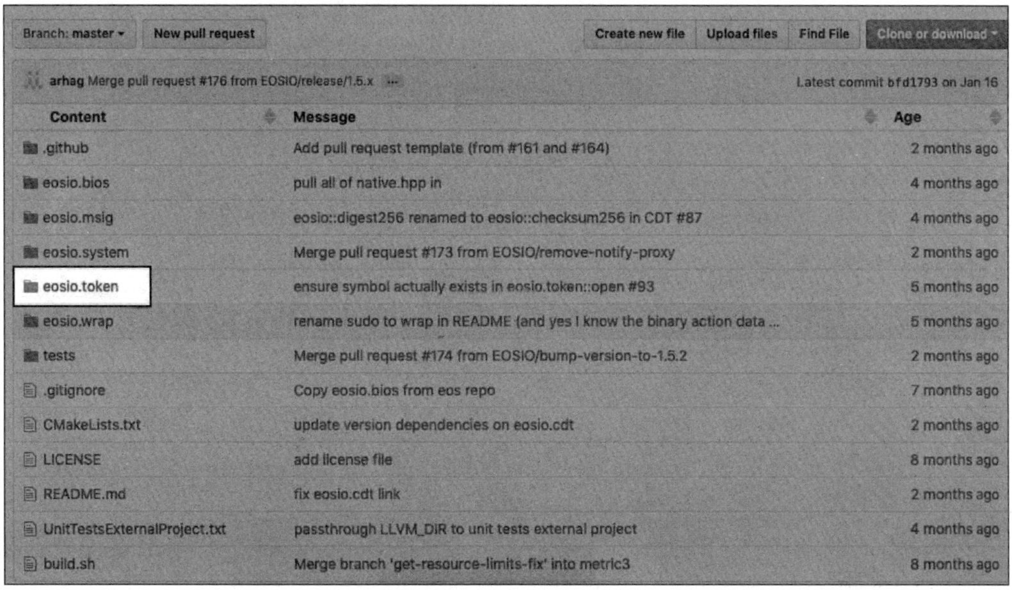

图 11.30　EOS 官方仓库

如图 11.31 所示，从目录结构来看，eosio.token 合约由两部分组成，即 eosio.token.hpp 和 eosio.token.cpp 两个文件。其中.hpp 文件主要用于定义合约的接口方法以及数据结构体，而.cpp 文件主要针对接口中的方法进行扩展实现。

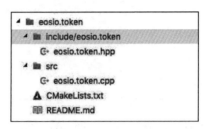

图 11.31　eosio.token 合约目录结构

这种面向接口实现的设计，一方面旨在与第三方对接时实现隐藏，另一方面旨在对外明确接口方法。

然后打开 eosio.token.hpp 接口文件，该文件定义了合约主体结构（如图 11.32 所示），主要分为两部分进行数据定义：public 部分主要用于定义对外部公开可访问的方法，即可以通过合约进行访问的方法；private 部分主要用于定义内部方法及私有结构数据，而这些方法只允许本合约内调用。

```
01.   namespace eosio {
02.
03.     using std::string;
04.
05.     class [[eosio::contract("eosio.token")]] token : public contract {
06.   public:
07.         using contract::contract;
08.
09.     //do some stuff
10.
11.     private:
12.
13.     //do some stuff
14.     }
15.   }
```

图 11.32　eosio.token 合约主体结构

下面具体观察 private 部分所要实现的内容，主要包含数据结构体定义和索引容器定义（如图 11.33 所示）。

（1）数据结构体

可以理解为传统数据库中的表结构，需要实现两部分内容——字段定义以及索引字段方法定义。字段数据类型主要分为 C++基础数据类型以及 EOS 平台所封装的数据类型，例如 asset、symbol、name、capi_checksum160 等，可通过查阅官方文档或直接在CDT源代码中查找。

（2）索引容器

用于对容器所对应的表数据进行数据存储与查询。multi_index 索引容器支持对主键、其他索引字段的多维度数据查询，例如某个字段大于或小于某个数值的数据查询、查询某条数据、遍历所有数据等。multi_index 的默认实现是根据主键进行数据查询，因此需要确保在数据结构体中实现 primary_key()方法。此外，multi_index 的二级索引定义可以查阅官方文档获取。

```
01.    struct [[eosio::table]] account {
02.      asset    balance;
03.
04.      uint64_t primary_key()const { return balance.symbol.code().raw(); }
05.    };
06.
07.    struct [[eosio::table]] currency_stats {
08.      asset    supply;
09.      asset    max_supply;
10.      name     issuer;
11.
12.      uint64_t primary_key()const { return supply.symbol.code().raw(); }
13.    };
14.
15.    typedef eosio::multi_index< "accounts"_n, account > accounts;
16.    typedef eosio::multi_index< "stat"_n, currency_stats > stats;
17.
18.    void sub_balance( name owner, asset value );
19.    void add_balance( name owner, asset value, name ram_payer );
```

图 11.33　eosio.token 源代码

下面继续分析 public 部分的接口定义。当业务中存在重复业务逻辑时，为了提高复用性，需要重构代码，封装类似 get_supply 的工具方法（如图 11.34 所示）。get_supply 方法不会对外开放。

```
01.    [[eosio::action]]
02.    void transfer( name     from, name     to, asset   quantity, string   memo );
03.
04.    ```transfer接口方法明确了具体的参数及参数类型，[[eosio::action]]```注解主要用于生成ABI文件以及对外开放合约方法
05.    static asset get_supply( name token_contract_account, symbol_code sym_code )
06.    {
07.      stats statstable( token_contract_account, sym_code.raw() );
08.      const auto& st = statstable.get( sym_code.raw() );
09.      return st.supply;
10.    }
```

图 11.34　get_supply 源代码

最后分析 eosio.token.cpp 实现部分，该文件是整个智能合约的核心。作为合约接口方法的扩展实现，需要考虑以下 4 部分内容。

（1）对于输入参数的合法性校验。

（2）对于权限的校验。

（3）业务逻辑及数据的存储。

（4）选择合适的合约间交互方式。

在如图 11.35 所示的方法中，首先通过 require_auth 验证调用方是否具有合约权限，然后使用 eosio_assert 对输入参数进行断言，最后使用 multi_index 实现对数据的存储。此外，针对合约配置方法路由及访问权限，只有在此配置过的对外提供的方法才允许访问执行。

```
01.   void token::create( name    issuer,
02.                       asset   maximum_supply )
03.   {
04.       require_auth( _self );
05.
06.       auto sym = maximum_supply.symbol;
07.       eosio_assert( sym.is_valid(), "invalid symbol name" );
08.       eosio_assert( maximum_supply.is_valid(), "invalid supply");
09.       eosio_assert( maximum_supply.amount > 0, "max-supply must be positive");
10.
11.       stats statstable( _self, sym.code().raw() );
12.       auto existing = statstable.find( sym.code().raw() );
13.       eosio_assert( existing == statstable.end(), "token with symbol already exists" );
14.
15.       statstable.emplace( _self, [&]( auto& s ) {
16.           s.supply.symbol = maximum_supply.symbol;
17.           s.max_supply    = maximum_supply;
18.           s.issuer        = issuer;
19.       });
20.   }
```

图 11.35　创建 token

```
EOSIO_DISPATCH( eosio::token,
(create)(issue)(transfer)(open)(close)(retire) )
```

本章小结

本章首先对 EOS 的由来、发展、技术特点、运作机制进行了铺垫；其次从架构设计角度进行架构理念的深度讲解；然后对区块链中的部分专业术语知识进行了介绍；最后深入智能合约的具体实践环节，带领读者了解智能合约关键函数的使用方式以及适用场景，并对开源合约进行剖析讲解，从而加深读者对智能合约的理解。

习题 11

1. 请简述 EOS 与 ETHEREUM 的区别。
2. 请简述 EOS 的工作过程。
3. 动手在本地搭建一条私有链。
4. EOS 有哪些系统资源？分别有什么作用？
5. 请简述 EOS 的权限体系。
6. EOS 合约中存在几种索引类型？相互之间有何区别？
7. EOS 合约中的 code 与 scope 分别代表什么含义？
8. 请简述同步调用与异步调用合约的区别。
9. 动手编写一个包含增删改查功能函数的智能合约。
10. 请简述在链上进行日志存储与检索的大致运行流程。

第三篇

实践与案例篇

第 12 章　基于 Go 语言的区块链开发

Go 语言也称为 Golang 语言，是由谷歌公司推出的高级程序设计语言。Go 语言自 2009 年正式开源已历经多年发展，是目前较为流行的新兴语言。Go 语言已经成为云计算领域的首选语言，并且随着区块链等技术的兴起而逐渐成为区块链领域的主流开发语言。以太坊、IBM 的 Hyperledger Fabric 等重量级区块链项目均采用 Go 语言开发。Go 语言是潜力巨大的程序设计语言，因为其应用场景是目前的互联网热门领域，例如区块链开发、大型游戏服务端开发、分布式/云计算开发等。谷歌、阿里巴巴、京东等互联网公司均开始以 Go 语言开发自己的产品。本章将对 Go 语言进行简单介绍，并引导读者利用 Go 语言设计一个简单的区块链原型系统。

12.1　Go 语言简介

2007 年，C++委员会在谷歌公司对 C++语言中新增的 35 个新特性进行了一场技术分享讲座。由于计算机硬件技术更新频繁，性能提高迅速，但同时主流编程语言的发展明显落后于硬件，不能更好地利用多核多 CPU 的优势提高软件系统性能。随着程序规模越发庞大，编译速度却十分缓慢，产生了开发快速编译程序的迫切需求，虽然 Java 编译速度较快，但执行速度并不理想。企业运行维护着许多 C/C++项目，C/C++程序运行速度较为迅速，但编译速度并不理想，如果使用不当还会引发内存泄漏等一系列问题。

谷歌公司技术人员对C++语言新特性及其优缺点与价值进行热烈讨论，最终一致认为：与其在臃肿的语言上不断增加新特性，不如简化编程语言。思维的碰撞带来了灵感，于是他们萌生出重新设计开发一门简洁化编程语言取代 C++的想法，Go 这门新秀语言应运而生。Go 语言的产生汇聚了谷歌众多工程师的心血，下面介绍 Go 语言开发团队核心成员。

（1）Ken Thompson。Ken Thompson 被称为"世界上最杰出的程序员"，于 1943 年出生于美国新奥尔良市。Ken Thompson 于 1960 年就读加利福尼亚大学伯克利分校主修电气工程专业，并取得电子工程硕士学位；1966 年加入贝尔实验室；1971 年同 Dennis Ritchie 共同开发 C 语言；1973 年二人使用 C 语言重写了 UNIX。Ken Thompson 是 1983 年图灵奖和 1998 年美国国家技术奖得主。2006 年，Ken Thompson 加入谷歌公司，并与 Rob Pike、Robert Griesemer 莫共同主导了 Go 语言的开发。

（2）Rob Pike。Rob Pike 被称为 Go 语言之父，于 1956 年出生于加拿大，毕业后进入贝尔实验室，并和 Ken Thompson 成为同事。Rob Pike 是 Go 语言项目总负责人，也是贝尔实验室 UNIX 团队成员，除帮助设计 UTF-8 外，还帮助开发了分布式多用户操作系统。Rob Pike 是 Go 语言"元团队"的核心人物。

（3）Robert Griesemer。Robert Griesemer 是 Go 语言 3 名最初设计者之一，也是当时 Go 语言核心团队中最年轻的创作人，曾参与 V8 JavaScript 引擎和 Java HotSpot 虚拟机的研发，目前主要负责维护 Go 语言白皮书和代码解析器等工作。

有了重新设计语言的想法后，开发者们开始了新语言的设计。Rob Pike 于 2007 年 9 月 25 日向 Robert Griesemer、Ken Thompson 回复关于编程语言主题讨论的电子邮件，其中谈到关于 Go 语言名称来源的灵感：为这门编程语言取名为"Go"，因其简短且易于书写；工具类可以命名为 Goc、Gol、Goa；交互式调试工具也可直接命名为"Go"；语言文件后缀名为.go 等。自此，Rob Pike 等 3 人带领团队成员开始设计开发 Go 语言。2009 年 11 月 10 日，谷歌公司正式开源 Go 项目，同时将正式开源日期作为 Go 的官方生日。

Go 语言自正式开源至今已有 10 余年历史，下面简单介绍其发展概况。

- 2007 年 9 月，Go 语言完成雏形设计并正式命名为"Go"。
- 2008 年 5 月，该项目获得谷歌公司全力支持。
- 2009 年 11 月 10 日，Go 将全部代码开源，获评当年的年度语言。
- 2011 年 3 月 16 日，Go 语言的第 1 个稳定（stable）版本 r56 发布。
- 2012 年 3 月 28 日，Go 语言的第 1 个正式版本 Go1 发布。
- 2013 年 4 月 4 日，Go 语言的第 1 个测试版本 Go 1.1beta1 发布。
- 2013 年 4 月 8 日，Go 语言的第 2 个测试版本 Go 1.1beta2 发布。
- 2013 年 5 月 2 日，Go 语言 Go 1.1RC1 版发布。
- 2013 年 5 月 7 日，Go 语言 Go 1.1RC2 版发布。
- 2013 年 5 月 9 日，Go 语言 Go 1.1RC3 版发布。
- 2013 年 5 月 13 日，Go 语言 Go 1.1 正式版发布。
- 2013 年 9 月 20 日，Go 语言 Go 1.2RC1 版发布。
- 2013 年 12 月 1 日，Go 语言 Go 1.2 正式版发布。
- 2014 年 6 月 18 日，Go 语言 Go 1.3 版发布。
- 2014 年 12 月 10 日，Go 语言 Go 1.4 版发布。
- 2015 年 8 月 19 日，Go 语言 Go 1.5 版发布。
- 2016 年 2 月 17 日，Go 语言 Go 1.6 版发布。
- 2016 年 8 月 15 日，Go 语言 Go 1.7 版发布。
- 2017 年 2 月 17 日，Go 语言 Go 1.8 版发布。
- 2017 年 8 月 24 日，Go 语言 Go 1.9 版发布。
- 2018 年 2 月 16 日，Go 语言 Go 1.10 版发布。
- 2018 年 8 月 24 日，Go 语言 Go 1.11 版发布。
- 2019 年 2 月 25 日，Go 语言 Go1.12 版发布。
- 2021 年 5 月 31 日，Go 语言 Go1.16 版发布。
- 2021 年 8 月 16 日，Go 语言 Go1.17 版发布。
- 2022 年 3 月 15 日，Go 语言 Go1.18 版发布。

Go 语言保证了既能实现静态编译语言的安全和性能，又能实现动态编译语言的开发速度和易维护性。有人形容 Go 语言为"Go=C+Python"，说明 Go 语言既拥有 C 静态语言的运行速度，又能实现 Python 动态语言的快速开发。

12.2　Go 语言的特性

12.2.1　程序编译执行速度快

Go 语言在编译速度、开发速度、执行速度方面表现均十分优秀，下面分别进行介绍。

（1）编译速度：Go 语言可以有效扩展，这样即可用于构建十分庞大的应用程序，甚至可以在几秒内于一台计算机中编译一个大型程序。Go 语言易于分析，主要由于其依赖性管理，因此可以在很小的扩展上实现闪电般的快速编译。由于 Go 程序构建速度较快，因此常被用作脚本语言。Go 代码编译迅速，因此无须继续等待代码编译。实际上，go run 命令会快速启动用户的 Go 程序，因此用户甚至会产生代码已被预先编译的错觉。该特性使得Go 类似于一种解释型语言。

（2）开发速度：Go 语言语法简单，在变量声明、结构体声明、函数定义等方面十分简洁。变量声明不像 Java 或 C 般烦琐，在 Go 中可以使用:=语法声明新变量。当直接使用:=定义变量时，Go 会自动将赋值对象类型声明为赋值来源的类型，从而节省了大量代码。同时 Go 中有强大的类库可以使用，包括互联网应用、系统编程和网络编程等。Go 中的标准库基本已十分稳定，尤其网络层、系统层库较为实用。Go 语言 lib 库体积虽小却功能完备，其中基本包含绝大多数常用库，因此开发速度较快。

（3）执行速度：Go 程序在编译阶段被编译为机器代码，能够加速程序的发布和安装流程。Go 语言执行速度自然优于解释型或拥有虚拟运行时的编程语言，这也是 Go 程序运行速度较快的原因。

12.2.2　可读性强

Go 语言语法简单，学习曲线平缓，无须像 C/C++语言般动辄需要两到三年学习期。Go 语言被称为"互联网时代的 C 语言"，其语言风格类似于 C，但语法在 C 语言基础上进行了大幅简化，删除了不必要的表达式括号，循环也只存在 for 这一种表示方法，如此简化可以实现数值、键值等多种遍历。Go 中也包含类似 C 语言的语法，在变量声明、结构体声明、函数定义等方面十分简洁。如果用户已经掌握一门编程语言，那么学习 Go 语言将十分轻松，即使是初学者也能用很短的时间掌握。其变量声明不像 Java 或 C 般烦琐，在 Go 中可以使用:=语法声明新变量，举例如下。

```
1.  func main() {
2.     valInt := 1  // 自动推断为 int 类型
3.     valStr := "hello"  // 自动推断为 string 类型
4.     valBool := false  // 自动推断为 bool 类型
5.  }
```

12.2.3 原生支持并发

早期 CPU 均以单核形式顺序执行机器指令，Go 语言的前身 C 语言正是这种顺序编程语言的代表。顺序编程语言中的顺序是指所有指令均以串行方式执行，在相同时刻有且仅有一个 CPU 顺序执行程序指令。随着处理器技术的发展，单核时代以提升处理器频率提高运行效率的方式遇到瓶颈，单核 CPU 发展的停滞为多核 CPU 的发展带来机遇。相应地，编程语言也开始逐步向并行化方向发展。

作为开发者，开发能够充分利用硬件资源的应用程序是一件难事。现代计算机拥有多个内核，但大多数编程语言没有有效工具使程序能够轻松利用这些资源。编程时需要编写大量线程同步代码以运行多个内核，很容易发生错误。

Go 语言正是在多核和网络化的时代背景下诞生的原生支持并发的编程语言。Go 语言从底层原生支持并发，无须第三方库，开发人员可以轻松地在编写程序时决定如何使用 CPU 资源。

Go 语言在处理高并发时表现十分优秀，并行和异步编程几乎没有痛点。Go 语言的并发基于 goroutine，goroutine 类似于线程但并非线程，可以理解为一种虚拟线程。Go 语言运行时会参与调度 goroutine，并将其合理分配到各个 CPU 中，最大限度使用 CPU 性能。

Go 作为一门致力于使事务简单化的语言，并未引入许多新概念，而是聚焦于打造一门简单的语言，使用方式快速且简单。Go 语言的创新之处在于 goroutine 和通道（channel），goroutine 是 Go 面向线程的轻量级方法，通道是 goroutine 之间通信的优先方式。创建 goroutine 的成本很低，只需几千字节的额外内存，正是因为引入通道，才使同时运行数百甚至数千个 goroutine 成为可能。可以借助通道实现 goroutine 之间的通信，goroutine 以及基于通道的并发性方法使其非常容易使用所有可用的 CPU 内核，同时处理并发 I/O。在多个 goroutine 中，Go 语言使用通道进行通信，通道是一种内置数据结构，可以使用户在不同 goroutine 之间同步发送具有类型的消息。这就使编程模型更倾向于在 goroutine 之间发送消息，而非令多个 goroutine 争夺同一数据的使用权。相较于 Python 和 Java，Go 语言中只需要少量代码便可实现并发。

```
1.  func asyncTask() {
2.    fmt.Printf("This is an asynchronized task")
3.  }
4.  func syncTask() {
5.    fmt.Printf("This is a synchronized task")
6.  }
7.  func main() {
8.    Go asyncTask() // 异步执行，不阻塞
9.    syncTask() // 同步执行，阻塞
10.   Go asyncTask() // 等待前续 syncTask 完成后异步执行，不阻塞
11.  }
```

12.2.4 软件库丰富

Go 拥有强大的编译检查、严格的编码规范和完整的软件生命周期工具，具有很强的稳定性。之所以 Go 相比于其他程序更加稳定，是因为 Go 提供了软件生命周期（开发、测试、部署、维护等）各个环节的工具，例如 Go tool、Gofmt、Go test 等。

Go 语言标准库十分丰富且稳定，覆盖互联网应用、系统编程、网络编程、加密服务、编码、图形等各个方面。尤其网络层、系统层库非常实用，可以直接使用标准库中 HTTP 协议的收发处理，其中网络层库基于高性能的操作系统通信模型，Go 语言 lib 库同样"麻雀虽小五脏俱全"。这些丰富的标准库，使得开发者在开发大型应用程序时不会过多依赖第三方库，从而使开发变得更加简单。

12.2.5 自带垃圾回收

Go 语言自带垃圾回收（garbage collection，GC）机制，而非像 C 和 C++一样自主管理内存。C 和 C++从程序性能的角度考虑，允许程序员自行管理内存，包括内存的申请和释放等。由于没有垃圾回收机制，因此运行速度较快，但随之而来的是程序员在内存使用上产生诸多谨小慎微的考虑，因为对内存处理不善可能导致"内存泄漏"或"野指针"，造成资源浪费或程序崩溃等严重问题。尽管 C++后来采用了智能指针的概念，但是程序员仍然需要小心使用。为了提高程序开发速度以及程序稳健性，Java 和 C#等高级语言引入 GC 机制，即程序员无须考虑内存回收，而是由语言特性提供垃圾回收器回收内存，但可能导致程序运行效率降低。

GC 机制的运行过程如下：首先"stop the world"，扫描所有对象，将可回收对象在一段 bitmap 区中标记；然后立即"start the world"，恢复服务，同时启动一个专门的 goroutine 将内存回收至空闲 list 中以备复用，而非物理释放（物理释放由专门线程定期执行）。GC 的瓶颈在于每次均需扫描所有对象，待收集对象数目越多，运行速度越慢。而 Go 语言的现代化 GC 机制显著降低了开发难度，Go 中不含 C++指针计算功能，无须担心所指向对象失效的问题。GC 机制转为使用三色标记清除算法，并通过混合写屏障技术保证并发执行时内存中对象的三色一致性。一次完整的 GC 分为 4 个阶段，即标记准备、标记、结束标记以及清理。在标记准备和结束标记阶段需要"stop the world"，标记阶段会降低程序性能，而清理阶段不会对程序造成影响。Go 将复杂的内存管理交由专门的垃圾回收器处理，使程序员能够更多关注性能和业务。

12.3　Go 语言开发环境搭建

12.3.1　Go SDK 简介

SDK 全称为 software development kit，即软件开发工具包，是辅助开发某类软件的相关文档、范例和工具的集合。使用 SDK 可以提高开发效率，更简单地接入某个功能。SDK 提供给开发人员使用，其中包含对应开发语言的工具包。

12.3.2　下载 Go SDK 开发包

学习 Go 语言之前首先需要安装 Go 语言开发包和配置开发环境。Go 语言 SDK 包可以在 Go 语言官方网站和 Go 语言中文社区下载。

图 12.1 为 Go 语言社区 1.17 版本的下载页面，表 12.1 为 Go 开发包命名及对应平台。

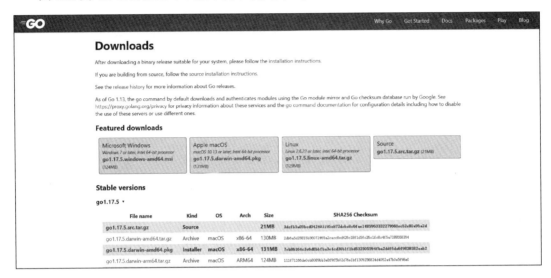

图 12.1　Go SDK 版本

表 12.1　Go 开发包命名及对应平台

文件名	类型	说明
Go1.17.src.tar.gz	Source	源码包，用于阅读源码，开发中不下载此类型包
Go1.17.windows-amd64.zip	Archive	Windows 平台开发包，解压即可使用
Go1.17.darwin-amd64.pkg	Installer	macOS 平台开发包，安装后可使用
Go1.17.linux-386.tar.gz	Archive	Linux 平台开发包，解压即可使用

Go 语言开发需要配置的环境变量如表 12.2 所示。

表 12.2　Go 环境变量及其说明

环境变量	说明
GOROOT	指定 SDK 的安装路径
PATH	添加 SDK 的 bin 目录
GOPATH	工作目录，Go 项目的工作路径

12.3.3　Windows 下搭建 Go 开发环境

1．Windows 下安装 SDK

（1）在 Windows 环境下（以 Windows 10 为例），根据系统是 32 位还是 64 位下载对应的 SDK。

① 32 位系统：Go1.17.windows-386.zip。

② 64 位系统：Go1.17.windows-amd64.zip。

（2）注意安装路径中不要包含中文或空格等特殊符号。

（3）SDK 安装目录不建议设置在 C 盘，建议将 SDK 安装到 D 盘。

（4）安装后解压即可使用，解压后文件目录如图 12.2 所示，Go 开发包安装目录说明如表 12.3 所示。

名称	修改日期	类型	大小
api	2021/5/9 15:51	文件夹	
bin	2021/5/9 15:51	文件夹	
doc	2021/5/9 15:51	文件夹	
lib	2021/5/9 15:51	文件夹	
misc	2021/5/9 15:51	文件夹	
pkg	2021/5/9 15:51	文件夹	
src	2021/5/12 12:08	文件夹	
test	2021/5/9 15:51	文件夹	
AUTHORS	2021/5/6 15:06	文件	55 KB
CONTRIBUTING.md	2021/5/6 15:06	Markdown	2 KB
CONTRIBUTORS	2021/5/6 15:06	文件	100 KB
favicon.ico	2021/5/6 15:06	ICO 文件	6 KB
LICENSE	2021/5/6 15:06	文件	2 KB
PATENTS	2021/5/6 15:06	文件	2 KB
README.md	2021/5/6 15:06	Markdown	2 KB
robots.txt	2021/5/6 15:06	文本文档	1 KB
SECURITY.md	2021/5/6 15:06	Markdown	1 KB
VERSION	2021/5/6 15:07	文件	1 KB

图 12.2　Go 开发包安装目录

表 **12.3**　**Go 开发包安装目录说明**

目录名	说明
api	用于存放 Go 版本顺序的 API 增量列表文件
bin	Go 源码包编译得到的编译器（Go）、文档工具（Godoc）、格式化工具（Gofmt）
doc	Go 的文档
lib	Go 语言类库文件
misc	文件夹，用于存放辅助类的说明和工具
pkg	用于保存 Go 语言标准库的所有归档文件，同时包含平台（Windows，Linux，macOS）项目的部分目录，不同操作系统内容不同
src	标准库源码
test	测试用例

2．Windows 下配置 Golang 环境变量

（1）右击【计算机】，选择【属性】操作项，然后选择右侧【高级系统设置】进入系统界面，如图 12.3 和图 12.4 所示。

图 12.3　计算机属性界面

（2）单击【环境变量】按钮，打开【环境变量】窗口，如图 12.5 所示。

图 12.4　高级系统设置界面

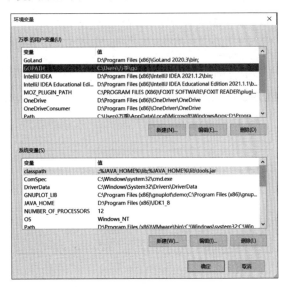

图 12.5　环境变量界面

（3）在【系统变量】区域单击【新建】按钮，打开新建系统变量窗口。新建系统变量如下。

① GOROOT：Go 的安装路径。

② GOPATH：Go 的工作路径。

（4）增加 Go 的 bin 路径：%GOROOT%\bin。

（5）测试环境变量是否配置成功：使用快捷键 Win+R，输入 cmd，打开命令提示符窗口。在命令行中输入 go version 查看 Go 版本，如图 12.6 所示；在命令行中输入 go env 查看配置信息，如图 12.7 所示。

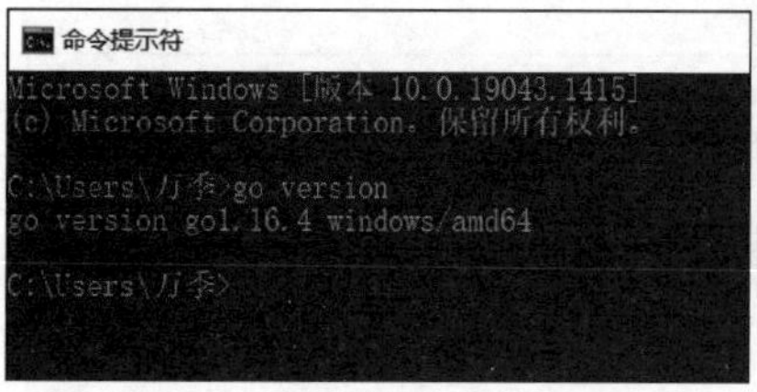

图 12.6　查看 Go 版本示意图

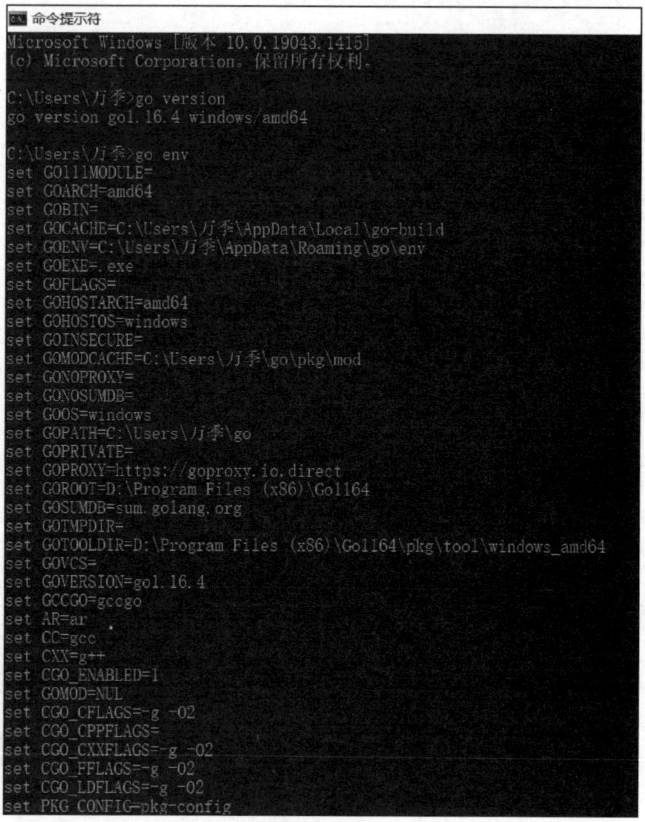

图 12.7　查看 Go 配置信息

12.3.4　Linux 下搭建 Go 开发环境

1. Linux 下安装 SDK

（1）在 Linux 环境下，根据系统是32位还是64位下载对应版本。

① 32 位系统：Go1.16.7.linux-386.tar.gz。

② 64 位系统：Go1.16.7.linux-amd64.tar.gz。

（2）注意安装路径中不要包含中文或空格等特殊符号。

（3）SDK 安装目录建议放在/opt 目录下。

（4）使用 tar-zxvf　Go1.16.7.linux-amd64.tar.gz 命令进行解压。

2. Linux 下配置Golang环境变量

（1）如图 12.8 所示，使用 root 权限编辑 vim/etc/profile 文件，添加以下配置内容。

（2）使用 source/etc/profile 命令使配置生效。

（3）测试环境变量是否配置成功：输入 go version 查看 Go 版本，如图 12.9 所示。

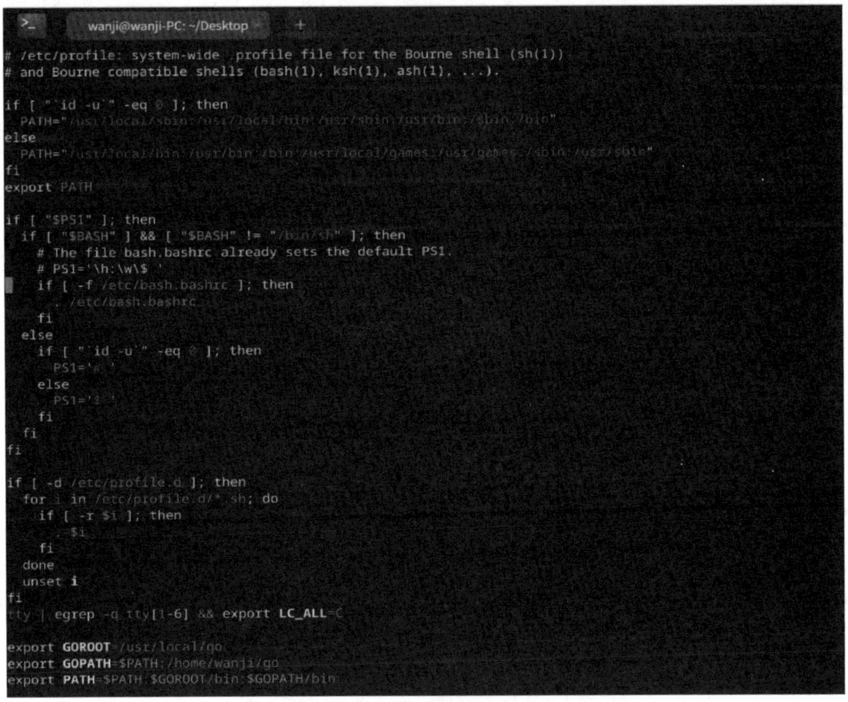

图 12.8　profile 配置内容

图 12.9　查看 Go 版本

12.3.5　macOS 下搭建 Go 开发环境

1．通过下载 SDK 的方式安装

（1）macOS 系统下 SDK 只有 64 位软件安装包 Go1.16.7.darwin-amd64.tar.gz。

（2）注意安装路径中不要包含中文或空格等特殊符号。

（3）SDK 安装目录建议放在用户目录 Go_dev/Go 下。

（4）安装时使用 tar-zxvf Go1.16.7.darwin-amd64.tar.gz 解压。

（5）macOS 下配置 Go 环境变量。

① 使用 root 权限修改/etc/profile，增加环境变量配置。

② 配置完成后需要重新注销用户，使配置生效。

③ 打开终端输入 go version、go env，查看安装的 Go 版本和 Go 环境配置。

2．通过 brew 方式安装

Homebrew 是一款 macOS 平台下的软件包管理工具，拥有安装、卸载、更新、查看、搜索等多种实用功能，macOS 环境下可以使用 Homebrew 轻松完成 Go 安装配置。

（1）安装 Homebrew

打开终端，执行 ruby-e "$(curl-fsSL https://raw.githubusercontent.com/Homebrew/install/

master/install)"命令。

（2）使用 Homebrew 安装 Go

① 打开终端，执行 brew install Go 命令。

② 打开终端输入 go version、go env，查看安装的 Go 版本和 Go 环境配置。

12.3.6　Go 的 IDE 开发工具

"工欲善其事，必先利其器。"一款好的开发工具能够使开发事半功倍，提高开发效率。本节介绍几款主流开发工具。

1. 目前主流的 Go 语言开发工具

（1）VS Code+Go 插件：由微软公司开发的广受欢迎的开源 IDE，提供一个开箱即用的 Go 扩展供 VS Code 使用。vscode-Go插件为开发人员提供多种功能，包括与多种 Go 工具集成。

（2）Goland：由 JetBrains 公司推出的付费 Go 开发工具。Goland 功能完备，支持开箱即用，同时开发过程中很少出现问题，适用于大型项目开发。

（3）LiteIDE：一款开源、跨平台的轻量级Go语言集成开发工具。LiteIDE 界面简洁优美，同时开发功能十分完备。

2. 开发环境集成

此处以 Goland 开发工具集成为例。

（1）GOROOT 设置

GOROOT 是 Go 的安装路径。Goland 通常自动识别 GOROOT，如果识别错误，可以手动设置 GOROOT，使用 file--seting--Go-GOROOT 命令，具体步骤如图 12.10 所示。

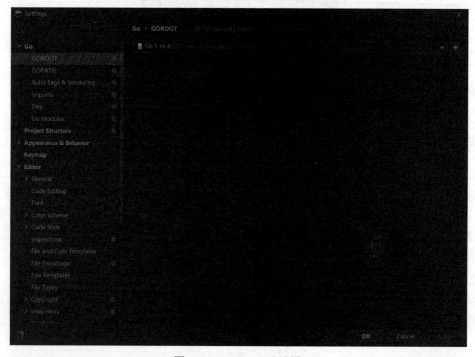

图 12.10　GOROOT 设置

（2）GOPATH 设置

GOPATH 是 Go 语言编译时参考的工作路径，类似于 Java 中的 Workspace 概念，默认选择一个空目录作为 GOPATH 即可。使用 file--seting--Go-GOPATH 命令设置，步骤如图 12.11 所示。

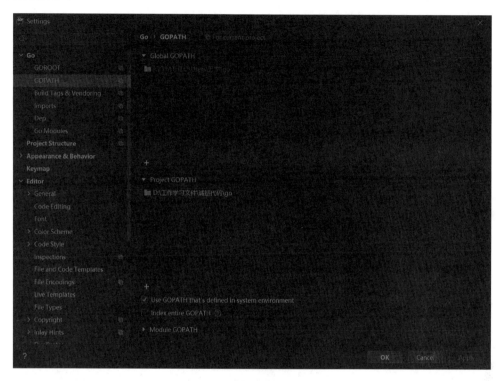

图 12.11　GOPATH 设置

12.4　用 Go 开发一个区块链原型

12.4.1　总体设计和目标

通过 Go 语言设计一个区块链系统，首先从设计区块的数据结构展开，介绍区块头和区块体的数据结构，并介绍区块链交易流程，帮助读者理解交易原理；然后介绍 Merkle 树数据存储技术，帮助读者理解分布式数据库的一致性验证问题；最后介绍区块数据的存储和查询以及 P2P 网络。

本节目标是通过具体分析一个区块链系统的案例代码，帮助读者理解区块链系统的数据结构、各个模块的功能如何实现，从而加深读者对区块链系统的理解。

12.4.2　区块链数据结构

区块链数据结构是一种有序的、后向连接的交易区块列表。区块链数据可以存储在文件中，也可以存储在数据库中。区块是向后连接的，每个区块均有链接指向链上前序区块。

区块链可以想象为一个垂直堆栈，新区块堆叠在其他区块顶部，第一个区块是堆栈的基础。区块到第一个区块的距离被形象比喻为"高度"（height），最新加入的区块也被称为"顶部"（top）或"顶端"（tip）。区块链中每个区块的头部均包含一个哈希值标识，该哈希值标识使用 SHA-256 加密哈希算法生成，同时包含一个"前序区块哈希"字段，对前序区块（父区块）进行引用。也就是说，每个区块在区块头中均保存有父区块的哈希。将每个区块连接到其父区块的哈希序列，最终形成一条可以追溯至第一个区块（创世区块）的链。

12.4.3　区块结构

区块包含两个部分——区块头和区块体，其中区块头包含元数据，区块体由一长串交易列表组成。区块头在前，区块体紧随其后，二者共同构成区块结构。区块是一种被包含在公开账本（区块链）中聚合了交易信息的容器数据结构，区块头大小为 80 B，而平均每个交易至少为 250 B，通常一个区块中的交易不超过 500 个。一个完整的区块包含所有交易，其长度为区块头的 1 000 余倍。区块结构如图 12.12 所示，区块结构表如表 12.4 所示。

图 12.12　区块结构

表 12.4　区块结构表

大小	名称	说明
4 B	区块大小	用字节表示该字段后区块的大小
80 B	区块头	区块头由多个字段构成
1~9（可变整数）B	交易计数器	一个区块包含多个交易
可变长度	交易	区块中的交易数据

下面通过一段代码讲解区块整体结构，区块整体结构示例代码如下。

1.　// 区块结构定义

```
2. type Block struct {
3.    // 定义区块头
4.    Header *BlockHeader
5.    // 定义块内事务决策者
6.    Dag *DAG
7.    //定义交易
8.    Txs []*Transaction
9.    // 当前块的投票信息
10.   AdditionalData *AdditionalData
11. }
```

上述 Go 代码定义了区块整体结构，包括区块头、块内交易执行顺序、区块交易数据、区块投票信息等内容。

（1）Header：区块头。

（2）Dag：块内交易的执行依赖顺序，如果为空则表示本区块的所有交易均可并行执行，不存在前后依赖关系。

（3）Txs：块内交易列表。

（4）AdditionalData：区块产生后附加的数据，不参与区块哈希值计算，主要用于存储当前区块的投票信息、交易过滤等。

12.4.4 区块头

区块头由 3 组区块元数据组成。第 1 组引用父区块哈希值的数据，用于将该区块与区块链中前一区块相连接；第 2 组即难度、时间戳和 Nonce；第 3 组是 Merkle 根（一种用于有效总结区块中所有交易的数据结构）。区块头结构如表 12.5 所示。

表 12.5 区块头结构

字段	大小	描述
版本（Version）	4 B	区块版本号
父区块哈希值（Previous Block Hash）	32 B	前一区块的哈希值
Merkle 根（Merkle Root）	32 B	区块中交易的 Merkle 树哈希值，由区块体中所有交易的哈希值生成
时间戳（Timestamp）	4 B	区块产生的近似时间，从1970 年 1 月 1 日起至今的时间戳，单位是秒（s）
难度目标（Target）	4 B	区块工作量证明算法难度目标
Nonce	4 B	从 0 开始的 32 位随机数，用作工作量证明算法的计数器

以下代码为区块头的代码实现。

```
1. type BlockHeader struct {
2.    ChainId string
3.    BlockHeight int64
4.    PreBlockHash []byte
5.    BlockHash []byte
```

6. PreConfHeight int64

7. BlockVersion []byte

8. DagHash []byte

9. RwSetRoot []byte

10. TxRoot []byte

11. BlockTimestamp int64

12. Proposer []byte

13. ConsensusArgs []byte

14. TxCount int64

15. Signature []byte

16. }

区块头包含该区块的基础属性，其中包括 4 个重要属性：前置区块哈希也称父区块哈希，用于区块间的关联；交易根哈希用于区块与交易的关联；区块高度用于标记当前区块在区块链中的位置以方便定位；区块时间戳记录区块打包的时间。上述区块头代码定义了区块头属性，包括 PreBlockHash（父区块哈希）、TxRoot（区块交易的 Merkle 根）、BlockHeight（区块高度）、BlockTimestamp（区块时间戳）4 个核心属性，同时定义了 Signature（签名）、BlockHash（区块哈希）等基本信息。表 12.6 对区块头结构中的属性进行解释。

表 12.6　区块头属性解释

字段名	注释	说明
ChainId	链标识	用于区分不同链，在多子链情况下可区分不同子链
BlockHeight	区块高度	创世区块高度为 0
PreBlockHash	父区块哈希	—
BlockHash	区块哈希	—
PreConfHeight	上一次修改链配置的区块高度	在该高度的区块中只存在一笔交易，为配置交易，其中保存了区块链的配置信息，包括本区块应当采用的共识算法、加密算法等
BlockVersion	区块版本	—
DagHash	当前区块 Dag 的哈希	—
RwSetRoot	区块读写集的 Merkle 根	—
TxRoot	区块交易的 Merkle 根	—
BlockTimestamp	区块时间戳	—
Proposer	区块生成者标识	—
ConsensusArgs	共识参数	—
TxCount	交易数量	—
Signature	区块生成者签名	用于交易校验

12.4.5　区块链交易结构

交易是区块链中最重要的部分，其他一切机制都是为了确保交易可以被创建、广播、验证，并最终添加到全局交易分类账本中。交易本身也是一种数据结构，这些数据结构是对比特币交易参与者价值传递的编码。区块链是一本全局复式记账总账本，每个交易都是区块链中的一个公开记录。理解交易结构先要明白区块链交易流程，理解交易的原理，区块链交易就不再神秘。区块链交易流程如下。

（1）所有者 A 利用其私钥对前一次交易和下一位所有者 B 签署一个数字签名，并将该签名附加在本次交易末尾，制作交易单。此时 B 以公钥作为接收方地址。

（2）A 将交易广播至区块链中的所有节点，转账即发送给 B，每个节点会将数笔未验证的交易哈希值收集到区块中，每个区块可以包含数百或上千笔交易。此时对 B 而言，转账会即时显示在钱包中，但直到区块被成功确认后才可使用。从交易发起到最终确认成功，得到半数以上节点确认才能真正算作转账成功。

（3）每个节点均会计算 Nonce 值，从而争取创建新区块的权利。使用 SHA-256 算法对计算得到的 Nonce 值、区块链中最后一个区块的哈希值以及交易单 3 个部分进行计算，如果能够算得一个满足条件的列值 X（256 位），则该节点就会获得出块权利，同时获得相应的奖励。

（4）当一个节点计算得到 Nonce 值，即向区块链中所有节点广播该区块记录的所有时间戳交易，并由区块链中其他节点核对。此时时间戳用于证实特定区块必然于某个特定时间真实存在。区块链网络会从其他节点获取时间，然后通过取中间值的方式作为时间戳。

（5）区块链中其他节点核对该区块记账的正确性，确认记账无误后，其他节点将在该合法区块之后竞争下一个区块，这样就形成一个合法记账区块链。

区块链交易结构如图 12.13 所示。

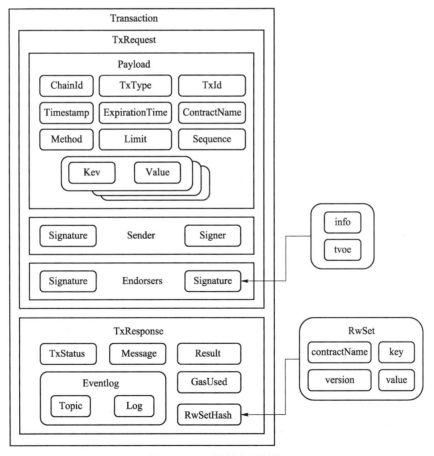

图 12.13 区块链交易结构

交易结构示例代码如下。

```
1. type Transaction struct {
2. Header *TxHeader
3. Payload []byte
4. Signature []byte
5. Result *Result
6. }
```

交易主要包含两类数据：交易输入和交易输出。交易输入用于指明转账来源，交易输出用于指明转账去向。根据交易定义通过代码对交易结构体进行定义，结构体中的属性包括交易头（Header）、交易载荷数据（Payload）、交易发起者签名（Signature）、交易结果（Result）。其中交易头是交易结构的重要组成部分，包含交易者信息。表 12.7 对交易头字段进行解释。

表 12.7　交易头字段解释

字段名	注释	说明
Payload	交易载荷数据	交易核心信息
Sender	交易的发起者信息和签名信息	—
Signature	身份信息及其签名信息	—
Result	交易结果	—

（1）交易头

交易头是交易中的核心部分，主要定义交易者信息、交易类型、交易编号、时间戳、交易到期的 UNIX 时间等。

交易头示例代码如下，交易头字段内容如表 12.8 所示。

```
1. type TxHeader struct {
2. ChainId string
3. Sender *accesscontrol.SerializedMember
4. TxType TxType
5. TxId string
6. Timestamp int64
7. ExpirationTime int64
8. }
9. type SerializedMember struct {
10. OrgId string
11. MemberInfo []byte
12. IsFullCert bool
13. }
```

表 12.8　交易头字段解释

字段名	注释	说明
ChainId	链标识	表明本交易是针对哪条链的
OrgId	成员所属机构编号	—
MemberInfo	成员身份信息	—
IsFullCert	是否为全量证书	—
MemberType	成员类型	—
TxType	交易类型	—
TxId	交易 ID	用作该交易的全局唯一性标识
Timestamp	时间戳	生成交易的 UNIX 时间戳
ExpirationTime	交易到期的 UNIX 时间	单位为秒，当不为 0 时，交易必须在该时间戳之前被打包上链

（2）交易结果

交易结果主要存储交易的返回信息。交易结果中定义交易状态码、合约执行结果、交易执行结果的哈希，其中合约执行结果中包含合约执行结果的状态、合约执行返回的结果、合约执行消耗的 Gas 数量等。

交易结果示例代码如下，交易结果字段内容如表 12.9 所示。

```
1. type Result struct {
2.   Code TxStatusCode
3.   ContractResult *ContractResult
4.   RwSetHash []byte
5. }
6. type ContractResult struct {
7.   Code ContractResultCode
8.   Result []byte
9.   Message string
10.   GasUsed int64
11.   ContractEvent []*ContractEvent
12. }
```

表 12.9　交易结果字段解释

字段名	注释	说明
Code	交易执行结果的状态	—
ContractResult-Code	合约执行结果的状态	—
ContractResult-Result	合约执行返回的结果	—
ContractResult-Message	合约执行后的消息	—
ContractResult-GasUsed	合约执行消耗的 Gas 数量	—
RwSetHash	交易执行结果的读写集哈希	—

12.4.6　Merkle 树

为了解决分布式数据库的一致性验证问题，在"简化区块链支付验证"的过程中，引入 Merkle 树（Merkle tree）数据存储技术。Merkle 树是一种树状结构，通常情况下至少包含 3 层，分别为叶节点、中间节点以及根节点。中间节点的层数取决于叶节点数量，叶节点数量越多，Merkle 树的深度越高。

1. Merkle 树特点

（1）Merkle 树可以实现数据验证和数据同步的结构，通常由 SHA-2 和 MD5 等哈希算法实现。Merkle 树环环相扣，哈希算法几乎无法反向推导，通过实现仅验证 Merkle 树根哈希的方式，有效简化了区块链数据验证过程。

（2）Merkle 树主要应用于分布式系统，例如比特币、以太坊等区块链网络。

（3）Merkle 树叶节点在区块链网络中主要为交易生成的哈希值。

（4）非叶节点的值可根据其下所有叶节点值按照哈希算法计算而得。

2. Merkle 树生成方式

相邻叶节点进行哈希运算，得到的哈希值作为二者的父节点。然后按照同样的逻辑依次向上计算，最终倒数第 2 层仅剩的两个中间节点经过一次哈希运算得到其父节点，也就是整棵树的根节点，这样 Merkle 树即构建完成。

（1）若存在一笔交易，交易哈希值为 t1，则 Merkle 根为 t1。

（2）若存在多笔交易，如图 12.14 所示，交易哈希值分别为 t1、t2、t3、t4，此时恰巧树中各层均存在偶数个哈希，则 Merkle 根为 root。

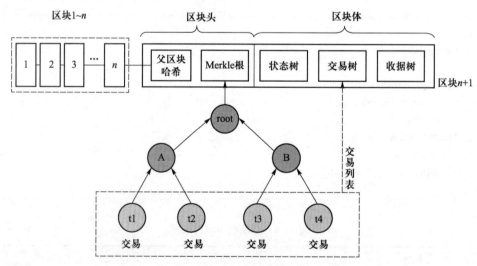

图 12.14　Merkle 树示意图

（3）计算公式：HA=SHA256(SHA256(Transaction A)),HAB=SHA256(SHA256(HA+HB))。Merkle 树计算示例代码如下。

```
1. func GetMerkleRoot(hashType string, hashes [][]byte) ([]byte, error){
2.   if hashes == nil || len(hashes) == 0 {
3.     return nil, nil
```

```
4.   }
5.   merkleTree, err := BuildMerkleTree(hashType, hashes)
6.   if err != nil {
7.     return nil, err
8.   }
9.   return merkleTree[len(merkleTree)-1], nil
10.  }
11.  func BuildMerkleTree(hashType string, hashes [][]byte) ([][]byte, error) {
12.    var hasher = Hash{
13.      hashType: crypto.HashAlGoMap[hashType],
14.    }
15.    var err error
16.    if hashes == nil || len(hashes) == 0 {
17.      return nil, nil
18.    }
19.    nextPowOfTwo := getNextPowerOfTwo(len(hashes))
20.    arraySize := nextPowOfTwo*2 - 1
21.    merkleTree := make([][]byte, arraySize)
22.    copy(merkleTree[:len(hashes)], hashes[:])
23.    offset := nextPowOfTwo
24.    for i := 0; i < arraySize-1; i += 2 {
25.      switch {
26.      case merkleTree[i] == nil:
27.        merkleTree[offset] = nil
28.      case merkleTree[i+1] == nil:
29.        merkleTree[offset], err = hashMerkleBranches(hasher, merkleTree[i], merkleTree[i])
30.        if err != nil {
31.          return nil, err
32.        }
33.      default:
34.        merkleTree[offset], err = hashMerkleBranches(hasher, merkleTree[i], merkleTree[i+1])
35.        if err != nil {
36.          return nil, err
37.        }
38.      }
39.      offset++
40.    }
41.    return merkleTree, nil
42.  }
43.  func getNextPowerOfTwo(n int) int {
44.    if n&(n-1) == 0 {
45.      return n
46.    }
47.    exponent := uint(math.Log2(float64(n))) + 1
48.    return 1 << exponent
49.  }
```

```
50.  func hashMerkleBranches(hasher Hash, left []byte, right []byte) ([]byte, error) {
51.    data := make([]byte, len(left)+len(right))
52.    copy(data[:len(left)], left)
53.    copy(data[len(left):], right)
54.    return hasher.Get(data)
55.  }
```

上述示例为 Merkle 树生成代码，调用GetMerkleRoot方法会返回 Merkle 树。若代码运行错误，则会有错误返回，Merkle 树为空。GetMerkleRoot 方法中调用了 BuildMerkleTree 方法，该方法是实际计算 Merkle 树的方法。BuildMerkleTree 首先对传入的hashType 参数进行哈希类型判断，hashType 类型包括 SHA-256、SHA3-256 以及 SM3。获得哈希类型后，BuildMerkleTree 首先根据传入的参数值哈希的长度构建一个数组存储 Merkle 树，然后对数据进行遍历计算得到哈希值，并将结果返回。BuildMerkleTree 方法中调用了 hashMerkleBranches方法，该方法用于平衡 Merkle 树二叉树。

12.4.7　创世区块

区块链项目中的第一个区块称为创世区块，它是整条链中所有区块的先驱，区块高度为 0。后续不断有新区块诞生并被添加至链，从任意区块开始，均能沿区块链追溯到创世区块。创世区块生成代码如下。

```
1.  func initGenesisBlock(block *common.Block) error {
2.    qcForGenesis := &chainedbftpb.QuorumCert{
3.      Votes:  []*chainedbftpb.VoteData{},
4.      BlockID: block.Header.BlockHash,
5.    }
6.    qcData, err := proto.Marshal(qcForGenesis)
7.    if err != nil {
8.      return fmt.Errorf("openChainStore failed, marshal genesis qc, err %v", err)
9.    }
10.   if err = utils.AddQCtoBlock(block, qcData); err != nil {
11.      return fmt.Errorf("openChainStore failed, add genesis qc, err %v", err)
12.   }
13.   if err = utils.AddConsensusArgstoBlock(block, 0, nil); err != nil {
14.      return fmt.Errorf("openChainStore failed, add genesis args, err %v", err)
15.   }
16.   return qcData
17. }
18. type QuorumCert struct {
19.   BlockID []byte
20.   Height  uint64
21.   Level   uint64
22.   NewView bool
23.   EpochId uint64
24.   Votes   []*VoteData
25. }
```

```
26.  type VoteData struct {
27.    BlockID   []byte
28.    Height    uint64
29.    Level     uint64
30.    Author    []byte
31.    AuthorIdx uint64
32.    NewView   bool
33.    EpochId   uint64
34.    Signature *common.EndorsementEntry
35.  }
```

在上述示例代码中，initGenesisBlock 方法为初始化创世区块的代码，该方法接收 Block 结构体指针作为参数，并通过 QuorumCert 进行参数构造得到 qcForGenesis，qcForGenesis 即返回的创世区块数据。QuorumCert 结构主要用于存储构建区块相关属性信息。最后将 qcForGenesis 传入 proto.Marshal 方法完成创世区块的初始化。

12.4.8　区块链结构

交易汇聚经过哈希计算构成区块，节点从网络接收新产生的区块，对其进行合法性验证。验证通过后，节点检查区块头并找到父区块，区块和区块相连构成区块链。下面对区块链结构进行代码定义。

```
1.   type Blockchain struct {
2.     log *logger.CMLogger
3.     genesis string
4.     chainId string
5.     msgBus msgbus.MessageBus
6.     net net.Net
7.     netService protocol.NetService
8.     store protocol.BlockchainStore
9.     consensus protocol.ConsensusEngine
10.    txPool protocol.TxPool
11.    coreEngine protocol.CoreEngine
12.    vmMgr protocol.VmManager
13.    identity protocol.SigningMember
14.    ac protocol.AccessControlProvider
15.    syncServer protocol.SyncService
16.    ledgerCache protocol.LedgerCache
17.    proposalCache protocol.ProposalCache
18.    snapshotManager protocol.SnapshotManager
19.    dpos protocol.DPoS
20.    lastBlock *common.Block
21.    chainConf protocol.ChainConf
22.    chainNodeList []string
23.    eventSubscriber *subscriber.EventSubscriber
24.    spv protocol.Spv
```

25. initModules map[string]struct{}
26. startModules map[string]struct{}
27. }

上述示例为区块链结构体代码，该代码对链标识、区块链存储、网络服务、交易池、合约引擎、虚拟机、同步方法、末区块等核心内容进行定义。表 12.10 对区块链结构体中核心属性进行说明。

表 **12.10**   区块链结构体中核心属性说明

字段名	注释	说明
chainId	链标识	—
netService	网络服务模块	P2P 网络
store	区块存储服务	区块存储于数据库，包括数据库事务
consensus	合约引擎	合约管理服务，定义合约启动、停止等
syncServer	共识同步服务模块	处理数据同步
vmMgr	区块链虚拟机	—
identity	身份验证	校验交易双方身份
txPool	交易池	交易缓冲池
lastBlock	末区块	用于遍历查询区块
chainConf	区块链配置	—
chainNodeList	节点列表	

12.4.9   区块数据存储

区块数据存储是区块链中必不可少且至关重要的部分，存储模块负责持久化存储链中的区块、交易、状态、历史读写集等账本数据，并对外提供上述数据的查询功能。区块链以区块为单位进行批量数据提交，一次区块提交会涉及多项账本数据的提交，例如交易提交、状态数据修改等，因此存储模块需要维护账本数据的原子性。区块链应支持常用数据库存储账本数据，例如 LevelDB、RocksDB、MySQL 等，可选择其中任意一种数据库部署区块链。

数据主要分为 5 类，具体如下。

（1）区块数据：记录区块元数据和交易数据。

① 区块元数据：包括区块头、区块 DAG、区块中交易的 txId 列表、additionalData 等。

② 交易数据：即序列化后的交易体，为了提供对单笔交易数据的查询，因而对交易数据进行单独存储。

（2）状态数据：记录智能合约中读写的链上状态数据，即世界状态。

（3）历史数据：区块链对每笔交易在执行过程中的状态变化历史、合约调用历史、账户发起交易历史等信息均可进行记录，可用于后续追溯交易、状态数据的变迁过程。

（4）合约执行结果读写集数据：区块链对每笔交易在执行过程中所读写的状态数据集进行单独存储，方便其他节点快速进行数据同步。

（5）事件数据：合约执行过程中产生的事件日志。

数据存储示例代码如下。

```
1.  type BlockchainStore interface {
2.  InitGenesis(genesisBlock *store.BlockWithRWSet) error
3.  PutBlock(block *common.Block, txRWSets []*common.TxRWSet) error
4.  }
5.  func (bs *BlockStoreImpl) InitGenesis(genesisBlock *storePb.BlockWithRWSet) error {
6.  blockBytes, blockWithSerializedInfo, err := serialization.SerializeBlock(genesisBlock)
7.  block := genesisBlock.Block
8.  bs.blockDB.InitGenesis(blockWithSerializedInfo)
9.  bs.stateDB.InitGenesis(blockWithSerializedInfo)
10. bs.historyDB.InitGenesis(blockWithSerializedInfo)
11. bs.resultDB.InitGenesis(blockWithSerializedInfo)
12. }
13. func (bs *BlockStoreImpl) PutBlock(block *commonPb.Block, txRWSets []*commonPb.TxRWSet) error {
14.   startPutBlock := utils.CurrentTimeMillisSeconds()
15.   blockWithRWSet := &storePb.BlockWithRWSet{
16.    Block: block,
17.    TxRWSets: txRWSets,
18.   }
19.   blockBytes, blockWithSerializedInfo, err := serialization.SerializeBlock(blockWithRWSet)
20.   elapsedMarshalBlockAndRWSet := utils.CurrentTimeMillisSeconds() - startPutBlock
21.   startCommitLogDB := utils.CurrentTimeMillisSeconds()
22.   err = bs.writeLog(uint64(block.Header.BlockHeight), blockBytes)
23.   elapsedCommitlogDB := utils.CurrentTimeMillisSeconds() - startCommitLogDB
24.   startCommitBlock := utils.CurrentTimeMillisSeconds()
25.   numBatches := 5
26.   var batchWG sync.WaitGroup
27.   batchWG.Add(numBatches)
28.   errsChan := make(chan error, numBatches)
```

上述代码实现了区块链数据存储，存储分为创世区块存储和普通区块存储。InitGenesis 方法用于存储创世区块，该方法对区块数据库、状态数据库、历史数据库、结果数据库进行初始化，初始化完成后存储创世区块数据。PutBlock 方法用于存储普通区块，该方法中包含区块数据存储、状态数据存储、历史数据存储、结果数据存储、合约事件数据存储等。表 12.11 和表 12.12 分别对 InitGenesis 和 PutBlock 方法进行详述。

表 12.11　InitGenesis 方法说明

方法名	注释	说明
bs.blockDB.InitGenesis	初始化区块数据库	—
bs.stateDB.InitGenesis	初始化状态数据库	—
bs.historyDB.InitGenesis	初始化历史数据库	—
bs.resultDB.InitGenesis	初始化结果数据库	—

表 12.12　**PutBlock** 方法说明

方法名	注释	说明
PutBlock	数据存储方法	主方法入口，包含其他存储方法
commitBlockDB	提交区块数据进行保存	—
commitStateDB	提交状态数据进行保存	—
commitHistoryDB	提交历史数据进行保存	—
commitResultDB	提交结果数据进行保存	—
commitContractEventDB	提交合约事件数据进行保存	—

12.4.10　区块数据查询

从区块链中获取数据、数据追溯、数据分析、区块链浏览器等操作均离不开从区块链中查询数据。区块链中的数据查询包括区块高度查询、区块查询、交易查询等，下面通过代码实现区块链相关数据的查询。

```
1. type BlockchainQuery interface {
2.    GetBlockByHash(blockHash []byte) (*common.Block, error)
3.    GetHeightByHash(blockHash []byte) (uint64, error)
4.    GetBlock(height int64) (*common.Block, error)
5.    GetTx(txId string) (*common.Transaction, error)
6.    GetBlockByTx(txId string) (*common.Block, error)
7.    GetLastBlock() (*common.Block, error)
8. }
9. func (b *BlockKvDB) GetBlockByHash(blockHash []byte) (*commonPb.Block, error) {
10.    hashKey := constructBlockHashKey(blockHash)
11.    heightBytes, err := b.get(hashKey)
12.    return b.getBlockByHeightBytes(heightBytes)
13. }
14. func (b *BlockKvDB) GetHeightByHash(blockHash []byte) (uint64, error) {
15.    hashKey := constructBlockHashKey(blockHash)
16.    heightBytes, err := b.get(hashKey)
17.    return decodeBlockNumKey(heightBytes), nil
18. }
19. func (b *BlockKvDB) GetBlock(height int64) (*commonPb.Block, error) {
20.    heightBytes := constructBlockNumKey(uint64(height))
21.    return b.getBlockByHeightBytes(heightBytes)
22. }
23. func (b *BlockKvDB) GetTx(txId string) (*commonPb.Transaction, error) {
24.    txIdKey := constructTxIDKey(txId)
25.    bytes, err := b.get(txIdKey)
26.    isArchived, erra := b.TxArchived(txId)
27.    var tx commonPb.Transaction
28.    return &tx
```

```
29．}
30．func (b *BlockKvDB) GetBlockByTx(txId string) (*commonPb.Block, error) {
31．blockTxIdKey := constructBlockTxIDKey(txId)
32．heightBytes, err := b.get(blockTxIdKey)
33．return b.getBlockByHeightBytes(heightBytes)
34．}
35．func (b *BlockKvDB) GetLastBlock() (*commonPb.Block, error) {
36．num, err := b.GetLastSavepoint()
37．heightBytes := constructBlockNumKey(num)
38．return b.getBlockByHeightBytes(heightBytes)
39．}
```

BlockchainQuery 是区块链数据查询接口，接口中定义了区块数据查询、区块高度查询、交易数据查询、根据哈希值查询区块数据等方法。表 12.13 详细阐述了接口实现方法。

表 12.13　BlockchainQuery 接口说明

方法名	注释	说明
GetBlockByHash	根据哈希值查询区块	—
GetHeightByHash	根据哈希值查询区块高度	—
GetBlock	遍历链查询区块	—
GetTx	查询交易	—
GetBlockByTx	根据交易查询区块	—
GetLastBlock	查询末区块	—

12.4.11　P2P 网络

P2P 网络是区块链系统运行的基础，同时区块链也令 P2P 再次出现在大众视野。区块链技术从某种意义上可以看作 P2P 技术的一次重生。P2P 全称为 peer-to-peer，即点对点网络通信技术，又称对等互联网络技术。图 12.15 展示了 P2P 网络的基本结构。不同于以往诸多 C/S（客户-服务器）模式，P2P 基于软件层面管理实现，属于应用层技术。P2P 软件需要提供基于现有硬件逻辑和底层通信协议的端到端定位（寻址）和握手技术以建立稳定连接。P2P 需要定制数据描述和交换协议，保证对等双方均可被对方识别。

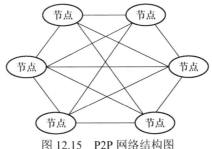

图 12.15　P2P 网络结构图

325

P2P 打破了传统 C/S 模式，网络中的每个节点地位对等。节点既充当服务器，为其他节点提供服务，同时享有其他节点提供的服务。P2P 网络的最大特点是无须中央服务器调度即可自我组织协调，各个节点之间可以直接通信。P2P 网络包含多种通信协议，最常见的协议是 Gossip。该协议的基本通信原理十分简单——所有节点均会将信息传递给邻居节点。P2P 网络与区块链存在一个十分契合的特点——去中心化，正因如此，典型区块链系统（包括但不限于比特币、以太坊、Fabric、长安链等）中的节点间通信均由 P2P 网络实现。P2P 网络的详细内容已在前续章节讲解，此处进一步关注具体实现。

完整的 P2P 网络模块应当实现以下功能。

（1）节点组网

节点应当满足自动发现、自动连接的组网方式，默认每个在线节点均可作为种子节点为其他节点提供网络发现服务，每个种子节点均会记录网内节点地址信息。当有新节点连接到某个种子节点时，新节点会向该种子节点查询网内其他可连接节点的地址，获得其他节点地址后，新节点会主动尝试与这些节点建立连接；同时，种子节点在接受新节点连接后，会通过网络发现服务将该新节点的地址通知给其他在线种子节点，其他节点获得该新节点地址后，会与其建立节点之间数据安全通信的连接。

（2）节点之间数据安全通信

P2P 网络应保证安全可信节点之间的通信、数据传输都是安全的，不会被截获破解。P2P 网络需要加密技术支持以保证通信安全性，即将传输的数据进行加密处理，只有通信双方能够解密。

（3）节点身份认证

新节点加入网络时，需要对节点身份进行安全性验证。可以使用多种方式验证节点身份，例如使用 CA 签发的 TLS 证书等。节点入网时会通过 TLS 握手协议校验 TLS 证书合法性。TLS 证书可对应生成一个 NodeId 唯一标识，该标识是节点网络地址的组成部分，是网络通信环节的重要标识。

（4）消息广播及订阅

向其他节点发送消息是大多数 P2P 网络的核心功能，P2P 网络应支持节点间消息广播、不同消息类型的订阅消费等。PubSub 是一种十分有用的模式，用于向一组订阅者发送消息。此外还可引入消息队列机制，使消息处理更加便捷。

针对上述内容，下面介绍 P2P 网络的具体实现。

P2P 网络接口实例代码如下。

```
1. type ChainNodeInfo struct {
2.   NodeUid    string
3.   NodeAddress []string
4.   NodeTlsCert []byte
5. }
```

ChainNodeInfo 结构体是对网络中节点的定义，节点应当包含节点 ID、节点地址、身份认证标识等，这里使用的是 CA 的 TLS 认证。

```
1. type MsgHandler func(from string, msg []byte,msgType net.NetMsg_MsgType) error
```

　　MsgHandler 是网络消息处理器，当网络模块收到来自其他节点或订阅的消息时，会根据消息类型回调给不同的消息处理器处理收到的消息。

```
1.  type NetService interface {
2.    BroadcastMsg(msg []byte, msgType net.NetMsg_MsgType) error
3.    Subscribe(msgType net.NetMsg_MsgType, handler MsgHandler) error
4.    CancelSubscribe(msgType net.NetMsg_MsgType) error
5.    ConsensusBroadcastMsg(msg []byte, msgType net.NetMsg_MsgType) error
6.    ConsensusSubscribe(msgType net.NetMsg_MsgType, handler MsgHandler) error
7.    CancelConsensusSubscribe(msgType net.NetMsg_MsgType) error
8.    SendMsg(msg []byte, msgType net.NetMsg_MsgType, to ...string) error
9.    ReceiveMsg(msgType net.NetMsg_MsgType, handler MsgHandler) error
10.   Start() error
11.   Stop() error
12.   GetNodeUidByCertId(certId string) (string, error)
13.   GetChainNodesInfoProvider() ChainNodesInfoProvider
14. }
```

　　NetService 结构体是 P2P 网络模块的核心，其中定义了节点消息广播、消息发布订阅、消息取消订阅、发送消息、接收消息、开启和停止网络等方法的接口。下面详细介绍该方法的具体实现。

```
1.  func (m *MockNetService) BroadcastMsg(msg []byte, msgType
2.  net.NetMsg_MsgType) error {
3.    m.ctrl.T.Helper()
4.    ret := m.ctrl.Call(m, "BroadcastMsg", msg, msgType)
5.    ret0, _ := ret[0].(error)
6.    return ret0
7.  }
```

　　BroadcastMsg 方法用于向网络中所有节点广播消息，节点广播消息时需要指定消息类型。

```
1.  func (m *MockNetService) Subscribe(msgType net.NetMsg_MsgType,
2.  handler protocol.MsgHandler) error {
3.    m.ctrl.T.Helper()
4.    ret := m.ctrl.Call(m, "Subscribe", msgType, handler)
5.    ret0, _ := ret[0].(error)
6.    return ret0
7.  }
8.  func (m *MockNetService) CancelSubscribe(msgType net.NetMsg_MsgType) error {
9.    m.ctrl.T.Helper()
10.   ret := m.ctrl.Call(m, "CancelSubscribe", msgType)
11.   ret0, _ := ret[0].(error)
```

12. return ret0

13. }

14. func (m *MockNetService) ConsensusSubscribe(msgType net.NetMsg_MsgType, handler protocol.MsgHandler) error {

15. m.ctrl.T.Helper()

16. ret := m.ctrl.Call(m, "ConsensusSubscribe", msgType, handler)

17. ret0, _ := ret[0].(error)

18. return ret0

19. }

20. func (mr *MockNetServiceMockRecorder) CancelConsensusSubscribe(msgType interface{}) *Gomock.Call {

21. mr.mock.ctrl.T.Helper()

22. return mr.mock.ctrl.RecordCallWithMethodType(mr.mock, "CancelConsensusSubscribe",

23. reflect.TypeOf((*MockNetService)(nil).CancelConsensusSubscribe), msgType)

24. }

Subscribe 用于注册处理指定消息类型的订阅消息处理器，通常和 BroadcastMsg 配合使用；CancelSubscribe 用于注销一个处理指定消息类型的订阅消息处理器；ConsensusSubscribe 用于注册一个处理指定消息类型且只发送给共识节点的订阅消息处理器；CancelConsensusSubscribe 方法用于注销处理指定消息类型的订阅消息处理器。不同于 Subscribe 方法，ConsensusSubscribe 方法只用于向 P2P 网络中达成共识的节点发送消息。

1. func (m *MockNetService) SendMsg(msg []byte, msgType

2. net.NetMsg_MsgType, to ...string) error {

3. m.ctrl.T.Helper()

4. varargs := []interface{}{msg, msgType}

5. for _, a := range to {

6. varargs = append(varargs, a)

7. }

8. ret := m.ctrl.Call(m, "SendMsg", varargs...)

9. ret0, _ := ret[0].(error)

10. return ret0

11. }

12.

13. func (m *MockNetService) ReceiveMsg(msgType net.NetMsg_MsgType, handler protocol.MsgHandler) error {

14. m.ctrl.T.Helper()

15. ret := m.ctrl.Call(m, "ReceiveMsg", msgType, handler)

16. ret0, _ := ret[0].(error)

17. return ret0

18. }

SendMsg 方法用于向 P2P 网络中的指定节点发送消息，ReceiveMsg 方法用于接收指定节点的消息。SendMsg 方法和 ReceiveMsg 方法使用时均需要指定消息类型。

```
1. func (mr *MockNetServiceMockRecorder) StartNet() *gomock.Call {
2.   mr.mock.ctrl.T.Helper()
3.   return mr.mock.ctrl.RecordCallWithMethodType(mr.mock, "Start", reflect.TypeOf((*MockNetService)(nil).Start))
4. }
5. func (mr *MockNetServiceMockRecorder) StopNet() *gomock.Call {
6.   mr.mock.ctrl.T.Helper()
7.   return mr.mock.ctrl.RecordCallWithMethodType(mr.mock, "Stop", reflect.TypeOf((*MockNetService)(nil).Stop))
8. }
```

StartNet 和 StopNet 用于启动和停止网络服务，使用该方法灵活控制网络的启动和停止。

```
1. func (m *MockNetService) GetNodeUidByCertId(certId string) (string,
2. error) {
3.   m.ctrl.T.Helper()
4.   ret := m.ctrl.Call(m, "GetNodeUidByCertId", certId)
5.   ret0, _ := ret[0].(string)
6.   ret1, _ := ret[1].(error)
7.   return ret0, ret1
8. }
```

GetNodeUidByCertId 方法用于根据证书 ID 查询使用该证书 ID 对应的 TLS 证书节点的 NodeId。当新节点加入网络时，主节点和其他节点需要查询节点证书以验证节点合法性，从而决定节点是否能够加入网络。

```
1. func (m *MockNetService) GetChainNodesInfoProvider()
2. protocol.ChainNodesInfoProvider {
3.   m.ctrl.T.Helper()
4.   ret := m.ctrl.Call(m, "GetChainNodesInfoProvider")
5.   ret0, _ := ret[0].(protocol.ChainNodesInfoProvider)
6.   return ret0
7. }
```

GetChainNodesInfoProvider 返回节点信息列表，用于提供链的基本节点信息。

本章小结

本章主要叙述了 Go 语言的发展历程和特性，阐述其支持并发、稳定性强等优点。同时介绍了 Go 语言的开发环境搭建和开发区块链系统的案例，介绍区块、区块头、交易、Merkle 树的结构，并介绍如何采用 Go 语言开发区块链的数据结构和主要模块。通过本章的学习，读者能够建立起对 Go 语言和区块链编程的初步认识，对区块链的实现进行理解并动手开发。

习题 **12**

1. Go 语言具有哪些优点与特性?
2. 如何调用 Go 语言自带的并发编程方法?
3. 如何安装和配置 Go 语言使用环境?
4. Go 语言编译后的二进制文件是否可以跨平台运行?
5. 有哪些常用的 Go IDE 开发工具?如何配置开发工具的环境?
6. 请简要阐述区块链的基本组成结构。
7. 如何通过 Go 语言实现不同线程之间的通信?
8. 请简要阐述 goroutine 定义。如何终止 goroutine?
9. 如何使用 Go 语言实现区块链系统的各个模块功能?
10. 请简要阐述 Go 语言在区块链系统开发方面的优势。

第 13 章　基于以太坊的 NFT 项目实践

本章主要目标是通过 NFT 交易市场项目的开发使读者深入了解整个 DApp 的开发流程，并将之前所学的各类知识点理解得更加透彻，真正学会如何基于以太坊平台开发自己的DApp 项目。

13.1　项目介绍

整个项目的开发任务将分为以下 4 个阶段。

（1）构建项目环境，该项目主要采用 hardhat 脚手架工具进行环境配置。

（2）编写、测试与发布 NFT Market/NFT 智能合约。

（3）编写前端工程页面，通过集成 web3sdk 实现相关交易业务。

（4）运行与演示 NFT Market 项目。

在开始介绍项目前，首先需要在本地操作系统中安装以下软件。

（1）Node.js：本次开发使用 V12.22.0 版本。

（2）Chrome 浏览器。

（3）MetaMask钱包插件（Chrome 浏览器）。

整个项目所用的技术栈主要包含以下 4 个框架。

（1）Next.js Web 应用框架。

（2）hardhat 智能合约工程脚手架工具。

（3）ipfs 去中心化文件存储。

（4）Ethers.js 以太坊 SDK。

在介绍 NFT Market 前，首先需要理解何为 NFT。NFT（non fungible token）即非同质化代币，也可理解为不可替代的代币，它是独一无二的，不能被其他事物替代。例如，比特币作为一个同质化代币，可以用一个比特币替代另一个比特币，并无任何差异；而 NFT 作为非同质化代币，每个 NFT 代币分别代表不同数字资产且不可分割，无法像比特币那样切分成更小的单位进行转账。

NFT 是艺术品、游戏、配乐或其他艺术创作的虚拟数字代币，具有所有权和真实性信息。这些代币或数字资产可以在 NFT Market 中被出售或购买。NFT Market 作为一个数字作品的创作及交易平台，可以为许多艺术家及内容创作者提供绝佳机会来为其作品获得报酬。如今，艺术家们不必依赖拍卖行或画廊出售其艺术品，而是可以将作品以 NFT 形式出售给买家。此外，NFT 涉及版税问题，使原始创作者有权获得一定比例的后续销售报酬。

NFT Market 运作方式如下：首先需要用户注册一个加密钱包并连接到自己的账户；针对创作者，通过平台可以直接定义相关参数创建 NFT，然后通过平台上架自己的 NFT 产品；针对购买者，可以在 NFT 产品页以拍卖出价或一口价的方式购买该 NFT。拍卖方式在拍卖完成后，平台会自动将 NFT 产品转账至购买方钱包；一口价方式则由平台将用户 NFT 转账至卖家钱包。目前比较有名的 NFT 平台包括 OpenSea、Rarible、SuperRare、Foundation、Nifty Gateway 等。

13.2 构建项目环境

13.2.1 初始化 Next 应用工程

首先打开本地命令窗口，使用 npx 命令创建一个 NextWeb 应用目录：

```
hackdapp#❯ npx create-next-app nft-marketplace
```

注意，如果初始化项目失败，可以考虑将 npm 镜像地址切换至淘宝镜像地址：

```
hackdapp#❯ npm config set registry
https://registry.npm.taobao.org
```

如果初始化项目命令运行成功，会显示以下信息：

```
Success!           Created           nft-marketplace           at
/Users/nolan/workmeta/nft-marketplace
Inside that directory, you can run several commands:

  yarn dev
    Starts the development server.

  yarn build
    Builds the app for production.

  yarn start
    Runs the built app in production mode.

We suggest that you begin by typing:

  cd nft-marketplace
  yarn dev
```

应用目录创建成功后，其文件结构如下：

```
hackdapp#❯ tree -L 1
.
├── README.md
├── next.config.js
├── node_modules
├── package.json
```

```
├── pages
├── public
├── styles
└── yarn.lock


    4 directories, 4 files
```

13.2.2　初始化 hardhat 脚手架工具

在命令窗口中进入 nft-marketplace 应用程序目录，初始化 hardhat.config.js：

```
hackdapp#> npx hardhat
```

当运行出命令时，会提示需要生成何种示例程序，此时选择生成一个简单示例工程即可，内容如下：

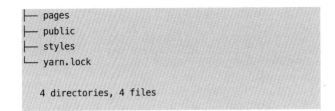

运行完成后，在应用程序根目录下可以看到以下目录。

（1）hardhat.config.js：主要用于定义要发布的链环境配置、插件以及自定义任务。

（2）scripts：主要用于存放一些经常使用的脚本，例如发布合约脚本。

（3）test：主要用于存放测试用例。

（4）contracts：主要用于存放自己的智能合约。

```
hackdapp#> npm install ethers hardhat @nomiclabs/hardhat-waffle \

ethereum-waffle chai @nomiclabs/hardhat-ethers \

web3modal axios
```

生成相应配置文件以及合约目录后，继续为 hardhat 工程添加依赖包。

下面开始配置 hardhat.config.js 文件，该配置文件主要用于定义所要使用的链网络（测试网络、本地网络或正常链网络）、编译合约版本、运行配置参数等。例如，在发布合约时可以通过 network 参数指定要使用的链网络。hardhat 配置文件如图 13.1 所示。

需要注意的是，切勿将自己的密钥配置上传至代码仓库，否则容易泄露密钥信息。可以将存放重要信息的配置文件添加到 .gitignore 文件中，在上传代码时自动忽略该配置文件。

hardhat 配置文件配置完成后，可以尝试启动 hardhat 本身所提供的链服务，具体命令如下：

```
01.  /* hardhat.config.js */
02.  require("@nomiclabs/hardhat-waffle")
03.  const fs = require('fs')
04.  const privateKey = fs.readFileSync(".secret").toString().trim() || "01234567890123456789"
05.
06.  module.exports = {
07.    defaultNetwork: "hardhat",
08.    networks: {
09.      hardhat: {
10.        chainId: 1337
11.      },
12.      mumbai: {
13.        url: "https://rpc-mumbai.matic.today",
14.        accounts: [privateKey]
15.      }
16.    },
17.    solidity: {
18.      version: "0.8.4",
19.      settings: {
20.        optimizer: {
21.          enabled: true,
22.          runs: 200
23.        }
24.      }
25.    }
26.  }
```

图 13.1　hardhat 配置文件

```
hackdapp#❭ npx hardhat node
Started HTTP and WebSocket JSON-RPC server at
http://127.0.0.1:8545/
```

13.3　编写、测试与发布 NFT 智能合约

此处实现一个 NFT 智能合约，通过该合约发行 NFT 数字资产。

编写NFT智能合约前，首先需要在应用工程中添加合约依赖库@openzeppelin，通过该库中提供的 ERC721 标准，扩展要实现的 NFT 合约：

```
hackdapp#❭npm install @openzeppelin/contracts --save-dev
```

13.3.1　编写 NFT Market 智能合约

NFT Market 智能合约作为交易市场的核心业务合约，其代码实现主要包含以下 3 类定义。

（1）数据结构定义，例如交易商品数据结构。

（2）事件定义，例如交易成交事件。由于区块链交易为异步执行操作，因此通过事件监听的方式实时更新前端界面商品的交易状态。

（3）函数定义，主要包括 NFT 商品上架功能、购买 NFT 商品、查看发布的 NFT 商品、查询所有未售商品列表、查询购买的 NFT 以及上架商品手续费用等。

此处需要重点说明两个功能：NFT 商品上架功能是指将 NFT 合约的代币资产所有权代理给交易平台，当买卖成交时由交易平台代为转账；购买 NFT 商品是指当购买者支付 NFT 商品订单价格后，金额会直接转账至卖方，而 NFT 数字资产会由交易平台转账至购买者，同时将上架商品时卖方支出的上架费用转账至发布交易市场合约时设置的 owner 账户。

　　首先需要在应用工程根目录的 contracts 目录下创建一个名为 NFT-MARKET.sol 的文件，并填写图 13.2 所示代码内容。

```solidity
// SPDX-License-Identifier: MIT OR Apache-2.0
pragma solidity ^0.8.3;

import "@openzeppelin/contracts/utils/Counters.sol";
import
"@openzeppelin/contracts/security/ReentrancyGuard.sol";
import
"@openzeppelin/contracts/token/ERC721/ERC721.sol";

import "hardhat/console.sol";

contract NFTMarket is ReentrancyGuard {
  using Counters for Counters.Counter;
  Counters.Counter private _itemIds;
  Counters.Counter private _itemsSold;

  address payable owner;
  uint256 listingPrice = 0.025 ether;

  constructor() {
    owner = payable(msg.sender);
  }

  struct MarketItem {
    uint itemId;
    address nftContract;
    uint256 tokenId;
    address payable seller;
    address payable owner;
    uint256 price;
    bool sold;
  }

  mapping(uint256 => MarketItem) private idToMarketItem;

  event MarketItemCreated (
    uint indexed itemId,
    address indexed nftContract,
    uint256 indexed tokenId,
    address seller,
    address owner,
    uint256 price,
    bool sold
  );
  /* Returns the listing price of the contract */
  function getListingPrice() public view returns
(uint256) {
    return listingPrice;
  }

  /* Places an item for sale on the marketplace */
```

```
function createMarketItem(
  address nftContract,
  uint256 tokenId,
  uint256 price
) public payable nonReentrant {
  require(price > 0, "Price must be at least 1 wei");
  require(msg.value == listingPrice, "Price must be
equal to listing price");

  _itemIds.increment();
  uint256 itemId = _itemIds.current();

  idToMarketItem[itemId] = MarketItem(
    itemId,
    nftContract,
    tokenId,
    payable(msg.sender),
    payable(address(0)),
    price,
    false
  );

  IERC721(nftContract).transferFrom(msg.sender,
address(this), tokenId);

  emit MarketItemCreated(
    itemId,
    nftContract,
    tokenId,
    msg.sender,
    address(0),
    price,
    false
  );
}
/* Creates the sale of a marketplace item */
/* Transfers ownership of the item, as well as funds
between parties */
function createMarketSale(
  address nftContract,
  uint256 itemId
) public payable nonReentrant {
  uint price = idToMarketItem[itemId].price;
  uint tokenId = idToMarketItem[itemId].tokenId;
  require(msg.value == price, "Please submit the
asking price in order to complete the purchase");

  idToMarketItem[itemId].seller.transfer(msg.value);
  IERC721(nftContract).transferFrom(address(this),
msg.sender, tokenId);
  idToMarketItem[itemId].owner = payable(msg.sender);
  idToMarketItem[itemId].sold = true;
  _itemsSold.increment();
```

```solidity
    payable(owner).transfer(listingPrice);
  }

  /* Returns all unsold market items */
  function fetchMarketItems() public view returns
(MarketItem[] memory) {
    uint itemCount = _itemIds.current();
    uint unsoldItemCount = _itemIds.current() -
_itemsSold.current();
    uint currentIndex = 0;

    MarketItem[] memory items = new
MarketItem[](unsoldItemCount);
    for (uint i = 0; i < itemCount; i++) {
      if (idToMarketItem[i + 1].owner == address(0)) {
        uint currentId = i + 1;
        MarketItem storage currentItem =
idToMarketItem[currentId];
        items[currentIndex] = currentItem;
        currentIndex += 1;
      }
    }
    return items;
  }

  /* Returns only items that a user has purchased */
  function fetchMyNFTs() public view returns
(MarketItem[] memory) {
    uint totalItemCount = _itemIds.current();
    uint itemCount = 0;
    uint currentIndex = 0;

    for (uint i = 0; i < totalItemCount; i++) {
      if (idToMarketItem[i + 1].owner == msg.sender) {
        itemCount += 1;
      }
    }

    MarketItem[] memory items = new
MarketItem[](itemCount);
    for (uint i = 0; i < totalItemCount; i++) {
      if (idToMarketItem[i + 1].owner == msg.sender) {
        uint currentId = i + 1;
        MarketItem storage currentItem =
idToMarketItem[currentId];
        items[currentIndex] = currentItem;
        currentIndex += 1;
      }
    }
    return items;
  }

  /* Returns only items a user has created */
  function fetchItemsCreated() public view returns
```

```
(MarketItem[] memory) {
    uint totalItemCount = _itemIds.current();
    uint itemCount = 0;
    uint currentIndex = 0;

    for (uint i = 0; i < totalItemCount; i++) {
      if (idToMarketItem[i + 1].seller == msg.sender) {
        itemCount += 1;
      }
    }

    MarketItem[] memory items = new
    MarketItem[](itemCount);
      for (uint i = 0; i < totalItemCount; i++) {
        if (idToMarketItem[i + 1].seller == msg.sender) {
          uint currentId = i + 1;
          MarketItem storage currentItem =
idToMarketItem[currentId];
          items[currentIndex] = currentItem;
          currentIndex += 1;
        }
      }
      return items;
    }
}
```

图 13.2　交易市场合约文件

13.3.2　编写 NFT 智能合约

在应用工程目录的 contracts 目录下，创建一个名为 NFT.sol 的合约文件，并在该文件中填写图 13.3 所示代码内容。

```
01.  // contracts/NFT.sol
02.  // SPDX-License-Identifier: MIT OR Apache-2.0
03.  pragma solidity ^0.8.3;
04.
05.  import "@openzeppelin/contracts/utils/Counters.sol";
06.  import "@openzeppelin/contracts/token/ERC721/extensions/ERC721URIStorage.sol";
07.  import "@openzeppelin/contracts/token/ERC721/ERC721.sol";
08.
09.  import "hardhat/console.sol";
10.
11.  contract NFT is ERC721URIStorage {
12.      using Counters for Counters.Counter;
13.      Counters.Counter private _tokenIds;
14.      address contractAddress;
15.
16.      constructor(address marketplaceAddress) ERC721("Metaverse Tokens", "METT") {
17.          contractAddress = marketplaceAddress;
18.      }
19.
20.      function createToken(string memory tokenURI) public returns (uint) {
21.          _tokenIds.increment();
22.          uint256 newItemId = _tokenIds.current();
23.
24.          _mint(msg.sender, newItemId);
25.          _setTokenURI(newItemId, tokenURI);
26.          setApprovalForAll(contractAddress, true);
27.          return newItemId;
28.      }
29.  }
```

图 13.3　NFT 合约文件

13.3.3　编译合约

NFT 合约编写完成后，使用编译命令编译合约，验证待实现合约是否存在错误：

```
hackdapp#> npx hardhat compile
Downloading compiler 0.8.4
Compiling 14 files with 0.8.4
Compilation finished successfully
```

若合约成功编译，则会在应用目录artifacts/contracts/下看到所生成的两个合约（NFT、NFT-MARKET）ABI 文件，如下所示：

```
hackdapp#> tree -d -L 1 artifacts/contracts
artifacts/contracts
├── Greeter.sol
├── NFT-MARKET.sol
└── NFT.sol

3 directories
```

13.3.4　测试合约

编写以及验证合约编译成功后，需要编写测试用例验证合约各项功能，检查其运行结果是否正确。

在根目录下找到test 目录，在该目录下创建nft-market.test.js 文件，并填入图 13.4 所示代码内容。

```
01.  /* test/nft-market.test.js */
02.  const { expect } = require("chai");
03.  const { ethers } = require("hardhat");
04.
05.  describe("NFT", async () => {
06.   let nftMarket
07.   let nft
08.
09.   let nftMarketContractAddr
10.   let nftContractAddr
11.
12.   beforeEach(async () => {
13.   /* deploy the NFT Market contract */
14.    const NFTMarket = await ethers.getContractFactory("NFTMarket")
15.    nftMarket = await NFTMarket.deploy()
16.     await nftMarket.deployed()
17.    nftMarketContractAddr = nftMarket.address
18.
19.     /* deploy the NFT contract */
20.     const NFT = await ethers.getContractFactory("NFT")
21.    nft = await NFT.deploy(nftMarketContractAddr)
22.     await nft.deployed()
23.    nftContractAddr = nft.address
24.   });
25.
26.   it('#createNft', async () => {
27.    await nft.createToken("https://www.hackdapp.com/1.jpg")
28.     await nft.createToken("https://www.hackdapp.com/2.jpg")
29.
30.    expect(await nft.tokenURI(1)).to.equal("https://www.hackdapp.com/1.jpg")
31.    expect(await nft.tokenURI(2)).to.equal("https://www.hackdapp.com/2.jpg")
32.   })
33.  })
```

图 13.4　智能合约测试文件

测试用例文件编写完成后，使用hardhat命令运行测试，验证所有合约方法逻辑是否符合预期目标：

```
hackdapp#> npx hardhat test
```

如果所有测试用例符合预期结果，则其运行结果如下：

```
NFT
  √ #createNft (102ms)

NFTMarket
  √ #getListingPrice
  √ #createMarketItem (210ms)
  √ #createMarketSale (151ms)
  √ #fetchMyNFTs (177ms)
  √ #fetchItemsCreated (154ms)


6 passing (3s)
```

13.3.5 发布合约

合约编译成功后，需要编写一个可以发布 NFT 以及 NFT-MARKET 合约的脚本，方便快速发布智能合约至不同链网络。

首先需要在 scripts 目录下创建 deploy.js 文件，并填写图 13.5 所示代码内容。

```
01.  const hre = require("hardhat");
02.  const fs = require('fs');
03.
04.  async function main() {
05.    const NFTMarket = await hre.ethers.getContractFactory("NFTMarket");
06.    const nftMarket = await NFTMarket.deploy();
07.    await nftMarket.deployed();
08.    console.log("nftMarket deployed to:", nftMarket.address);
09.
10.    const NFT = await hre.ethers.getContractFactory("NFT");
11.    const nft = await NFT.deploy(nftMarket.address);
12.    await nft.deployed();
13.    console.log("nft deployed to:", nft.address);
14.
15.    let config = `
16.    export const nftmarketaddress = "${nftMarket.address}"
17.    export const nftaddress = "${nft.address}"
18.    `
19.
20.    let data = JSON.stringify(config)
21.    fs.writeFileSync('config.js', JSON.parse(data))
22.  }
23.
24.  main()
25.    .then(() => process.exit(0))
26.    .catch(error => {
27.      console.error(error);
28.      process.exit(1);
29.    });
```

图 13.5 发布合约脚本

然后使用 deploy.js 脚本，将编写的两个合约发布到本地链环境中：

```
hackdapp#> npx hardhat run --network localhost
scripts/deploy.js
NFT Market deployed to:
0x9fE46736679d2D9a65F0992F2272dE9f3c7fa6e0
NFT deployed to: 0xCf7Ed3AccA5a467e9e704C703E8D87F634fB0Fc9
```

如上所示，如果合约发布成功，则会输出 NFT 合约以及 NFT-MARKET 合约地址。

13.4　编写前端界面

链环境以及智能合约的代码功能实现后，下面进入前端页面开发环节。这里采用 Tailwind CSS 开源框架实现整个交易市场应用的功能页面，例如门户 NFT 页面、个人上架 NFT 列表页面、个人购买的 NFT 列表页面等。

13.4.1　安装 Tailwind CSS 框架

使用命令窗口进入应用根目录，并通过 npm 命令安装 Tailwind CSS 框架依赖包：

```
hackdapp#> npm install -D tailwindcss@latest postcss@latest
autoprefixer@latest
```

安装完成后，使用 npx 命令初始化该开源框架配置文件（tailwind.config.js 和 postcss.config.js）：

```
hackdapp#> npx tailwindcss init -p
```

然后将 styles/globals.css 文件中的代码清空，并更新为 Tailwind CSS 样式：

```
@tailwind base;
@tailwind components;
@tailwind utilities;
```

最后修改 tailwind.config.js 文件，具体内容如下：

```
module.exports = {
  content: [
      "./pages/**/*.{js,ts,jsx,tsx}",
   "./components/**/*.{js,ts,jsx,tsx}",
   ],
  theme: {
    extend: {},
  },
  plugins: [],
}
```

13.4.2　编写首页门户页面

首先需要定义整个网站的导航路径，通过该导航路径方便进入其他功能页面，因此需要编辑 pages/_app.js 文件，将文件内容修改为图 13.6 所示内容。

之后继续实现进入门户时默认展示的正在售卖 NFT 的列表数据页面，通过该页面可以看到每个 NFT 的图片、价格以及售卖人等信息。因此需要继续修改门户页面代码 pages/index.js，在该页面实现逻辑中完成 3 类工作：（1）通过 SDK 实现与链的交互集成，例如合约实例化以及合约函数调用；（2）实现数据结构转换，将链合约函数返回的数据进行格式化转换；（3）将转换后的数据通过页面展示组件进行数据展示。

将 pages/index.js 文件中的内容修改为图 13.7 所示内容。

```
01.  /* pages/_app.js */
02.  import '../styles/globals.css'
03.  import Link from 'next/link'
04.
05.  function MyApp({ Component, pageProps }) {
06.    return (
07.      <div>
08.        <nav className="border-b p-6">
09.          <p className="text-4xl font-bold">NFT Marketplace</p>
10.          <div className="flex mt-4">
11.            <Link href="/"> <a className="mr-4 text-pink-500"> 首页 </a> </Link>
12.            <Link href="/create-item"> <a className="mr-6 text-pink-500"> 出售NFT </a> </Link>
13.            <Link href="/my-assets"> <a className="mr-6 text-pink-500"> 我的购买 </a> </Link>
14.            <Link href="/creator-dashboard"> <a className="mr-6 text-pink-500"> 我的出售 </a> </Link>
15.          </div>
16.        </nav>
17.        <Component {...pageProps} />
18.      </div>
19.    )
20.  }
21.
22.  export default MyApp
```

图 13.6　导航页面代码

```
/* pages/index.js */
import { ethers } from 'ethers'
import { useEffect, useState } from 'react'
import axios from 'axios'
import Web3Modal from "web3modal"

import {
  nftaddress, nftmarketaddress
} from '../config'

import NFT from
'../artifacts/contracts/NFT.sol/NFT.json'
import Market from '../artifacts/contracts/NFT-
MARKET.sol/NFTMarket.json'

export default function Home() {
  const [nfts, setNfts] = useState([])
  const [loadingState, setLoadingState] = useState('not-
loaded')
  useEffect(() => {
    loadNFTs()
  }, [])
  async function loadNFTs() {
    const provider = new
ethers.providers.JsonRpcProvider()
    const tokenContract = new
```

```
ethers.Contract(nftaddress, NFT.abi, provider)
    const marketContract = new
ethers.Contract(nftmarketaddress, Market.abi, provider)
    const data = await marketContract.fetchMarketItems()

    const items = await Promise.all(data.map(async i =>
{
      const tokenUri = await
tokenContract.tokenURI(i.tokenId)
      const meta = await axios.get(tokenUri)
      let price =
ethers.utils.formatUnits(i.price.toString(), 'ether')
      let item = {
        price,
        tokenId: i.tokenId.toNumber(),
        seller: i.seller,
        owner: i.owner,
        image: meta.data.image,
        name: meta.data.name,
        description: meta.data.description,
      }
      return item
    }))
    setNfts(items)
    setLoadingState('loaded')
  }
  async function buyNft(nft) {
    const web3Modal = new Web3Modal()
    const connection = await web3Modal.connect()
    const provider = new
ethers.providers.Web3Provider(connection)
    const signer = provider.getSigner()
    const contract = new
ethers.Contract(nftmarketaddress, Market.abi, signer)

    const price =
ethers.utils.parseUnits(nft.price.toString(), 'ether')
    const transaction = await
contract.createMarketSale(nftaddress, nft.tokenId, {
      value: price
    })
    await transaction.wait()
    loadNFTs()
  }
  if (loadingState === 'loaded' && !nfts.length) return
(<h1 className="px-20 py-10 text-3xl">暂无可售 NFT</h1>)
  return (
    <div className="flex justify-center">
      <div className="px-4" style={{ maxWidth:
'1600px' }}>
        <div className="grid grid-cols-1 sm:grid-cols-2
lg:grid-cols-4 gap-4 pt-4">
          {
            nfts.map((nft, i) => (
```

```
                    <div key={i} className="border shadow
rounded-xl overflow-hidden">
                        <img src={nft.image} />
                        <div className="p-4">
                         <p style={{ height: '64px' }}
className="text-2xl font-semibold">{nft.name}</p>
                        <div style={{ height: '70px', overflow:
 'hidden' }}>
                           <p className="text-gray-
400">{nft.description}</p>
                        </div>
                        </div>
                        <div className="p-4 bg-black">
                         <p className="text-2xl mb-4 font-bold
text-white">{nft.price} ETH</p>
                         <button className="w-full bg-pink-500
text-white font-bold py-2 px-12 rounded" onClick={() =>
buyNft(nft)}>Buy</button>
                        </div>
                    </div>
                ))
            }
         </div>
       </div>
     </div>
   )
 }
```

图 13.7　交易市场门户页面代码

13.4.3　编写创建以及上架 NFT 卡片页面

该页面主要实现的功能是基于交易市场发行新的数字 NFT，同时将该 NFT 以指定价格上架到交易市场。而其中发行的新的数字 NFT 元数据信息将采用 ipfs 客户端存储至其去中心化网络。此外，上架 NFT 交易市场这一操作需要用户使用 MetaMask 进行两次签名交易，即发行 NFT 签名、上架 NFT 至交易市场签名。

由于本页面的实现过程使用 ipfs 存储，因此需要在应用程序中添加相关依赖包：

```
npm install ipfs-http-client
```

然后在项目根目录的 pages 目录下，创建上架 NFT 页面代码 pages/create-item.js 文件，并填写图 13.8 所示代码内容。

13.4.4　编写查看已购 NFT 列表页面

本页面所要实现的功能是展示已经购买的所有 NFT，并以列表形式进行统一展现。主要实现逻辑如下。

（1）获取当前交易市场所连接钱包 MetaMask 的用户公钥地址。

（2）根据用户公钥地址，通过 SDK 调用 Market 合约的 fetchMyNFTs 函数，获取已购买 NFT 的数据列表。

```
/* pages/create-item.js */
import { useState } from 'react'
import { ethers } from 'ethers'
import { create as ipfsHttpClient } from 'ipfs-http-
client'
import { useRouter } from 'next/router'
import Web3Modal from 'web3modal'

const client =
ipfsHttpClient('https://ipfs.infura.io:5001/api/v0')

import {
  nftaddress, nftmarketaddress
} from '../config'

import NFT from
'../artifacts/contracts/NFT.sol/NFT.json'
import Market from '../artifacts/contracts/NFT-
MARKET.sol/NFTMarket.json'

export default function CreateItem() {
  const [fileUrl, setFileUrl] = useState(null)
  const [formInput, updateFormInput] = useState({ price:
'', name: '', description: '' })
  const router = useRouter()

  async function onChange(e) {
    const file = e.target.files[0]
    try {
      const added = await client.add(
        file,
        {
          progress: (prog) => console.log(`received:
${prog}`)
        }
      )
      const url =
`https://ipfs.infura.io/ipfs/${added.path}`
      setFileUrl(url)
    } catch (error) {
      console.log('Error uploading file: ', error)
    }
  }
  async function createMarket() {
    const { name, description, price } = formInput
    if (!name || !description || !price || !fileUrl)
return
    const data = JSON.stringify({
      name, description, image: fileUrl
    })
```

```
    try {
      const added = await client.add(data)
      const url =
`https://ipfs.infura.io/ipfs/${added.path}`
      createSale(url)
    } catch (error) {
      console.log('Error uploading file: ', error)
    }
  }

  async function createSale(url) {
    const web3Modal = new Web3Modal()
    const connection = await web3Modal.connect()
    const provider = new
ethers.providers.Web3Provider(connection)
    const signer = provider.getSigner()

    let contract = new ethers.Contract(nftaddress,
NFT.abi, signer)
    let transaction = await contract.createToken(url)
    let tx = await transaction.wait()
    let event = tx.events[0]
    let value = event.args[2]
    let tokenId = value.toNumber()
    const price =
ethers.utils.parseUnits(formInput.price, 'ether')

    contract = new ethers.Contract(nftmarketaddress,
Market.abi, signer)
    let listingPrice = await contract.getListingPrice()
    listingPrice = listingPrice.toString()

    transaction = await
contract.createMarketItem(nftaddress, tokenId, price,
{ value: listingPrice })
    await transaction.wait()
    router.push('/')
  }

  return (
    <div className="flex justify-center">
      <div className="w-1/2 flex flex-col pb-12">
        <input
          placeholder="Asset Name"
          className="mt-8 border rounded p-4"
          onChange={e => updateFormInput({ ...formInput,
name: e.target.value })}
        />
        <textarea
          placeholder="Asset Description"
          className="mt-2 border rounded p-4"
          onChange={e => updateFormInput({ ...formInput,
description: e.target.value })}
```

```
      />
      <input
        placeholder="Asset Price in Eth"
        className="mt-2 border rounded p-4"
        onChange={e => updateFormInput({ ...formInput,
price: e.target.value })}
      />
      <input
        type="file"
        name="Asset"
        className="my-4"
        onChange={onChange}
      />
      {
        fileUrl && (
          <img className="rounded mt-4" width="350"
src={fileUrl} />
        )
      }
      <button onClick={createMarket} className="font-
bold mt-4 bg-pink-500 text-white rounded p-4 shadow-lg">
        Create Digital Asset
      </button>
    </div>
  </div>
  )
}
```

图 13.8　上架 NFT 页面代码

（3）根据 Market 合约所返回的 NFT tokenId 信息，再次调用 NFT 合约查询每个 NFT 的具体元数据信息，例如名称、描述、图片地址等。

（4）通过 Tailwind CSS 组件进行页面展示。

在应用程序根目录下的pages目录下，创建 my-assets.js 文件，并填写图 13.9 所示代码内容。

```
/* pages/my-assets.js */
import { ethers } from 'ethers'
import { useEffect, useState } from 'react'
import axios from 'axios'
import Web3Modal from "web3modal"

import {
  nftmarketaddress, nftaddress
} from '../config'

import Market from '../artifacts/contracts/NFT-
MARKET.sol/NFTMarket.json'
import NFT from
'../artifacts/contracts/NFT.sol/NFT.json'

export default function MyAssets() {
  const [nfts, setNfts] = useState([])
```

```
  const [loadingState, setLoadingState] =
useState('not-loaded')
  useEffect(() => {
    loadNFTs()
  }, [])
  async function loadNFTs() {
    const web3Modal = new Web3Modal({
      network: "mainnet",
      cacheProvider: true,
    })
    const connection = await web3Modal.connect()
    const provider = new
ethers.providers.Web3Provider(connection)
    const signer = provider.getSigner()

    const marketContract = new
ethers.Contract(nftmarketaddress, Market.abi, signer)
    const tokenContract = new
ethers.Contract(nftaddress, NFT.abi, provider)
    const data = await marketContract.fetchMyNFTs()

    const items = await Promise.all(data.map(async i =>
{
      const tokenUri = await
tokenContract.tokenURI(i.tokenId)
      const meta = await axios.get(tokenUri)
      let price =
ethers.utils.formatUnits(i.price.toString(), 'ether')
      let item = {
        price,
        tokenId: i.tokenId.toNumber(),
        seller: i.seller,
        owner: i.owner,
        image: meta.data.image,
      }
      return item
    }))
    setNfts(items)
    setLoadingState('loaded')
  }
  if (loadingState === 'loaded' && !nfts.length)
return (<h1 className="py-10 px-20 text-3xl">No assets
owned</h1>)
  return (
    <div className="flex justify-center">
      <div className="p-4">
        <div className="grid grid-cols-1 sm:grid-cols-2
lg:grid-cols-4 gap-4 pt-4">
          {
            nfts.map((nft, i) => (
```

```
              <div key={i} className="border shadow
rounded-xl overflow-hidden">
              <img src={nft.image} className="rounded"
/>
              <div className="p-4 bg-black">
                <p className="text-2xl font-bold text-
white">Price - {nft.price} Eth</p>
              </div>
            </div>
          ))
        }
      </div>
    </div>
  </div>
  )
}
```

图 13.9　查看已购 NFT 列表代码

13.4.5　编写查看已上架 NFT 列表页面

本页面所要实现的功能是将所有发行并上架的 NFT 进行统一数据展示,其中包括已售以及在售 NFT 数据。主要业务实现逻辑如下。

（1）获取当前交易市场所连接钱包 MetaMask 的用户公钥地址。

（2）根据用户公钥地址,通过 SDK 调用 Market 合约的 fetchItemsCreated 函数,获取已发行且上架 NFT 的数据列表。

（3）根据 Market 合约所返回的 NFT tokenId 信息,再次调用 NFT 合约查询每个 NFT 的具体元数据信息,例如名称、描述、图片地址等。

（4）通过 Tailwind CSS 组件进行页面展示。

进入应用根目录,在 pages 目录下创建 creator-dashboard.js 文件,并填写图 13.10 所示代码内容。

```
/* pages/creator-dashboard.js */
import { ethers } from 'ethers'
import { useEffect, useState } from 'react'
import axios from 'axios'
import Web3Modal from "web3modal"

import {
  nftmarketaddress, nftaddress
} from '../config'

import Market from '../artifacts/contracts/NFT-
MARKET.sol/NFTMarket.json'
import NFT from
'../artifacts/contracts/NFT.sol/NFT.json'
```

```
export default function CreatorDashboard() {
  const [nfts, setNfts] = useState([])
  const [sold, setSold] = useState([])
  const [loadingState, setLoadingState] = useState('not-
loaded')
  useEffect(() => {
    loadNFTs()
  }, [])
  async function loadNFTs() {
    const web3Modal = new Web3Modal({
      network: "mainnet",
      cacheProvider: true,
    })
    const connection = await web3Modal.connect()
    const provider = new
ethers.providers.Web3Provider(connection)
    const signer = provider.getSigner()


    const marketContract = new
ethers.Contract(nftmarketaddress, Market.abi, signer)
    const tokenContract = new
ethers.Contract(nftaddress, NFT.abi, provider)
    const data = await
marketContract.fetchItemsCreated()
    const items = await Promise.all(data.map(async i =>
{
      const tokenUri = await
tokenContract.tokenURI(i.tokenId)
      const meta = await axios.get(tokenUri)
      let price =
ethers.utils.formatUnits(i.price.toString(), 'ether')
      let item = {
        price,
        tokenId: i.tokenId.toNumber(),
        seller: i.seller,
        owner: i.owner,
        sold: i.sold,
      }
      return item
    }))
    const soldItems = items.filter(i => i.sold)
    setSold(soldItems)
    setNfts(items)
    setLoadingState('loaded')
  }
  if (loadingState === 'loaded' && !nfts.length) return
(<h1 className="py-10 px-20 text-3xl">No assets
created</h1>)
  return (
```

```
    <div>
      <div className="p-4">
        <h2 className="text-2xl py-2">Items Created</h2>
        <div className="grid grid-cols-1 sm:grid-cols-2
lg:grid-cols-4 gap-4 pt-4">
        {
          nfts.map((nft, i) => (
            <div key={i} className="border shadow
rounded-xl overflow-hidden">
              <img src={nft.image} className="rounded"
/>
              <div className="p-4 bg-black">
                <p className="text-2xl font-bold text-
white">Price - {nft.price} Eth</p>
              </div>
            </div>
          ))
        }
        </div>
      </div>
        <div className="px-4">
        {
          Boolean(sold.length) && (
            <div>
              <h2 className="text-2xl py-2">Items
sold</h2>
              <div className="grid grid-cols-1 sm:grid-
cols-2 lg:grid-cols-4 gap-4 pt-4">
                {
                  sold.map((nft, i) => (
                    <div key={i} className="border shadow
rounded-xl overflow-hidden">
                      <img src={nft.image}
className="rounded" />
                      <div className="p-4 bg-black">
                        <p className="text-2xl font-bold
text-white">Price - {nft.price} Eth</p>
                      </div>
                    </div>
                  ))
                }
              </div>
            </div>
          )
        }
        </div>
      </div>
  )
}
```

图 13.10　查看已创建 NFT 列表代码

至此，所有功能页面均编码完成。

13.5　运行与演示 NFT Market

通过之前的代码讲解与实现，NFT 交易市场功能均已编码完成。下面整体展示整个交易市场的各项功能。

首先需要使用 npm 命令运行项目：

```
hackdapp#〉npm run dev
```

项目成功运行后，可以通过浏览器访问http://localhost:3000/地址，页面效果如图 13.11 所示。

然后点击【出售 NFT】导航链接，进入出售 NFT 页面。

填写 NFT 名称、详细描述以及图片信息后，单击【创建数据资产】，会唤醒 MetaMask 进行两次交易签名。交易确认成功后单击【我的出售】导航链接，可以看到所有已上架 NFT 资产，如图 13.12 和图 13.13 所示。

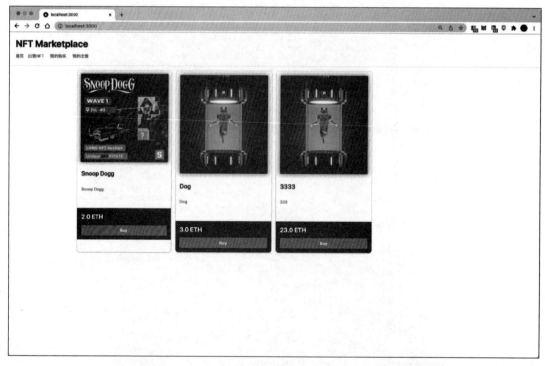

图 13.11　交易门户页

之后可以进入门户首页，直接购买对应的 NFT 数字资产，购买的同时也会唤醒本地钱包进行交易转账。交易确认成功后即可点击【我的购买】导航链接，查看所有已购 NFT 列表数据，如图 13.14 所示。

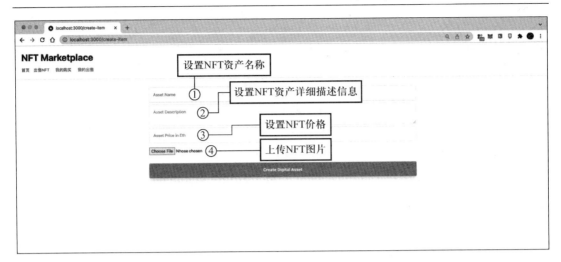

图 13.12　出售 NFT 页面

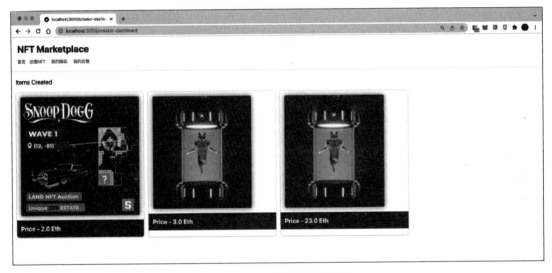

图 13.13　【我的出售】页面

图 13.14　【我的购买】页面

本章小结

本章首先详细阐述了NFT及其交易市场的基础知识,并介绍整个项目的业务运行流程;然后通过 4 个开发步骤,逐步带领读者了解从初始化项目工程到合约编写、编译、用例测试、发布以及使用以太坊 SDK 与前端页面进行应用集成的全部流程,从而完成整个项目应用的开发工作;最后通过代码示例向读者展示 NFT 交易市场的整体业务操作流程。

习题 13

1. 什么是 NFT? 其与 BTC 有何区别?
2. 使用 Next 框架编写一个简易网站。
3. 使用 hardhat 初始化一个项目,并使用自建链服务发布一个智能合约。
4. 编写一个智能合约及对应测试用例,并通过所有测试用例验证。
5. 请简述开发一个基于以太坊的 NFT 项目的具体编码流程。
6. 请简述 NFT 交易市场的整体业务逻辑。
7. 完成整个 NFT 项目的代码开发任务并进行演示。
8. 请简述 ipfs 在项目中的作用。

第 14 章　基于区块链的养老保险案例设计与开发

为了让读者能够针对行业应用开展设计与实验，本章将从区块链与应用案例技术结合实践的角度，重点介绍如何采用联盟链实现一个典型的行业 DApp 业务系统，即基于联盟链（北京航空航天大学联盟链 Java 版）的养老保险业务系统。以养老保险业务场景为切入点，使读者了解保险业务中的投保、核算以及退休等核心业务，理解和实现如何采用区块链技术与其业务进行技术整合，以此有效解决保险业务中资金不透明、核算不清晰、手续复杂且办理流程周期长等一系列痛点问题，从而改变行业运行模式。

14.1　养老保险业务

养老保险全称为社会基本养老保险，是国家和社会根据法律和法规，为保障劳动者在达到国家规定的解除劳动义务的劳动年龄界限，或因年老丧失劳动能力退出劳动岗位后的基本生活而建立的一种社会保险制度。养老保险是社会保障制度的重要组成部分，是社会保险五大险种中最重要的险种之一。养老保险的目的是保障老年人的基本生活需求，为其提供稳定可靠的生活来源。

14.1.1　传统解决方案

聚焦职工基础养老保险，目前基础养老金普遍采用社会化发放的方式，即企业离退休职工的养老金由社会保险经办机构负责管理发放，通过银行或邮局为企业离退休职工建立基本养老金账户，按月将养老金划入指定账户，保证离退休人员能够按时支取。主要业务流程如图 14.1 所示。

传统解决方案采用银社直连的方式，即社保业务（社会保险信息系统）、财务（财务软件公司系统）和银行（银行信息系统）连接，实现发放时自动抓取业务数据项、生成拨付文件、上传至各银行系统的"一键导入"功能，数据安全极大提升。"银社直连"不仅实现了数据从社保业务系统向银行传递，更做到了无论支付成功与否，银行系统均通过"银社直连"接口，向业务系统反馈发放结果，为办理业务或再次发起提供准确依据。每笔发放状态均以数据形式存放在业务系统，不仅便于经办人员了解查询业务办理状态，更用数据传输替代口头传递，构建起信息在不同系统间共享的"资料库"。但是银社直连仍为一种串联的信息传输方式，当信息需要在 3 个或以上机构进行流转时，易产生数据同步不及时、数据不一致等情况。传统养老金发放流程如图 14.2 所示。

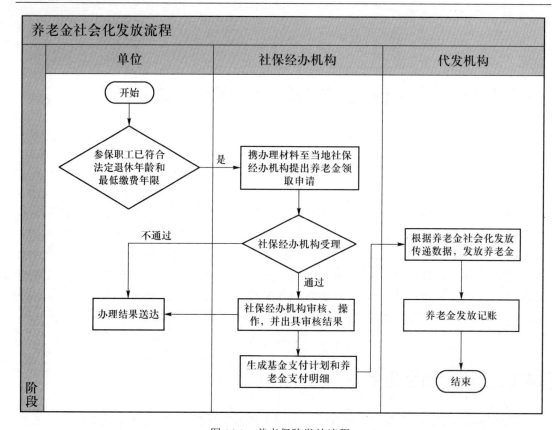

图 14.1 养老保险发放流程

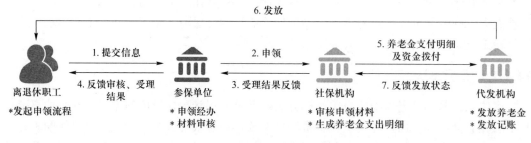

图 14.2 传统养老金发放流程

在传统互联网技术对保险自动理赔业务的实现方案中，对各类需求的具体技术实现大多以中心化形式。传统互联网技术中，用于处理具体需求的后端节点使用关系数据库（例如 MySQL、Oracle 等）对数据进行持久化，并且使用程序对收到的请求进行处理——将相关数据从数据库中取出—进行运算—写回数据库—返回结果等。从设计架构上看，请求之间相互独立性高，且每次请求的处理结果直接取决于后端节点的行为。例如，在一次合同转账请求中，相关联账户的余额数目可以被后端节点更改，如果后台管理人员拥有对数据库的高度控制权限，那么也可对账户数据进行更改。

业务请求之间进行分离、数据库与后台程序进行解耦等设计对于传统互联网技术具有高性能、迭代性强、开发成本低等诸多优点，但是基于 CAP 原理，追逐性能会对数据的一致性和安全性造成不可避免的牺牲。保险自动理赔作为一个对数据的安全性、一致性要求较高的业务场景，由于其自身对高并发的敏感度不高，使用传统互联网技术进行开发存在一定的弊端。

14.1.2　区块链解决方案

区块链作为一种生产关系的颠覆性技术，具有革新保险行业的潜力，该技术可以成为改善保险公司收集或记录数据、处理索赔和防止欺诈的方式。虽然区块链与保险的结合尚处于探索和实践的初期，但是区块链技术可以成为保险公司、投保人、信息平台、数据提供方之间数据获取和价值交换的关键。区块链被视为未来保险业的催化剂，通过不同中介机构的协调与合作，以分布式账本的形式处理保险业数据处理流程。在更广泛的范围内，区块链技术可使保险公司减少和简化文书工作，提高数据安全性，并通过消除耗时的工作流程降低成本。区块链技术可以解决传统保险业中的难题，例如骗保检测、业务流程复杂等问题。

研究发现，基于区块链的自动理赔能够改进养老保险体制，理由如下。

（1）由国家立法强制执行，是一个强制且长时间的保险场景。

（2）养老保险具有社会性，影响较大，受众广且时间较长，费用支出庞大。因此必须设置专门机构，实行现代化、专业化、社会化的统一规划和管理。

（3）具体业务相对其他保险而言手续较少、审核简单，无须大量人工操作，更适合自动化处理。其中发放与缴纳过程存在大量资金转账业务，适用于采用区块链进行统一计算与转账处理。

（4）养老保险同样存在骗保行为，区块链可以提高骗保门槛，并留存证据。

区块链技术拥有去中心化的特点，限制后端节点对业务数据的控制权。基于区块链技术的特点，本次设计及实现方案可以通过对应技术解决传统互联网技术方案中存在的缺陷。

（1）共识机制：使得每一个业务操作需要全网投票通过方可执行，避免数据被篡改。

（2）智能合约机制：实现业务流程在自动化处理的基础上具备更高的安全性。

（3）数据加密机制：区块链相关数据经过加密处理后查看，可以在数据不可篡改的基础上保证数据隐私。

该方案通过银社直连打破了银行和社保机构的信息壁垒，为区块链技术在该领域的使用提供了良好的基础条件。区块链技术的加入能够使多方之间共同维护可信的发放状态和数据一致的账本，更准确地进行业务办理和异常状态反馈，提高养老金发放效率。以统筹单位离退休人员基本养老金社会化发放方式为例，若发放过程正常，整个发放过程需要大概一周时间；若发放状态异常，养老金代发金融机构需要进行二次发放，仍未发放成功则需要由相关单位代为发放，整个过程耗时较长。如果加入区块链技术，社保局、银行、企业单位可在区块链上共同维护发放明细数据、资金拨付情况、发放状态、沉淀资金退回情况等，从而使代发银行可在社保局资金拨付后自动获取养老金发放明细数据，将离退休人员当月养老金上账，并将发放状态同步上链。社保局可根据发放状态，及时反馈要求进行二次发放，若二次发放仍未成功，可及时进行清退资金校对和整理，交由相关单位代发。具体流程如图 14.3 所示。

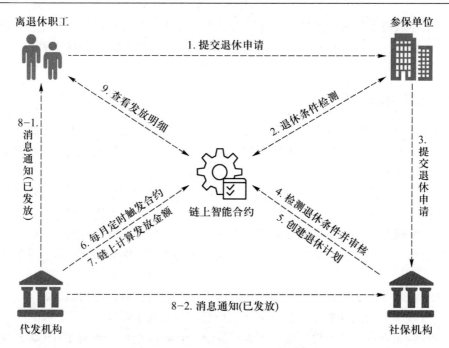

图 14.3 基于区块链的养老金发放流程

14.2 系统架构设计

14.2.1 基本术语

1．投保缴费

投保缴费是指对于未达到退休条件的养老保险用户，在工作期间周期性缴纳养老保险费用的行为。在我国发布的养老保险相关规定中，对于 1997 年以后就业的人来说，如果在机关、国企、私企工作，每月需缴纳缴费基数 8%的养老金，该部分存入个人账户。单位缴纳缴费基数的 14%存入统筹账户。对于灵活就业人员，例如个体户、农户等，个人需要缴纳缴费基数 20%的养老金，其中缴费基数的 8%存入个人账户，12%存入统筹账户。

2．个人账户

个人账户是个人养老金的来源，个人每月存入一定金额，退休后按月领取一定数量。如果未领取完毕即去世，则去世后可由子女或配偶等取出全部剩余金额；如果个人存款全部领取后仍健在，则依旧按照之前的金额继续领取，该部分款项由统筹账户提供。值得注意的是，个人账户中的存款每年计算一次利息并存入个人账户，利率为一年存款的利率。

3．统筹账户

统筹账户是基础养老金的来源，由机关、国企、私企、灵活就业者缴纳。整个系统使用一个账户即可。统筹账户中的存款一般较为灵活，还可用于系统维护和其他支出。

4．理赔

理赔是指达到退休条件等可受理养老保险理赔规定的用户周期性领取养老金的行为。

我国规定养老保险理赔需要满足以下 3 个条件。

（1）到达退休年龄：一般来说，男性是 60 岁，女性是 50 岁，女干部是 55 岁，特殊工种（矿工、运动员等）可以灵活定义。

（2）缴纳满 15 年的养老保险，如果退休时未缴满则可一次缴清。

（3）正式退休，即办理退休手续。

员工退休后可以领取的养老金包括两个部分，即基础养老金和个人养老金。二者之和即为职工退休后每月领取的养老金。

14.2.2　架构设计

针对保险自动理赔业务的需求分析并结合区块链技术的自身特性，本章提出一种基于区块链技术的保险自动理赔业务场景实现方案，如图 14.4 所示。

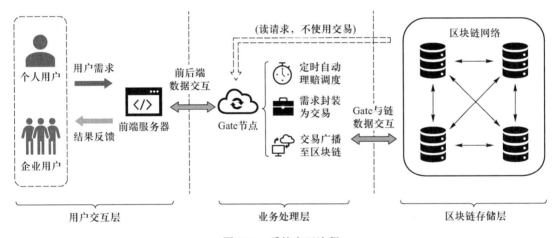

图 14.4　系统交互流程

业务场景整体架构可依据各自的任务内容大致分为 3 层——用户交互层、业务处理层和区块链存储层，具体内容如下。

（1）用户交互层负责将用户请求转发给业务处理层，并且将业务处理层反馈的数据展示给用户，属于传统的互联网前端服务技术。

（2）业务处理层负责具体处理用户需求，并调度定时自动理赔的需求，将这些需求打包成交易并广播给所有区块链节点。业务处理层是区块链和业务场景交互的中转站。

（3）区块链存储层是使用区块链技术实现的区块链存储集群，支持智能合约完成一系列交易。业务处理层将封装后的交易广播到所有区块链节点，区块链节点通过智能合约处理交易并完成状态转换。此外，区块链网络对业务处理层开放数据读取接口，用于特定数据的查询。

基于层次的架构设计满足 MVC 的设计分层理念，使功能之间的耦合度下降，并且有利于项目的功能迭代和二次开发。在每一层的具体技术方案中，用户交互层的功能由前端服务器完成，业务处理层的功能由 Gate 节点完成，区块链存储层的功能由区块链节点集群完成。

14.3 功能模块设计

14.3.1 账户资金模块

在保险自动理赔业务场景中，资金账户类型主要分为3种：个人账户、零钱账户、统筹账户。例如，个人需要缴纳缴费基数的20%，其中缴费基数的8%存入个人账户，12%存入统筹账户；而个人账户可以理解为平台资金账户，主要用于记录自己的充值金额。

在账户资金管理的功能模块设计中，主要通过智能合约对3类资金账户数据进行统一管理。其中，统筹账户对应一条ID为-1的全局唯一用户记录；而个人链上账户和企业链上账户分别对应一条实体数据记录，用于记录自己的账户余额以及缴存投保账单后的冻结金额。其资金合约数据结构如图14.5所示。

```
01.    private static class Balance {
02.        private BigDecimal amount;
03.        private BigDecimal freezeAmount;
04.
05.        public Balance() {
06.            this.amount = BigDecimal.ZERO;
07.            this.freezeAmount = BigDecimal.ZERO;
08.        }
09.
10.        public BigDecimal getAmount() {
11.            return amount;
12.        }
13.
14.        public BigDecimal getFreezeAmount() {
15.            return freezeAmount;
16.        }
17.
18.        public void addBalance(BigDecimal amount) {
19.            this.amount = this.amount.add(amount);
20.        }
21.
22.        public void addFreezeBalance(BigDecimal amount) {
23.            this.freezeAmount = this.freezeAmount.add(amount);
24.        }
25.    }
```

图 14.5 资金账户链上数据结构

每当企业或个人对当期投保订单进行缴费后，会按照约定的比例金额自动锁定在 freezeAmount 字段中；当员工退休并开始领取养老金时，再分别从个人零钱账户以及国家统筹账户的冻结资金中按比例进行养老金发放，并将发放金额添加至退休员工的个人账户（数据结构中的 amount 字段）。

14.3.2 投保模块

投保模块主要负责两个功能：为企业员工建立投保明细档案，并实时在链上为其生成资金账户；由系统定时为每个投保员工根据其当下缴费基数，按月生成缴费账单，即个人应缴金额和企业应缴金额。具体业务流程如图14.6所示。

投保账单的生成主要由业务系统调度根据时间规则（每月25日23:59:59）定时触发链上智能合约，并根据每位员工的缴费基数生成对应的缴费投保明细。此外，如果员工已满退休年龄但缴存期数不够，也可以一次性生成总待缴投保账单，但需满足对应条件的员工手动申请，如图 14.7 和图 14.8 所示。

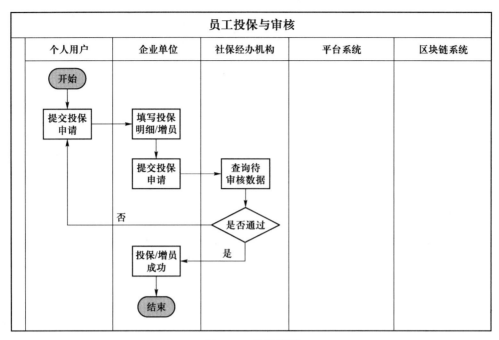

图 14.6 投保流程

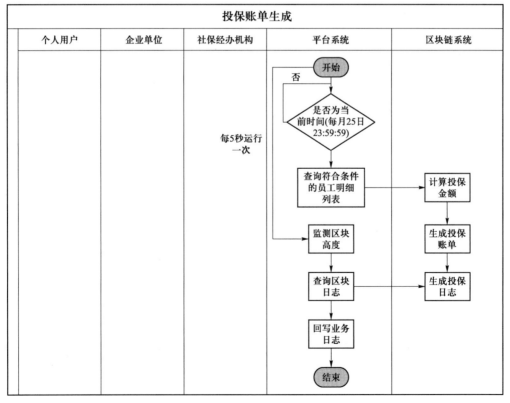

图 14.7 系统调度（投保账单）流程

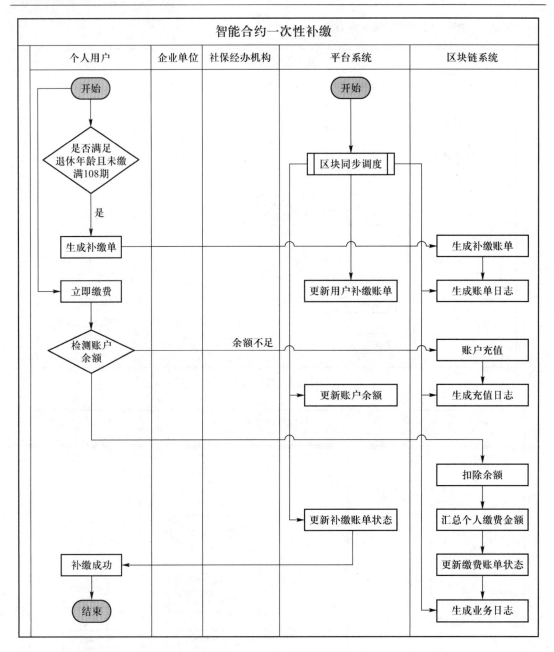

图 14.8　一次性补缴流程

14.3.3　缴存模块

缴存模块主要负责对员工以及企业用户的每一期缴存账单进行链上记录跟踪。同时，业务系统支持员工及企业通过设置选择资金足额时进行自动缴费还是手动缴费。系统调度会自动检测员工及企业是否开启自动缴存功能，从而自动触发合约缴存交易。具体业务流程如图 14.9 和图 14.10 所示。

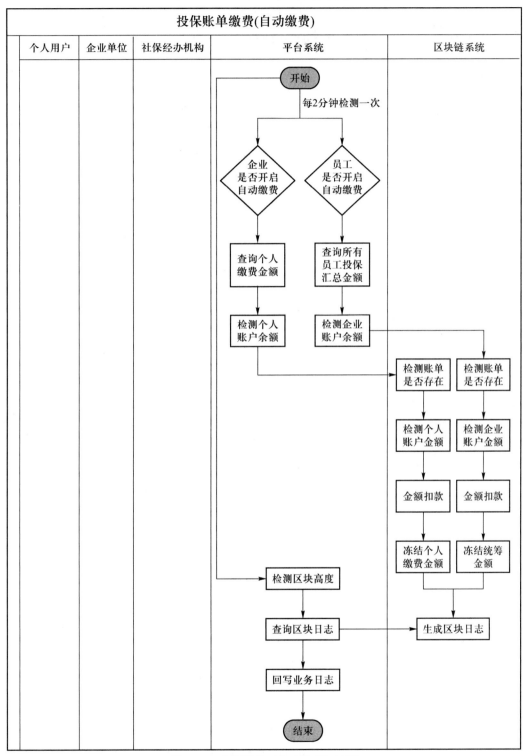

图 14.9　系统调度（自动缴费）流程

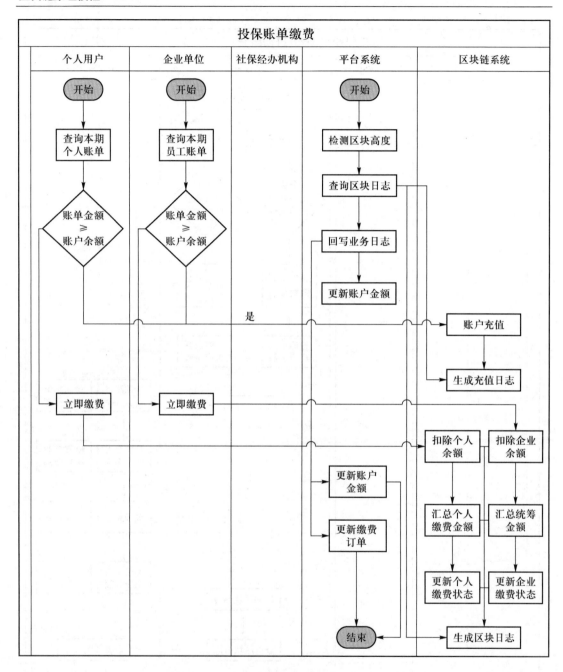

图 14.10 手动缴费流程

14.3.4 退休模块

当员工满足退休年龄且已缴清15年投保账单，即可通过企业提交退休申请。社保机构审核通过后，将由智能合约自动生成对应员工的退休计划，例如发放月份、发放金额等。具体流程如图 14.11 和图 14.12 所示。

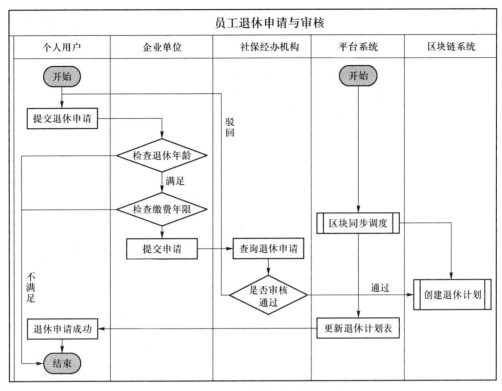

图 14.11　员工退休申请与审核流程

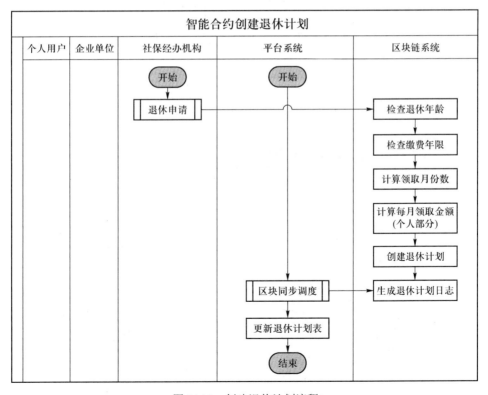

图 14.12　创建退休计划流程

此外，在发放养老金时，智能合约也会根据历年平均收入以及退休计划数据，计算每月从个人零钱冻结账户以及国家统筹账户发放百分比。具体业务流程如图 14.13 所示。

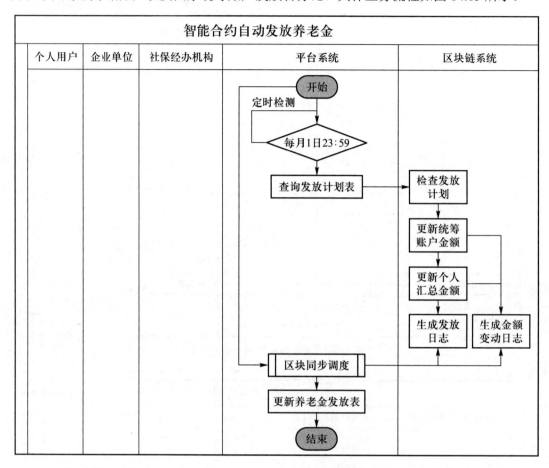

图 14.13　自动发放养老金流程

14.4　编写合约及系统集成

14.4.1　编写合约

首先需要在 Java 智能合约中定义数据存储主体成员变量，例如资金账户、投保缴费账单、员工/企业缴费状态、退休计划明细等，如图 14.14 所示。

```
01.     private Map<Long, Balance> balanceRepo;
02.     private Map<Long, PayOrder> payOrderRepo;      // 1:缴存明细; 2:缴存明细; 3:缴存明细
03.     private Map<String, Long> payOrderUserRepo;    // 示例: 202101-1:1; 202002:1:77. e.g <用户编码>:<PayOrderId>
04.     private Map<Long, Long> payMonthNumRepo;        // 示例: 1:1; 2:77. e.g <用户编码>:<缴费次数>
05.     private Map<Long, IssuePlan> issuePlanRepo;     // 示例: <UserId>:<退休计划>
06.     private Map<String, IssueOrder> issueHistoryRepo;  // 示例: 202101-1:<发放明细> e.g <发放期数-用户编码>:<发放明细>
07.     private Map<String, Long> keyGenerateMap;
```

图 14.14　合约成员变量

在发布合约时，通过合约构造函数，对数据存储成员变量进行初始化工作，如图 14.15 所示。

```
01.  public EisContract(Map storage) {
02.          if (storage.get(BALANCE_TYPE) == null) {
03.              balanceRepo = new HashMap<>();
04.          } else {
05.              balanceRepo = castStorage(storage.get(BALANCE_TYPE), Long.class, Balance.class);
06.          }
07.          storage.put(BALANCE_TYPE, balanceRepo);
08.
09.          if (storage.get(PAY_ORDER_TYPE) == null) {
10.              payOrderRepo = new HashMap<>();
11.          } else {
12.              payOrderRepo = castStorage(storage.get(PAY_ORDER_TYPE), Long.class, PayOrder.class);
13.          }
14.          storage.put(PAY_ORDER_TYPE, payOrderRepo);
15.
16.          if (storage.get(PAY_ORDER_MAP_USER_TYPE) == null) {
17.              payOrderUserRepo = new HashMap<>();
18.          } else {
19.              payOrderUserRepo = castStorage(storage.get(PAY_ORDER_MAP_USER_TYPE), String.class, Long.class);
20.          }
21.          storage.put(PAY_ORDER_MAP_USER_TYPE, payOrderUserRepo);
22.
23.          if (storage.get(ISSUE_PLAN_TYPE) == null) {
24.              issuePlanRepo = new HashMap<Long, IssuePlan>();
25.          } else {
26.              issuePlanRepo = castStorage(storage.get(ISSUE_PLAN_TYPE), Long.class, IssuePlan.class);
27.          }
28.          storage.put(ISSUE_PLAN_TYPE, issuePlanRepo);
29.
30.          if (storage.get(ISSUE_ORDER_TYPE) == null) {
31.              issueHistoryRepo = new HashMap<String, IssueOrder>();
32.          } else {
33.              issueHistoryRepo = castStorage(storage.get(ISSUE_ORDER_TYPE), String.class, IssueOrder.class);
34.          }
35.          storage.put(ISSUE_ORDER_TYPE, issueHistoryRepo);
36.
37.          if (storage.get(NEXT_ID_TYPE) == null) {
38.              keyGenerateMap = new HashMap<String, Long>();
39.          } else {
40.              keyGenerateMap = castStorage(storage.get(NEXT_ID_TYPE), String.class, Long.class);
41.          }
```

图 14.15　合约构造函数

然后定义资金账户充值功能方法。当业务系统收到第三方支付成功回调消息后，通过调用合约中的充值方法，完成链上资金账户金额变更，如图 14.16 所示。

```
01.  public void deposit(Long userId, BigDecimal amount) {
02.          if (amount == null || amount.compareTo(BigDecimal.ONE) <= 0)
03.              throw new ContractException("充值金额应大于0");
04.
05.          addBalance(userId, amount);
06.  }
07.
08.  private void addBalance(Long userId, BigDecimal amount) {
09.          Balance balance = getBalance(userId);
10.          balance.addBalance(amount);
11.          balanceRepo.put(userId, balance);
12.          LOG("DEPOSIT_EVENT", userId, now(), amount);
13.  }
14.
15.  private void subBalance(Long userId, BigDecimal amount) {
16.          Balance balance = getBalance(userId);
17.          balance.addBalance(amount.abs().negate());
18.          balanceRepo.put(userId, balance);
19.          LOG("PAY_EVENT", userId, amount, now());
20.  }
```

图 14.16　合约充值方法

随后在合约中继续定义生成缴存账单以及缴费合约方法。生成缴存账单方法由业务系统每月定时调用触发；用户和企业可按照自动生成的缴费明细，以自动或手动形式进行缴费。具体代码如图 14.17、图 14.18 和图 14.19 所示。

```
01.    /**
02.     * 生成每月待缴明细
03.     */
04.    public void createPayOrder(Long userId, Long entId, BigDecimal salaryBase, String period) {
05.        checkArgument(salaryBase);
06.        checkAlreadyGenPayOrder(userId, period);
07.
08.        final Long payOrderId = nextPayOrderNextId();
09.        PayOrder payOrder = new PayOrder();
10.        payOrder.setPeriod(period);
11.        payOrder.setSalaryBase(salaryBase);
12.        payOrder.setTimestamp(now());
13.        payOrder.setEntId(entId);
14.        payOrder.setEntAmount(salaryBase.multiply(ENT_PAY_RATIO));
15.        payOrder.setEntStatus(false);
16.        payOrder.setUserId(userId);
17.        payOrder.setUserAmount(salaryBase.multiply(USER_PAY_RATIO));
18.        payOrder.setUserStatus(false);
19.        payOrder.setPayMonthNum(11);
20.        payOrderRepo.put(payOrderId, payOrder);
21.
22.        LOG("CREATE_PAY_ORDER_EVENT",
23.                payOrderId,
24.                period,
25.                payOrder.getSalaryBase(),
26.                payOrder.getTimestamp(),
27.                payOrder.getEntId(),
28.                payOrder.getEntAmount(),
29.                payOrder.getUserId(),
30.                payOrder.getUserAmount(),
31.                payOrder.getPayMonthNum()
32.        );
33.    }
```

图 14.17　创建缴存账单合约方法

```
01.    /**
02.     * 养老金缴存 (企业)
03.     */
04.    public void payOrderByEnt(Long payOrderId, Long entId, Long userId) {
05.        PayOrder payOrder = payOrderRepo.get(payOrderId);
06.        if (payOrder == null) {
07.            throw new ContractException("缴存单不存在");
08.        }
09.        if (!payOrder.getEntId().equals(entId) || !payOrder.getUserId().equals(userId)) {
10.            throw new ContractException("公司及员工Id与payOrder不一致");
11.        }
12.        Balance balance = getBalance(entId);
13.        if (balance.getAmount().compareTo(payOrder.getEntAmount()) == -1) {
14.            throw new ContractException("账户余额不足");
15.        }
16.
17.        subBalance(entId, payOrder.getEntAmount());
18.        freezeNationBalance(payOrder.getEntAmount());
19.
20.        if(payOrder.getUserStatus()){
21.            Long payNum = payMonthNumRepo.getOrDefault(userId, 01);
22.            payMonthNumRepo.put(userId, payNum + payOrder.getPayMonthNum());
23.        }
24.
25.        payOrder.setEntStatus(true);
26.        payOrderRepo.put(payOrderId, payOrder);
27.
28.        LOG("PAY_ORDER_ENT_EVENT",
29.                payOrderId,
30.                entId,
31.                payOrder.getEntAmount(),
32.                now()
33.        );
34.    }
```

图 14.18　企业缴费方法

　　最后定义员工退休申请以及退休养老金发放合约方法。其中，发放规则由智能合约函数根据事先定义的规则自动运行，并从个人账户以及统筹账户进行资金发放。具体代码如图 14.20 和图 14.21 所示。

```
01.    /**
02.     * 养老金缴存 (个人)
03.     */
04.    public void payOrderByUser(Long payOrderId, Long userId) {
05.        PayOrder payOrder = payOrderRepo.get(payOrderId);
06.        if (payOrder == null) {
07.            throw new ContractException("缴存单不存在");
08.        }
09.        if (!payOrder.getUserId().equals(userId)) {
10.            throw new ContractException("缴存单与缴费用户不一致");
11.        }
12.        Balance balance = getBalance(userId);
13.        if (balance.getAmount().compareTo(payOrder.getUserAmount()) == -1) {
14.            throw new ContractException("账户余额不足");
15.        }
16.
17.        // 1. 总扣费金额
18.        subBalance(userId, payOrder.getUserAmount());
19.
20.        // 2. 冻结金额 (统筹账户及个人账户)
21.        Long payNum = payMonthNumRepo.getOrDefault(userId, 0l);
22.        if (payOrder.getEntId() == null) { // 从缴
23.            // 2.1 更新个人冻结账户
24.            final BigDecimal userNeedPay = payOrder.getUserAmount().multiply(USER_PAY_RATIO).divide(TOTAL_PAY_RATIO, 4, BigDecimal.ROUND_HALF_EVEN);
25.            freezeBalance(userId, userNeedPay);
26.            // 2.2 更新统筹冻结账户
27.            final BigDecimal nationNeedPay = payOrder.getUserAmount().multiply(ENT_PAY_RATIO).divide(TOTAL_PAY_RATIO, 4, BigDecimal.ROUND_HALF_EVEN);
28.            freezeNationBalance(nationNeedPay);
29.            // 2.3 更新缴费次数
30.            payMonthNumRepo.put(userId, payNum + payOrder.getPayMonthNum());
31.        } else {
32.            // 2.1 冻结个人缴费账户金额
33.            freezeBalance(userId, payOrder.getUserAmount());
34.            // 2.2 更新缴费次数
35.            if(payOrder.getEntStatus()){
36.                payMonthNumRepo.put(userId, payNum + payOrder.getPayMonthNum());
37.            }
38.        }
39.
40.        // 3. 更新缴费状态
41.        payOrder.setUserStatus(true);
42.        payOrderRepo.put(payOrderId, payOrder);
```

图 14.19　个人缴费方法

```
01.    /**
02.     * 创建退休计划
03.     *
04.     * @param userId 用户Id
05.     * @param birthday 出生年月
06.     */
07.    public void createIssuePlan(Long userId, String birthday) {
08.        int age = (int) ChronoUnit.YEARS.between(LocalDate.parse(birthday), Instant.ofEpochMilli(now()).atZone(ZoneId.systemDefault()).toLocalDate());
09.        if (age < 40) {
10.            throw new ContractException("年龄不符合退休条件");
11.        }
12.        Long payNum = payMonthNumRepo.getOrDefault(userId, 0l);
13.        if (payNum < LIMIT_PAY_NUM) {
14.            throw new ContractException("未缴满15年");
15.        }
16.
17.        int index = age % 40 >= ISSUE_AGE_MAP.length ? ISSUE_AGE_MAP.length - 1 : age % 40;
18.        int issueMonthNum = ISSUE_AGE_MAP[index];
19.
20.        Balance balance = getBalance(userId);
21.        IssuePlan issuePlan = new IssuePlan(age, issueMonthNum, balance.getFreezeAmount().divide(BigDecimal.valueOf(issueMonthNum), 4, BigDecimal.ROUND_HALF_EVEN));
22.        issuePlanRepo.put(userId, issuePlan);
23.
24.        LOG("CREATE_ISSUE_PLAN_EVENT",
25.            userId,
26.            issuePlan.getAge(),
27.            issueMonthNum,
28.            issuePlan.getMonthAmount()
29.        );
```

图 14.20　生成退休计划明细方法

```
01.    /**
02.     * 定期发放养老金 (发放给个人)
03.     */
04.    public void issue(Long userId, BigDecimal lastYearAvgVal, BigDecimal userIndex) {
05.        String period = Instant.ofEpochMilli(now()).atZone(ZoneId.systemDefault()).toLocalDate().format(DateTimeFormatter.ofPattern("yyyy年"));
06.        if (issueHistoryRepo.containsKey(createIssueHistoryKey(period, userId))) {
07.            throw new ContractException("本期养老金已发放");
08.        }
09.        IssuePlan issuePlan = issuePlanRepo.get(userId);
10.        if (issuePlan == null) {
11.            throw new ContractException("未创建退休计划");
12.        }
13.        Long payMonthNum = payMonthNumRepo.getOrDefault(userId, 0l);
14.        Balance nationBalance = getBalance(-1l);
15.        Balance userBalance = getBalance(userId);
16.        BigDecimal basicVal = lastYearAvgVal.add(userIndex).multiply(BigDecimal.valueOf(payMonthNum)).divide(BigDecimal.valueOf(200));
17.        BigDecimal userVal = issuePlan.getMonthAmount();
18.
19.        boolean isSubNationBalance = false;
20.        if (userBalance.getFreezeAmount().compareTo(userVal) == -1) {
21.            isSubNationBalance = true;
22.            if (nationBalance.getFreezeAmount().compareTo(basicVal.add(userVal)) == -1) {
23.                throw new ContractException("统筹账户金额不足");
24.            }
25.        }
26.        if (nationBalance.getFreezeAmount().compareTo(basicVal) == -1)
27.            throw new ContractException("统筹账户金额不足");
28.
29.        if (isSubNationBalance) {
30.            unfreezeNationBalance(userVal);
31.        } else {
32.            unfreezeBalance(userId, userVal);
33.        }
34.        unfreezeNationBalance(basicVal);
35.
36.        IssueOrder issueOrder = new IssueOrder(now(), basicVal, userVal);
37.        issueHistoryRepo.put(createIssueHistoryKey(period, userId), issueOrder);
38.        LOG("ISSUE_EVENT",
39.            userId,
40.            period,
```

图 14.21　资金发放合约方法

14.4.2　合约测试

为了降低智能合约各个功能函数在修改过程中所引入的代码风险，通过编写测试用例的方式，进行一次编写多次重复验证，从而提升开发效率并提高代码稳健性。

1．本地代码验证（通过反射方式）

本地代码验证的方式主要以通用反射调用的形式验证存入类成员变量的值是否符合预期执行结果。

首先在项目根目录 src/test/java 下创建测试用例文件 EisContractReflectTest.java。

其次在测试文件中引入 junit 包引用，如图 14.22 所示。

```
01.   import org.junit.Assert;
02.   import org.junit.Before;
03.   import org.junit.Test;
```

图 14.22　junit 用例工具包

然后实现 before 用例函数。该函数作用在调用功能函数之前，将前置依赖数据预先进行初始化，例如合约类加载以及系统成员变量初始化。具体代码如图 14.23 所示。

```
01.   this.contract = new EisContract(storage);
02.   this.classZ = this.contract.getClass();
03.
04.   Field logsField = classZ.getSuperclass().getDeclaredField("LOGS");
05.   logsField.setAccessible(true);
06.   logsField.set(this.contract, this.logList);
07.
08.   Field timestampField = classZ.getSuperclass().getDeclaredField("timestamp");
09.   timestampField.setAccessible(true);
10.   timestampField.set(this.contract, now);
```

图 14.23　用例初始化方法

最后编写针对合约函数的用例测试方法，主要验证其运行结果以及事件 Topic 是否与预期一致，如图 14.24 所示。

```
01.   @Test
02.   public void testDeposit() throws Exception {
03.       final long expectUserId = 11;
04.       final BigDecimal expectAmount = BigDecimal.valueOf(10001);
05.       invoke("deposit", new Object[]{
06.               11, BigDecimal.valueOf(10001)
07.       });
08.
09.       Assert.assertEquals("DEPOSIT_EVENT", getTopic(0));
10.       Assert.assertEquals(1, logList.size());
11.
12.       final Long userId = getParam(0, 0, Long.class);
13.       final Date timestamp = getParam(0, 1, Date.class);
14.       final BigDecimal amount = getParam(0, 2, BigDecimal.class);
15.
16.       Assert.assertEquals(Long.valueOf(expectUserId), userId);
17.       Assert.assertTrue(timestamp.getTime() <= new Date().getTime());
18.       Assert.assertEquals(expectAmount, amount);
19.   }
```

图 14.24　充值合约方法用例

2．远程代码测试

在对智能合约进行远程用例测试时，首先需要将智能合约部署至区块链平台。此处使用 Java 代码进行合约发布。

首先在项目工程根目录 src/main/java 下创建发布合约类文件 DeployContract.java，具体代码如图 14.25 所示。

```java
@Test
public void testDeployContract() throws Exception {
    int index = 0;
    Transaction tx =
itemSdk.newContractTx(contractName);
    HttpClientResult res =
itemSdk.sendSignTransaction(tx);
}
```

图 14.25　合约发布方法

然后直接运行该 main 方法，将本地 Java 合约发布至区块链平台。智能合约地址可从区块链浏览器或后台控制台获取，如图 14.26 所示。

图 14.26　合约发布控制台

智能合约发布成功后，在 src/test/java 目录下继续创建远程合约测试用例文件 EisContractRemoteTest.java，用于验证智能合约是否在区块链平台中正常运行。

首先在该测试用例中引入相关依赖文件，如图 14.27 所示。

```java
01.   import com.buaa.blockchain.sdk.ChainSDK;
02.   import com.buaa.blockchain.sdk.config.CryptoType;
03.   import com.buaa.blockchain.sdk.crypto.CryptoSuite;
04.   import com.buaa.blockchain.sdk.crypto.keypair.CryptoKeyPair;
05.   import com.buaa.blockchain.sdk.model.Transaction;
06.   import com.buaa.blockchain.sdk.util.HttpClientResult;
07.   import com.google.common.base.Splitter;
08.   import com.google.common.collect.Lists;
09.   import org.junit.Assert;
10.   import org.junit.Before;
11.   import org.junit.Test;
```

图 14.27　junit 用例工具包

其次实现 before 系统用例方法，作用是在每次调用功能函数前，对所依赖的数据预先进行初始化。具体代码如图 14.28 所示。

然后编写针对合约功能函数的测试方法，主要用于验证功能函数是否能够正确运行，如图 14.29 所示。

```
@Before
public void before() throws IOException {
    itemSdk = new ChainSDK(url, CRYPTO_TYPE, privateKey)
}
```

图 14.28　用例初始化方法

```
01.    /**
02.     * Method: createPayOrder(Long userId, Long entId, BigDecimal salaryBase)
03.     */
04.    @Test
05.    public void testCreatePayOrder() throws Exception {
06.        final BigDecimal expectSalaryBase = BigDecimal.valueOf(50001);
07.        final Long expectUserId = 11;
08.        final BigDecimal expectUserAmount = expectSalaryBase.multiply(USER_PAY_RATIO);
09.        final Long expectEntId = 21;
10.        final BigDecimal expectEntAmount = expectSalaryBase.multiply(ENT_PAY_RATIO);
11.        final Long expectPayMonthNum = 11;
12.        final String expectPeriod = new SimpleDateFormat("yyyyMM").format(new Date());
13.
14.
15.        invoke("createPayOrder", new Object[]{
16.                expectUserId, expectEntId, expectSalaryBase, expectPeriod
17.        });
18.
19.        Assert.assertEquals("CREATE_PAY_ORDER_EVENT", getTopic(0));
20.        Assert.assertEquals(1, logList.size());
21.
22.
23.        final Long payOrderId = getParam(0, 0, Long.class);
24.        final String period = getParam(0, 1, String.class);
25.        final BigDecimal salaryBase = getParam(0, 2, BigDecimal.class);
26.        final Date timestamp = getParam(0, 3, Date.class);
27.        final Long entId = getParam(0, 4, Long.class);
28.        final BigDecimal entAmount = getParam(0, 5, BigDecimal.class);
29.        final Long userId = getParam(0, 6, Long.class);
30.        final BigDecimal userAmount = getParam(0, 7, BigDecimal.class);
31.        final Long payMonthNum = getParam(0, 8, Long.class);
32.
33.        Assert.assertTrue(payOrderId >= 0);
34.        Assert.assertEquals(new SimpleDateFormat("yyyyMM").format(timestamp), period);
35.        Assert.assertEquals(expectSalaryBase, salaryBase);
36.        Assert.assertTrue(timestamp.getTime() <= new Date().getTime());
37.        Assert.assertEquals(expectEntId, entId);
38.        Assert.assertEquals(expectEntAmount, entAmount);
39.        Assert.assertEquals(expectUserId, userId);
40.        Assert.assertEquals(expectUserAmount, userAmount);
41.        Assert.assertEquals(expectPayMonthNum, payMonthNum);
```

图 14.29　创建投保账单用例方法

14.4.3　系统集成

由于区块链系统中执行交易是一个异步运行过程，因此在与业务系统集成时，需要一个调度服务定时监测交易执行情况，然后根据运行结果自动写回业务系统。业务系统与区块链的服务对接可分为以下 3 步实现。

首先需要在业务系统中存储当前系统最后同步的区块高度，并与区块链最新区块高度进行对比。如果业务系统区块高度小于最新区块高度，则需从区块链中查询相差区间的交易运行结果。具体代码如图 14.30 所示。

```
01.    // 1. 查询区块链系统最新区块高度
02.    long maxBlockNum = blockService.findBlockChainMaxBlockNum();
03.    // 2. 查询当前业务系统最后更新的区块高度
04.    final Long currentBlockNum = blockService.findCurrentMaxBlockNum();
05.    // 3. 根据业务系统与区块链系统中的区块区间，判断是否需要进行本地区块更新
06.    if (maxBlockNum <= currentBlockNum) {
07.      return; // 3.1 不执行操作
08.    }
09.    // 3.2 查询相差区间范围内的交易事件结果列表
10.    List<TransactionReceipt> newTrxList = blockService.findNewReceipts(currentBlockNum + 1, maxBlockNum);
```

图 14.30　链上交易查询

然后对查询区间范围内的交易结果进行过滤与排序，如图 14.31 所示。

```
01.   Map<Long, List<TransactionReceipt>> itemGroup = newTrxList.stream().filter(transactionReceipt -> {
02.     // 过滤交易列表数据
03.     return appConfig.getContractAddress().equals(transactionReceipt.getTo_address()) && transactionReceipt.getLogs() != null;
04.   }).sorted((o1, o2) -> {
05.     // 对交易进行排序
06.     int cmp = o1.getHeight().compareTo(o2.getHeight());
07.     if (cmp == 0) {
08.       cmp = o1.getTx_sequence().compareTo(o2.getTx_sequence());
09.     }
10.     return cmp;
11.   }).collect(Collectors.groupingBy(TransactionReceipt::getHeight, Collectors.toList()));
```

图 14.31　交易日志排序

最后解析交易日志信息列表进行本地数据存储，并根据相关业务需求进行数据展示。具体代码如图 14.32 所示。

```
01.   for (Map.Entry<Long, List<TransactionReceipt>> entry : itemGroup.entrySet()) {
02.     Long height = entry.getKey();
03.
04.     List<TransactionReceipt> txrList = entry.getValue();
05.     for (TransactionReceipt item : txrList) {
06.       // 1. 解析交易执行日志
07.       List<String> logList = new ObjectMapper().readValue(item.getLogs(), new TypeReference<List<String>>(){});
08.
09.       // 2. 循环交易执行日志列表
10.       for (int i = 0; i < logList.size(); i++) {
11.         String[] logMeta = logList.get(i).split(":");
12.         // 2.1 解析事件Topic以及运行结果参数
13.         String eventName = logMeta[0];
14.         String params = logMeta[1];
15.
16.         // 2.2 根据不同Topic进行不同的参数解析与结果存储
17.         if ("DEPOSIT_EVENT".equals(eventName)) {
18.           final Long userId = getParam(params, 0, Long.class);
19.           final Date timestamp = getParam(params, 1, Date.class);
20.           final BigDecimal amount = getParam(params, 2, BigDecimal.class);
21.
22.           blockEventService.writeDepositHistoryLog(userId, amount, timestamp);
23.         }
24.       }
25.     }
26.     // 3. 更新本地业务系统最新区块高度
27.     blockService.updateCurrentBlockNum(height, txrList);
28.   }
```

图 14.32　链上日志解析与存储

本章小结

本章首先介绍了养老保险行业的基础知识，并对比说明传统解决方案与区块链解决方案间的差异；其次从技术角度阐述基于区块链解决方案的整体架构设计；然后从功能模块、业务流程等方面阐述其内部核心环节的业务流程；最后通过合约设计、测试与系统集成编程，引导读者实践完成一个基本的养老保险业务系统与区块链系统结合的开发过程。

习题 14

1．当前传统养老保险机制有何痛点？
2．如何使用区块链技术与养老保险业务进行应用整合？

3．请简述区块链养老保险方案的架构设计。

4．请简述养老保险业务中企业与个人的投保缴费流程。

5．请简述养老保险业务中个人的理赔流程。

6．请简述个人账户与统筹账户的概念。

7．请简述退休金的组成结构。

8．请简述你对区块链的理解以及适用的新业务场景。

第15章　区块链应用案例分析

自 2015 年区块链技术应用于实体经济以来，其如何实现是业界最为关心的问题。区块链能够为众多应用场景提供可靠、安全和可信的数据存储和信息交换的技术保障，其应用从早期的金融领域逐步延伸到物联网、智能制造、医疗健康、数字资产交易、供应链管理等多个领域，并为人工智能、云计算、大数据、移动互联网等信息技术融合互通的发展带来新机遇，成为引发新一轮技术创新和产业变革的主要因素和推动力。本章将以案例的形式介绍区块链和传统行业的结合实例，分析其如何解决业界痛点问题、改变传统业务模式，案例包括"区块链+智能制造""区块链+数据安全""区块链+公益""区块链+数字版权""区块链+供应链""区块链+教育""区块链+环境监测"等。本章从行业现状、行业痛点、解决方案、应用案例等多个维度进行阐述，帮助读者设计、应用区块链技术赋能产业应用。

15.1　区块链+智能制造

15.1.1　智能制造行业现状

根据工业和信息化部、财政部发布的《智能制造发展规划（2016—2020 年）》的定义，智能制造（intelligent manufacturing，IM）是基于新一代信息通信技术与先进制造技术深度融合，贯穿于设计、生产、管理、服务等制造活动的各个环节，具有自感知、自学习、自决策、自执行、自适应等功能的新型生产方式。

加快推进智能制造是实施《中国制造 2025》的主攻方向，是落实工业化和信息化深度融合、打造制造强国的战略举措，更是我国制造业紧跟世界发展趋势、实现转型升级的关键所在。当前，我国正在加快实施智能制造工程，积极推动制造企业利用新一代信息技术提升研发设计、生产制造、经营管理等环节的数字化和网络化水平，实现智能化转型，以塑造制造业竞争新优势。

随着国家对智能制造的大力支持，我国智能制造行业保持着较为快速的增长速度。数据显示，2019 年我国智能制造装备产值规模达 17 776 亿元。前瞻产业研究院预测，2026 年我国智能制造装备产值规模将达 5.8 万亿元。

15.1.2　传统制造业痛点

随着智能制造过程中海量异构生产终端、设计服务器、大数据平台、传感器等不断接入工业互联网，传统边界防护安全架构已经无法满足信息安全需求，同时存在数据无法信任、无法实施及数据协同等难题。智能制造设备作为信息节点融入整个企业信息化管理中心，在数据采集过程中存在数据非法篡改、质量缺损、验证维护成本高、监管不足等问题，影响了生产数据的质量与可靠性。

同时，中国的传统制造业经过多年发展，形成了相对完善的运营体系架构，近年来通过应用 PDM、ERP 等多种数字化系统逐步实现了业务的信息化。但是随着智能制造技术的发展和应用，系统间数据的获取与交互越发频繁，目前智能制造业迫切需要一种能够实现对分布于不同系统的数据进行采集与可信交互的技术，实现数据安全可控的采集与共享。

15.1.3 "区块链+智能制造"解决方案

面对智能制造与工业互联网行业出现的以上问题，区块链作为新一代技术，为智能制造提供了新的解决方案，图 15.1 给出了基于区块链技术的智能制造业通用参考模型，参考模型由 3 层组成。其中，底部是智能工厂层，该层由工厂中的各种制造活动组成，例如工业物联网（IIoT）、生产和规划、智能能源供应等。中间层包括两个部分：区块链与云/边缘计算。云/边缘计算子层由云和边缘服务器以及制造数据中心组成，直接或通过区块链处理来自智能工厂的数据。企业层包含各种与云和边缘服务器以及区块链系统交互的企业应用程序。

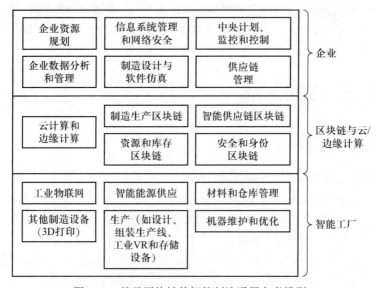

图 15.1　基于区块链的智能制造通用参考模型

区块链技术对智能制造行业带来的具体价值体现在以下几个方面。

（1）打通数据孤岛，实现工业大数据互联。区块链可以用作工业大数据集成的黏合剂，实现工业数据链接后各方间的信息共享，同时确保敏感信息的机密性。该技术为供应链上下游企业的信息、物流和资金流的无缝集成提供了机会，有效突破了供应链各个环节的数据孤岛，对于建立统一的工业大数据具有重要意义。智能制造的核心是通过数据收集、分析和挖掘，实现制造业核心业务流程的智能决策。获取海量有效的工业大数据是实现智能制造的前提。

（2）提升网络化协同制造水平。在网络化协同制造的管理中，区块链可以连接传感器、控制模块和系统、通信网络、企业资源规划和其他系统，并通过分布式账本基础设施持续监督生产和制造的各个环节。有加工需求的小企业可以在生产淡季直接找到合适的制造商，通过区块链技术注册和共享设备零部件供应商等相关信息，实现产能共享和合理配置。

（3）助力企业资产智能化。区块链可以助力制造企业的资产智能化。制造企业中的任何资产均可在区块链中注册，以拥有独立的价值 ID。所有权归属于控制私钥的用户，也可以通过转让出售资产。这些资产在制造企业的各种设备和原材料注册后，可以作为数字资产参与正常生产制造和金融交易。

（4）助力产品全生命周期管理。区块链的全记录可追溯性和防篡改特性确保了制造业在产品可追溯性和产品生命周期管理方面的巨大优势。区块链在这些环境中的应用最终将极大促进制造业的全生命周期管理，并进一步促进制造业服务化。

（5）保障数据安全。区块链技术有助于保障智能制造系统各环节的数据安全。区块链为智能制造数据增加了时间维度，具有极强的可验证性和可追溯性。一旦某个数据在某个区块中记录，则将不可篡改、不可撤销，这种设计使得数据安全得到充分保障。

15.1.4　"区块链+智能制造"行业案例

（1）海创链区块链智能制造管理系统（BMES）

区块链智能制造管理系统（BMES）是海创链（青岛）智能科技有限公司打造的智能工厂核心技术之一，其基于区块链的智能制造解决方案，通过将区块链技术与智能制造 MES、WMS 等系统结合，以区块链智能合约与可信存储为基础，集成智能化生产控制、仓储管理、风险控制等功能，解决传统制造业中成本高、不可控、风险预警不准确等痛点。

该系统主要针对销售系统、采购系统、仓库系统、生产系统、数据服务及统计分析系统等实施智能数字化管理，实现即时资料处理、现场无纸化作业、现场资源追踪、生产状况监控、自动化设备控制和开放式数据库，同时也可开发数据库接口，供企业进行二次开发。海创链 BMES 解决方案如图 15.2 所示。

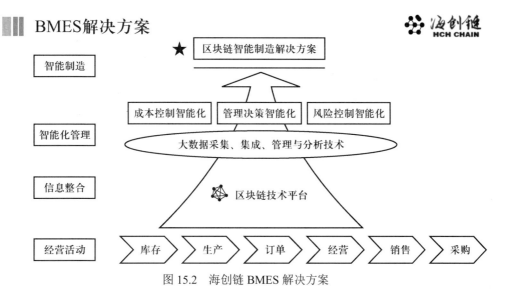

图 15.2　海创链 BMES 解决方案

（2）远光软件能源区块链平台

远光软件能源区块链平台主要服务于能源互联网中需求侧的各类数字资产交易及结算。通过组建联盟链整合各类资产以及智能合约技术的深度应用，实现能源互联网中区域电网市场信息流、资金流和能源流的融合。远光软件能源区块链平台系统架构如图15.3所示。

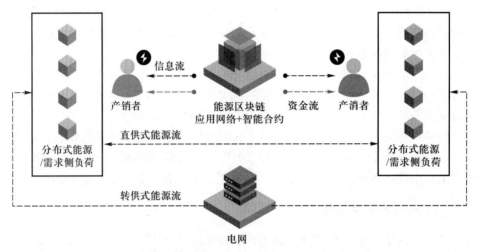

图 15.3　远光软件能源区块链平台系统架构

15.2　区块链+数据安全

15.2.1　数据安全行业现状

移动互联网、5G、大数据、云计算等新一代信息技术的迅猛发展，使得数据规模急剧增长。数据作为战略性和基础性资源，不仅是数字世界与实体世界的重要纽带，也是数据经济生态中技术创新、价值挖掘以及效能提升的重要动能。通过数据挖掘价值并融合应用，有助于推动新模式、新应用和新业态的不断涌现，加速数字经济创新发展。在数据的价值探索与治理过程中，需要兼顾发展和安全的平衡，既要保护主体权益，又要实现公共利益与社会利益的最大化。但随着数据的不断挖掘与应用，其与用户隐私数据间的冲突日渐明显，如何在商业应用中实现对用户数据的安全保护以及合规应用，成为政、产、学、研、用等各界探讨的重要话题，隐私保护计算作为解决该类矛盾的有效技术手段同样备受行业关注。

2021年7月20日，中国信息通信研究院正式发布《隐私计算与区块链技术融合研究报告（2021）》。报告指出，隐私计算、区块链等新兴技术的结合，可为人们提供一种在数据本身无须交换的情况下，实现数据价值共享的技术路径和解决思路，在数据共享过程中实现价值挖掘与隐私保护之间的平衡。据中国信通院测算，截至2021年6月，我国数据总量达9 ZB，数据安全流通量不足数据总量的十万分之一，未来有广阔的数据蓝海有待探索。当前全国联盟链总节点数已达36 000个，通过区块链技术进行流通的数据已达80 PB。隐私计算节点数已达4 500个，通过隐私计算技术进行流通的数据已达2 PB。

15.2.2　数据安全行业痛点

当前，全球数据总量呈现指数性增长态势，但从现阶段数据的从属来看，海量数据散落于不同的组织机构和信息系统中，即使是同一区域、产业和企业，也仍存在"数据孤岛"问题。多方数据协作已经成为医疗、工业、零售、金融、政务等领域挖掘数据价值的重要路径，聚合态体系中的多方数据进行联合建模分析是当下提升数据价值的必然选择，但数据安全和合规仍是多方主体数据协作过程中的痛点问题。一方面缺乏能够兼顾安全、合规和数据协作的合作机制与技术路径，无法消除数据主体之间对商业秘密泄露风险、商业利益分配等方面的信任鸿沟，传统数据保护方案往往适用于单一信息系统，导致无法满足现有涉及跨系统的业务形态。另一方面，"黑灰产"、隐私保护等问题也为不同主体的数据协作带来挑战。"黑灰产"的存在不但增加了企业数据保护成本，同时增加了数据泄露风险。此外，由于企业数据也会包含用户个人信息，在协作过程中如何有效进行个人信息保护也是数据价值挖掘的难点。

15.2.3　"区块链+数据安全"解决方案

区块链与安全多方计算（secure mutiparty computation，SMPC）技术是近年来国内外广泛关注的隐私计算技术，在跨主体数据共享与协同计算领域提供了解决信息安全与隐私数据保护问题的新思路和新手段，可在不泄露原始数据的前提下，通过"数据可用不可见"操作，实现数据应用价值。在区块链平台中应用安全多方计算技术，能够保证各个参与方（政府、企业、个人）在不披露各自真实业务数据的前提下实现数据共享和协同计算，开展多方联合计算。

随着安全多方计算技术的快速发展，安全多方计算从早期应用于匿名竞拍、电子投票等场景逐步拓展至面向分布式场景的协同计算，包括隐私信息检索、加密计算、联邦机器学习、AI 安全预测等领域，并在金融、医疗等多个行业探索应用。安全多方计算源自姚期智院士于 1982 年提出的"百万富翁问题"，该问题旨在解决二人在避免对方得到自己财富总额数据的情况下，比较双方财富数量的问题。安全多方计算应用了密码学的一些重要隐私技术成果，成为网络空间信息安全和隐私数据保护的关键技术，包括不经意传输（oblivious transfer）、混淆电路（garbled circuit）、同态加密（homomorphic encryption）、秘密共享（secret sharing）、零知识证明（zero-knowledge proof）等。基于区块链和安全多方计算的数据安全系统架构如图 15.4 所示。

通过多方计算技术与区块链共享账本、智能合约、共识机制等技术特性的结合，可以实现原始数据的链上存证核验、计算过程关键数据和环节的上链存证回溯，确保计算过程的可验证性。将区块链技术对计算的可信证明应用到隐私计算中，可以在保护数据隐私的同时增强隐私计算过程的可验证性。

（1）区块链可以保障隐私计算任务数据端到端的隐私性。通过区块链加密算法技术，用户无法获取网络中的交易信息，验证节点只能验证交易的有效性而无法获取具体交易信息，从而保证交易数据隐私，并且可按用户、业务、交易对象等不同层次实现数据和账户的隐私保护设置，最大程度保护数据隐私性。

（2）区块链可以保障隐私计算中数据全生命周期的安全性。区块链技术采用分布式数据存储方式，所有区块链中的节点均存储一份完整数据，任何单个节点若想修改这些数据，其他节点均可使用自己保存的备份证伪，从而保证数据不被随意篡改或删除。此外，区块链中所使用的非对称加密和哈希加密技术能够有效保障数据安全,防止数据泄露。

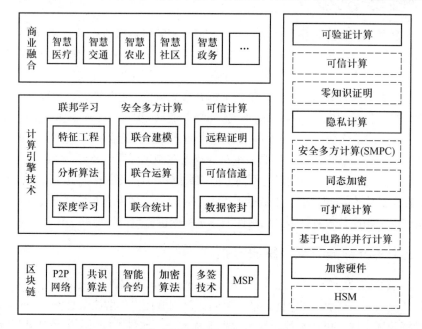

图 15.4　数据安全系统架构

（3）区块链可以保障隐私计算过程的可追溯性。数据申请、授权和计算结果的全过程均在链上进行记录与存储,链上记录的信息可通过其他参与方对数据进行签名确认的方式,进一步提高数据可信度,同时可通过对哈希值的验证匹配,实现对信息篡改的快速识别。基于链上数据的记录与认证,可通过智能合约,实现按照唯一标识对链上相关数据进行关联,构建数据的可追溯性。

将区块链与隐私计算结合,使原始数据在无须归集与共享的情况下,实现多节点间的协同计算和数据隐私保护,同时解决大数据模式下存在的数据过度采集、数据隐私保护、数据存储单点泄露等问题。区块链确保计算过程和数据可信,隐私计算实现数据可用而不可见,二者相互结合,相辅相成,实现更广泛的数据协同。

15.2.4 "区块链+数据安全"行业案例

（1）蚂蚁链摩斯安全多方计算平台

采用去中心分布式架构,数据合作各方通过本地安装的摩斯计算节点完成安全计算,保证原始数据不出域,仅输出计算结果,并可将查询调用记录存证在区块链上,防止数据造假,保障数据质量。该平台可应用于联合风控、联合营销等场景。

（2）百度可信数据计算

采用数据加密技术保护原始数据,通过多方计算实现数据的密文计算,数据全流程上链留痕,在保证数据安全的前提下实现数据流通,使得数据在不同机构间的计算成为可能,从而获取更多大数据融合的价值。其优点如下:安全多方计算,即各数据方不泄露原始数据的同时执行某项计算任务,进行数据加密交互,获取多方数据价值;支持自定义复杂脚本,可实现复杂的计算逻辑单元,后续可支持机器学习算法;同态加密,即采用多种安全加密技术对数据或查询信息进行加密处理，数据交互全程使用数据密文，保障数据安全。

（3）点融安全多方计算服务

结合同态加密算法的安全特性与智能合约公开、透明和不可篡改的特性，实现各个参与方在无须泄露自身数据的情况下，共同完成安全计算的功能。该方案确保用户参与计算的原始数据不被泄露，同时计算所需的输入数据和计算结果也对点融安全计算服务平台保密，完美解决了数据隐私和数据共享的矛盾。

15.3　区块链+公益

15.3.1　社会公益行业现状

随着中国经济体的发展和壮大，中国公益事业取得了长足发展。中国慈善公益经历了4 个阶段的变迁：政府背书公益 1.0 阶段，企业支持背书的公益 2.0 阶段，互联网公益 3.0阶段和区块链结合的公益 4.0 阶段。当今公益组织可分为 3 类，其一是以国家名义建立的公益单位，例如红十字会等；其二以较为可信且具备公信力的公司为背书，例如腾讯公益慈善基金会、支付宝公益平台建立的公益机构等；其三为民间自发组织的公益基金会，例如壹基金、韩红爱心慈善基金会、成龙慈善基金会等。

15.3.2　社会公益行业痛点

虽然近年来公益慈善组织取得了十分迅速的发展，但同时也面临越来越多的挑战，目前公益事业面临的主要问题包含以下 4 点。

（1）公信力不足。传统公益慈善组织经常发生公益捐赠违法违规问题，致使大众对公益慈善组织机构认可度不高，甚至对公益组织不信任。壹基金捐款使用不明、韩红爱心慈善基金会疫情期间违规操作、武汉市红十字会发放物资不及时等问题，降低了公益组织的社会效用。由于公益慈善组织缺乏公开性、透明性，传统公益组织从接收物资、捐款，到发放、使用物资和捐款的过程中，存在较多重要环节使得资金和物资使用繁重，并且无法对每个环节进行公示，导致各个环节可能存在滥用职权、操作违规的行为，进而降低了公益慈善组织的公信力。

（2）善款去向不明。随着公益慈善事业的发展，越来越多的人参与到慈善公益中，使得总捐赠善款数额越来越大。当前善款使用主要存在两个问题：一是如何使用善款，善款的使用主要由公益组织统一划分，没有争取、采纳捐赠人意见；二是善款使用不够透明，传统慈善机构很少将资金详尽信息公开，这也导致善款使用很难满足捐赠者的潜在需求。

（3）信息共享不及时。传统公益组织中存在善款使用与信息共享不同步的问题。传统公益组织的先天不足是，现有公益组织很难将每笔善款的使用全部记录并公开，导致捐赠者得到的信息匮乏且不够及时。2020 年新型冠状病毒肺炎疫情暴发后呈现快速肆虐之势，疫情一线的武汉医疗物资告急，全国民众纷纷采用输送医疗物资、筹集善款等方式驰援。与此同时，湖北省红十字会、武汉市红十字会被质疑捐赠物资分配不公、大量积压捐赠物品、分发效率不高，信任危机将公益机构推上舆论风口浪尖。湖北省红十字会、武汉市红十字会之所以被质疑，主要原因在于物资、善款使用等信息发布不及时、不公开、不透明，这正是当下公益慈善事业发展所面临的痛点与难点。

（4）对捐赠者缺乏激励。传统公益慈善组织缺乏对捐赠者的激励，或是激励的程度、层次不够。而激励捐赠者的核心问题是对捐赠者贡献度的量化，在获得贡献度后可以使用多层次、全方位的用户激励策略，以此缓解公益慈善组织的公信力不足问题。量化在公益慈善组织这一经济体内的贡献度也为传统公益慈善组织带来了机遇和挑战。

15.3.3 "区块链+公益"解决方案

针对基于区块链的公益捐赠系统公开性及透明性不足问题、激励措施单一及贡献度评价单一问题、善款使用缺乏民主性问题，此处提出一种新型区块链公益捐赠系统的架构，结合已有区块链公益实现技术，设计以公有链为基础的新型架构，增加去中心化数字身份，扩展贡献度计算及激励方式，并提出使用民主决策捐赠资金的使用机制。以提升公益捐赠系统的公开性、透明性、身份自主性、自激励、民主决策为目标，主要研究 DID 去中心化数字身份、有效抗操作的贡献度计算方法和流民主投票决策协议，最终实现基于区块链的公益捐赠原型系统。"区块链+公益"的系统层次结构如图 15.5 所示。

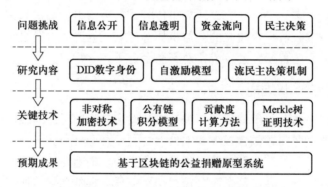

图 15.5 "区块链+公益"系统层次结构

（1）实现公益数据的完整公开

根据区块链的公开性、透明性、不可篡改和可追溯的特点，可以在公益流程中实行数据与行为的全周期跟踪、存证与审计，使公益项目的各参与方均能实现对公益项目全程监督，避免传统公益中效率低下、决策复杂和不公开透明的缺点，从而为公益项目提供风险管理与控制、决策透明的方法，提升公益事业透明度，从机制上减少公益项目的复杂性，从而促进公益事业发展。

（2）数字化公益的发展

区块链可以实现数字货币捐款、公益积分服务等公益管理手段，提升公益事业的管理水平。区块链最早应用于公益事业的案例是数字货币募捐活动，用户通过交易所购买加密货币，然后将加密货币转移至公益目标账户，利用数字货币进行募捐，不但能够降低资金被私自挪用的风险，还能拓宽公益捐赠途径，进而推动公益事业的进步。

（3）公益捐赠系统的处理机制

基于区块链的公益捐赠系统在选择公益明细存储时有 3 种方案：其一是将捐赠记录存储到数据库中；其二是绑定用户与区块链地址，构造区块链中的交易进行善款捐赠，每一笔指向资金池的交易均代表公益捐赠；其三是建立公益捐赠智能合约，捐赠者调用智能合约函数进行公益捐赠，并在合约中记录详细数据。使用数据库存储的优点是开发成本低，访问速度快；但缺点是中心化存储带来数据风险，即数据可能被篡改、不可信任，还可能引起单点故障问题。公益捐赠系统因采用区块链记录每笔公益捐赠，从而保证了数据安全可靠，具备透明性。使用区块链系统时需要考虑资金池实体是用户地址还是智能合约地址。采用用户地址，则区块链中可以记录每笔捐赠的详情，可以根据捐赠交易的哈希值直接访问该笔交易，但无法对公益捐赠情况进行控制和有效管理，智能地在链下统计数据并采取相应操作；采用智能合约地址，可以有效接收用户捐赠，同时在链上对捐赠进行统计，对当前捐赠情况采取激励等措施。公益捐赠整体流程如图 15.6 所示。

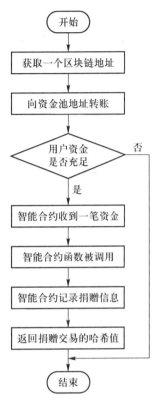

图 15.6　公益捐赠整体流程

要获取私钥对应的区块链地址，可以从本地私钥文件调用方法本地导出，也可以使用 DID 数字身份直接在 DID Hub 中获取。获取地址后保证该区块链地址下有充足的积分，即可向资金池账户地址转账，此时智能合约资金池地址的 fallback 函数被调用，在 fallback 函数中处理捐赠信息，例如统计捐赠记录中金额排名前 10 的交易。完成智能合约调用后会返回该笔捐赠交易的哈希值，以供用户查看校验。为提高捐赠系统后期的使用效率，将在数据库中存储捐赠记录哈希值和详细信息，并计算该笔交易的贡献度。捐赠交易入库操作为贡献度计算和后期激励提供了方便，为保证入库数据的准确性，在获取数据捐赠记录时，也会访问区块链中的该笔交易，校验、比对数据是否一致，从而避免数据被篡改为不一致的情况。

15.3.4　"区块链+公益"系统架构

"区块链+公益"系统架构分为基础平台层、区块链层、智能合约层以及应用层 4 个逻辑部分。系统实现过程中遵循软件设计原则，各层次之间功能清晰，高内聚低耦合，在保证系统安全可靠的同时实现更加灵活的系统。公益捐赠系统总体架构如图 15.7 所示。

基础平台层包括网络与通信模块、文件系统、LevelDB 和虚拟机 4 个模块。网络与通信模块主要用于维持各节点间的网络通信，每当产生一个新交易或区块时使用该模块进行广播。网络与通信模块使用 Gossip 协议对信息进行泛洪广播，保证在一定时间内可以使所有节点收到最新的交易或区块数据。文件系统和 LevelDB 模块主要负责区块链底层存储事务，在获得新的交易或区块时，可以使用文件系统对交易或区块进行存储，LevelDB 可以存储区块链中账户对应的余额和 nonce 数据。虚拟机（EVM）是以太坊实现图灵完备功能的前提条件，可以识别智能合约编译生成的指令，然后执行指令集合，该过程中可能会更改账户状态，例如账户余额、账户 nonce 等信息。基础平台层是区块链底层，为区块链层提供可靠的基础功能。

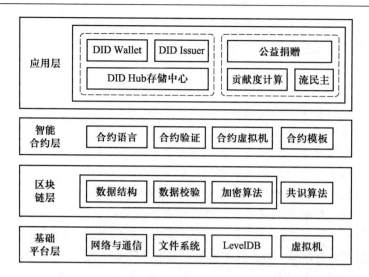

图 15.7　公益捐赠系统总体架构

区块链层包括数据结构、数据校验、加密算法和共识算法。区块链中数据结构包括许多内容，最基础的数据结构包括 Transaction 交易、Block 区块、MPT（Merkle Patricia tree）等数据结构。Transaction 代表一笔交易，是区块链中最基础的数据结构，其内包括交易的发起方地址、接收方地址、已转账数量 nonce、转账金额 value 等数据。Block 区块中包含上一区块的哈希值、状态树根、交易树根、收据树根等数据。MPT 在以太坊中常被使用，用于存储账户对应的余额。数据校验包含两个部分的校验：其一是静态校验，即节点收到一笔交易后检查数据是否合法，例如 from、to、amount、nonce 等信息；其二是动态校验，即如果发生合约调用，则在本地 EVM 虚拟机中判断执行过程中指令是否完全正确。加密算法模块主要通过非对称加密技术生成用户私钥及地址，并在交易构造中使用私钥进行签名。共识算法模块是区块链层的核心，将对节点间的信息同步、区块确认发挥作用，从而保证区块链各节点数据一致。

智能合约层包括合约语言、合约验证、合约虚拟机和合约模板。合约语言作为编写智能合约的编程语言，主要用于定义业务中的各项规则与逻辑；合约验证主要用于确保智能合约安全和正确执行的过程，涉及静态分析、动态测试和形式化验证等方法，以检测合约代码中的潜在错误或漏洞；合约虚拟机是执行智能合约代码的运行环境，例如以太坊虚拟机（EVM）就是解析和执行以太坊智能合约的环境，虚拟机负责解释合约语言编写的代码，并处理与区块链的交互；合约模板包含了一套预设的规则和函数，可以简化智能合约的开发过程，对于常见的合约类型或功能，开发者可以通过模板快速创建复用，例如 OpenZeppelin 就是一套经过多重安全认证的智能合约开源模板库。

应用层包括 DID 数字身份模块和公益捐赠模块。DID 数字身份模块主要用于为用户生成链上数字身份标识，同时在不泄露用户隐私数据的前提下，完成对用户合法身份的安全认证。公益捐赠模块旨在允许用户基于自己的公/私钥权限，使用 DID 数字身份实现对某一公益项目的链上金额捐赠；同时，智能合约会依据贡献规则以及每个捐赠项目的参与度，计算该用户的具体贡献值并记录在链上；此外，其他用户也可基于该贡献规则及捐赠数据进行业务合法性验证。

15.4　区块链+数字版权

15.4.1　数字版权行业现状

版权一词来源于英文单词 copyright，即复制的权利，反映了为阻止他人未经许可复制作品、损害作者经济利益而由法律创设的权利。在数字化时代，数字版权大大拓宽了版权表现形式。所谓数字版权，是指作者及其他权利人对其文学、艺术、科学作品在数字化复制、传播方面依法享有的一系列专有性的精神权利和经济权利的总称。

总体而言，我国的版权保护目前正处于不断发展完善的状态。十多年前，盗版行为可以用猖獗形容，盗版音乐、影视作品在网络中随处可见，盗版书籍也时常出现，彼时的创作者们饱受困扰，也遭受了较大的利益损失。同时，这些盗版产品的质量往往十分低劣，带给普通用户非常糟糕的使用体验。近年来，我国的版权保护措施一直在推陈出新，取得了诸多成果。与此同时，人们的版权意识也在不断加强，创作者的努力开始被越来越多的人看到并关注，人们也更加愿意为创作者的付出支付费用。2018 年，我国在数字媒体作品版权保护上取得了大量成就。在视频版权保护方面，据爱奇艺公布的财报显示，其 2018 年第三季度的会员费用收入首次超越广告收入，成为第一大收入来源，腾讯和优酷的视频会员服务同样发展迅速；在网络文学版权保护方面，从 2016 年起，国家版权局一直将网络文学侵权盗版作为治理重点，在各种措施下，盗版网络文学作品的生存空间已经十分狭窄；在数字音乐方面，2015 年起国家版权局严厉整顿并下架音乐服务商在网络中免费提供未经授权上线的音乐作品，2018 年，数字音乐版权产业取得优异成绩。

15.4.2　数字版权行业痛点

数字版权是数字时代内容产出者的基本权利，但互联网在大幅降低人们信息获取门槛的同时，也让数字作品在互联网世界的传播、复制、篡改变得极为容易，同时数字版权本身表现形式多样、传播方式丰富，这使得数字版权侵权现象越发严重，数字内容版权纠纷日益增多，无法有效保护原创者权益，制约了数字产品的可持续性供给。每年数字内容市场因盗版侵权造成的损失额庞大。相关研究数据显示，2019 年中国网络文学总体盗版损失规模为 56.4 亿元。

数字版权保护困难的原因之一是互联网时代下数字版权本身易被侵权，另一方面是目前数字版权保护仍存在以下问题。

（1）版权登记确权缺乏高效便捷的途径。现有版权登记确权周期长、效率低、成本高。当前版权登记确权的流程复杂，登记过程需要经过多个流程，耗时较长，通常需要数周甚至数月时间，且整个流程需要数百到数万元不等的费用，导致版权登记和确认的经济成本与时间成本较高（如图 15.8 所示）。这种登记确权模式已无法满足当前海量数字作品及时性与碎片性的需求。

（2）侵权取证难。数字内容易被修改且证据易灭失，造成取证困难的问题，在抄袭行为被发现后，原创作者无法拿出侵权证据，加大了侵权执法成本，导致网络盗版现象屡禁不止。

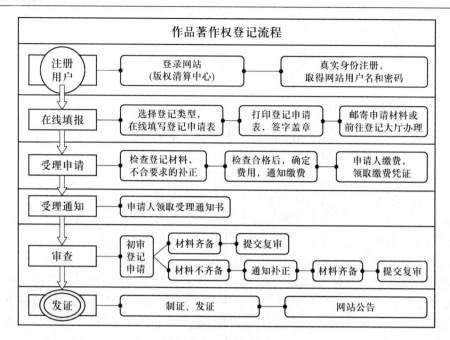

图 15.8　作品著作权登记流程

（3）侵权赔偿难。在网络环境中，数字版权本身的价值很难评估，加之侵权传播途径多、速度快且侵权方式隐蔽，无法对数字版权的违法传播量进行较为准确的统计。

15.4.3 "区块链+数字版权"解决方案

如何利用技术发展与创新应对版权保护领域带来的挑战成为亟待研究和解决的问题，区块链作为新一代技术，为数字版权保护提供了新的解决方案。基于区块链技术的数字版权保护方案利用区块链的去中心化和可追溯性，能够更好地保护数字资产。

（1）在登记确权方面，区块链技术能够实现公开账簿、全程记录，可以将数字版权作品分布式存储，通过提供去中心化的分布式技术，将数字内容作品的哈希值、作者信息、作品创作时间等信息快速打包上链，上链后的信息不可篡改。利用区块链能够极大简化传统版权向监管部门版权认证申请的整个过程。所有用户共同维护，使得数据可以同步更新，在降低时间成本的同时降低经济成本。

（2）在所有权交易方面，区块链技术提高了工作效率，降低了运行成本。版权所有者在链上声明版权、自由交易，同时可以直接向作品的版权所有人自动支付、自动获得授权。

（3）在侵权存证方面，当发现侵权行为时，快速调用版权保护服务中的侵权取证接口，对侵权主体与作品进行取证，并将取证结果上链。上链后的结果不可篡改，将侵权行为固化为证据，且具有法律效力。

（4）在举证维权方面，区块链技术将侵权记录存储于区块链，并可通过跨链方式连接互联网法院司法区块链，或以联盟成员节点身份与互联网法院、公证处、司法鉴定中心、仲裁委和版权局等司法机构构建区块链司法联盟链，从而实现电子证据与司法系统互联互通。如需诉讼举证，则直接从数字版权平台区块链中提取侵权证据、主体、侵权内容等信息，提高了维权效率，整个过程方便快捷且有效。

15.4.4 "区块链+数字版权"应用案例

（1）中国版权链

"中国版权链"简称"中版链"，是中国版权协会推出的开放、多元、中立的版权保护平台，全面结合数字内容生态的业务场景，提供版权确权、授权、交易和维权的一体化解决方案，打造数字内容产业与版权保护的新一代基础设施。"中版链"为版权方提供全生命周期的版权保护服务，通过区块链快速固化版权权属信息，降低版权确权的时间成本与经济成本。权属确定后可启动版权侵权监测，一旦发现侵权行为，便对侵权行为取证，形成可靠电子证据，同时将电子证据存证到区块链系统。有了明确的权属信息、可信的侵权证据，权属可方便快速地通过版权调解或诉讼服务维护自身权益，以此形成版权保护全生命周期的服务闭环，如图 15.9 所示。

（2）百度超级链版权保护解决方案

百度超级链版权保护解决方案提供覆盖图片生产、权属存证、图片分发、交易变现、侵权监测和维权服务的全链路版权服务功能。该解决方案采用百度超级链技术搭建版权存证网络，配合可信时间戳和链戳双重认证，为每张原创图片生成版权 DNA，实现原创作品可溯源、可转载、可监控，覆盖图片生产、版权存证、图片分发、交易变现、侵权监测、维权服务等全流程，可对原创作品进行网络侵权监测，维护原创者利益。

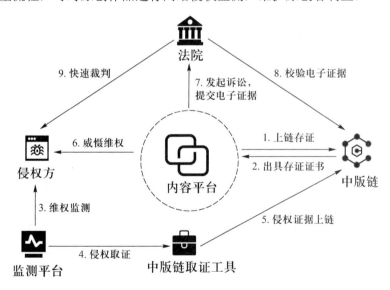

图 15.9　中国版权链版权保护解决方案

百度超级链版权保护系统架构分为 3 层，从下至上依次是基础层、服务层和平台层，如图15.10所示。基础层基于 XuperChain 技术构建存证链，将内容版权行业需要公信力或透明性的登记确权、维权线索、交易信息等存储于存证链。服务层主要构建图片 Tagging、图片搜索、盗版检测等基础服务。平台层为用户提供登记存证、分发交易、维权取证等服务。

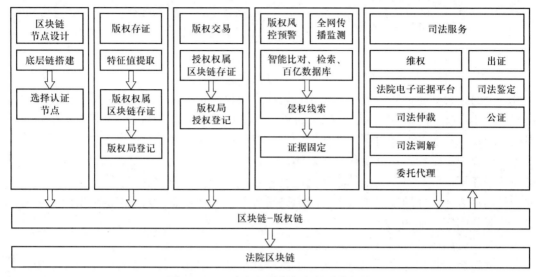

图 15.10 百度超级链版权保护系统架构

15.5 区块链+供应链

15.5.1 供应链行业现状

供应链是指围绕核心企业,从配套零件开始,制成中间产品以及最终产品,最后由销售网络将产品送到消费者手中,将供应商、制造商、分销商直到最终用户连接成一个整体的功能网链结构。供应链管理的经营理念是从消费者的角度,通过企业间的协作,谋求供应链整体最佳化,成功的供应链管理能够协调并整合供应链中的所有活动,最终成为一个无缝连接的一体化过程。

供应链管理是进行计划、协调、操作、控制和优化的各种活动和过程,供应链管理的实质是深入供应链的各个增值环节,将顾客所需的正确产品(right product)在正确时间(right time)按照正确数量(right quantity)、正确质量(right quality)和正确状态(right status)送达正确地点(right place)(即"6R"),并使总成本最小。

当今时代的供应链比过去速度更快、互连性更高,已经步入以消费者和客户为主的时代,需要更大规模的数据分享,从供应链中收集更多数据,尝试将传统经营数据和新形式数据链接,与区块链技术结合进行数字化转型,同时也面临供应链生态系统的复杂性生产经营风险、数据一致性以及安全隐患等问题的挑战。

基于区块链、大数据等多种新兴技术能够构建统一、可信、便捷、易于监管的平台,从原材料追踪到最终的销售终端,建立以数据为基础的互信通道,并简化不同组织、不同地区间的互联互通,赋予供应链以超凡的可视性和控制性。

15.5.2 供应链行业痛点

供应链是指通过一定组织计划,将产品、服务、资金等相关要素从一端流向最终用户的由 3 个或 3 个以上实体组成的网链结构。供应链管理是指在实现一定供应链效益的前提下,通过对供应商、制造商、仓库、配送中心、渠道商等实体进行有效组织而使整个供应链系统成本达到最小的管理方法。供应链的有效管理在促进经济、工业等快速发展的同时，也面临着以下 3 个方面的挑战。

（1）溯源。在供应链管理的过程中，核心企业的主导作用显著，如何在信息汇集的过程中保证其真实性是产品溯源实现一大挑战。

（2）数据透明化。供应链涉及主体众多，相关企业之间信息传递渠道不畅，供应链信息孤岛所产生的消极影响被不断放大。

（3）数据隐私性。企业具有敏感或专有信息，例如财务信息、生产工艺、生产成本、用户真实身份、交易信息等，涉及商家商业机密，仅能允许部分利益相关者访问。因此如何对各类信息和人群进行区分，既可保证信息的公开性和可见性，又可保护相关信息的机密性是目前的挑战。

15.5.3　"区块链+供应链"解决方案

区块链已成为"信任即服务"的代名词，以食品生产经营为例：食品（食物）的种植、养殖、加工、包装、储藏、运输、销售、消费等活动需符合国家强制标准和要求，不允许存在损害或威胁人体健康的有毒有害物质，杜绝导致消费者病亡或危及消费者及其后代的隐患。通过区块链不可篡改的特征，可以真正看到并追溯整个食品生产经营过程中，从田间地头到百姓餐桌各个环节参与者的行为，并对这些行为承担相应责任。

一方面，区块链的可追溯性使得数据从采集、整理、交易、流通到计算分析的每一步记录均被留存，使得数据质量获得前所未有的强信任背书，保证了数据分析结果的正确性和数据挖掘的有效性。尽管大数据的发展趋势使得对于大多数类型数据的精确性要求降低，但是对于供应链中追求准确性的重要数据，使用不可篡改的区块链作为数据源十分必要，同时也有利于监管部门进行监管。

另一方面，数据隐私保护一直使大数据发展受到掣肘，大数据时代所需要的数据互通、数据共享实际上和保护隐私之间存在剧烈冲突。区块链技术通过多签名私钥、加密技术和安全多方计算技术，获得授权才可对数据进行访问，数据统一存储于去中心化的区块链或依托区块链技术搭建的平台，在不访问原始数据的情况下进行数据分析，既可以对数据私密性进行保护，又可以安全地提供共享。

数字经济的到来使得中国企业急需加速数字化业务转型，在不断完善自身核心竞争力的同时实现更高的价值转化。整个供应链中的数据、关键业务指标和事件，旨在帮助企业更全面地了解关键问题，确定其优先级并加以解决，借助区块链将企业数据、合作伙伴数据、外部数据和设备数据相结合，企业即可全方位实时了解自己的产品在全球各地的情况，为长期决策提供支持。

15.5.4　"区块链+供应链"应用案例

（1）贸易供应链

全球四大审计事务所之一KPMG推出 KPMG Origins 区块链溯源平台，为复杂行业中的贸易伙伴提供透明度和可追溯性，使在供应链中的贸易伙伴能够互相向用户传递独有的产品信息。

① 全流程管控：从原材料采购地到采购地点，KPMG Origins 提供清晰的生产流程和运输条件，以及产品保管者信息。

② 与客户建立信任：让客户作出最优购买决定，产品过程的所有环节更加透明。

③ 共享受信任的证书：主动为供应链参与者提供证书。KPMG Origins 允许用户获取和分享组织、生产设施和产品的数字认证。

④ 实现未开发潜力：KPMG Origins 可以帮助改善出口流程，帮助与全球目标市场建立联系。

KPMG Origins 的参与者包括澳大利亚最大的品牌食品出口商之一 SunRice、澳大利亚甘蔗种植者协会 Canegrowers 和葡萄酒酒庄 Mitchell Wines。

（2）咖啡供应链

Nestlé（雀巢）借助Amazon Managed Blockchain建立Hyperledger Fabric供应链网络，通过加入 IBMFood Trust 计划，将区块链技术的使用范围扩大到该公司的豪华咖啡品牌Zoégas。消费者只需扫描包装上的二维码，即可了解咖啡从种植地到赫尔辛堡佐伊天然气工厂的旅程。而包括农民信息、收获时间、特定运输交易凭证、烘烤期等数据均通过区块链记录。该解决方案为授权用户提供了从农场到商店乃至最终消费者对可操作食品供应链数据的即时访问，任何单个食品的完整历史和当前位置以及诸如认证、测试数据和温度数据等附属信息一旦上传至区块链，其他用户即可在几秒内获得。

15.6 区块链+教育

15.6.1 智慧教育行业发展现状

2016—2020 年，我国智慧教育市场规模逐渐增长。数据显示，我国教育信息化市场规模从 2016 年的 4 960 亿元增长至 2020 年的 8 255.5 亿元。在教育信息化建设力度不断加强的趋势下，教育信息化系统从量变到质变，从根本上改善教育信息服务生态的需求也日益凸显。

2021 年 3 月 25 日，教育部印发《关于加强新时代教育管理信息化工作的通知》。其中提到探索推动区块链技术在招生考试、学历认证、学分互认、求职就业等领域的应用，提高数字认证可信性的建设。该建设基于"一校一码、一人一号"的数字认证互联互通互认体系，实现跨平台的单点登录。2021 年教育部《关于加快发展继续教育的若干意见》也指出，要加强继续教育学习资源、平台以及学习成果认证、积累与转化制度建设。在线教育成为当前重要教育形式之一，而把控在线教育质量、推动在线教育成果转换的关键前提是实现学分与学历信息跨机构的共享互认和统一管理。国外数据统计显示，目前通过 MOOC（massive open online course，大规模开放在线课程）获得学分的人非常少，学习成功率仅为 5%。

教育部于 2012 年委托国家开放大学进行包括学历互认在内的"学分银行"制度建设专题研究。目前主要思路是"先从成人教育领域的小系统内推动，先实现学分互认，然后争取向普通高校推进"。

15.6.2 教育行业发展痛点

随着教育产业布局的不断推进，民办教育市场也在不断扩大，但教育行业的信息化建设水平长期以来并没有取得本质性提高，仍然存在许多传统技术无法解决的问题，阻碍了教育信息化的进一步发展。当前教育行业尤其开放教育主要面临以下痛点。

（1）学习成果难以被第三方认可，学习者动力不足。

（2）监管能力有限，学分、学历造假现象大量存在。

（3）机构教学质量难以评估，各参与方缺乏互动性。

15.6.3　"区块链+教育"解决方案

此处以学分、学历认证中的应用讨论区块链在教育行业的解决方案。在学分、学历信息认证的应用场景中，区块链可被用于数据的存储和验证，通过多方共识机制保护数据的完整性与不可篡改性，通过密码学算法保障数据的稳定传输和访问安全，通过智能合约保障学习成果转换操作的准确执行，进而促进整合各机构的教育数据资源，构建可信、开放的信息认证与成果转换服务。整体而言，在学分、学历信息共享认证平台的建设中，区块链技术的应用方向主要包括以下几个方面。

（1）建设基于区块链的底层信任网络，将学分、成绩转换为所要采集的证据并上链，实现数据信息的去中心化和不可篡改。

（2）连接各机构间的信息资源，实现不同教育机构之间学分的转换，促进实现没有围墙的学历教育。

（3）通过智能合约强化学分规则的转换，实现学分全自动化转换，确保教育和学分信息的安全，杜绝人为操作隐患、人为修改等一系列人为不诚信的不良因素。

（4）对外提供基于区块链的开放服务，实现可信的学分、学历信息的查询、检索功能。同时对于教育机构和公众方面可以提供学分登记、学分转换和信息追溯服务。

基于区块链的学分、学历信息共享认证平台的参考架构如图 15.11 所示。

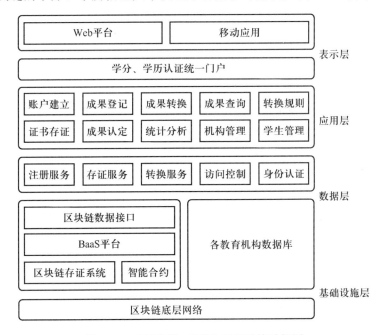

图 15.11　"区块链+教育"层级结构功能图

15.6.4 "区块链+教育"行业案例

（1）上海网班教育科技股份有限公司——教育区块链学分银行

教育区块链学分银行在线教培系统（EDC，如图 15.12 所示）是区块链技术在教育培训领域的引领性落地应用，采用区块链的分布式记账技术，结合教育学分Education Credits Hours的通证分发机制，基于学习者在各教培机构进行学习的学时数授予其学分，从而为学习者建立一个客观的、不可篡改的数字化学历记录。在社会各界响应政府号召、积极发展在线新经济的大背景下，教育区块链学分银行平台欢迎各类正规的职业培训、技能培训、艺术培训等非学历教育机构加入平台，为学员发放学分。所有学习者在联盟教培机构参加培训学习后，均能获得记录在教育链中的学分，学分数量由学时数而定。学员可实时调阅，形成自己的学历记录档案。

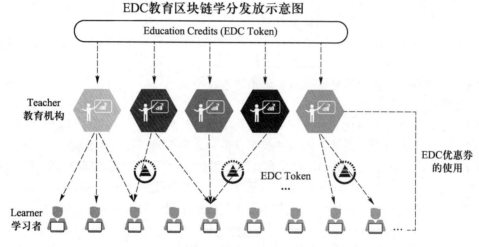

图 15.12　教育区块链示意图

（2）北京留信信息科学研究院——海外学分区块链

留学人员信用信息服务网（简称留信网）于 2020 年 6 月开通留学生海外学分区块链存储系统"CscssMe"，其底层同时兼容以太坊和 Hyperledger Fabric，并能够与中国国内司法节点相结合，利用区块链去中心化、公开透明和数据无法篡改的特点，为每个境外学习者分配独有的"数字钱包"，将学习者的海外教育经历、在线学习、线上测验等个人纪录上链，实现弹性化访问权限控制能力，便于学校间进行成绩记录共享和匿名数据分析，确保学生留学成果数据安全可信，各个环节信息可溯源，解决留学生海外毕业后学分无法保留、学校网站账户注销等问题，同时实现基于区块链技术的跨机构学习成绩、资质证书认证服务。

15.7　区块链+环境监测

十八大以来，习近平总书记就生态文明建设作出一系列重要论述，国家也就环境保护、能耗监测作出重要指示。环保与发展成为当今时代的主题，环境监测、能耗监测的任务急需解决。随着区块链的快速发展，区块链在环境监测和能耗监测等方面已有重要应用，并在未来作出进一步贡献方面拥有巨大潜力。

15.7.1　环境保护及监测行业发展现状

整体来看，由于我国环境监测时间相对较短，尽管近些年已经取得阶段性成果，但与其他发达国家相比还有很大差距。面对不断升级的环境问题，我国必须合理认识自身环境监测方面的发展现状，全面剖析其中存在的诸多问题，进而更好地完成环境管理与规划工作。2015 年以来，国家注重环境监测数据的真实性，出台多项政策，要求加快监测权上收，积极推进生态环境监测体制改革，实行省以下环境监测垂直管理，提高环境监测数据质量。此外，《关于加快推进环保装备制造业发展的指导意见（征求意见稿）》提出要求重点研发水质监测、园区大气污染监测、网格化监测装备等，环境监测数据质量纳入政府考核和环保装备扩展相关政策，其将催生新一轮环境监测设备销售的快速增长，行业发展前景较为广阔。

15.7.2　环境监测行业发展痛点

（1）体制不健全

当前我国环境监测体制尚不完善，许多监测技术以及监测设备不能充分发挥功效，应用无据可依，环境监测存在严重的资料浪费现象。

（2）监测成果低

随着我国深化改革开放政策，社会经济获得突飞猛进的发展，国内生产总值持续提高。但同时环境污染现象随之严重，许多环境问题日渐凸现。我国是工业大国，工业区呈现分散性、放射性发展趋势，导致环境监测出现难度大、总量大、范围大等问题。相关部门由于监测技术落后，资源匮乏，导致监测成果较低。

（3）监测环境差

同发达国家相比，我国监测技术比较落后，在行业发展以及研究方面进展缓慢，尤其是环境监测设备十分落后，工作条件差，导致监测结果没有达到预期目标，数据缺乏准确性。监测中各项试验数据不能满足标准要求，监测结果存在一定偏差。同时，环境监测站中设备不完善、变形以及老化等情况十分严重，大大缩短了设备使用年限。此外，设备应用存在故障问题，导致监测数据失真。

15.7.3　"区块链+环境监测"解决方案

应用区块链技术助力环境能耗监测，响应国家号召，真正通过科学技术为我国环保事业作出贡献。目前，分布式商业公链项目 BitCherry 针对环保问题提出一系列可行性区块链解决方案。BitCherry 作为全球首个服务于分布式商业的可扩容区块链基础设施，具备性能高效、数据安全和共识治理三大特征，通过革新物理层的全新思维搭建点对点加密网络协议，为链上分布式商业应用提供高性能、高安全和高可用的底层公链支持。

（1）针对污染物排放，可以通过利用其公链革新物理层硬件的优势，配合智能合约进行链上治理，将排放数据放置于区块链，使数据不可篡改并与企业征信直接相关，可进行有效的企业监管。

（2）针对垃圾分类，可以建立积分奖励机制，使每个参与垃圾分类的公民均能创造实际价值，获得 BCHC 数字货币奖励，从而带动全民积极性，最终确保每个垃圾被正确分类并可全程追溯。

也就是说，可以利用区块链技术打造信息系统和环境一体化的监测系统，将环境数据和能耗数据上链并连接，完成资金流转、污染排放、数据监测、使用回收等全部流程。与此同时，通过监测数据形成"无篡改"的区块链环境保护方案，并针对具体问题形成具体的区块链解决方案。

15.7.4 "区块链+环境监测"行业案例

（1）区块链技术助力楼宇能耗监测项目

根据"百幢楼宇能效提升三年计划行动"的工作目标，电子政务建模仿真国家工程实验室与上海市计量测试技术研究院进行合作，利用区块链技术建设能耗在线监测平台，促进能源的进一步节约。上海市黄浦区主动运用计算机技术，致力于改善楼宇能耗监测系统的数据上传率、极大极小值、篡改等问题，而区块链技术作出了巨大贡献。具体来说，通过对黄浦区选定的试点楼宇组织安装基于区块链的能源计量数据端硬件设备，开展数据"无篡改""互信互认互操作"等研究示范，实现可信数据的交换或验证。在保证数据主权的情况下，满足能耗数据采集与监测的功能需求，实现可信数据交换、报表订阅、报警推送等服务功能。对试点楼宇的电力表具、空调设备、动力设备、照明系统、管理系统等完成数据采集，支撑能耗数据上链，通过区块链服务构建支持能耗数据管理和能效监管的多平台协作服务体系。

（2）享链助力生态环境监测

"享链"是中科院软件所和贵阳市政府共同成立的区块链技术与应用联合实验室，历时 3 年研发，对标 Hyperledger 的联盟链产品，包括享链核心组件 Repchain、享链 BaaS 云平台、享链盒子等系列产品。目前区块链助力生态环境监测解决方案已在贵州省贵阳市乌当区普渡河生态监测项目及高新区白鹭湖生态监测项目中落地。近年来，我国环境监测数据造假的新闻时有发生，已经成为环保的最大痛点之一。利用区块链技术可以实现对河流水质的"穿透式监管"。在河流上部署多个监测点位，通过传感器收集、传输、存储和分析数据，将其接入享链盒子，上链数据均会存证证书，防止恶意篡改，从源头上解决了数据造假问题。通过该平台，一方面可以实现环保数据全方位、无死角监控，另一方面改变了过去完全依赖巡查、事后补救的管理手段，促进了政府管理模式的创新。

本章小结

近年来，区块链技术飞速发展，在智能医疗、物联网、云计算、数据安全、数据共享、金融等前沿领域具有广泛应用前景，众多企业和研究机构针对区块链在实际应用中面临的具体问题展开了深入研究，但如何寻找痛点、解决实体经济的区块应用问题是业界难点。本章结合传统行业发展过程中面临的行业痛点问题，提出了"区块链+产业"的解决方案，为读者了解区块链如何赋能传统行业发展提供设计参考。随着数字社会的发展，区块链技术必将在知识产权保护、物联网、隐私保护、环境监测、智慧教育、现代物流等多个领域发挥重要作用，成为构建数字社会的新型基础设施。

习题 **15**

1. 区块链技术能够为传统行业的发展提供怎样的服务？
2. 寻找一个应用场景，完成一个区块链技术应用报告。
3. 我国区块链产业发展的现状如何？
4. 国内区块链产业发展过程中，有哪些典型的成功案例？
5. 如何看待"区块链+产业"的发展前景？
6. 结合生活中的实例，说明区块链如何赋能数字社会。

参 考 文 献

[1] TAPSCOTT D，TAPSCOTT A. 区块链革命[M]. 凯尔，孙铭，周沁园，译. 北京：中信出版社，2016.

[2] SZABO N. Formalizing and Securing Relationships on Public Networks[J]. First Monday，1997，2(9).

[3] SZABO N. The Origins of Money[J]. Economic History，2002.

[4] TANENBAUM A S, STEEN M. 分布式系统原理与范型[M]. 辛春生，陈宗斌，等译. 2 版. 北京：清华大学出版社，2008.

[5] 胡建平，胡凯. 分布式计算系统导论[M]. 北京：清华大学出版社，2014.

[6] CARR N. IT 不再重要[M]. 闫鲜宁，译. 北京：中信出版社，2008.

[7] CARES J. 分布式网络化作战[M]. 于全，译. 北京：北京邮电大学出版社，2006.

[8] KELLY K. 失控：机器、社会与经济的新生物学[M]. 东西文库，译. 北京：新星出版社，2010.12.

[9] BENET J. IPFS-Content Addressed，Versioned，P2P File System[J]. arXiv preprint arXiv:1407.3561，2014.

[10] MCCONAGHY T，MARQUES R，MÜLLER A，et al. BigchainDB: A Scalable Blockchain Database (DRAFT)[J]. white paper，BigChainDB，2016.

[11] SWAN M. Blockchain: Blueprint for a New Economy[M]. USA:O0 Reilly Media Inc.，2015.

[12] 袁勇，王飞跃. 区块链技术发展现状与展望[J]. 自动化学报,2016,42(04)：481-494.

[13] 曾诗钦，霍如，黄韬，等. 区块链技术研究综述：原理、进展与应用[J]. 通信学报，2020，41(01)：134-151.

[14] 蔡晓晴，邓尧，张亮，等. 区块链原理及其核心技术[J].计算机学报，2021，44(01)：84-131.

[15] 马昂，潘晓，吴雷，等. 区块链技术基础及应用研究综述[J]. 信息安全研究，2017，3(11)：13.

[16] 邵奇峰，张召，朱燕超，等. 企业级区块链技术综述[J]. 软件学报，2019，30(9)：2571-2592.

[17] MEIKLEJOHN S，POMAROLE M，JORDAN G, et al. A Fistful of Bitcoins: Characterizing Payments among Men with No Names[C]//The 2013 Conference on Internet Measurement Conference. ACM，2013: 127-140.

[18] YIN W，WEN Q，LI W，et al. An Anti-Quantum Transaction Authentication Approach in Blockchain[J]. IEEE Access，2018，6: 5393-5401.

[19] 喻辉，张宗洋，刘建伟. 比特币区块链扩容技术研究[J].计算机研究与发展，2017，54(10)：2390-2403.

[20] 贾丽平. 比特币的理论、实践与影响[J]. 国际金融研究，2013(12)：14-25.

[21] 张亮，刘百祥，张如意，等. 区块链技术综述[J].计算机工程，2019，45(05)：1-12.

[22] 王健，陈恭亮. 比特币区块链分叉研究[J]. 通信技术，2018，51(01)：149-155.

[23] 姚前. 密码学、比特币和区块链[J]. 清华金融评论，2018(12)：99-104.

[24] 林成骏，伍玮. 比特币生成原理及其特点[J]. 中兴通讯技术，2018,24(06)：13-18.

[25] 沈鑫，裴庆祺，刘雪峰. 区块链技术综述[J]. 网络与信息安全学报，2016,2(11)：11-20.

[26] 杨保华，陈昌. 区块链原理、设计与应用[M]. 2 版. 北京：机械工业出版社，2020.

[27] 贾延延，张昭，冯键，等. 联邦学习模型在涉密数据处理中的应用[J]. 中国电子科学研究院学报，2020(1)：43-49.

[28] 黄晓春. 基于加密技术的安全网站构建[D]. 成都理工大学.

[29] 郑广远，孙彩英，浅谈密码学与网络信息安全技术[J]. 中国标准导报，2014(7)：5.

[30] RIPEANU M, et al. Mapping the Gnutella Network：Properties of Large-Scale Peer-to-Peer Systems and Implications for System Design[J]. Computer Science, 2002, 6:2002.

[31] 曲志明. P2P 网络带宽可扩展性研究[J]. 中国新技术新产品，2009(10)：14.

[32] 邱宜干. P2P 网络的特点及运行环境分析[J]. 中国管理信息化，2018，21(09)：153-154.

[33] 程冠菘. 区块链 P2P 网络协议的演进过程[J]. 信息与电脑(理论版)，2018(22): 5-6.

[34] 肖翔. 中国金融论坛·互联网金融分论坛 2016 年第一期"P2P 网络借贷风险防范与区块链技术发展"研讨会综述[J]. 金融会计，2016，1(2)：67-68.

[35] 吕雯. 区块链技术对 P2P 网贷行业发展的影响分析[J]. 中国信用卡，2016(8)：34-36.

[36] DEMERS A，GREENE D，HOUSER C，et al. Epidemic algorithms for replicated database maintenance[C]//Proceedings of the 6th Annual ACM Symposium on Principles of Distributed Computing. New York：ACM Press，1987：1-12.

[37] LAKSHMAN A，MALIK P. Cassandra：a decentralized structured storage system[J]. ACM SIGOPS Operating Systems Review，2010，44 (2)：35-40.

[38] 李励. 分散的结构化存储系统——Cassandra[J]. 东方企业文化，2013(15)：142-143.

[39] 武岳，李军祥. 区块链 P2P 网络协议演进过程[J]. 计算机应用研究，2019，36(10)：2881-2886+2929.

[40] 刘筱攸. 招行首推刷脸取款"人脸识别"再下一城[N]. 证券时报，2015-10-15 (A06).

[41] WANG D，GU Q，HUANG X，et al. Understanding human-chosen PINs：characteristics，distribution and security[C]//Proceedings of ACM Asia Conference on Computer and Communications Security. New York：ACM Press，2017：372-385.

[42] WANG D，WANG P. Two birds with one stone: two-factor authentication with security beyond conventional bound[J]. IEEE Trans on Dependable and Secure Computing,

2018，54(4)：708-722.

[43] KROL K，PHILIPPOU E，CRISTOFARO E，et al. "They brought in the horrible key ring thing!" analysing the usability of two-factor authentication in UK online banking[EB/OL]. (2015-01-19).

[44] STEYERBERG E W，MOONS K G，VAN D A，et al. Prognosis research strategy (PROGRESS) 3：prognostic model research[J]. PLoS Medicine，2013，10(2)：e1001381-e1001389.

[45] 肖相金，伍伟. 基于区块链的 P2P 虚拟图书馆构建研究[J]. 兰台世界，2021(08)：104-108.

[46] 任仲文. 区块链——领导干部读本[M]. 北京：人民日报出版社，2018.

[47] 林关成. 基于 Kademlia 的 P2P 网络资源定位模型改进[J]. 计算机工程，2008，34(18)：111-112.

[48] 赵秋利. 基于区块链技术的图书馆数字版权管理[J]. 出版广角，2020(3)：49-51.

[49] 许伦，王蓓蓓，李雅超，等. 配电网安全导向的分布式资源 P2P 区块链交易机制研究[J/OL]. 电力自动化设备，2021(09)：1-9 [2021-09-14].

[50] 黄海，庞涛，武娟. P2P 网络技术研究现状与展望[J]. 计算机科学，2012，39(S1)：178-183.

[51] FAN L，TRINDER P W，TAYLOR H. Design issues for Peer-to-Peer Massively Multiplayer Online Games[J]. International Journal of Advanced Media and Communication, 2010, 4(2): 108-125.

[52] 郑敏，王虹，刘洪，等. 区块链共识算法研究综述[J]. 信息网络安全，2019(07)：8-24.

[53] 靳世雄，张潇丹，葛敬国，等. 区块链共识算法研究综述[J]. 信息安全学报，2021，6(02)：85-100.

[54] 袁勇，倪晓春，曾帅，等. 区块链共识算法的发展现状与展望[J]. 自动化学报，2018，44(11)：2011-2022.

[55] 朱岩，王巧石，秦博涵，等. 区块链技术及其研究进展[J]. 工程科学学报，2019，41(11)：1361-1373.

[56] 刘懿中，刘建伟，张宗洋，等. 区块链共识机制研究综述[J]. 密码学报，2019，6(04)：395-432.

[57] 王李笑阳，秦波，乔鑫. 区块链共识机制发展与安全性[J]. 中兴通讯技术，2018，24(06)：8-12.

[58] 杨宇光，张树新. 区块链共识机制综述[J]. 信息安全研究，2018，4(04)：369-379.

[59] 刘童桐. 区块链共识机制研究与分析[J]. 信息通信技术与政策，2018(07)：26-33.

[60] 夏清，窦文生，郭凯文，等. 区块链共识协议综述[J]. 软件学报，2021，32(02)：277-299.

[61] 段希楠，延志伟，耿光刚，等. 区块链共识算法研究与趋势分析[J]. 科研信息化技术与应用，2017，8(06)：43-51.

[62] 刘艺华，陈康. 区块链共识机制新进展[J]. 计算机应用研究，2020，37(S2)：6-11.

[63] 姜义，吕荣镇. 区块链共识算法综述[J]. 佳木斯大学学报（自然科学版），2021，39(02)：132-137.

[64] 高丽芬，胡全贵. 区块链共识机制之拜占庭算法[J]. 数字通信世界，2019(01)：43-49.

[65] 李燕，马海英，王占君. 区块链关键技术的研究进展[J]. 计算机工程与应用，2019，55(20)：13-23.

[66] 王晓光. 区块链技术共识算法综述[J]. 信息与电脑（理论版），2017(09)：72-74.

[67] MARMSOLER D，EICHHORN L. On the Impact of Architecture Design Decisions On the Quality of Blockchain-based Applications[J]. Computer Technology Journal，2020：470.

[68] 黄楚新，文传君，曹曦予. 网络诚信建设的现状、问题及对策[J]. 新闻战线，2020(05)：47-50.

[69] 梁秀波，吴俊涵，赵昱，等. 区块链数据安全管理和隐私保护技术研究综述[J/OL]. 浙江大学学报（工学版），1-15[2021-12-21].

[70] QIFA，DHA，SIB，et al. A survey on privacy protection in blockchain system[J]. Computer Weekly News，2019.

[71] BHUTTA M, KHWAJA A A, NADEEM A, et al. A Survey on Blockchain Technology: Evolution, Architecture and Security[J]. IEEE Access, 2021，PP(99):1-1.

[72] PAIK H Y, XU X, BANDARA H D, et al. Analysis of Data Management in Blockchain-Based Systems: From Architecture to Governance[J]. IEEE Access, 2019，pp(99):1-1.

[73] SAI A R, BUCKLEY J, FITZGERALD B, et al. Taxonomy of centralization in public blockchain systems：A systematic literature review[J]. Information Processing and Management，2021，58(4).

[74] 毛瀚宇，聂铁铮，申德荣，等. 区块链即服务平台关键技术及发展综述[J]. 计算机科学，48(11)：4-11.

[75] 魏凯，卿苏德，杨白雪，等. 区块链即服务平台 BaaS 白皮书[R]. 北京：中国信息通信研究院，2019.

[76] 林荣智. Go 语言的并发编程介绍[J]. 科技展望，2016，26(22):12.

[77] 郑兆雄. Go Web 编程[M]. 北京：人民邮电出版社，2017.

[78] 高野. Go 语言区块链应用开发从入门到精通[M]. 北京：北京大学出版社，2021.

[79] 陈人通. 区块链开发从入门到精通以太坊+账本[M]. 北京：中国水利水电出版社，2019.

[80] 郑东旭，杨明珠，潘盈瑜. GO 语言公链开发实战区块链技术丛书[M]. 北京：机械工业出版社，2019.

[81] 中国数字出版产业年度报告课题组，张立，王飚，等. 步入高质量发展的中国数字出版——2019—2020 年中国数字出版产业年度报告 [J]. 出版发行研究，

2020(11):20-25.

[82] 赖利娜，李永明. 区块链技术下数字版权保护的机遇、挑战与发展路径[J]. 法治研究，2020(04):127-135.

[83] 穆向明. 基于区块链技术的数字版权保护新思路——《2018 年中国网络版权保护年度报告》评述[J]. 出版广角，2019(19):91-93.

[84] 李玲玲. 基于区块链技术的数字版权保护研究[D]. 华东交通大学，2020.

[85] 贾晓阳. 区块链和大数据发展下的供应链管理研究[J]. 商业经济研究，2020, No.797(10):51-53.

郑重声明

高等教育出版社依法对本书享有专有出版权。任何未经许可的复制、销售行为均违反《中华人民共和国著作权法》，其行为人将承担相应的民事责任和行政责任；构成犯罪的，将被依法追究刑事责任。为了维护市场秩序，保护读者的合法权益，避免读者误用盗版书造成不良后果，我社将配合行政执法部门和司法机关对违法犯罪的单位和个人进行严厉打击。社会各界人士如发现上述侵权行为，希望及时举报，我社将奖励举报有功人员。

反盗版举报电话 （010）58581999　58582371
反盗版举报邮箱　dd@hep.com.cn
通信地址　北京市西城区德外大街 4 号　高等教育出版社法律事务部
邮政编码　100120

读者意见反馈

为收集对教材的意见建议，进一步完善教材编写并做好服务工作，读者可将对本教材的意见建议通过如下渠道反馈至我社。

咨询电话　（010）58581735
反馈邮箱　zhaogq@hep.com.cn
通信地址　北京市朝阳区惠新东街 4 号富盛大厦 1 座　高等教育工
　　　　　　　科出版事业部
邮政编码　100029

防伪查询说明

用户购书后刮开封底防伪涂层，使用手机微信等软件扫描二维码，会跳转至防伪查询网页，获得所购图书详细信息。

防伪客服电话　（010）58582300

网络增值服务使用说明

一、注册/登录

访问 http://abook.hep.com.cn/，点击"注册"，在注册页面输入用户名、密码及常用的邮箱进行注册。已注册的用户直接输入用户名和密码登录即可进入"我的课程"页面。

二、课程绑定

点击"我的课程"页面右上方"绑定课程"，正确输入教材封底防伪标签上的 20 位密码，点击"确定"完成课程绑定。

三、访问课程

在"正在学习"列表中选择已绑定的课程，点击"进入课程"即可浏览或下载与本书配套的课程资源。刚绑定的课程请在"申请学习"列表中选择相应课程并点击"进入课程"。

如有账号问题，请发邮件至：abook@hep.com.cn。